每天读点
心理学

宿文渊　编著

中国华侨出版社
北京

图书在版编目 (CIP) 数据

每天读点心理学 / 宿文渊编著 . —北京：中国华侨出版社，2014.12（2018.8 重印）
ISBN 978-7-5113-5031-2

Ⅰ.①每… Ⅱ.①宿… Ⅲ.①心理学—通俗读物 Ⅳ.① B84-49

中国版本图书馆 CIP 数据核字（2014）第 279518 号

每天读点心理学

编　　著：宿文渊

出 版 人：方　鸣

责任编辑：白　豫

封面设计：李艾红

文字编辑：彭泽心

美术编辑：盛小云

经　　销：新华书店

开　　本：720mm×1020mm　1/16　　印张：33　　字数：625 千字

印　　刷：北京市松源印刷有限公司

版　　次：2015 年 3 月第 1 版　　2018 年 8 月第 4 次印刷

书　　号：ISBN 978-7-5113-5031-2

定　　价：68.00 元

中国华侨出版社　北京市朝阳区静安里 26 号通成达大厦 3 层　邮编：100028

法律顾问：陈鹰律师事务所

发 行 部：（010）58815874　　　　传　　真：（010）58815857

网　　址：www.oveaschin.com　　　E-m a i l：oveaschin@sina.com

如果发现印装质量问题，影响阅读，请与印刷厂联系调换。

前　言

　　心理学是一门探索心灵奥秘，揭示人类自身心理现象的发生、发展和活动规律的科学，它的研究及适用范围涉及与人类密切相关的各个领域，如教育、医疗、军事、司法、管理等，对人的生活有着深远的影响。同时，对于个体而言，企业管理、工作学习、人际关系、恋爱婚姻等都需要了解人的心理，都离不开心理学。可以说，心理学与我们的生存乃至发展息息相关。

　　目前，心理学已经在许多领域形成了分支学科，涵盖了人类社会生活的方方面面。随着心理学的逐步发展，人们逐渐认识到心理学的应用范围越来越广，对人类生活所起的作用也越来越大，因此，掌握并能够应用一定的心理学知识在现代社会就显得尤为重要。鉴于此，我们编撰了这本《每天读点心理学》，旨在为读者提供轻松、高效地掌握心理学的方法，拥有幸福与成功。

　　每天读点心理学，可以洞悉人性，洞察人心。人具有多面性，在不同的时间、地点，面对不同的人、事、物，会有不同的表现；人性也并不可以一概而论，有美与丑之分。这就为我们的沟通与交往设置了重重障碍。但是人的思维方式、行事方法都是有章可循、具有一定的规律性的，这也正是心理学所研究的主要内容之一。因此，了解并掌握一定的心理学知识，就可以依据既定的心理活动规律，透过具有迷惑性的语言、行为等外在表象，洞悉人性，了解他人。洞悉人性，才能掌握人性的弱点与优点，找到通往成功的捷径。

　　每天读点心理学，可以圆通处世，知晓方圆。很多人之所以一辈子碌碌无为，原因就在于其不明白怎样做人做事。会做人、会做事才能圆通处世，圆润为人。美国前总统西奥多·罗斯福曾说："成功的第一要素是懂得如何搞好人际关系。"人是社会性的动物，同他人的合作与竞争几乎构成了人类生活的全部。了解并掌握心理学知识，能够提高人际交往的能力，更好地同上司、下属、客户、家人及

1

朋友进行良好沟通。先知后行，才能把握先机。

　　每天读点心理学，可以识破诡计，掌控他人。在这个波谲云诡的时代，斗勇是低等的争斗，斗智是高端的竞争，若想在竞争激烈复杂的社会中占有一席之地，除了必备的基本技能，掌握并利用人的心理达到目的，是成功的必备要素之一。"有人的地方就有心理"，掌握了心理学知识，可以透过纷繁复杂的表象，一眼认清事实的真相；可以先一步知晓他人的内心，从而掌控对方。知己知彼，才能百战不殆。

　　本书内容丰富全面，技巧实用，可读性强，以理论联系实际，以事例为佐证，贴近现实生活，循序渐进地介绍了心理学的基本知识及其在生活中各个方面的应用，教你识破并学会应对各种心理学诡计，洞悉人性，趋利避险，精明生存；掌握快速透视对方内心、迅速赢得他人喜欢、获取对方信任和赞同、让他人心甘情愿帮忙的心理策略。同时，书中介绍了最有用的经典心理学定律，让你打破思维定式，走出竞争困境，学会利用心理力量赢得幸福与成功；色彩心理学将带你走进色彩的世界，认识色彩与心理学的神秘联系，透过色彩斑斓的表象认识周围的世界并看透背后的真实。

　　日常生活中的许多现象背后都包含着心理学规律，只是我们没有注意到罢了。阅读本书，你将可以利用心理学知识及技巧，看清看透他人，解决生活中出现的各种问题，轻松驾驭生活，从而拥有健康的身心、和谐的家庭、满意的工作、圆满的人际关系、完美的心态和幸福的生活，让你具有超强的心理掌控能力，能够掌控工作、掌控生活、掌控人生，最终成就梦想，拥有幸福。

目 录

· 第二篇 ·

心理学的"诡计"

·第三篇·
掌控他人的心理策略

· 第四篇 ·

最有用的经典心理学定律

·第五篇·

色彩心理学

第一章　有趣的色彩现象 ·········· **461**

第二章　走进色彩世界 ·········· **468**

第三章　色彩与心理学的神秘之约 ·········· **474**

第四章　从原色彩的喜好洞察人心 ·········· **480**

第一篇
迎头撞上心理学

　　"眼见为实，耳听为虚"究竟指的是什么？为什么障眼法总是能瞒天过海？虚虚实实，究竟是怎么一回事？为什么我们会有似曾相识的感觉？刚刚记住的东西，怎么转身就能忘记？为什么"冲动是魔鬼"？为什么大家都说"江山易改，本性难移"……如果你好奇，如果你有疑问，那么，你已经撞上神奇的心理学了。

·第一章·

"眼见为实，耳听为虚"——感觉

寒冬，"冻死了"为何会脱口而出

在寒冷的冬天，人们在外面时间过长，常常会慨叹："冻死了！"由此可见，大家对"感觉"这一现象并不陌生。

事实上，人体上分布着很多神经，这些神经支配着我们的眼、耳、鼻、舌、皮肤等感觉器官，于是，我们通过感觉器官和感觉神经把外界的声、光、味、冷、热等传到大脑，即所谓的感觉。感觉是人脑对直接作用于感觉器官的客观刺激物的个别属性的反应。从生理学角度分析，感觉是神经系统对外界刺激的反应。它只对客观刺激的个别属性作出反应，因而，也是最简单的心理活动。

感觉的形成要依赖于感觉系统。感觉系统由感受器、感觉通络及大脑感觉皮层组成；各部分各司其职，共同完成整个感觉过程。感觉系统工作的第一步就是将外界各种能量形成的刺激（如：光、声波）转变成能量在神经系统中传导的生物电信号，完成这种转变的装置就是感觉系统的感受器。

感受器对神经形成的某种刺激特别敏感，该刺激就是感受器的适宜刺激。例如，人眼的适宜刺激是 400 ~ 700 纳米的光波。不同的适宜刺激引起感受器的反应，感受器把刺激转化成能量，引起神经冲动，从而形成感觉。感觉形成后，感觉的作用也就开始发挥了。

感觉是由某种刺激物作用于感觉器官而引起的，但并非任何刺激物都能引起感觉。例如，人们无法看到落在皮肤上的灰尘，也无法感觉到它的重量。只有当刺激物的作用达到一定强度时，才可能引起感受器的反应，发放神经冲动引起感觉。感觉器官这种对适宜刺激的感受能力称为感受性。

从前，有个国王，国王有个小公主，她最受国王喜爱。国王总嫌小公主长得太慢。这天，他派人找来了一个医生，命令医生："你给公主一种药，让她吃了马上长大。办到了，我重重赏赐；办不到，我就杀了你。"医生寻思了一阵，说："这种药我从前有过，只是年深日久，早已用完。不过，我可以立即去找。只是用这种药，必须遵守一个条件：在我去找药期间，你必须同公主分开，相互不能见面。不然，公主就是吃了这种药，也不见效。"

国王虽不愿和女儿分开，可他巴望着公主快快长大，也就答应了。医生到远方去找药，一去就是12年。医生把带回的药给公主服了，然后领着她去见国王。大殿里，一个长得高挑又十分美丽的姑娘站在国王面前。国王拉着公主的手，从头看到脚，乐得合不拢嘴。国王连声夸奖医生有本事，还赏给他很多奇珍异宝。

故事中的那位国王，因为每天都和心爱的女儿在一起，因此对小公主的成长变化的差别感受性就很小。那位医生改变了刺激国王视觉的时间和空间模式，使国王的感受性发生了变化。12年后进行对比，虽是同一个刺激物，作用于同一感受器官，但国王的差别感受性却提高了。

科学地讲，感受性有绝对感受性与差别感受性之分。感受性的强度以感觉阈限的大小来衡量。所谓感觉阈限，指能引起感觉并持续一定时间的刺激量，可分为绝对感觉阈限和差别感觉阈限。绝对感觉阈限是指刚刚能引起感觉的最小刺激量。对绝对感觉阈限的感觉能力称为绝对感受性（即对最小刺激量的感觉能力）。差别感觉阈限是指刚刚能引起差别感觉的两个同类刺激物之间的最小差别量，也称最小可觉差。对差别感觉阈限的感觉能力称为差别感受性（即对同类刺激最小差别量的感觉能力）。

概括来讲，我们在现实世界里对冷、热等各种感受的不经意慨叹，不过都是人体感觉的反应而已。

将世界尽收眼底

关注旅游资讯的朋友，应该非常熟悉这样一句宣传语："将××美景尽收眼底！"事实上，因为拥有视觉，不只是美景，我们可以将能够看到的整个世界尽收眼底。

视觉是人类最重要的一种感觉。它主要由光刺激作用于人眼所产生。在人类获得的外界信息中，80％来自视觉。

要想看见东西，就需要光。我们能看到的是可见光，而可见光是一种电磁波。

我们的双眼能接受的电磁光波仅仅是整个电磁光谱的一小部分，不到1/70，波长范围大约为380～760纳米。用380～760纳米的光依次照射我们的眼睛，我们的双眼将依次产生紫、蓝、绿、黄、橙、红等各色的感觉；将不同波长的可见光混合照射我们的眼睛，我们的双眼就可以产生各种不同颜色的感觉；而将所有可见光的波长混合起来，则会产生白色。

我们之所以能够产生清晰的视觉主要是由眼睛各部分共同协调工作的结果。眼睛是由许多细小部分组成的复杂器官，而每部分对于正常的视觉都是至关重要的。人能看到一个具体的物体，如树木是通过光把树木反射到人的眼睛，从角膜进入眼，再通过虹膜（眼前部含色素的薄膜），虹膜通过收缩瞳孔控制光的进入量。例如，光强的时候，瞳孔就收缩到大头针头大小，以控制过多的光进入。光弱的时候，瞳孔就放大以便进入更多的光。然后，光到达晶状体，晶状体把光投射到视网膜上。

健康的眼睛能根据物体的远近自动调节。看近物时，眼睛的睫状肌收缩，晶状体凸度增加。看远物时，睫状肌松弛，晶状体凸度减小。

晶状体后面和视网膜前面是玻璃体，它含有一种透明的胶状物质，叫玻璃状液。光通过玻璃体进入视网膜。视网膜覆盖眼睛的2/3，控制视觉宽度。视觉清晰时，光能直接聚焦在视网膜上。如光线聚焦在视网膜前或后，视觉就会模糊不清。

视网膜是由几百万个专门从事接受光的细胞组成的，叫视网膜杆锥体，它把光变成电流信号，通过视神经传送到脑部。视网膜杆锥体有在黑暗中观察和识别各种颜色的功能。位于视网膜中部的黄斑是锥体最多的部分。黄斑中部的小凹状体是锥体最集中的地方。黄斑负责中心视觉，能识别颜色和物体的细节。

视网膜周围主要是杆体，能在黑暗中观看，能识别运动和两侧的物体。视神经位于视网膜后面，负责将接受光细胞的信号传送到脑部。每只眼睛传送的形象信号略有差别，图像是倒置的。到达脑部，图像就矫正过来，形成一个图像。

生活中，我们通常会对那些颜色鲜艳的物体产生深刻的印象，如红色的旗帜、碧绿的草原等。我们之所以能看到五颜六色的物体，主要是由于这些物体反射到感觉接受器上的光线不同。不同波长的光线会产生不同的颜色。如蓝光处于短波末端，橙红色处于长波的末端。

我们对不同颜色的体验可以从三个维度来描述：色调、饱和度、亮度。

1. 色调
色调主要决定于光波的波长。对光源来说，占优势的波长不同，色调也就不同。例如，如果 700nm（纳米）的波长占优势，光源看去是红的，如果 510nm 的波长占优势，光源看去是绿的。对物体表面来说，色调取决于物体表面对不同波长的光线的选择性反射。如果反射光中长波占优势，物体呈红色或橘黄色；如果短波占优势，物体呈蓝色或绿色。

2. 饱和度

指色彩的纯洁性。各种单色光是最饱和的色彩，物体的色饱和度与物体表面反射光谱的选择性程度有关，越窄波段的光反射率越高，也就越饱和。对于人的视觉，每种色彩的饱和度可分为 20 个可分辨等级。

3. 亮度

物体对光的反射率越高，我们就越感到明亮；吸收光越多，则越暗。我们的视觉大约可以分辨 500 个不同等级的亮度。

200 个色彩 ×20 个饱和度 ×500 个亮度 =200 万个颜色视觉。

仅靠我们的眼睛，就可用两百万种的形式来感受外部世界，那真是叫五颜六色、多姿多彩了。

水墨画中为何出现"皎洁"的月亮

当在晚间看书时，你不妨做一个实验，即用你的双眼注视远处的灯光，同时用书作为你眼前的屏幕，上下迅速移动你的双眼，这时你会发现，所见的远处的灯光并不因为眼前书本的隔离而有间断的感觉。你也可以在夜晚熄灯前做这样的实验，将房间的灯快速开关一次，在熄灯的短暂时间里，你的视觉仍然留存着灯亮时的形象。这种视觉刺激虽然消失了，但感觉仍然暂时留存的现象，就称为视觉后像。

当两种不同颜色或不同明度的物体并列或相继出现时，我们的视觉感觉会与物体以单一颜色或单一亮度独立出现时不同，即无色彩时的视觉对比会引起明度感觉的变化；有彩色的视觉对比则会引起颜色感觉上的变化，使颜色感觉向背景颜色的互补色变化，这就是视觉对比。比如，在绿色背景上放一灰色方块，双眼注视这一方块时会觉得方块带上了红色调。请你注视上图这些图形，你有什么感觉？

你会明显地感觉到，图中两个圆

中间的灰度区域看上去彼此有很大的不同，左边的更黑一些，右边的更淡一些。可是，它们的灰度实际上是一样的。你可以用很简单的方法来验证一下。请把一张纸卷成一个细长筒，把长筒先对着左边的图中央，确保你的眼睛只能看到中间的灰色区域，然后再对着右边的图中央，一样要确保你的眼睛只能看到中间的灰色区域，你就可以发现两幅图中央的灰度是一样的。

右图是一幅中国水墨画。画上那幅皎洁的明月是多么逼真啊！实际上，画上只是用淡墨在月亮的周围绘出了夜空的阴影，良好的艺术效果是由于利用了我们眼睛的侧抑制作用的结果。画上的月亮的亮度与稍远一些地方的夜空是一样的，但在我们的眼睛看去却感到它十分明亮，而夜空又很黑暗。其实这是一种特殊的视觉现象——马赫带现象，即在明暗变化的边界上，常常在亮区看到一条更亮的光带，在暗区则看到一条更暗的线条。

在日常生活中，只要我们留心，经常可以观察到马赫带现象：比如，当我们凝视窗棂的时候，会觉得在木条两侧各镶上了一条明亮和浓黑的线，即在窗户纸这边出现一条更明亮的线条，在木条那边出现一条更暗的线条。在观察影子的时候，在轮廓线的两侧也会看到马赫带现象。暗的地方更暗，亮的地方更亮。

水墨画引起的马赫带现象
（引自汪云九 资料来源：王谷岩等《视觉与仿生学》 上海：知识出版社，1985）

请你闭上左眼，将书竖于正前方约20厘米处，用右眼注视图中的 × 记号，然后前后移动书页，突然之间你会发现右边的那只小老鼠消失了（记住你的右眼一定要始终盯住那个 × 记号）。

奥秘在于小老鼠掉进了"盲点"中。

盲点，指的是在视网膜上无法产生任何视觉的地方。视网膜上有一处最不敏感的区域，叫作视盘。视盘上没有任何感光细胞，光线投射在上面，不能产生视

觉冲动，当然也就没有视觉经验，故生理学上称之为盲点。

盲点虽被称作"点",实际是一个区域,每个眼睛都有这样一个没有感光细胞的小区。我们的眼睛既然有这一缺陷,那么我们看东西时岂不是会出现一个个空白?其实并不是会这样,因为我们的身体会对它作出补偿。补偿之一是我们通常用双眼视物,双眼视野部分重叠,一个眼睛看不见的地方另一个眼睛却看得见。

盲点虽然真实地存在于每个人的眼中,但我们却感觉不到它的存在,对我们的生活也不会带来什么不便。

音乐为何成为人类通用的语言

人们常说"音乐是人类的通用语言"。没错,即使不用睁大眼睛去看,只要我们用心聆听,就可以理解乐声传达给我们的讯息。而实现这一切,还要归功于我们的听觉。

听觉是人类感知世界的一个重要途径,是人们接受外界刺激的第二个最主要通道。人类生活在充满声音的物质世界里,我们几乎每时每刻都在接受外界声音刺激。听觉使我们能够享受到美妙的音乐和小鸟的歌唱,它使我们能与家人和朋友们交谈。电话铃声、敲门声和汽车的喇叭声能对我们进行提醒告诫,火车轮子的吱吱声和心脏的杂音能使我们作出质量的评价和临床诊断。所以,通过听觉人们可获得声音所传递的各式各样的信息,得以沟通往来、欣赏音乐、传授知识、交流思想。听觉影响到人们实际生活的许多方面,也是认识外界的重要信息源。

和视觉一样,听觉也需要听觉刺激。它是由物体振动产生的。例如,悠扬的琴声是由琴弦的振动产生的,婉转的鸟鸣是由鸟儿声带的振动产生的。物体振动时对周围的空气产生压力,使空气分子做疏密相间的运动,就形成了声波。声波再通过空气传递到人耳,使在耳中产生了听觉。

如同眼睛那样,耳的结构也十分精妙。它由外耳、中耳和内耳构成,内耳具有能够将外部环境的声音刺激转变为神经冲动的听觉感受器(声波刺激的换能器),听觉信息由听神经传入中枢神经系统,经过复杂的听觉传导通路,最终到达大脑皮质的听觉区,该区域位于大脑颞叶的颞上回。

一个声音传来,我们一般能听出声音来自哪里,这种现象就是听觉的空间定位,听觉对我们进行空间定位是很重要的。盲人判断事物,主要靠听觉,但就听觉而言,单靠一只耳朵进行空间定位时,不能十分有效地判断声源的方位,但却可以有效地判断声源的远近。

我们要准确地判断声源的方位，必须用两只耳朵协同作用。由于我们的双耳位于头部左右不同的位置上，因而当声音从左右不同的方向传过来，到达我们双耳时就会有一个先后的时间差，这一短暂的时间差就成为我们对声源左或右定位的重要线索；而当声波同时到达我们双耳时，我们就会对声源进行定位。

　　另外，声音到达我们双耳时不仅有先后的时间差，而且还会有强弱的不同，这也是我们对声源进行空间定位的重要线索。比如，当声音来自左方时，由于头部的阻挡，左耳接受到的声波要比右耳接受到的声波强一些，由此对声源进行有效的定位。

　　很多人好奇，为什么世界上的声音千差万别呢？其实，这是由音调决定的。音调主要是由声波频率决定的听觉特性。声波的频率不同，人耳听到的音调高低也不同。音乐的音调一般在 50Hz ～ 5000Hz 之间，言语的音调一般在 300Hz ～ 5000Hz 之间，人的听觉频率范围为 16Hz ～ 20000Hz。其中 1000Hz ～ 4000Hz 是人耳最敏感的区域。

　　轰隆的飞机、呼啸而过的火车、刺耳的电锯声，人耳在听到这些声音的时候，会感觉非常难受，这其实和声音的音响有关。音响是由声音强度决定的一种听觉特性。强度大，听起来响度就高，反之则响度低。测量音响的单位为贝尔或分贝尔。

　　在一间安静的房间内，我们可以听到钟表的"滴答"声、暖气管中的水流声、窗外的流水声，但是如果室内人声嘈杂，上面的那些声音马上就会听不到了。这种现象被称为声音的掩蔽。下面这则故事中的小孩就充分利用了声音掩蔽的现象。

　　一位富有的农夫在巡视谷仓时，不慎将一只名贵的手表遗失在谷仓里，他在偌大的谷仓内遍寻不到，便定下赏金，要农场上的小孩到谷仓帮忙，谁能找到手表，便给他 50 美元。

　　小孩们在重赏之下，马上都卖力地四处翻找。只有一个贫穷的小孩，在众人都忙着寻找手表的时候，坐在那里不为所动。谷仓内尽是成堆的谷粒，以及散置的大批稻草，要在这当中找寻小小的一只手表，实在是大海捞针。

　　小孩们忙到太阳下山仍无所获，一个接着一个放弃了 50 美元的诱惑，一起回家吃饭去了。那个贫穷的小孩在众人都离开之后，才开始努力寻找那只手表，原来他早就有了主意，手表在谷粒中肯定会发出声音，那么多人一起寻找，吵吵嚷嚷，手表发出的声音肯定听不到，若天色晚了，没人的时候，就一定可以听到手表的"滴答"声，这样就能找到手表了。

　　谷仓中慢慢变得漆黑，小孩虽然害怕，但他仍然凝声屏气，默默寻找。突然他发现在人声静下来之后，出现了一个奇特的声音。那声音"滴答、滴答"不停地响着，小孩立刻停下所有动作，谷仓内更安静了，"滴答"声也响得十分清晰。小孩循着声音，终于在偌大漆黑的谷仓中找到了那只名贵的手表。

故事中的小孩子非常聪明，他巧妙地利用听觉帮自己找到了手表。事实上，萧瑟的风声、潺潺的流水、悠悠的琴声、啾啾的鸟鸣、优美的歌声……如此一个优美动听、充满生机的世界，都是听觉赐给我们的珍贵礼物。

冷热、香臭及疼痛之感何来

除了视觉和听觉，我们还有其他的感觉，如触觉、温度觉、痛觉、嗅觉、运动觉和平衡觉等。

1. 触觉

触觉是皮肤感觉中的一种，是轻微的机械刺激使皮肤浅层感受器兴奋而引起的感觉。触觉感受器在头、面、嘴唇、舌和手指等部位的分布都极为丰富，尤其是手指尖。

人们自身的触觉对机体是有益的，如经常伸一伸懒腰、半躺在摇椅上前后摇摆，可以松弛神经系统；经常进行桑拿浴、淋浴、擦身和按摩，可以使痉挛的肌肉放松下来。

2. 温度觉

温度觉由冷觉与热觉两种感受不同温度范围的感受器，感受外界环境中的温度变化所引起的感觉。对热刺激敏感的叫热感受器，对冷刺激敏感的叫冷感受器。两种感受器在皮肤表层中，均呈点状分布，叫作热点和冷点。温度感受器在面部、手背、前臂掌侧面、足背、胸部、腹部以及生殖器官的皮肤分布比较密集。冷点多于热点，在面部的皮肤每平方厘米约有 16 ~ 19 个冷点，热点的数目比冷点少 4 ~ 10 个。在一定范围的温度内，两种感觉表现有一定程度的适应能力，在发生适应时，对温度刺激的敏感度明显降低。热感受器的适应只需几秒钟，但热觉的适应则需几分钟以上，可见人对热的适应并非完全决定于热感受器，而必须有中枢神经系统的适应功能参与。在热天澡盆内水温为 28℃时，刚进入时觉得冷，过一段时间后，也会适应，这种现象决定于人皮肤温度与环境温度的差别。所以，对于冷、热的感觉是相对的。

3. 痛觉

你或许曾经有过这样的经历：你正在吃菜，突然不小心咬到了一只红辣椒。此时你感受到了前所未有的辣，急忙喝水，试图用水来消解辣给你带来的痛苦。可是你知道吗，此时你感到的"辣"的感觉其实是一种痛觉。

痛觉是人类的感觉之一。疼痛是一种复杂的主观体验，痛觉常常伴有强烈的情绪反应，而且情绪反应总是单向的，即总是伴有不愉快感，具体表现为忧虑、恐惧、害怕，表情多有痛苦状。任何刺激过度都会引起痛觉。

痛觉体验虽然不为人们所喜欢，但它却是人体进行自我保护的一个重要手段。它可以告诉我们身体某部位受到了伤害，这样我们就会及时对受伤处进行处理和诊治。

痛觉的感受器是皮肤下各层中的自由神经末梢。如果在引起痛觉的刺激发生时，例如刀割、针扎等，一般会使机体组织细胞破裂，组织系统释放出某些化学物质，这些物质接着便会刺激神经末梢，从而痛觉就产生了。

4. 嗅觉

嗅觉是由有气味的气体物质引起的。种种气体物质作用于鼻腔上部黏膜中的嗅细胞，产生神经兴奋，经嗅束传至嗅觉的皮层部位——海马回、沟内，产生嗅觉。

人类的嗅觉末梢神经细胞，虽分布在鼻内的嗅觉上皮，却直接暴露在空气中，不像耳朵或眼睛的神经细胞。耳朵的听觉神经细胞，有淋巴液、卵圆窗及耳膜，与外界分开。眼睛的视神经细胞，有玻璃状液、水晶体及角膜，隔离外界。而且嗅觉神经细胞能持续替换它们自己，称为"复制现象"。但是视网膜或内耳神经细胞，几乎无法修补它们的损伤。这是嗅觉神经与其他两者最大的差别。

5. 运动觉和平衡觉

在看 NBA 球赛时，我们看到一个球员打出好球时，会感觉赏心悦目。其实，运动员打出一个好球，和其自身内部的运动觉和平衡觉有极大的关系。

运动觉是关于肌肉以及关节运动状况和动态位置的感觉，其感受器位于身体骨骼肌及其与关节相连接的肌腱之中。平衡觉是关于身体平衡状况的感觉，在正常情况下，平衡觉与运动觉协同工作，为我们提供关于身体运动（加速、减速或旋转等）以及身体位置（与重力作用的关系）的信息。重力作用引起头上脚下的身体位置感觉，但是在失重状况下，如果给你的脚部施加压力，就会使你产生站立的感觉，而如果给头顶一个压力，则会使你产生倒立的感觉。

产生平衡觉的感受器是位于前庭器官中的毛细胞。前庭器官的一个显著特征

是与耳蜗相邻的三个半规管。如果身体运动对平衡觉感受器的刺激过强，就会引起眩晕的感觉。此外，视觉对于平衡感觉也会产生作用。

当感觉被剥夺时，人类会怎样

感觉对人类非常重要，人类一旦失去感觉，后果将不堪设想。对于一个正常人来说，没有感觉的生活是不可忍受的。没有刺激、没有感觉，人不仅不会产生新的认识，而且也不能维持正常的心理生活。

感觉是我们关于客观世界一切知识的最初源泉。如果一个人丧失了全部感觉能力，那他就不可能产生认识，更不可能产生情感和意志。感觉的发展在人的智力培养中也起着重要作用，从某种意义上说，没有感觉器官的充分训练和经常运用，就不会有学习和教育，不会有认识能力的发展。

许多心理学家以"感觉剥夺"实验论证了感觉对于维持我们正常的身心机能是十分必要的。

第一个感觉剥夺实验的研究工作是由加拿大麦吉尔大学的心理学家赫布和贝克斯顿在1954年进行的。他们征募了一些大学生为被试，这些大学生每忍受一天的感觉剥夺，就可以获得20美元的报酬。当时大学生打工的收入一般是每小时50美分，因此一天可以得到20美元对当时的大学生来说可以算是一笔不小的收入了，而且在实验中，大学生的工作好像是一次愉快的享受，因为实验者要他们做的只是每天24小时躺在有光的小房间里的一张极其舒服的床上，只要被试愿意，尽可以躺在那儿白拿钱。

在实验的过程中，给大学生被试吃饭的时间、上厕所的时间，但除此之外，严格地控制被试的任何感觉输入，为此，实验者给每一位被试戴上了半透明的塑料眼罩，可以透进散射光，但图形视觉被阻止了；被试的手和胳膊被套上了用纸板做的袖套和手套，以限制他们的触觉；同时，小房间中一直充斥着单调的空调的嗡嗡声，以此来限制被试的听觉。

参加实验的大学生们本以为实验为他们提供了一次安安心心睡上一大觉的机会，他们正可利用感觉被剥夺后的清静安宁，思考学业或整理毕业论文的思路。但学生们不久就发现，他们的思维变得混乱无章，他们忍受不了几天就不得不要求立刻离开，放弃20美元的报酬。

实验后，学生们报告说，他们对任何事情都无法进行清晰的思索，哪怕是在很短的时间内。他们感觉自己的思维活动好像是"跳来跳去"的，进行连贯性的集中注意和思维十分困难，甚至在感觉剥夺实验过后的一段时期内，这种状况仍持续存在，无法进入正常的学习状态。还有部分被试报告说，在感觉剥夺中，体验到了幻觉，而且他们的幻觉大多都是很简单的，比如有闪烁的光，有忽隐忽现的光，有昏暗但灼热的光。只有少数被试报告说是体验到较为复杂的幻觉，比如曾有一个被试报告说他"看到"电视屏幕出现在眼前，他努力尝试着去阅读上面放映出的不清楚的信息，但却怎么也"看"不清。

　　自此之后，许多学者发展出了多种形式的感觉剥夺实验研究方法，所有的实验都显示了在感觉剥夺情况下，人会出现情绪紧张、忧郁、记忆力减退、判断力下降，甚至各种幻觉、妄想，最后难以忍受，不得不要求立即停止实验，把自己恢复到有丰富感觉刺激的生活中去。可见，丰富的感觉刺激对维持我们的生理、心理功能的正常状态是必需的，人们需要在日常生活中接受各种各样的刺激以及由此产生相应的感觉。

第二章

障眼法总能瞒天过海——知觉

拇指竟能遮住帝国大厦

我们所处的环境中充满了光波和声波，但是那并不是我们体验世界的方式。你看到的不是光波，而是墙上的海报；你听到的不是声波，而是广播中的音乐。感觉只是"演出"的开始，还需要更多的东西才能使刺激变得有意义和有趣，而最重要的是你能作出有效的反应。知觉是一系列组织并解释外界客体和事件产生的感觉信息的加工过程。这些加工过程提供额外的解释，成功地为你在环境中导航。

一个简单的例子可以帮助你思考感觉和知觉的关系。如下图，把一只手放到面前尽可能远的地方，然后把手移近面孔。当手向面孔靠近时，它在你的视野中占据的面积越来越大。这时你可能无法看到被手遮住的大楼。手是如何遮住大楼的？手变大了吗？大楼变小了吗？你的回答肯定是"当然不是"。这个例子告诉我们一些感觉和知觉的差别。你的手能够遮住大楼是因为当手离面孔越来越近时，手投射到视网膜上的像越来越大。是你的知觉加工使你懂得，尽管手投射到视网膜上的像在变化，但你的手和大楼的实际大小是不变的。

可以说，知觉的作用是使得感觉有意义。知觉加工从连续变化，并且经常是没有秩序的感觉输入中，提取信息并把它们组织成稳定且有序的知觉。

知觉以感觉为基础，但它不是个别感觉信息的简单总和。例如，我们看到一个三角形，它的成分是三条直线。但是，把对三条直线的感觉相加在一起，并不等于

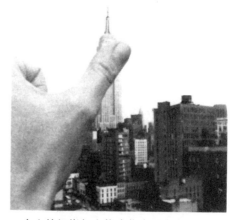

一个人的拇指怎么能遮住帝国大厦？

知觉到一个三角形。知觉是按一定方式来整合个别的感觉信息,形成一定的结构,并根据个体的经验来解释由感觉提供的信息。它比个别感觉的简单相加要复杂得多。我们日常看到的不是个别的光点、色调或线段。

知觉作为一种活动、过程,包含了互相联系的几种作用:觉察、分辨和确认。觉察是指发现事物的存在,而不知道它是什么。例如,我们在校园内的马路上散步,忽然发现路旁有一个闪闪发亮的东西。这时我们只是觉察到一个物体的存在,还不知道它是什么。分辨是把一个事物或其属性与另一个事物或其属性区别开来。确认是指人们利用已有的知识经验和当前获得的信息,确定知觉的对象是什么,给它命名,并把它纳入一定的范畴。例如,当我们走近路旁那个闪闪发亮的东西,经过仔细观看和摆弄之后,看清它的形状是圆的,它的光亮的表面能够反映出自己面部的形象……从而把它与其他事物区分开来,并断定它是一面镜子,这就是分辨和确认。在知觉过程中,人对事物的觉察、分辨和确认的阈限值是不一样的。如果说人们比较容易觉察一个物体是否存在,那么要确认这个物体就要困难得多,需要的加工时间也更长。

知觉和感觉一样,是对客观事物具体形象的直接反映,仍属于感性的认识形式。

人们在社会实践中积累的知识和经验对知觉的形成有独特的作用。实践是知觉的基础,人们在社会实践中产生反映客观事物的各种感觉,由此才能获得反映事物整体形象的知觉。一般来说,客观事物作用于人的感觉是多方面的和零碎的,因此,人们对事物的整体反映总是要借助于已有的知识和经验。如果对某事物没有一定的知识和经验,那就不可能对该事物立即产生整体的感性形象的反应。

知觉是感觉和思维之间的一个重要环节,它对感觉材料进行加工,为思维准备必要的条件。

下面这则寓言故事反映了狐狸的知觉,在只看到葡萄的情况下,两次对葡萄的味道作出判断。

葡萄架上,绿叶成荫,挂着一串串沉甸甸的葡萄,紫的像玛瑙,绿的像翡翠,上面还有一层薄薄的粉霜呢!望着这熟透了的葡萄,谁不想摘一串尝尝呢?

从早上到现在,狐狸一点儿东西还没吃呢,肚皮早饿得瘪瘪的了。它走到葡萄架下,看到这诱人的熟葡萄,口水都流出来啦!可葡萄太高了,够不着。

怎么办？对！跳起来不就行了吗？狐狸向后退了几步，憋足了劲儿，猛然跳起来。可惜，只差半尺就够着了。

再来一次！唉，越来越不行，差得更多，起码有一尺！还跳第三次？狐狸实在饿得没劲儿，跳不动了！一阵风吹来，葡萄的绿叶"沙沙"作响，飘下来一片枯叶。狐狸想："要是掉下一串葡萄来就好了！"它仰着脖子，等了一阵，毫无希望，那几串葡萄挂在架上，看起来牢固得很呢！"唉——"狐狸叹了口气。忽然，它笑了起来，安慰自己说："那葡萄是生的，又酸又涩，吃到嘴里难受死了，不呕吐才怪呢！哼，这种酸葡萄，送给我，我也不吃！"

于是，狐狸饿着肚皮，高高兴兴地走了。

人对于客观事物能够迅速获得清晰的感知，这与知觉所具有的基本特性是分不开的。

魔术为什么能"欺骗"观众的眼睛

自魔术师刘谦在春晚上大显身手之后，无数观众对其魔术如痴如醉，而且都希望能够掀开其魔术的神秘面纱。如此强大的影响力，不禁让我们自问，魔术表演为什么能使人们如此好奇呢？

事实上，所谓"魔术"，不过是魔术师利用高明的手法及障眼法，对人们在现实生活中办不到，或实现不了的事物进行神速变化，从而实现视觉真实感应，让人们对"魔术"产生无比震惊的感观，和对生活无限美好的幻想与向往。

你是否还记得，刘谦与董卿合作表演的"心灵魔术"。在表演前，刘谦问董卿："你是不是托儿？"董卿很严肃地说："保证不是。"之后，刘谦表演了通过"脑电波"让纸牌现形的魔术。在他表演过程中，有的观众发现了小破绽：刘谦右手的指头在动，好像是在隔着玻璃画圈；也有观众指出刘谦自己切牌，早知道董卿拿的是圆圈牌，他所谓点上墨水的牌其实是隐形的圆圈牌，最后纸上的试剂起的化学反应显现出来。看到大家都爱揭秘他的魔术，刘谦干脆在现场自我揭底"障眼法"，他在一个纸袋中变出一杯啤酒时，故意露出了纸袋背后事先就开好的大口子。他说，第一次表演这个魔术时不小心让观众看到了这个口子，之后经过无数次练习，才练成了现在这双魔手。

还有超级魔术师大卫的"锯人"表演，也是大同小异。大卫在表演时，让他的助手们把一个长方形术箱抬到一张桌子上。箱子的上面和四周均可打开，向观众交代以后，一位女助手躺进箱子，将头和脚露在箱子两端的小孔外面。于是，他拿起锯子，把箱子连同女助手一锯为二，在锯缝中再插入两块板。现在可使箱子的两部分互相脱离了，观众们看到女助手的脚在动、脸在笑。知道为什么吗？原来，参与表演的有两名女助手，第二名助手事先早就躺在桌子里面了。这位人们看不见的女助手可通过箱子底部的翻板把腿伸进箱子，使脚露在箱外，而当着观众的面进入箱子的女助手却把腿曲了起来。

美国心理学家在 1999 年曾进行了一个著名的实验，这个实验对于我们理解魔术大有帮助。

研究人员找了许多被测试者，让他们为某三人篮球队队员间的传球计数。计数开始后，研究者又让一个穿着大猩猩服装的人从那些被试眼前走过。

谁料，当那些被试专心数数的时候，半数人都没有注意到那只"大猩猩"走过球场，甚至还在场中央停留一会儿拍它的胸脯。

这一现象在心理学中被称作"无意目盲"。心理学家发现，人类会本能地注意到新异刺激，但注意的能力或资源是有限的，当这一资源耗尽时，新的刺激就不能被注意了。上述实验中，由于参与者全神贯注地注意那些运动员，竟然忽视了如此怪异的大猩猩演员。

显然，魔术师非常懂得利用观众的"无意目盲"，也可以看作扰乱观众观察的障眼法。在魔术表演中，观众被魔术师精彩的表演吸引着，不断变化着自己的注视点，再通过动作和现场声光配合，将需要遮盖的戏法放在观众知觉能力降低的时段来进行，完全是利用了观众的知觉弱点。

现在，你应该明白为什么魔术能"欺骗"我们的眼睛了吧？

同一幅画，是人头还是花瓶

请看右面的这张图，你看到了什么？也许你看到的是两个侧面的人头像，但你也有可能看到的是一个花瓶。前者是因为你关注的是四周的阴影部分，后者因为你看的是中间白的部分。

看的是同一幅画，却既可以看成两个相对而视的人头，又可以看成一个花瓶，这究竟是什么原因呢？原来这

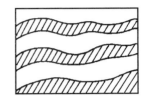

是心理学中的知觉选择性问题。所谓知觉的选择性，是指在进行知觉时，尽管同时接受很多刺激信息，我们总是把其中一部分作为知觉对象，而把另一些作为背景。比如当看到右边的图形时，我们更容易注意有条纹图案的波形带（即选择条纹图案波形带为知觉对象），而非白色的波形带。知觉的选择性使我们在认识事物时将注意力集中到少数对人有重要意义的信息上，排除次要刺激和信息的干扰，从而有效地识别事物、适应环境。

人在知觉客观世界时，总是有选择地把部分事物当成知觉的对象，而把其他事物当成知觉的背景，以便更清晰地感知一定的事物与对象。例如，在课堂上，教师的声音成为学生知觉的对象，而周围环境中的其他声音便成为知觉的背景。在这个意义上，知觉过程是从背景中分出对象的过程。

与背景相比较，知觉对象形象清楚，好像突出在背景的前面，而背景则好像退到它的后面，变得模糊不清。例如，当我们注视教师板书时，黑板上的文字被我们清晰地知觉到，而黑板附近的墙壁、挂图等好像退到它的后面成为模糊的背景。

从背景中区分出知觉对象，依存于下列两个条件：一是对象与背景之间的差别。对象与背景之间的差别越大，对象从背景中区分出来就越容易；反之，则越困难。二是注意的选择作用。当注意指向某个事物时，该事物便成为知觉的对象，而其他事物便成为知觉的背景。当注意从一个对象转化为另一个对象时，原来的知觉对象就成为背景，知觉对象便发生了新的变化。因此，支配注意选择性的规律，也是知觉对象从背景中分出的规律。

知觉的对象与背景是相互依存、相互转换的。人们的知觉是由对象及其背景的相互关系来决定的。知觉的对象与背景的相互转换在双歧图中表现得十分明显。如前面的图，由于知觉的对象和背景不同，看到的结果也就不一样。

现实生活中，引起我们知觉的事物很多，但面对同样的景物，每个人选择知觉的对象是不同的，那么，什么事物会引起我们的知觉选择呢？

一般来说，人的知觉选择与个体的需要、任务、愿望、兴趣、爱好、情绪状态相关。另外，事物本身的特点也决定着是否引起我们的知觉，信息的强度大、对比明显，就容易先知觉。如天空中有一架飞机飞过，我们总是先看到飞机，然后才注意到周围的白云和天空；又如在城市有些马路旁的灯塔、栏杆、路标等处漆上黑白相间的条纹，这样便可突出事物的对比度而引人注目。外界事物色彩鲜艳、图像醒目也容易先被注意到，在市政建设工地上通过用红灯的闪灭来向路人或过往车辆发出警告信号，以引起人们的注意和警惕；道路施工人员或清洁人员穿色彩鲜艳的衣服，以引起过往车辆的注意等，都是这个道理。在游行、集会的队伍里，引导其他人高呼口号的组织者以及队伍中的大幅醒目标语总是先被人知觉到。

知觉选择性在实际中的运用很广泛。在表演舞台上将光柱照射到主要演员身上，就是为了引起观众的注意。在学校里，教师用白色粉笔在黑板上写字，黑白两色形成极大的反差，从而引起学生注意，使他们能更好地学习。但与此相反的，在军事上为了避免引起注意就必须进行伪装，即设法将目标隐蔽于背景当中。如士兵所穿的迷彩服用黄、绿、褐三色组成，图案混杂着斑点和条纹，因为这与自然环境的颜色极其相似，而不规则的图案则打乱了士兵本身的轮廓。另外，在迷彩服色彩的颜料里还掺入了某些化学物质，使其反射红外光波的能力与周围自然景物的反射能力大体相似，从而达到了良好的隐蔽目的。

B 或 13，答案因你的理解而不同

在一个有趣的心理学实验中，向小朋友呈现如下图的卡片。如果遮挡住字母 A 和 C，小朋友会回答说中间是数字 13；如果遮挡住数字 12 和 14，则小朋友会回答说中间是字母 B。

你可能要问，同样的字怎么既是 13 又是 B 呢？这就要从我们知觉的理解性中找答案了。

知觉的理解性是指人们在知觉过程中会根据自己的知识和经验，对感知到的事物进行加工处理，并用词语加以概括，赋予确定意义。怎样理解面临的信息和事物，要根据个体的知识、经验，对信息进行加工处理。不同经验的人，不同兴趣的人，理解的结果都不一样。如一个专业建筑设计师和一个缺乏建筑知识的人对同一张图纸的理解就有很大的差别。在上例中，如果遮挡住 A 和 C，在见到 12 和 14 的情况下，自然就会把中间符号理解为 13，同样如果遮住

12 和 14，就会把中间符号理解为 B。

对事物的知觉需要已有经验的作用。例如，日本著名写生画家冈山应举画了一幅《马食草图》。一位农夫看了后，便对画家说："这马是瞎马吧？"冈山应举感到很意外，忙说："怎么会是瞎马呢？那眼睛不是睁着吗？"农夫说："马在吃草时，必须把眼睛闭上，使眼睛不被草尖伤着，这马睁眼吃草，准是匹瞎马。"后来，冈山应举经过一番仔细观察，证实了农夫所讲的话。所以，知识经验越丰富，理解就越深刻，理解的速度也就越快。

脑海为何先聚焦事物"整体"

大家应该都有这样的感触：在认识或感知事物的时候，我们总是不自觉地先聚焦事物的概况或整体，然后再进一步了解其细节。不必好奇，这是因为人类的知觉具有整体性。

所谓知觉的整体性，是指人们根据自己的知识经验把直接作用于感官的不完备刺激整合成完备而统一的整体。在知觉活动中，整体与部分的关系是辩证的、互相依存的。人的知觉系统具有把个别属性、个别部分综合成为整体的能力。我们从点子图上可以看出，尽管这些点子没有用线段连结起来，但仍能看到一个三角形和一个长方形。在这里，我们的知觉系统把视野中的个别成分综合成为一个有组织的整

点子图

体结构。但是，点子的数量不同，它们的空间分布情况不同，我们知觉到的几何形状也不同。可见，知觉的整合作用离不开组成整体的各个成分的特点。在知觉中，分析事物的特征及其结构关系有十分重要的作用。

有人曾用对图片的感知，说明部分对整体的依赖性。实验者先给被试呈现一张图片，上面画着一个身穿运动服、正在奔跑的男子，使人一看就断定他是球场上正在锻炼的一位足球运动员。接着给被试呈现第二张画片，在那个足球运动员的前方，有一位惊慌奔逃的姑娘。这时被试断定他看到了一幅坏人追逐姑娘的画面。最后实验者拿出第三张图片，在两个奔跑的行人后面，是一头刚从动物园里逃跑出来的狮子。这时，被试才明白了画面的真正意思：运动员和年轻的姑娘为躲避狮子而拼命地奔跑。可见，离开了整体情境，离开了各部分的相互关系，部分就失去了它确定的意义。

在知觉活动中，人们对整体的知觉还可能优先于对个别成分的知觉。例如，我们对一辆急驶而来的汽车，最先看到的是汽车的整体，然后才是它的各个细节。又如，我们走进一间房屋，首先是对室内的陈设有一个整体的印象，然后才个别地审视它的一些细节。

知觉的整体性是知觉的积极性和主动性的一个重要方面。它不仅依赖于刺激物的结构，即刺激物的空间分布和时间分布，而且依赖于个体的知识经验。一个不熟悉外文单词的人，他对单词的知觉只能是一个字母、一个字母地进行。相反，一个熟悉外文单词的人，他把每个单词都知觉为一个整体。

知觉的整体性提高了人们知觉事物的能力。如果用速示器快速呈现一个熟悉的汉字或组成这个汉字的个别笔画，那么辨认整个字的时间几乎和辨认个别笔画的时间相同。另一方面，由于知觉的整体性，人们有时会忽略部分或细节的特征。做文字校对工作的人，由于对整个文句的感知，有时难以发现句中个别漏字或误写的字词，这就是由于整体知觉抑制了个别成分的知觉。

格式塔心理学派对知觉的整体性进行了研究，并提出知觉的整体性有以下几个组织原则：

图1   图2

接近性指人们往往倾向于把在空间和时间上接近的物体知觉成一个整体。比如图1，我们会把它知觉成由三个距离很近的黑点构成的一些线条，在竖直方向稍为向右倾斜。我们一般不会以另一种结构来知觉它，或者就算以别的结构去知觉它，也是很费力的一件事。

相似性指人们往往会把在形状、颜色、大小、亮度等物理特性上相似的物体，知觉成一个整体。比如图2，我们会把形状相同的圆圈和黑点分别两两知觉为一组，而不太会把一个圆圈和一个黑点知觉成一个整体。

连续性指人们往往会把具有连续性或共同运动方向等特点的客体作为一个整体加以知觉。比如图3，我们倾向于把它知觉成更为自然和连续的两条相交的曲线 AC 和 BD。可见，连续作用对我们的整体知觉有着惊人的力量。

求简性指我们在知觉过程中会倾向于知觉最简单的形状。我们的知觉也倾向于在复杂的模式中让我们知觉到最简单的组合。比如图4，我们可以把它解释成三个不规则图形相接触。可事实上，这不是我们知觉到的东西，我们知觉到的东西要比这简单得多，即一整个椭圆和一整个长方形互相重叠而已。

封闭性指我们在知觉一个熟悉或者连贯性的模式时，如果其中某个部分没有了，我们的知觉会自动把它补上去，并以最简单和最好的形式知觉它。比如图5，我们倾向于把它看作一颗五角星，而不是五个V形的组合。

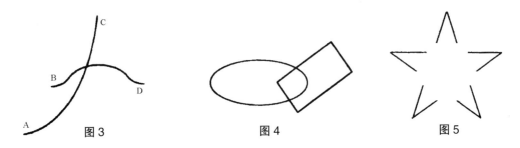

图3   图4   图5

"左看右看上看下看"都一样

我们周围的世界在不停地变化着，它向我们的知觉系统输送的刺激信息也在不停地改变。我们看到的物体有时离我们近，有时离我们远；有时在我们正前方，有时在我们的两侧；有时处在阳光下，有时又处在阴影中。在这种不断变化的条件下，人如何保持对物体的正确知觉呢？幸运的是，自然选择给予了人的知觉系统一种重要的特性，即知觉恒常性。知觉恒常性是指当知觉的客观条件在一定范围内改变时，我们的知觉映像在相当程度上却保持着它的稳定性。它是人们知觉客观事物的一个重要特性。

在日常生活中，我们常见的知觉恒常性有：

1. 形状恒常性

当我们从不同角度观察同一物体时，物体在视网膜上投射的形状是不断变化的，但是，我们知觉到的物体形状却没有显出很大的变化，这就是知觉的形状恒常性。比如，一扇门，在我们面前打开，落在我们视网膜上的影像会随着发生一系列的变化，但我们始终把这扇门知觉成长方形的。

使我们的知觉保持形状恒常的重要线索是有关深度知觉的信息，比如倾斜、结构等，如果这些深度知觉的线索消失了，我们对物体形状的知觉也就不能保持恒定不变了。

2. 大小恒常性

同一个物体在我们视网膜上的影像大小，会随着物体距离我们的远近而发生改变，近大远小这是以视觉感受器为基础的视觉现象。但是，我们在判断该物体的大小时，却不纯粹以视网膜上的影像大小为依据，而是把它知觉成大小恒定不变的，这就是知觉的大小恒常性。比如，我们看着面前的小孩子，同时看着远处的一个大人，大人在我们视网膜上的影像要比小孩的小得多，但是在知觉中，我们仍然判断大人高，小孩矮。

3. 亮度恒常性

亮度恒常性是指照射物体的光线强度发生了改变，但我们对物体的亮度知觉仍保持不变的知觉现象。决定亮度恒常性的重要因素是从物体反射出的光的强度和从背景反射出的光的强度的比例，只要这个比例保持不变，就可保证对物体的亮度知觉保持恒定不变。比如，两张白纸，不管是在阳光下，还是在阴影中，它们都互为背景和对象，对光的反射比例始终保持不变，因而我们对亮度的知觉也就保持了恒常性。

4. 颜色恒常性

一只红苹果，在不同波长的光照射下，所反射出的光的光谱组成也一定是不同的，因而它的颜色必定是变化的，然而，我们仍然把它知觉成红的。这种不因物体环境改变，而仍然保持对物体颜色知觉恒定的心理倾向，就是知觉的颜色恒常性。

恒常性对于人们的正常生活和工作有重要意义。如果人们的知觉随着客观条件的变化而时刻变化，那么要想获得任何确定的知识都是不可能的。研究恒常性不仅有助于建筑、艺术等实践部门的工作，而且有助于现代计算机技术的发展。现代的机器人有"视觉"可以看，有"听觉"可以听，但它却没有知觉的恒常性。因此，当观察条件明显变化时，机器人就难以执行自己原来的任务。如果我们能够把人和动物具有的知觉恒常性赋予机器人，那么计算机将会发挥更大的作用。

·第三章·

"虚"与"实"究竟有多远——意识和注意

心理学的鸡尾酒会现象

假如你去参加一场热闹的鸡尾酒会（或其他大型 Party），你所接触或者注意到的人通常只有一小部分，对于这部分人你也许有清晰的意识，对于其他更多的来宾，可能不会留下清楚的意识。这就是心理学的鸡尾酒会现象。

意识是一个包含多种概念的集合名词，普通心理学上的定义是：指人类以感觉、知觉、记忆和思维等心理活动，对自身的状态与外界环境变化的综合察觉。就心理状态而言，"意识"意味着清醒、警觉、注意力集中等；就心理内容而言，"意识"包括可用语言报告出的一些东西，如对幸福的体验、对周围环境的知觉、对往事的回忆等；在行为水平上，"意识"意味着受意愿支配的动作或活动，与自动化的动作相反。例如，早晨起床后，在选择穿哪一件衣服时，是受意识支配的，而穿衣的动作通常是自动化的，不受意识的控制。

人的意识存在各种意识状态，有自然发生的，比如，睡眠和梦；也有人为的，比如，静坐和催眠状态下的意识，醉酒后飘飘然的感觉，或服用迷幻药物产生的幻觉意识等。意识至今仍是人类的一大谜团，我们期待心理学家有更大的发现。

意识是有一定的局限性的，我们不可能意识到所有作用于我们感觉器官的事物和刺激。例如，我们看不见波长超过一定范围的光，也听不见频率低于特定范围的声音。意识的局限性通常是由我们的感觉器官的特性决定的。另一方面，当人们专注于一件事情时，通常对其他事情视而不见。在同一时间可以进入意识的信息量是有限的，意识很难在同一时间容纳过多的东西。

除了局限性，意识还有以下几个特性。

1. 丰富性和深刻性

丰富性指意识的广度，即它能超越时间、打破空间的限制，与广阔无垠、丰富多彩的信息相联系。深刻性指意识的深度，即它能反映事物的内在联系和本质特征，能掌握客观事物的发展规律。这两个特征是与人掌握语言密切联系的。

被誉为"当代爱因斯坦"的霍金，手脚俱不能动，也不能言，但霍金的思想却是极其丰富的、深刻的。

1975年，霍金以数学计算的方法证明黑洞由于质量巨大进入其边界的，也即所谓"活动水平线"的物质都会被其吞噬而永远无法逃逸。黑洞形成后，就开始向外辐射能量，最终将因为质量丢失而消失。2004年7月，霍金向学术界宣布了他对黑洞研究的成果。他认为，黑洞不会将进入其边界的物体的信息淹没，反而会将这些"信息"撕碎后释放出去。

我们见不到宇宙，更见不到黑洞，但霍金的意识却打破了空间的限制，并揭示了宇宙的规律，这就是意识的深刻性和丰富性。

2.能动性和创造性

意识能动性指人们能把自己的目的和意志强加于客体，从而去利用它、支配它、控制它。创造性指人们能按照事物的发展规律与自己的目的意图，创造出前所未有的并具有一定社会意义的新奇事物。列宁说："人的意识不仅反映客观世界，而且创造客观世界。"这句话明确地指出了意识的这两种特征。

有一次，富兰克林发现了"莱顿瓶"的放电现象。莱顿瓶所释放的电量让他感到惊讶，于是他决定在风雨雷电夜做个实验。

尽管此时的富兰克林，不是不明白这样做的巨大危险，但追求真理、造福人类的远大目的，使他把自己的生死置之度外。他谢绝了亲朋好友的劝告，坚定不移地实施着自己的计划。

终于有一天，富兰克林带着风筝和一只储电瓶来到野外将风筝升到空中。当大雨倾盆、电闪雷鸣时，富兰克林掏出一把铜钥匙，系在风筝的末端。突然，一道闪电掠过，一段风筝线松散的纤维向四周直立起来，被一种看不见的力量支撑着。富兰克林感到手中有麻木的感觉，这无疑是带电的现象。为了能进一步确认，他把手靠近了那一把铜钥匙，顷刻间钥匙上射出一串火花。富兰克林惊喜地大叫起来："我受电击了！闪电就是电！"

就这样，他冒着生命危险，揭开了雷电的秘密，证实了天上的闪电和地上的电火花或摩擦产生的电的统一性，而不是上帝发怒。这一著名的"风筝实验"震动了全世界。

人的意识行动是和人的目的性相联系的。人根据一定的目的性，积极地改变着客观世界，使自己的活动结果印上意识的烙印，富有一定的创造性。富兰克林坚持在危险情况下做"风筝实验"就是意识的能动性的体现，并根据"风筝实验"发现了"电"，体现了意识的创造性。

为什么不少女性都爱"灰太狼"

在不少女性眼里，"灰太狼"是当今难得的新好男人。

这只狼，爱老婆胜过爱自己，每次抓到羊总是送到老婆红太狼面前，自己绝对不吃独食，永远把老婆放在第一位。灰太狼为老婆花钱从不心疼：红太狼想用十只羊换件虎皮大衣，这对灰太狼来说是件难以完成的任务，但他眼睛都不眨就答应了。十只羊是笔不小的财富，灰太狼全拿来换大衣了。

更难能可贵的是，灰太狼从不花心，对老婆从一而终；也从不藏私房钱，从不和老婆讨论对错，即使老婆错了也是对的……

"嫁人就嫁灰太狼！"——这是当下在女性圈子里最广为流传的一句话。

但是，在这个追求"男性美"的时代，这个极其难看的"刀疤脸"、"大反派"、"妻管炎"，怎么就没有影响他在女性眼中的地位呢？

灰太狼型的男人并非传统意义上的"妻管炎"，从女性的角度来说，也并不愿意看到自己的老公唯唯诺诺，没有男子汉气概，俯首帖耳得像个没长大的孩子。

女性钟情于灰太狼式的男人，从女性角度来看，无疑是获益的。不管是在恋爱中还是在婚姻生活中，他都能非常主动地把控男女关系，这种关系能给她带来足够的确定感和稳定感，这也正是现实中很多女性在乎和追求的东西。

造成这种现象，很大程度上受女性自我成就意识的影响。所谓自我成就意识，指实现个人理想、抱负，发挥个人的能力到最大限度，达到自我实现的境界。它属于精神上的高级需求，通过内部心理认知对个体起到作用。女性喜欢"灰太狼"，追求"灰太狼"，是通过被"灰太狼"的爱恋与呵护，来实现身为"女性"这一群体的性别认知。一般来说，提到"女性"，社会上普遍的认识就是要去疼爱，要去关心，身为男人要担负起这一责任，让女人得到幸福，使女人享受快乐。而"灰太狼"恰恰能做到这一点，从女性个体上来说，灰太狼可以成就她们自己的人生。

同时，这也与社会认同价值有关。所谓社会认同价值，是对于女性渴求安全感的角度来说的，指通过男性带给她的情感依托，突出自身的存在意义，是女性价值观的集中体现。这种价值观主要受社会习惯影响，本质上是一种集体观念。

灰太狼型的男人并非一味讨好女人，以求取自己的企图，也并不是没有自尊，在女人横挑鼻子竖挑眼中低三下四地"苟活"。也许套用一句流行话，或许更能说明女性为什么都爱"灰太狼"——灰太狼懂得爱，懂得尊重，懂得给予。

为何会"视而不见，听而不闻"

现在请你花一点时间来寻找你周围环境中不在你知觉里的几件东西，你是否注意到了墙上的一个点？你是否注意到了闹钟的滴答声？如果你开始仔细地观察你的周围，你会发现在你的周围有很多东西可以成为你注意的焦点。

注意是和意识紧密相连的一个概念，但又不同于意识。简单地说，注意是心理活动或意识对一定对象的指向和集中。当一个人在学习或工作的时候，他们的心理活动或意识总是指向和集中在某一对象上。例如，上课时，你正在专心听讲，认真做笔记，尽管这时有一只小鸟落在了你身边的窗台上，你也没有觉察到。这时你的心理活动集中在老师讲课的内容上，无暇顾及其他事情。同时，注意的对象又是在变化的，而且在大多数时候，人们可以有意识地控制这种变化。

注意有两个特点：指向性与集中性。

注意的指向性是指人在每一个瞬间，他的心理活动或意识选择了某个对象，而忽略了另一些对象。指向性不同，人们从外界接受的信息也不同。

当人的心理活动或意识指向某个对象的时候，它们会在这个对象上集中起来，即全神贯注起来，这就是注意的集中性。注意的集中性是指心理活动或意识在一定方向上活动的强度或紧张度。心理活动或意识的强度越大，紧张度越高，注意也就越集中。

人在高度集中自己的注意时，注意指向的范围就会缩小。这时，他就会对自己周围的一切"视而不见，听而不闻"了。从这个意义上说，注意的指向性和集中性是密不可分的。

注意可以分为无意注意、有意注意和有意后注意。无意注意是指事先没有目的、也不需要意志努力的注意。例如当我们正在开会的时候，突然有人从会议室外面闯了进来，这时大家不约而同地把视线朝向他，并且不由自主地引起了对他的注意。在这种情况下，我们对要注意的东西没有任何准备，也没有明确的认识任务。注意的引起与维持不是依靠意志的努力，而是取决于刺激物本身的性质。

在这个意义上，无意注意是一种消极被动的注意。在这种注意活动中，人们的积极性水平较低。

有意注意是指有预定目的、需要一定意志努力的注意。当我们学习的时候，由于认识到学习的意义，我们便自觉、自动地将心理过程集中指向学习的内容，积极选择学习内容提供的各种信息。当学习过程中遇到困难或者周围环境有干扰时，我们会通过意志努力，使注意力放在要学习的东西上。这种注意就是有意注意。它是一种积极、主动的形式。

有意后注意是注意的一种特殊形式。从特征上讲，它同时具有有意注意和无意注意的某些特征。例如，它和自觉的目的、任务联系在一起，在这方面，它类似于有意注意，但是它不需要意志的努力，在这方面，它又与无意注意类似。有意后注意是在有意注意的基础上发展起来的。有意后注意既服从于当前活动的目的与任务，又能节省意志的努力，因而对完成长期、持续的任务特别有利。

小王是一家公司的会计，这是她所喜欢的工作，她一直想找个既稳定又有技术性的工作，会计无疑是佳选。通过朋友介绍，小王顺利进入了一家水处理设备公司担任会计职务，当老板交给她任务的时候，由于对会计工作充满了热情，所以她总是非常勤快。但时间一久，她对会计工作逐渐失去了兴趣，整天与繁琐的数字打交道，甚至一看到数字就恶心。小王不得不辞职，重新考虑自己的职业规划！

小王的困境就在于她犯了一个错误，她没有利用好有意注意和无意注意，对于会计工作，她应该有一个长期的打算，而不是凭一时热情，看自己究竟合不合适，如果觉得自己合适，就应该靠意志力坚持下去，运用有意注意。如果感到实在烦琐难耐，就应该好好休息，调整心态，重新回到无意注意的心态中来，一般而言，无意注意维持的时间较短，而有意注意维持的时间较长。

德国间谍现形记

第二次世界大战期间，各国都十分重视间谍机构的活动，都希望在情报方面战胜对手，以利于在整个战争中获取主动。同时，反间谍机构也都在积极活动。一次，盟军反间谍机关收审了一位自称是来自比利时北部的"流浪汉"。他的言谈举止使人怀疑，眼神也不像是农民特有的。因此，法国反间谍军官奥克多认定他是德国间谍，可是没有更有力的证据。奥克多决定打开这个缺口。

审讯开始了。奥克多提出的第一个问题是："会数数吗？"这个问题很简单。"流浪汉"用法语流利地数数，没有露出一丝破绽，甚至在说德语的人最容易说漏嘴的地方，他也能说得很熟练。于是，他被押回小屋去了。

过了一会儿，哨兵用德语大声喊："着火了！""流浪汉"仍然无动于衷，似乎真的听不懂德语，照样睡他的觉。

后来，奥克多又找来一位农民，和"流浪汉"谈论起庄稼的事，他谈的居然也并不外行，有的地方甚至比这位农民更懂行。看来奥克多凭外观判断的第一印象是不能成立的了。于是奥克多又想出了一个新的办法。

第二天，"流浪汉"在被押进审讯室的时候，显得更加沉着、平静。奥克多非常认真地审阅完一份文件，并在上面签字之后，抬起头突然用德语说："好啦，我满意了，你可以走了。你自由了。""流浪汉"一听到这话，长长地松了口气，像放下一个沉重的包袱。他仰起脸，愉快地呼吸着自由的空气，兴奋之情溢于言表。

"流浪汉"露出的欣慰的表情，虽然是一刹那间发生的，但这个表情却透露出他懂德语这一信息，使他露出了马脚。经过进一步的审讯，"流浪汉"最终承认了自己是一个德国间谍。

这是一场典型的心理战。法国军官奥克多利用人的潜意识心理，转移德国间谍的有意注意，忽然用德语说释放他，从而使他的无意注意让他在不经意间露出得意忘形之色，暴露了自己。

注意是一种心理状态，它是意识的警觉性和选择性的表现。一切心理活动都必须有注意的参加，否则，就不能顺利有效地发生、发展。注意包括有意注意和无意注意两种。有意注意也称随意注意，是一种有目的、有准备、必要时还需要一定努力的注意。无意注意也称不随意注意，是没有准备的、自然发生的，也就是不需要任何努力的一种注意。有意注意和无意注意往往是交互进行的，因为任何单一的注意都不可能维持长久。

一般来说，突然发生变化的刺激会引起人们的无意注意。比如平常下班回家看见自己的孩子活蹦乱跳地玩，一般家长不会引起注意，因为孩子一贯如此。可如果有一天回家，发现孩子无精打采，一个人在家里发呆，家长就会引起注意。

在背景中特别突出的人或事物能够引起人的注意，比如人群中的大高个子。不断变化的刺激，也让人注意，比如电影中不断变化的镜头。

对于自己需要的东西，容易引起人们的注意，就像故事中的"释放"的命令对于那个德国间谍，使他无意地注意到，从而也在无意中暴露了自己的情绪。

注意是心理活动对一定对象的指向集中，没有注意的参与，任何心理过程、活动都不能正常进行。注意具有两个特点，即指向性和集中性。除了指向性和集中性以外，注意还具有广度、分配和转移等特性。因为思维特点的不同，不同的人所注意到的事物是不同的，也就是说，每个人的注意都有他自己的选择性。

由于注意是一种稳固的个性心理特征，在学习和工作中具有极为重要的意义。那么，怎样训练自己的注意力呢？

1. 明确目的任务

当我们对学习和工作的目的、任务有清晰的了解时，我们就会提高自觉性，加强责任感，集中注意力。即使注意力有时涣散，也会立刻引起自我警觉，把分散的注意力收拢回来。

2. 培养间接兴趣

注意与兴趣是孪生姐妹。有了浓厚的兴趣，就会在大脑皮质形成优势兴奋中心，使注意力高度集中。

3. 克服内外干扰

外部干扰，主要是指无关的声音，分散注意的视觉刺激物，以及人们感兴趣的事物等。内部干扰，主要是指疲劳、疾病、与学习无关的思想情绪等。克服内部干扰，除了要培养正确的思想、情感外，还要避免用脑过度，保持充足的睡眠，防止过度的身心疲劳；要积极进行体育锻炼，促进神经系统功能的完善，增强对各种外界刺激的适应能力，例如工作和学习时把桌子上的报纸杂志收掉，还要有意识地锻炼自己的意志，培养"闹中求静"的本领，使注意能高度集中而具有韧性。

4. 变换学习活动

心理学的研究表明，单调的刺激最易使注意涣散，或降低注意效率，使人易感疲劳，甚至昏昏欲睡；反之，多样化的学习活动最能保持注意的稳定性，或提高注意效率，使人精力充沛，不易感到厌倦。因而在学习时，同学们不要单纯地看，或单纯地读、单纯地写，这都有碍于注意的保持。要把看、读、写结合起来，交替进行，才能在大脑皮质上形成一个较强的兴奋中心，从而有效地维持自己的注意。

范伟为什么被"忽悠"瘸了

2004 年春节联欢晚会上，赵本山、范伟、高秀敏演出的小品《卖拐》令人捧腹不已，其寓意主要是讽刺那些坑人的奸商。而最让人啼笑皆非的是范伟饰演的那位买拐者，他在卖拐者逐步的心理暗示下，产生错觉，认为自己的腿有毛病，最后买下了那副拐。人们笑他愚得可悲、愚得可怜，就像人们常说的："让人卖了，还替人家点钱呢！"但这样的愚者，是否"纯属虚构"呢？事实上，在商家的虚假宣传中，上当受骗者甚多。上当者是不是都很愚蠢、智商都很低呢？也不尽然，不少人在各方面还是蛮精明的，但在心理暗示的作用下也常有"马失前蹄"的时候。

心理暗示现象在人们的日常生活中非常普遍，暗示每天都在不同程度地影响着人们的生活。比如，你可能有过这样的经历：一道新菜上来，尝一尝并没有觉得有什么特殊滋味，等主人详细介绍之后，你才渐渐体会到菜的新奇和特殊来。

暗示指人或环境以非常自然的方式向个体发出信息，个体无意中接受了这种信息，从而作出相应的反应的一种心理现象。巴甫洛夫认为：暗示是人类最简化、最典型的条件反射。

暗示分自暗示与他暗示两种。自暗示是指自己使某种观念影响自己，对自己的心理施加某种影响，使情绪与意志发生作用。例如，有人早上起床照镜子时发现自己的脸色不太好看，并且觉得上眼睑浮肿，恰巧昨晚睡眠又不好，这时马上就产生不快的感觉，顿疑自己是否得了肾病，继而觉得自己全身无力、腰痛，于是觉得自己不能上班了，甚至到医院就医。这就是对健康不利的消极自我暗示作用。而有的人则不是这样，当在镜子里看到自己脸色不好，由于睡眠不好而精神有些不振、眼圈发黑时，马上用理智控制自己的紧张情绪，并且暗示自己：到户外活动活动，做做操，练练太极拳，呼吸一下新鲜空气就会好的，于是精神振作起来，高高兴兴去工作了。这种积极的自我暗示，有利于身心健康。

他暗示，是指个体与他人交往中产生的一种心理现象，别人对自己的情绪和意志发生作用。如东汉末年曹操的部队在行军路上，由于天气炎热，士兵都口干舌燥，曹操见此情景，大声对士兵说："前面有梅林。"士兵一听精神大振，并且立刻口生唾液。这是曹操巧妙地运用了"望梅止渴"的暗示，来鼓舞士气。

那么，人为什么会不自觉地接受各种暗示呢？要想回答这个问题，我们必须对一个人进行决策和判断的心理过程有一个初步的了解。人的判断和决策过程，是由人格中的"自我"部分，在综合了个人需要和环境限制之后做出的。这样的决定和判断，我们称其为"主见"。一个"自我"比较发达、健康的人，通常就是我们所说的"有主见"、"有自我"的人。

但是，人不是神，没有万能的自我、更没有完美的自我，因而"自我"并不是任何时候都是对的，也并不总是"有主见"的。"自我"的不完美，以及"自我"的部分缺陷，就给外来影响留出了空间，给别人的暗示提供了机会。

我们发现，人们会不自觉地接受自己喜欢、钦佩、信任和崇拜的人的影响与暗示。这种对于自主判断的部分放弃，是有一定适应意义的，这可以使人们能够接受智者的指导，作为不完善的"自我"的补充。这是暗示作用的积极面，这种积极作用的前提，就是一个人必须有充足的自我和一定的主见，暗示作用应该只是作为"自我"和"主见"的补充和辅助。积极暗示对于被暗示者的作用，就像是画龙点睛。比如，一名运动员的成绩已经非常接近世界纪录了，这时候，他非常敬佩的恩师在旁边轻轻暗示："你能行，你一定能得第一！"正是这一暗示，激发了他全部的潜能，使他在比赛中真的得了第一。这样的积极暗示，起到的就是画龙点睛的作用。

当然，心理暗示也有非常消极的方面。例如，有一天同事突然说："你的脸色不太好，是不是病了？"这句不经意的话你起初还不太注意，但是，不知不觉地，你真的会觉得头重脚轻，浑身隐隐作痛，似乎自己真的病了似的。最后，因为太担心，你到医院做了一番检查，当权威的医生向你宣布"没病"之后，你顿时觉得浑身轻松、充满活力，病态一扫而光。

深不可测的海底冰山——潜意识

在日常生活中，我们经常用到潜意识这个词语，那么什么是潜意识呢？"潜意识"这个词是和奥地利著名心理学家弗洛伊德这个名字分不开的。正是这位人类心灵奥秘的伟大探索者首先发现了人类精神最隐蔽的角落——潜意识，也正是在他的影响下潜意识逐渐成为心理学、现代哲学长期争论不休的对象。

潜意识到底是什么？弗洛伊德有一个十分形象的比喻，人的心灵即意识组成仿佛一座冰山，露出水面的只是其中一小部分，代表意识，而埋藏在水面之下的绝大部分，则是潜意识。人的言行举止，只有少部分由意识掌握，其他大部分都由潜意识主宰。潜意识主动运作，影响着意识与占水面下一小部分的前意识。

当一个人处于正常的状态下，比较难以窥见潜意识的运作，这时，梦是最好的观察潜意识活动的管道。在罹患精神疾病者身上，潜意识的作用非常地尖锐，例如，无法解释的焦虑、违反理性的欲望、超越常情的恐惧、无法控制的强迫性冲动，意识的力量如此微弱，而潜意识的力量像台风一般横扫一切。

潜意识也称无意识，是心理结构的深层领域和最原始的基础，是心理系统最根本的动力。潜意识的存在范围远远超过了意识，除了在特定条件下进入意识领域之外，大部分潜意识的东西便以各种改装的形式，在意识的舞台上露面。

潜意识活动中最主要的是本能冲动，弗洛伊德认为，人的本能冲动来自机体内部的刺激，凡与本能冲动有关的欲望、情感、意向都是组成潜意识的内容。意识始终处在与潜意识的冲突之中，意识在人的精神生活中虽然有家长的地位，但这种地位是脆弱的、不稳固的，自我意识的统一性和确立性会由于潜意识的作用而发生分裂。

弗洛伊德认为，人的心理结构是由潜意识、前意识和意识这三个层次构成的，潜意识处于深层，意识处于表层，前意识是表层的储存库，这三个层次组成一个动态心理结构，它们始终处在相互渗透、流动变化之中。如果三者处在协调平衡状态，那么就是正常人的心理结构，具有常态的性质。如果三者处在不平衡的紊乱状态，那么就是非正常人的心理结构，具有变态的性质——变态的极端表现就是歇斯底里的症状，就是弗洛伊德描述的心理结构的图式。

弗洛伊德认为，潜意识包含人出生后所有的心理成分以及诸种本能，认为在潜意识中存在着各种被压抑的成分，如本能、欲望、情感、意念等。在一定条件下，潜意识中的成分，一部分可进入意识域，另外一部分则永远不能被人自己知道。潜意识域的成分对人们的行为和思想表现起决定作用。他的这种认识曾被欧美许多学者运用和发展，成为精神分析学说的基本概念。

前意识能够转化成为意识，生活中我们经历很多事情，这些特定的经历和事实并不是时时刻刻都处于被意识到的状态，但是当我们一旦需要时就能突然回忆起来。

意识与前意识在功能上十分接近，目前被加以注意的心理活动，意识到它的存在的时候，它便是意识，而当我们不再注意，意识到的内容就会潜入前意识层面，就不是意识了。因此，意识和前意识在功能上是可以互相转换的。

前意识处于意识层和潜意识层之间，当潜意识中被压抑的本能和欲望想要渗透到意识之中时，前意识担负着"稽查人员"的任务，严密防守，把住关口，不许潜意识的本能和欲望随便侵入意识之中。但是当"稽查人员"失职时，潜意识就会悄悄潜入意识之中。

人的心理活动是一个多水平、多层次、多测度的反映系统。康德认为，潜意识乃是人的精神世界的"半个世界"。其实，潜意识与意识是人的心理活动两个方面对立统一的整体。

一些不符合社会道德标准或者违背个人理智的本能冲动、被压抑的欲望悄悄地潜伏在我们的意识当中，这就是潜意识。

潜意识由各种无声无息的影响着个体的行为的，却没有被感觉到的思想、观念、欲望等心理活动组成。

从一定意义上说，没有潜意识也就没有意识，因为意识是在同潜意识的比较、区别与对立中存在的，意识是以潜意识的存在为前提、基础和条件的。当然，潜意识又是以意识为主导、制约的。

总之，潜意识和意识是相互依存，并在一定条件下相互转化的。潜意识和意识的辩证统一构成了人的精神生活的一幅丰富多彩的图画。

意识受到客观存在、外部世界的影响，潜意识同样也来源于客观现实，个体从一出生就有一些本能反应存在，更多的意识是在成长的过程中培养起来的，在人脑与客观世界长期的相互作用的过程中得到发展，受到一定强度外来信息的刺激，并存储在大脑中成为记忆。

因此，外部刺激和人脑的发展是潜意识产生的基础。

当人受到第一次刺激时，只能做出非条件反射，并在脑中形成一个兴奋灶。由于大脑先前没有任何信息的存储，即使目前有一个兴奋灶，而没有第二个也不能发生暂时性联系。如半夜走路突遇白骨发生一时惊恐的现象，这种现象只能发生在曾感受过死人、鬼神恐怖影响的人，而从未受过类似经验的幼儿，大脑中就没有对白骨恐惧的记忆，就不可能发生这种由白骨引起的恐惧现象。也就是说，一定量的信息贮备是产生联想、产生潜意识的重要条件。

通常，一旦接受到某个信息或信号，立即会由形象联想从种种记忆中调出与其相关的内容。意识把不合事理的内容剔除掉，以符合逻辑的形式牵制住奔放的空想。意识活动根据需要来调动潜意识中的记忆，但在多数情况下，人们是意识不到调动潜意识活动的。

·第四章·

从"似曾相识"到"我记得你"——记忆

我们是怎么记住事物的

有些东西，我们看过后经久不忘；有些东西我们虽然看过，但事后却怎么也回忆不起来……记忆到底是怎么一回事呢？

记忆是在头脑中积累和保存个体经验的心理过程，运用信息加工的术语讲，就是人脑对外界输入的信息进行编码、存储和提取的过程。

人的记忆能力，实质上就是向大脑储存信息，以及进行反馈的能力。人的大脑主要由神经细胞构成，每个神经细胞的边缘又都有若干向外突出的部分，被称作树突和轴突。在轴突的末端有个膨大的突起，叫作突触小体。每个神经元的突触小体跟另一个神经元的树突或轴突接触。这种结构叫作突触。神经元通过突触跟其他神经元发生联系，并且接受许许多多其他的神经元的信息。神经元传递和接受信息的功能，正是大脑具有记忆的生理基础。人脑约有 140 亿个神经元，每个神经元上面有 3 万个突触。这 140 亿个神经细胞之间联系的突触，用天文数字也难以表达。这样的结构特点，就使大脑成为一个庞大的信息储存库。一个人脑的网络系统远比当今因特网复杂。科学家认为，一个人大脑储存信息的容量，相当于 10 亿册书的内容，一个人的大脑即使每一秒钟输入 10 个信息，这样持续一辈子，也还有余地容纳别的信息。这就证明我们大脑的记忆的确惊人。

很难想象一个人如果没有记忆会怎么样，记忆甚至可以说是人生命的源泉，是人生理与心理的一种本质特征。人生是充满活力与创造力的，而一切活力与创造力都离不开记忆这个源泉。失去了记忆，人会失去许多属于"本能"的本领，就很难生活下去。

人类之所以能够认识世界、改造世界而成为万物之灵，关键就在于人类具有卓越的记忆能力。正是依靠这些记忆能力，人类才得以学习、积累和应用各种知识、经验，才能不断地推动历史发展和社会进步。

在生活中，我们常常会发现：有些人的记忆非常好，看过的东西可以过目不忘，而有些人的记忆却比较差，学过的东西很快就忘了。

在谈到这种差别的时候，人们往往把他们归结为生理因素，认为脑袋大、前额宽的人记忆力就好，相反，记忆力就不好。其实，这种说法在科学上是站不住脚的。我们不否认，人的记忆力和生理因素有着密切的关系。智力落后的人，首先是因为他们的大脑发育不正常，影响了学习和记忆的能力。但是，这和他们大脑的轻重、大小并没有必然的联系。只要脑神经发育正常，记忆力的生理因素就相差无几，但拥有正常记忆的人，记忆程度还是有差别。这就是记忆的心理因素造成的。那么，是什么原因造成了人们记忆上的差别呢？

心理学研究表明，影响记忆差别的心理因素主要是由心理倾向性和对记忆规律的掌握不同造成的。

所谓心理倾向性，是指人们对某一事物的兴趣、爱好和注意的程度。我们知道，注意是产生记忆的首要条件。不把注意力集中在所学的东西上，要产生良好的记忆是不可能的。比如，你可能说不出你住的楼房的楼梯有多少级台阶。这是因为我们根本就没去注意它，并不是记不住。几个人同时去参观一个展览会，回来以后让他们回忆展览会的情况，结果可能大不相同。造成这种差别的一个重要原因就是因为他们的兴趣爱好不同，因而注意的指向不同。所以，记忆的内容也就不一样。有兴趣的东西就看得具体，印象深刻，记得详细，不容易忘记。没有兴趣的东西，就会走马观花，甚至视而不见，听而不闻。因此，在一定意义上来说，心理倾向性对人的记忆活动具有决定性的作用。

除了心理倾向性以外，人们对记忆规律的掌握和运用不同，也是造成记忆差别的重要原因。我们知道，人就像一个信息加工器。当外界刺激作用于人的感觉器官的时候，这个加工器就开始工作起来。经过编码，也就是把刺激物的物理能量转化成感知和记忆系统所能接受的形式，人就把这个刺激信息贮存在自己的大脑里了。换句话说，就是记住了这个事物。比如，我们读一首诗，诗句的书面字符作用于我们的眼睛，转化为神经脉冲，传到大脑中枢，引起有关字符的感知觉，同时，过去已经贮存在大脑里的一些有关的信息也被激活，跟眼前的诗句建立起联系，再经过多次的诵读，多次的刺激，我们就把这首诗记在脑子里了。

你可能有过这样的经历，刚看过的内容有些能够长时间地保存在你的头脑中，有些则很快在脑海中消失。心理学家将能够长时间保持的记忆称为长时记忆，而在不到几分钟就忘了的记忆叫作短时记忆。心理学家还发现有一种记忆的时间更短，不到几秒钟就会忘记，并把这种记忆叫作瞬时记忆。不到几秒钟就忘记，这还能称为记忆吗？在心理学家眼里，记忆是指所有曾在我们脑海中留下的痕迹，而不在乎其长短。

为什么看得清，却记不住

下班回家的路上，小唐骑着自行车沿马路而行，突然，一辆带斗的卡车风驰电掣般从她身边驶过，竟把她刮倒在公路旁，她的头部、手脚都摔破了，司机却没有发现出了事故。她望了一眼车尾的牌号，可是没等她记住，卡车已经无影无踪了。总算万幸，没有出什么大问题，只是擦破了点皮。此刻，她想起一部小说曾描写过类似的情景，一位民警被一辆强行通过的汽车撞倒了，他躺在地上只是抬头看了一眼远去的汽车，便一动不动，待其他民警赶到时，他说出了汽车车牌号就闭上了眼睛。

电视连续剧《天下无敌》中曾有这样一段情节，赌王向瞬间驶过的一辆距离约 5 米的巴士只投去匆匆一瞥，就记住了上面密密麻麻的数行广告语，从而使一旁原本将信将疑的青年心服口服。

这样的情节当然是荒诞的，如果也给你那么一点时间（不超过 1 秒），向你出示一份约 4 行的材料，你能记住多少呢？4 个字？7 个字？还是 10 个字？可以肯定，你记住的不会超过 6 个字（或符号）。大量的心理学资料证明，无论在一次特定的呈现中共有几个字，我们一般都只能报告 4 ~ 5 个而已。即使让你看一辆路过的汽车的车牌号，你可能看得清清楚楚，但不等你把它们记下来，那辆车就走远了。

《三国演义》第六十回写益州牧刘璋手下有一人姓张名松，身材矮小，相貌丑陋，但是他的博闻强记世间罕有。刘璋派他出使魏国，曾驳倒当世名士杨修。杨修又拿出曹操仿《孙子兵法》著的兵书十三篇，张松看了一遍，便从头至尾背诵出来，竟无一字差错。杨修大惊，说："公过目不忘，真天下奇才也。"骇得曹操以为兵书为前人所著，便下令将自己所著的兵书烧了。

如果不是电视剧、小说夸张，便是民警、赌王、张松他们确有"特异功能"。就一般人而论，一目十行、过目不忘是不可能的。前面的事例中，为什么小唐没

有记住卡车的车牌号呢？她明明已经看到车牌号了啊，这是为什么呢？

1960年，心理学家斯伯林通过巧妙的实验设计，为我们解开了这一现象的答案，并且确认了一个新的记忆阶段——感觉记忆阶段。

斯伯林的实验是这样进行的：同时向被试呈现3、4、6、9等若干个数字，呈现时间是50毫秒，数字呈现后，立即要求被试尽量多地把数字再现出来。实验结果是，当呈现的数字数低于4个时，被试可以全部正确地报告出来；当数字增加到5个以上时，被试的报告开始出现错误，其正确率平均为4.5。这个结果使斯伯林设想，在感觉记忆中所保持的信息可能比报告的多些，只是由于方法的限制未能检查出来，于是他设计了另外一种方法。他按4个一排，一共3排的方式向被试呈现如下12个英文字母：

X M R J

C N K P

V F L B

呈现时间仍为50毫秒，其中每排字母都和一种声音相联系，如上排用高音、中排用中音、下排用低音。要求被试在字母呈现后，根据声音信号，对相应一排的字母作出报告（局部报告法）。由于三种声音的出现完全是随机安排的，因此被试在声音信号出现之前不可能预见要报告的是哪一行。这样，研究者就可以根据被试对某一行的回忆成绩来推断他对全部项目的记忆情况。

实验结果表明，当视觉刺激消失后，立即给予声音信号，被试能报告的项目数平均为9个，这比采用整体报告法几乎增加了一倍。由此，斯伯林认为，存在一种感觉记忆，它具有相当大的容量，但是保持的时间十分短暂。由于时间短暂，感觉记忆又被称为瞬时记忆，它是记忆的起始阶段。

大家也许已经注意到，我们上面特别指出的是视觉的瞬时记忆。瞬时记忆在存储的时候是以原来的方式存放在我们的感觉器官上，最多在我们的感觉皮层上留下痕迹，还没来得及加工，所以会受不同感官的性质所影响。比如，视觉的瞬时记忆时间不超过0.5秒，听觉的瞬时记忆时间则是2秒左右。我们可以同时看到很多东西，但是我们是不能一次听很多声音的，所以，听觉的瞬时记忆容量会比较小。

那么，瞬时记忆到底有什么用处呢？也就是说我们为什么需要瞬时记忆？你现在可能正坐在靠椅上，眼睛不自觉地扫描着每一行字。你知道你正在看什么，同时你也能隐隐约约感觉到周围的动静。你听得见翻书的声音，你感觉得到靠椅的舒适，你还能估计今天的温度跟昨天差不多，说不定你还闻到了早上刷牙后留下的清香……所有这些感觉在你看书时都是存在的，只是你在书上投入太多的注意而几乎没有意识到它们。但是如果有人突然推门进来，你可能会不自觉地抬起头，或者你已经从脚步声中听出来者是何人，为何事而来，总之，你是停下手中的书了。这说明你确实随时都意识到周围的变化的，瞬时记忆的作用就在于它暂时保持了你接受到的所有感官刺激以供你选择。我们需要它，因为在判断周围环境的刺激哪些是重要的，哪些是次要的，并选择对我们有意义的刺激的过程需要时间，而且这段时间不能太长，否则，我们就可能丢失下面更重要的信息。

打完电话就把刚才的号码忘了

在日常生活中，你可能有过这样的体会，给陌生人打电话，你先看一下电话号码，然后再拨电话，等你打完电话后，你已经想不起所打的电话号码了。这种记忆持续的时间不会超过一分钟，这段时间刚好可以拨完一个电话。一般来说，你经常拨打的一些电话号码你都会记住，如家中的电话、办公室的电话。但是，手机号码则不同，虽然只多了三四位数字，却比普通电话号码难记得多。为什么呢？这是因为此时你的记忆只进入了短时记忆阶段，短时记忆是信息从感觉记忆到长时记忆之间的一个过渡环节。

很早以前人们就注意到类似的现象。19 世纪，苏格兰的一位哲学家曾经说过："如果你将一把小圆球向地上扔去，你就会发现你很难立即看清 6 个以上，最多也不会超过 7 个。"1871 年，英国经济学家和逻辑学家威廉·杰沃斯说，往盆子里掷豆子时，如果掷上 3 个或 4 个，他从来没有数错过；如果是 5 个，就可能出错；如果是 10 个，判断的准确率为 0.5；如果豆子数达到 15 个，他几乎每次都数错。

如果读者有兴趣的话，可以找个人做下面这个简单易行的实验。一个人读下面的数字，另一个人努力记住所听到的数字，听完后按听到的顺序将数字写出来，看看最多能正确记住几个数字。注意，读数字时声音不要变调，前后要一致，读两个数字的时间间隔控制在一秒钟左右，如果不能准确控制时间的话，可以在读完一个数字后默念一下自己的名字，然后再读下一个数字。比如，要念 469 这一串数字，你先读"4"，然后默念自己的名字，再读"6"，再默念自己的名字，再

读"9"。念的时候从个数少到个数多的数字,记的人要等念完一串数字后才能动手将自己记住的按顺序写下来。每两串长度一样的数字都能记得正确无误才能进行下一组实验,直到这个人对某一长度数字不能完全记住为止。这样,我们就能知道他的短时记忆广度。

（以下"-"表示间隔一秒）

5-4-1

2-6-3

6-4-8-3

7-5-6-9

6-3-1-2-8

7-8-5-6-2

4-5-6-3-8-1

8-6-3-7-5-2

6-8-9-2-5-2-3

3-9-4-3-5-8-6

7-3-2-7-5-8-9-4

1-4-2-8-6-3-8-5

6-8-9-4-2-4-7-5-6

5-7-4-2-3-7-9-6-4

3-2-6-8-5-9-6-3-1-7

6-1-5-3-8-9-5-6-3-4

4-6-9-7-8-5-2-1-3-5-7

8-6-1-3-6-8-3-5-6-8-2

3-7-6-2-4-3-5-7-9-1-2-5

4-2-6-8-3-5-1-9-6-7-5-3

4-6-2-4-3-8-9-6-5-7-4-3-6

1-7-4-7-9-7-3-2-5-7-6-4-6

试试看,你能记住多少?

假如你的记忆力像一般人那样,你可能回忆出 7 个数字或字母,至少能回忆出 5 个,最多回忆出 9 个,即 7 ± 2 个。

这个有趣的现象就是神奇的"7±2效应"。这个规律最早是在19世纪中叶，由爱尔兰哲学家威廉·汉密尔顿观察到的。他发现，如果将一把弹子撒在地板上，人们很难一下子看到超过7个弹子。1887年，M.H.雅各布斯通过实验发现，对于无序的数字，被试能够回忆出数字的最大数量约为7个，而发现遗忘曲线的艾滨浩斯也发现，人在阅读一次后，可记住约7个字母。这个神奇的"7"引起许多心理学家的研究兴趣，从20世纪50年代开始，心理学家用字母、音节、字词等各种不同材料进行过类似的实验，所得结果都约是7，即我们头脑能同时加工约7个单位的信息，也就是说短时记忆的容量约为7。1956年，美国心理学家米勒教授发表了一篇重要的论文《神奇的数字7±2：我们加工信息能力的某些限制》，明确提出短时记忆的容量为7±2，即一般为7，并在5~9之间波动。这就是神奇的"7±2效应"。

但是实验中采用的材料都是无序的、随机的，如果是熟悉的字词或数字，这样短时记忆还只能容纳7个吗？例如"c-o-o-p-e-r-a-t-i-o-n"，这个字母序列已经有11个字母，如果学过英语的人听到这个序列很快就能明白这是个词，意思是"合作"，并能很好地回忆出来，这不是违背了短时记忆的"7±2效应"了吗？不是的，这恰恰是神奇"7±2"中存在的另一个奇特的现象。因为短时记忆中信息单位"组块"本身具有神奇的弹性，一个字母是一个组块，一个由多个字母组成的字词也是一个组块，甚至可以通过一些方法把小一些的单位联合成为熟悉的、较大的单位，而且对知识的熟悉程度还会对它产生影响。例如"认知心理学"5个字对于不懂心理学的人来说是5个组块；对稍懂心理学的人来说是两个组块（认知、心理学）；而对专业心理学学生、心理学家来说这5个字就只有一个组块。但不论人们储存的组块是什么，短时记忆的容量为7±2个组块。这就启示我们，组块可以把许多个别的信息单位结合成较大单位，组块为我们提供了一种超越短时记忆容量限度的方法，是提高记忆效率行之有效的手段之一。

有"永恒的记忆"吗

短时记忆尽管比瞬时记忆强些，但记忆时间也比较短。显然，记忆停留在这个阶段是用处不大的。那么，短时记忆怎样才能转入长时记忆呢？这中间有一个媒介，就是复述。如果我们对短时记忆中的信息不断复述，就可以使信息进入长时记忆，能够在头脑里保存几分钟、几天，甚至终生不忘。长时记忆是指存储时间在一分钟以上的记忆，信息的来源大部分是对短时记忆内容的加工，也有由于印象深刻而一次获得的。

长时记忆的信息提取有两种基本形式，即再认和回忆。

再认是指人们对感知过、思考过或体验过的事物，当它们再度呈现时，仍能认识的心理过程。回忆是人们过去经历过的事物的形象或概念在人们的头脑中重新出现的过程。再认与回忆没有本质的区别，但再认比回忆简单和容易。从个体心理发展来看，再认比回忆出现的时间要早。孩子在出生半年之后便可再认，而回忆的发展却要晚一些。再认和回忆有时会出现错误，发生错误的原因是多方面的。如接受的信息不准确，对相似的对象不能分辨，有的错误则是由于情绪紧张或疾病的影响。

长时记忆中的信息是有组织的知识系统。这种有组织的知识系统对人的学习和行为决策有重要意义。它使人能够有效地对新信息进行编码，以便更好地识记，也能使人迅速有效地从头脑中提取有用的信息，以解决当前的问题。例如，我们知觉事物、理解语言和解决问题等，都需要提取头脑中各种有关的信息。知识系统的组织程度不同，提取的速度不同，知觉、语言理解和问题解决的速度也就不一样。

事实证明，这种有系统、有组织的知识系统，对正确的回忆是很有帮助的。这就好比我们在图书馆里查找和提取书籍一样，图书摆放得越是有条理，查找起来就越方便，相反，放得越杂乱，提取就越困难。事实上，在记忆贮存中，系统地组织本身就是提取材料的线索。所以记忆是有规律的，掌握这些规律的人就会有好的记忆，反之，记忆的效果就会比较差。

如果有毛笔、橘子、狼、狗、苹果、铅笔、猫、钢笔、梨一组词，让你记忆一会儿，并默写下来，结果会如何呢？

你肯定把铅笔、毛笔、钢笔放在了一起，橘子、苹果、梨放在了一起，狼、猫、狗放在了一起……研究表明，即便是记一串彼此毫无联系的单词，人们也会试图对它们进行组织，这证明记忆是一个主动的过程。

各种有意义的信息在长时记忆中可能是以命题或概念网络的方式组织的。比如，我们都知道鸟这个概念，它属于脊椎动物。我们还知道自然界中各种鸟的类型。它们构成了网络上一个个结点，概念与概念间的从属关系把一个个结点连接起来。于是，知识、日常生活经验就在长时记忆中以一张张网络保存下来。当我们从长时记忆中提取信息时，结点就被激活了。激活作用也可能借助网络，沿着结点间的通路，从已经激活的部分向未激活的部分扩散。这也就是为什么我们常常在回忆起某个人、某件事的一部分信息后，会不由自主地回忆起与这个人、这件事有关的其他信息。

我们知道短时记忆保持的时间是一分钟以内，而长时记忆是指保持时间超过一分钟，可能是一小时、一天、一个月甚至一生。有人甚至认为进入长时记忆的内容除非出现特殊事故，如脑损伤，否则是永远不会忘记的。这一点显然与我们的经验有差距，在日常生活中我们发现，不管一个人的记忆力有多好，他总有忘事的时候。按照经验，这些结论可能会被认为是草率的。其实，临床实验的证据表明：当我们在记忆某些事情时，我们的大脑皮层的某一部位或某些相关组织发生了永久性的变化。

一个很著名的例子就是加拿大神经外科医生潘菲尔德（Pen-field）在1936年给一位十几岁患癫痫病的女孩打开脑壳，用微电极刺激大脑的不同皮层，当刺激到大脑某一部位时，女孩发出了恐怖的尖叫，手术激发她回想起童年时期发生的一件可怕的事情，而且仿佛又置身于当时的那种情景，女孩忍不住喊叫起来。

关于刺激大脑某部位引发某种体验的报道很多，其实，我们在现实生活中也常发生类似的事情。比如，你突然怎么也想不起一件事情，于是你暂时把它搁在一边不去费那份劲了，然而一次你到某个地方，参加了什么活动，碰见了某人，只要这些场合中有某些东西与先前"忘记了"的事件有一定联系，你可能就会想起来。这些有联系的东西相当于记忆的线索，忘了的事件就是隐蔽的秘密，你就像是侦探一样，抓住这些线索，顺藤摸瓜揭开秘密。其实，能够回忆出来就表明我们还没有彻底忘记。那么，是不是一旦记住的东西就真的永远不会忘记呢？不是。

不要等墙倒塌了再来造墙

人的大脑是一个记忆的宝库，人脑经历过的事物、思考过的问题、体验过的情感和情绪、练习过的动作，都可以成为人们记忆的内容。例如，英语学习中的单词、短语和句子，甚至文章的内容都是通过记忆完成的。但记忆的保持是非常难的，因为我们的大脑要经历遗忘。

遗忘和保持是矛盾的两个方面。记忆的内容不能保持或者提取时有困难就是遗忘，如识记过的事物，在一定条件下不能再认和回忆，或者再认和回忆时发生错误。

遗忘有各种情况，能再认但不能回忆叫不完全遗忘。在我们读书时经常有这种感觉，很多内容非常熟悉，但就是回忆不起来。我们读了大量的书，觉得底蕴很深，结果在考试的时候，发觉见了熟悉，但让自己默写下来，却有些困难。不能再认也不能回忆叫完全遗忘。完全遗忘在患有失忆的人身上体现得最为明显，对自己过去所有的事情都记不起来了，在电视上我们经常看到，患有失忆的人连自己的亲人是谁都不认得了。一时不能再认或重现叫临时性遗忘。对于这一点，考试怯场最能说明问题，本来平时学习成绩很好，考试时却突然大脑一片空白，什么都想不起来了，结果考砸了，考完后可能又重新回忆起来了。永久不能再认或回忆叫永久性遗忘。永久遗忘在生命里更是经常发生的，比如，小时候的一些事情，我们小的时候可能会记得，但长大以后也许记不得了，也没有心情去记了，便是永久地遗忘了。

德国著名的心理学家艾滨浩斯最早研究了遗忘的发展进程，他受费希纳的《心理物理学纲要》的启发，采用自然科学的方法对记忆进行了实验研究。

艾滨浩斯创造了一些无意义音节，如 zup、rif、bik 等，使用这些音节作为记忆材料，就避免了人在记忆过程中过去知识经验的影响。而且，因为没有意义，也就避免了联想记忆的作用。艾滨浩斯将几个无意义音节排成一列，让参加实验的人反复学习这样一系列的无意义音节，直到能够按音节的排列顺序回忆出这一系列音节为止，记下完全记住所用的学习次数。然后有计划地让他们在某段时间后回忆学习过的一系列音节（每次回忆都使用不同的音节系列），看看他们还记住多少。但艾滨浩斯不是简单地统计还能回忆几个音节，而是采用一种更巧妙而又准确的方法来计算还记得多少，他让参加实验者重新学习不能完全回忆的无意义音节系列，直到能够再次完全回忆为止，记下重新学习的次数。将第一次学习的次数减去重新学习的次数再除以第一次学习的次数，最终结果就是还保留下来的百分比。用公式表示如下：

$$R = \frac{N-n}{N} \times 100\%$$

其中：R——记住的百分比

N——第一次学习的次数

n——重新学习的次数

艾滨浩斯用这种方法对记忆做了系统的研究，得到不同时间间隔记忆所保持艾滨浩斯的百分比。

下表记录了他的一些研究结果。

遗忘的进程表			
次序	时距（小时）	保持的百分数（%）	遗忘的百分数（%）
1	0.33	58.2	41.8
2	1	44.2	55.8
3	8.8	35.8	64.2
4	24	33.7	66.3
5	48	27.8	72.2
6	144	25.4	74.6
7	744	21.1	78.9

从表中我们可以看出，遗忘在学习之后立即开始，遗忘的过程最初进展得很快，以后逐渐缓慢。例如，在学习20分钟之后遗忘就达到了41.8%，而在31天之后遗忘仅达到78.9%。根据这个研究，他认为"保持和遗忘是时间的函数"。他还将实验的结果绘成曲线，这就是著名的艾滨浩斯遗忘曲线（如图所示）。图中竖轴表示学习中记住的知识数量，横轴表示时间（天数），曲线表示记忆量变化的规律。后来很多人重复了他的实验，所得结果和艾滨浩斯的结论大体相同。

这条曲线告诉人们在学习中的遗忘是有规律的，即"先快后慢"的原则。这个规律就是在记忆的最初阶段遗忘的速

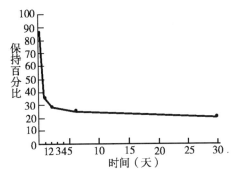

艾滨浩斯遗忘曲线

（资料来源：查普林和克拉威克，1983）

度最快，后来就逐渐减慢了，到了相当长的时间后，几乎就不再遗忘了。观察这条遗忘曲线，你会发现，学得的知识在一天后，如不抓紧复习，就只剩下原来的25%。随着时间的推移，遗忘的速度减慢，遗忘的数量也就减少。

而且，艾滨浩斯还在关于记忆的实验中发现，记住12个无意义音节，平均需要重复16.5次；为了记住36个无意义音节，需重复54次；而记忆6首诗中的480个音节，平均只需要重复8次！这个实验告诉我们，凡是理解了的知识，就能记得迅速、全面而牢固。不然，死记硬背是费力不讨好的。因此，比较容易记

忆的是那些有意义的材料，而那些无意义的材料在记忆的时候比较费力气，在以后回忆起来的时候也很不轻松。因此，艾滨浩斯遗忘曲线是关于遗忘的一种曲线，而且是对无意义的音节而言。对于与其他材料的对比，艾滨浩斯又得出了不同性质材料的不同遗忘曲线，不过它们大体上都是一致的。

俄国伟大的教育家乌申斯基曾经说过："不要等墙倒塌了再来造墙。"这句话生动地描绘了遗忘曲线应用的精髓：及时复习。遗忘规律要求我们学习之后要立即进行复习，加强记忆，并且以后还要再复习几次，但复习的时间间隔可以逐渐增加。比如学习的第一天后进行第一次复习，三天后再复习一次，下一次的复习则可安排在一周之后，以此类推。不管间隔时间多长，总之要在发生遗忘的时刻及时复习，克服遗忘。

艾滨浩斯遗忘曲线是艾滨浩斯在实验室中经过了大量测试后，产生了不同的记忆数据，从而生成的一种曲线，是一个具有共性的群体规律。此遗忘曲线并不考虑接受试验个人的个性特点，而是寻求一种处于平衡点的记忆规律。

但是记忆规律可以具体到我们每个人，因为我们的生理特点、生活经历不同，可能导致我们有不同的记忆习惯、记忆方式、记忆特点，所以，不同的人有不同的艾滨浩斯遗忘曲线。规律对于自然人改造世界的行为，只能起一个催化的作用，如果与每个人的记忆特点相吻合，那么就如顺水扬帆，一日千里；如果与个人记忆特点相悖，记忆效果则会大打折扣。因此，我们要根据每个人的不同特点，寻找到自己的遗忘规律，在大量遗忘尚未出现时及时复习，就能收到巩固成绩的效果。

记忆中的"虎头豹尾"现象

"余风！背诵一下上节课我们学过的课文《春》。"

余风慢慢腾腾地从座位上站起来。唉！讲完了一课就要背诵，烦死了！背诵对他来说真是天大的难事。

"盼望着，盼望着，东风来了，春天的脚步近了。一切都像刚睡醒的样子，欣欣然张开了眼。山朗润起来了，水涨起来了……水涨起来了……"

才流利地背了几句，余风的舌头就开始打结了，他紧锁着眉头，挠着后脑勺使劲回想着。唉！怎么又忘了？昨天还会背的！每次都是这样，开头之后就忘记了！

老师皱着眉头看着他。

"老师！我会最后几段！"突然，余风兴奋起来，接着，他的嘴就像上了膛的机关枪一样，"嘟嘟嘟"地喷出"珍珠"一串串。

"春天像刚落地的娃娃，从头到脚都是新的，它生长着。

"春天像小姑娘，花枝招展的，笑着，走着。

"春天像健壮的青年，有铁一般的胳膊和腰脚，领着我们上前去。"

"老师！完了！"最后，他大声报告说。

看着他滑稽的样子，全班同学哄堂大笑。

对于这样的情形你是否有一种似曾相识的感觉呢？为什么余风不记得课文中间的部分，只记得开头和结尾呢？心理学家研究发现，学习材料的位置和顺序对记忆效果有重要的影响。

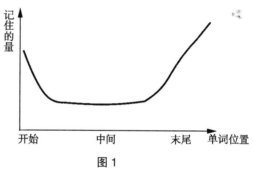

图1

1961 年，加拿大心理学家默多克给被试呈现了一系列无关联的词，如：铅笔、氧气、公园、蚂蚁、明星、火机、鼠标、剪刀……研究者先让被试按一定顺序学习这一系列的单词，然后让他们自由回忆。也就是说，不必按照他们学习的顺序回忆出来，想到哪个单词就说出哪个单词。结果发现，最先学习的

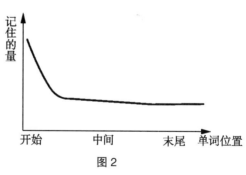

图2

和最后学习的单词的回忆成绩较好，而中间部分的单词回忆成绩较差。根据实验的结果，绘出的曲线图1。

心理学家把这种现象称为系列位置效应。开始部分较好的记忆成绩称为首因效应，结尾部分较优的记忆成绩称为近因效应。

从图中我们可以看到，结尾部分的回忆成绩比开始部分的成绩要好。这一点很好理解，因为这是我们刚刚记忆的部分，还没有经过时间的考验，与开始部分的记忆效果在本质上是有区别的，毕竟开始部分记得最早，却还没有遗忘。显然，

结尾部分的记忆机制与开始部分的记忆机制不同。为了考察这一点，研究者改进了上面的实验，让被试在看完单词系列后马上做 30 秒的心算，然后再自由回忆，结果发现近因效应已经消失。见曲线图 2。

为什么做一个心算作业，结尾部分的内容就记不住了呢？其实如果我们将记单词与心算看作是同一个任务，那么心算作业就是结尾部分，而原来单词的结尾部分就变成中间部分了。不过读者可能还是有疑问，为什么单词的结尾部分在 30 秒内就被遗忘，而开始部分却还一直记得？这种现象说明记忆内部是有差别的。从这个实验我们不难看出记忆能力是有限的，我们需要时间来记住更多的内容。

我们如何在实际的学习和生活中应用这个规律呢？至少有两点是我们可以从中获益的。第一，学习的时候，应该不断变换学习的开始位置。比如在背诵一篇课文时，不要每次都是从起始读到末尾，有时也应该从文章的中间部分开始读起，这样才不至于只记得开始部分和结尾部分，却忘了中间部分。第二，学习的过程中留下一点时间间隔可以加强记忆的效果，特别是完成了某一部分学习内容后更应该留个 5 ~ 10 分钟的时间来休息。这样可以巩固已经学习过的内容，同时也不至于太疲劳而影响下面的学习。

第五章

"你为什么要这样做"——动机与行为

徐悲鸿为何在买画时赞画

"动机"一词来源于拉丁文"movere"，即推动的意思。心理学家认为，动机是由一种目标或对象所引导、激发和维持的个体活动的内在心理过程或内部动力。换句话说，动机是一种内部心理过程，而不是心理活动的结果。对于这种内部过程，我们不能进行直接地观察，但是，我们可以通过任务选择、努力程度、对活动的坚持性和言语表达等外部行为间接地推断出来。通过任务选择我们可以判断个体行为动机的方向、对象或目标；通过努力程度和坚持性我们可以判断个体动机强度的大小。动机是构成人类大部分行为的基础。动机是在需要的基础上产生的，它对人的行为活动具有3种功能：

1. 激活的功能

动机能激发一个人产生某种行为，对行为起着始动作用。例如，为了消除饥饿而引起择食活动，为了获得优秀成绩而努力学习，为了取得他人赞扬而勤奋工作，为了摆脱孤独而结交朋友等。动机激活力量的大小，是由动机的性质和强度决定的。一般认为，中等强度的动机有利于任务的完成。

早在新中国成立前，徐悲鸿刚到北平时，便经常去琉璃厂的字画店里浏览，搜集古今的优秀字画。遇上他所喜爱的，就会情不自禁地说"这是一张好画！""这是难得的精品！"等，直说得站在旁边的画商眉开眼笑，本来没有打算要高价的，现在却向徐悲鸿提出了高价。而徐悲鸿一旦看中，便不再计较价钱。有时为了买画，家中的钱又不够，他就再添上自己的画。徐悲鸿当时的经济条件并不富裕，他自己的生活过得十分俭朴，连双皮鞋都要到旧货摊上去买，他的妻子廖静文有时埋怨他说："你何必在画商面前表示你那样喜爱这张画呢？你不会冷静一些吗？你总是让人家看出你非买不可，结果你原可以少出一些钱就能买到的画，也被人家要了高价。"徐悲鸿温和地点头笑了，承认她的话很有道理。但是，下一次再遇到画商送来好画时，他还是情不自禁地赞不绝口。

徐悲鸿为什么买画时赞画？从心理学的角度来解释，就是他作为一个画家，是赏画而不是买画，赏和买是不一样的，再高的价格，他也要拿下，这正是他作为一个职业画家的赏画动机在起作用。徐悲鸿终生不知疲倦地收集我国古代传统绘画，使它们能得到自己的研究、整理和保护。当一幅好画突然出现在他面前时，他激动、他兴奋、他赞赏。假如他对一幅真正的好画能装出无动于衷的样子，那他就不是画家徐悲鸿了。

2. 指向的功能

动机不仅能唤起行为，而且能使行为具有稳固和完整的内容，使人趋向一定的志向。动机是引导行为的指示器，使个体行为具有明显的选择性。例如，在学习动机的支配下，人们可能去图书馆或教室；在休息动机的支配下，人们可能去电影院、公园或娱乐场所；在成就动机的驱使下，人们会主动选择具有挑战性的任务等。由此可见，动机不一样，个体活动的方向和所追求的目标也是不一样的。

沃特出身贫寒。他在读小学时，曾在西雅图滨水区靠卖报和擦皮鞋来养家糊口。后来，他成了阿拉斯加一艘货船的船员。17岁高中毕业后，他就离开了家，加入了流动工人大军中。

他的同伴都是些倔强的人。他赌博，同所谓"边缘人物"混在一起，军事冒险者、逃亡者、走私犯、盗窃犯等一类人都成了他的同伴。他参加了墨西哥潘琼·维拉的武装组织。"你不接近那些人，你就不会参与那些非法活动，"沃特说，"我的错误就是同这些不良的伙伴搞在一起。我的主要罪恶就是同坏人纠缠在一起。"

他时常在赌博中赢得大量的钱，然后又输得精光。最后，他因走私麻醉药物而被捕，受到审判并判了刑。

沃特进入了莱文沃斯监狱时34岁。以前尽管他和坏人在一起，但从未因此而入狱。他遭受到磨难，他声称任何监狱都无法牢牢地关住他，他寻找机会越狱。

但此时发生了一个转变。这一转变使沃特把消极的心态改变为积极的心态。在他的内心中，有某种东西嘱咐他，要停止敌对行动，变成这所监狱中最好的囚犯。从那一瞬间起，他整个的生命浪潮都流向对他最有利的方向。沃特的思想从消极到积极的转变，使他开始掌握自己的命运了。

他改变了好斗的性格，也不再憎恨给他判刑的法官。他决心避免将来重犯这种罪恶。他环视四周，寻找各种方法，以便在狱中尽可能地过得愉快些。

首先，他向自己提出了几个问题，并在书中找到这些问题的答案。此后，他开始认真地学习，并努力上进，等出狱后，他刻苦努力，开了自己的公司，他当上了董事长，实现了人生的蜕变。

沃特从囚犯到老板的蜕变过程，起决定作用的就是动机的指向性功能，指导着沃特重新设计了新的目标，并最终实现。

3. 维持和调整的功能

动机能使个体的行为维持一定的时间，对行为起着续动作用。当活动指向于个体所追求的目标时，相应的动机便获得强化，因而某种活动就会持续下去；相反，当活动背离个体所追求的目标时，就会降低活动的积极性或使活动完全停止下来。需强调的是，将活动的结果与个体原定的目标进行对照，是实现动机的维持和调整功能的重要条件。

由于动机具有这些作用，而且它直接影响活动的效果，因而研究和分析一个人的活动动机的性质、作用是非常重要的。

五个玩牌的小孩为何心思各异

动机是为实现一定的目的而行动的原因。动机是个体的内在过程，行为是这种内在过程的表现。各种动机理论都认为，动机是构成人类大多数行为的基础。

需要是人积极性的基础和根源，动机是推动人们活动的直接原因。人类的各种行为都是在动机的作用下，向着某一目标进行的，而人的动机又是由于某种欲求或需要引起的。

人的动机来源于需要，需要激发人的动机。

葛礼夏、阿尼雁、阿辽夏、索尼雅和厨娘的儿子安德烈，坐在饭厅里桌子四周玩"运气"——孩子们在赌钱。赌注是一个戈比。

他们玩得正起劲。就数葛礼夏脸上的神情顶兴奋——他打牌完全是为了钱。要是茶碟里没有戈比，那他早就睡了——担心赢不成的那份恐惧、嫉妒，他那剪短头发的脑袋里装满的种种金钱上的顾虑，不容他安安静静地坐着。

他妹妹阿尼雁是一个 8 岁的姑娘——也怕别人会赢——钱不钱，她倒不放在心上。对她来说，赌赢了，是面子问题。

另一个妹妹索尼雅——她是为玩牌而玩牌——不管谁赢了,她总是笑,拍手。

阿辽夏——他既不贪心,也不好面子。只要人家不把他从桌子上赶走,不打发他上床睡觉,他就感激不尽了——他在那儿与其说是为了玩"运气",还不如说是为了看人家起纠纷,这在打牌时是免不了的。要是有人打人,或者骂人,他就十分高兴。

第五个玩牌的人是厨娘的儿子安德烈——自己赢了也好,别人赢了也好,他都不关心,因为他全副精神注意着这种游戏的数字,注意着那不算复杂的原理,这世界上到底有多少不同的数字呢?它们怎么会算不错?

葛礼夏、阿尼雁、阿辽夏、索尼雅与安德烈每个人的需要不同,导致他们玩牌的动机不一样,所以不同的需要决定了不同的动机。

但不是所有的需要都能转化为动机,需要转化为动机必须满足两个条件:

第一,需要必须有一定的强度。就是说,某种需要必须成为个体的强烈愿望,迫切要求得到满足。如果需要不迫切,则不足以促使人去行动以满足这个需要。

第二,需要转化为动机还要有适当的客观条件,即诱因的刺激,它既包括物质的刺激也包括社会性的刺激。有了客观的诱因才能促使人去追求它、得到它,以满足某种需要;相反,就无法转化为动机。例如,人处荒岛,很想与人交往,但荒岛缺乏交往的对象(诱因),这种需要就无法转化为动机。

按心理学所揭示的规律,欲求或需要引起动机,动机支配着人们的行为。当人们产生某种需要时,心理上就会产生不安与紧张的情绪,成为一种内在的驱动力,并驱使人选择目标,并进行实现目标的活动,以满足需要。需要满足后,人的心理紧张消除,然后又有新的需要产生,这样周而复始,循环往复。

为何饥肠辘辘时难以自我实现

需要是人们对必需的客观事物的一种情感倾向的取舍,它是人的心理活动的重要动力。由于客观事物与人的需要之间的关系不同,人对客观事物存在着不同的情感倾向,且随之产生不同的心理变化和外部表现。能满足或者符合人的需要的事物,就会产生肯定的情感,或褒奖,或喜爱,或积极地支持;反之,则会产生否定的情感,或贬斥,或厌恶,或消极地反对。根本的原因是看其是否符合需要。

当一个人饥饿难忍时,他一心所想的就是如何寻找食物,而不会顾及其他事情。在这个时候，其他需要无论是安全感也罢，爱欲也罢，或争强好胜也罢，都显得无关紧要。然而当他对食物和水的需要已经获得满足之后，该需要就不再位居中心地位，而其他方面的需要就可能变得更为重要。这些现象为一个关于人类动机的理论提供了部分事实依据，该理论就是马斯洛提出的需要层次理论。该理论在心理学界产生了巨大影响。

马斯洛的需要层次理论

马斯洛认为人的一切行为都是由需要引起的，他把人类所有需要划分为 5 个层次，从生理需要、安全需要、归属和爱的需要、尊重的需要，一直到自我实现的需要，从低级到高级依次排列为阶梯状，如图。

（1）生理需要，即人对食物、空气、水、性和休息等的需要。它是人类最原始、最基本的需要。

（2）安全需要，是人对生命财产的安全、秩序、稳定免除恐惧和焦虑的需要。这是人在生理需要获得相当程度的满足之后，随之而来的新的要求。这种需要主要是免于生命危险，避免基本的生理需要被剥夺。

（3）归属和爱的需要，是人要求与他人建立情感联系，如结交朋友、追求爱情的需要。在前两个层次的需要得到基本满足之后，归属关系和爱的需要遂成为强烈的动机，即希望归属或被赋予一定的社会团体，成为群体中一员。爱也是一种归属，包括爱与被爱两个方面。

（4）尊重的需要，包括自我尊重和被他人和社会尊重。这种需要若得到满足，就会感受到自信、价值和能力，反之，则会产生自卑和失去信心。

（5）自我实现的需要，是指人最大限度地发挥自己的潜能，不断完善自己，实现自己理想的需要。这是一种最高层次的需要，是充分发挥个人的潜能、才赋的心理需要，也是一种创造和自我价值得到实现的需要。所谓"自我实现"即追求自我理想的实现。用马斯洛的话来概括就是：音乐家必须演奏音乐，画家必须绘画，诗人必须写诗，这样才能使他们感到最大的快乐。是什么样的角色就应该干什么样的事。我们把这种需要叫作自我实现。

这5种需要都是人的最基本的需要。这些需要是天生的，与生俱来的。

马斯洛认为，需要的层次越低，它的力量越强，潜力越大。随着需要层次的上升，需要的力量相应减弱。在高级需要出现之前，必须先满足低级需要。只有在低级需要得到满足或部分得到满足以后，高级需要才有可能出现。例如，当一个人饥肠辘辘，或为自己的安全而感到恐惧时，他是不会追求归属或爱的需要的。因此，在从动物到人的进化中，高级需要出现得较晚。所有生物都需要食物与水分，但是只有人类才有自我实现的需要。

马斯洛看到了高级需要与低级需要的区别，要满足高级需要，必须先满足低级需要，但他并没有把两者绝对对立起来。他认识到在人的高级需要产生以前，低级需要只要部分地得到满足就可以了。他还认识到，在人类历史上，那些为实现理想和事业胜利，而不惜牺牲一切，甚至自己生命的人，是不考虑自己的生理需要和安全需要的。此外，个体对需要的追求也表现出不同的情况，有人对自尊的需要超过了对爱的需要和归属需要。他们只有在感到非常自信并觉得有价值时，才会追求爱与归属的需要。

一心想考好成绩却偏偏发挥失常

动机除了具有激活和维持行为的功能以外，它与行为的关系是十分复杂的。同一种行为可能有不同的动机，即各种不同的动机通过同一种行为表现出来；不同的活动也可能有同一种或相似的动机。例如，在同一个班级中，学生的学习动机可能是各种各样的。有的学生希望成为优等生，在班上拔尖，得到老师和同学的称赞；有的学生为了报答父母的养育之恩，不愿辜负父母、亲友的期望；有的学生是在英雄、模范人物的影响下，希望学好本领，将来为建设祖国服务；有的学生没有明确的动机，上学只是为了混日子等。这些不同的动机都表现在同一种学习行为中。学习动机不同，学习效果也会不一样。另外，同一种动机，也可以产生不同的行为。例如几个人都想休息，但有的去剧院，有的去散步，有的去划船等。

在同一个人身上，行为的动机也是多种多样的，其中有些动机占主导地位，称主导动机；有些动机处于从属地位，称从属动机。例如，一个学生的主导学习动机是学到真才实学，长大后为人民服务，但是，同时他也有成为优等生、报答父母养育之恩的愿望,这些动机则处于从属的地位。主导动机和从属动机的结合,组成个体的动机体系,推动个体的行为。所以,个体的活动往往不是受单一动机的驱使,而是由他的动机体系所推动的。

动机与工作效率的关系主要表现在动机强度与工作效率的关系上,动机不足或动机过强都会影响工作效率。研究表明,成就动机强的学生比成就动机弱的学生更能坚持学习,学习成绩也更好。

洛厄尔曾选择两组成就动机强弱不同、其他条件差不多的大学生作为被试,通过实验比较他们的学习效率。实验任务是要求他们将一些打乱了的字母组成单词,如将字母 w、t、s 和 e 组成单词 west 等。结果表明,成就动机较强的学生在这种学习中取得较好的成绩,进步较快;成就动机弱的学生则没有明显的进步。

学习成绩的好坏有激发或削弱学习动机的作用。学习成绩好,满足了原有的学习需要,可以促进学习动机的增强;学习成绩差,原有的学习需要得不到满足,则会使学习动机受到削弱。

心理学研究表明,动机强度与工作效率之间的关系不是一种线性关系,而是倒 U 形曲线关系。中等强度的动机最有利于任务的完成,也就是说,动机强度处于中等水平时工作效率最高,一旦动机强度超过了这个水平,对行为反而会产生一定的阻碍作用。如学习动机太强,急于求成,反而容易产生焦虑和紧张,干扰记忆和思维活动的顺利进行,使注意和知觉的范围变得过于狭窄,学习效率降低。在考试时动机过强的学生,一心想考出好成绩,但临场发挥时处于高度紧张状态,过于担心考不好,结果往往不能充分发挥出真正的水平,甚至不及格,这便是动机过强反而降低了工作效率的典型例子。所以说,为了使行为效率提高,就应避免动机过强或过弱,而应使其处于最佳水平。当动机处于最佳状态时,在其他因素恒定的情况下,就能最大限度地提高行为效率。

研究发现,各种活动都有一个最佳的动机水平。动机的最佳水平往往会因任务的性质不同而不同。在比较容易的任务中,工作效率有随机的提

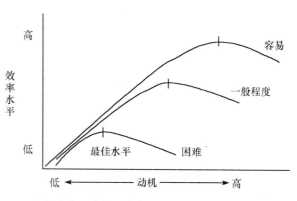

任务难度、动机强度与工作效率之间的关系示意图

高而上升的趋势；而在比较困难的任务中，动机最佳水平有逐渐下降的趋势。这种现象是叶克斯和多德森（Yerkes&Dodson）通过动物实验发现的。如上图所示，随着任务难度的增加，动机最佳水平有逐渐下降的趋势，这种现象称为叶克斯—多德森定律。

另外，动机强度的最佳水平还会因人而异，表现出个别差异。进行同样难度的学习活动，对有些人来说，动机强度的最佳点比较高，而对另一些人来说，动机强度的最佳点可能要低一些。

因此，在生活中，我们要适当调整自己的动机强度，使其达到最佳水平，这样才能使工作效率最高，也更有利于任务的完成。

抢得火把的山匪为何没有走出山洞

动机与效果的关系也是十分复杂的，这里的效果是指社会效果。一般说来，良好的动机应该产生良好的行为效果；反之，不良的动机则会产生不良的社会效果，这就是动机与效果的统一。但是，在实际生活中，动机与效果不统一的情况也时有发生。如一个孩子想帮父母收拾一下屋子，但是不小心打碎了窗户上的玻璃或是撞碎了桌上的花瓶。从动机讲无可非议，但是却产生了不好的效果。因此，好的动机不一定能产生好的效果。对此，我们要认真分析，具体对待，不能一概而论。

古时候，有个商人遇到了劫匪，劫匪把他赶到山洞里，并抢了他的钱，结果两人都在山洞里迷了路。

之后，两个人开始寻找洞的出口。在他们追逐时，并未细察，其实这个山洞极深极黑，且洞中有洞，纵横交错。两个人置于洞内，宛如身处一个地下迷宫。这时，山匪又转回身来，商人想："这下完了，看来这个山匪还是要杀人灭口。"没想到，山匪只是拿走了商人准备为夜间照明用的火把。

山匪很庆幸，他点燃火把，就像点燃了生命之光。山匪借着火把的亮光在山洞里行走。火把给他的行走带来了很大的方便，他可以看清脚下的石头，能看清周围的石壁，因而他不会碰壁，不会被脚下的石头绊倒。但是，山匪走来走去，就是走不出这个山洞。为了避免在原路上重复，他把抢得的钱每隔一段路放一张，终于，所有的钱一张一张地都放完了，他多希望在他的路上再也不看到它们。可是，他就是走不出这个山洞。最后，他终于绝望了，并因力竭而死在了洞里。

商人因为失去了火把，没有了照明，他在黑暗中摸索行走得十分艰辛，他不时会碰壁，不时被石头绊倒，鼻子被擦破了、脸被摔肿了。但是，正是因为他一直置身于一片黑暗之中，所以，眼睛能够敏锐地感受到洞口折射进来的微弱的光亮。于是他迎着这一束微弱的光摸索着爬行，最终逃离了山洞。

数日后，这个商人带了随从及火把、路标，再次走进了这个山洞，发现了山匪的尸体，也看到了那一张张作为路标的钱。其中有的钱距离洞口并不远。

山匪抢钱，目的在于过上不劳而获的好日子。正是这钱，使他进入了虎口一般的山洞。山匪抢了钱财之后，返回身去抢火把，目的在于走出山洞，保全性命。可正是因为火把的光亮，山匪的动机总是和目的不一致，他无法看到洞口射来的微亮，永远地留在了洞内。

上面我们讲了，不良动机导致结果变化的动机效果不一致，下面我们再看一个善良动机带事美好结局的动机效果不一致情况。

很多年以前，一个暴风雨的晚上，有一对老夫妇走进一家旅馆的大厅要求订房。

但客房已满，服务生一脸无奈，但服务生看着两个老人可怜的样子，同情顿生，于是把自己的住房让给了老人。

第二天一大早，当老先生下楼来付住宿费的时候，那位服务生婉言拒绝了老先生，说："我的房间是免费给你们住的，我昨天晚上在这里已经取得了额外的钟点费，房间的费用本来就包含在这里面了。"老先生说："你这样的员工是每一个旅馆老板梦寐以求的，也许有一天我会为你盖一座旅馆。"年轻的服务生听了笑了笑。他明白这对老夫妇的好心，但他只当它是一个笑话。

又过了几年，服务生突然接到老先生的来信，并要他去曼哈顿，给他一个旅馆，服务生如约而至。老板果真给了他一个旅馆，这家饭店就是美国著名的渥道夫·爱斯特莉亚饭店的前身，这个年轻的服务生就是该饭店的第一任总经理乔治·伯特。乔治·伯特怎么也没有想到，自己用一夜的真诚换来的竟是一生的辉煌回报。

小伙子留老夫妇住宿，当时的动机只有一个，即帮人于危难之中。而面对老先生要付住房费时，就会有两个动机，一是收钱，获得经济上的回报；另一个是婉言拒收，塑造自己的人格。

小伙子用自己的善良动机打动了老夫妇，给他带来了意想不到的效果，小伙子的动机与效果并不一致，但这样的不一致却带来了极大的成功。

·第六章·

"冲动是魔鬼"——情绪和情感

喜怒哀乐是怎么一回事

你一定有过这样的经历：遇到喜庆的事情就会喜上眉梢，遇到生气的事情就会愤怒无比，遇到伤心的事情就会悲哀怜怜，遇到高兴的事情就会开心快乐……其实，这一切都要归属于我们的情绪。

情绪是人类最熟悉、体会最深的一种心理活动。我们每个人都有情绪反应，而喜怒哀乐是最基本的情绪状态，每个人都在反复体验着这些情绪，那么情绪究竟是怎么一回事呢？

一般认为，情绪是个体感受并认识到刺激事件后而产生的身心激动反应。

何谓刺激事件？此处所说的刺激事件不仅指来自外部环境的某种刺激（诸如，看见一只色彩斑斓的蜘蛛、一句滑稽的话、一声婴儿的啼哭，等等），而且还包括来自个体内部环境的生理上的以及心理上的刺激。具体而言，胃痛或牙痛、饥饿干渴、气喘心跳等属于身体内部的生理刺激，而想到度假、想到考试、想到恋人、想到去世的朋友等则属于来自内心的刺激，它们都会引起你的情绪反应。

个体对刺激事件的认识，比如，一种气味，淡淡的，你嗅到后并无异样感受，如果是一阵水果的味道，那是你喜欢吃的水果，这种香味让你感到愉悦。但是，另一种你不喜欢吃的水果散发阵阵气味，你闻到后感到很难受，这些都是由于外界刺激而引起的情绪。

我们几乎每天都要表达自己的情绪，"今天我高兴"，"我现在很懊恼"，"昨天那事让我感到很难过"，"吓死我了"，"真恶心"，"我喜欢你"……也会描述他人的情绪，"他太紧张了"，"这人怎么这么开心"，"我父亲对我很生气"，"昨晚圣诞节舞会上，大家都很兴奋"。情绪是我们每个人不可缺少的生活体验，情绪是有血有肉的生命的属性，"人非草木，孰能无情"。

我们的情绪在很大程度上受制于我们的信念、思考问题的方式。如果是因为身体的原因而使自己产生不愉快的情绪，则可借助药物来改变身体状况。但我们非理性的思维方式就像我们的坏习惯一样，都具有自我损害的特性，而又难以改变。这正是情绪不易控制的真正原因。

情绪的好和坏事实上与我们自己的心态和想法有关，与刺激关系并不大。一件事，在别人眼中看着是悲哀的，在你眼中也许就是喜乐的，看自己怎么想了。

情绪无所谓对错，常常是短暂的，会推动行为，易夸大其词，可以累积，也可以经疏导而加速消散。

人类拥有数百种情绪，它们或泾渭分明，如爱恨对立；或相互渗透，如悲愤、悲痛中有愤恨；或大同小异的情绪彼此混杂，十分微妙，往往只可意会难以言传。在纷繁复杂、波谲云诡的情绪面前，语言实在是有点苍白无力。

人的基本情绪有以下几种：

（1）快乐：快乐是一种愉快的情绪，是人的需要得到满足时产生的喜悦体验。

（2）愤怒：愤怒与快乐是相对的两极，怒是由于事与愿违，期望不仅未能如愿，反而出现根本不愿意见到的东西，从而使原有的紧张不仅未能解除，反而有更加严重的心理的压力体验，或突然遭到意外，瞬间引起的心理感受。

（3）悲哀：悲哀产生于所热爱和所盼望的事物突然消失或泯灭，是心理感受到的失落、空虚、渺茫、不知所措，是心理上另一种刺痛的体验。

（4）恐惧：恐惧是一种极度紧张的心理状态，极端严重时可有濒死感、失控感、大祸临头感，伴有明显的生理变化，如面色苍白、呼吸急促、小便失禁、冒虚汗等。

为什么董方卓"得罪"了克劳琛

你一定有过这样的经历：兴高采烈的时候，看什么都顺眼，做什么都顺手；情绪一落千丈的时候，觉得自己什么事都不顺心，什么都做得不好。其实，这就是情绪的强大影响力。能够控制自己的情绪的人，往往人际关系也会处理得很好，相反人际关系则处理得不好。

董方卓"得罪"克劳琛可以说就是没有控制好情绪所带来的一种人际关系的风波。

在一次世青赛中，中德相遇，最后两分钟，克劳琛换上了董方卓，在触了两脚球后，比赛结束了。董方卓和其他所有的中青队员都很难受。这时候克劳琛走到了他的跟前，想安慰他一下，但董方卓蹦了起来，甩开克劳琛的手，顺势一推，

伴随着英语"Fuck off"。

这个时候，董方卓没有控制好自己的情绪，也因此"得罪"了克劳琛，引起了一场风波。虽然比赛后头脑渐渐冷静下来的董方卓，也为赛后的行为和言语感到后悔，但弥补这种因情绪失控而带来的不良人际关系，董方卓却要花费更多的努力。

事实上，情绪的好与坏和我们自己的心态及想法密不可分。一件事，在别人眼中看来是悲哀的，在你眼中也许就是喜乐的，关键是你自己怎么想了。下面就是一个非常有趣的例子。

有两个秀才一起去赶考，路上他们遇到了一支出殡的队伍。看到那一口黑糊糊的棺材，其中一个秀才心里立即"咯噔"一下，凉了半截，心想：完了，真触霉头，赶考的日子居然碰到这个倒霉的棺材。于是，心情一落千丈，走进考场，那个"黑糊糊的棺材"一直挥之不去，结果，文思枯竭，名落孙山。

另一个秀才也同时看到了这个棺材，一开始心里也"咯噔"了一下，但转念一想：棺材，棺材，噢！那不就是有"官"又有"财"吗？好，好兆头，看来今天我要红运当头了，一定高中。于是心里十分兴奋，情绪高涨，走进考场，文思如泉涌，果然一举高中。

面对同一口棺材，两个秀才产生了完全不同的情绪，进而造成了两种不同的结果。这就是情绪对一个人的巨大影响。

情绪就像一把双刃剑，消极不良时可以像敌人一样袭击我们，积极健康时可以像朋友一样帮助我们。所以，我们一定要做情绪的主人，经常保持积极的情绪。正如卡耐基所言："没有一种胜利比战胜自己及自己的冲动情绪更伟大，因为这是一种意志的胜利。"

保持积极情绪状态的方法有很多种，包括宽容别人，保持积极乐观的心态，能接纳自己的情绪变化，善于及时调整自己的不良心态，掌握有效的自我调节的方法等。

如果你不慎掉进了河沟里，不妨想想也许有一条鱼会游进你的口袋；当遭遇困难和逆境时，想想"失败乃成功之母"，振作精神，那么，下一步就会走向成功。如果你经常保持着这样一种积极的情绪状态，在与人打交道的时候，你也就不容易因为自己的坏情绪而与他人产生误会争端。

"情绪"是"需要"能否满足的晴雨表

情绪是人对客观事物的态度的体验，是人的需要获得满足与否的反映。它是人对客观现实的一种反映形式，但不同于认识过程。认识过程是人对客观事物本身的反映，而情绪则是反映客观事物与人的主观需要之间的关系。需要是人的情绪产生的根源和基础。当客观事物能够满足人的需要时，就会使人产生积极的情绪，如考试取得好成绩会兴高采烈，得到梦寐以求的爱情会激动不已；反之，当客观事物不能满足人的需要时，就会使人产生消极的情绪，如失去亲人会悲痛欲绝，遇到危险会紧张恐惧，恋爱受挫会失望悲伤等。人类的需要是多种多样的，既有生理需要又有社会需要，既有物质需要又有精神需要，涉及方方面面，因而就会产生复杂多样的情绪。

可以说，情绪是人的需要是否得到满足的晴雨表。

1. 当需要得到满足时情绪表现为喜

喜是一种愉快、高兴的情绪，由于需要的满足有助于人的生存和发展，可不再为之操劳、奔波和烦心，因而安宁、愉快、喜悦的心情便自然流露出来。此外，人的情绪还明显受到个性倾向的制约。凡与人的需要、兴趣、理想、信念相符合的事物都会产生愉快、满足和喜悦的情绪和情感，表现出欢迎、接纳的态度；反之，则会产生失望、不安、厌恶等不良情绪并拒绝、抵制与此相关的事物。人为了生存除了必须得到衣食住行等生活资料外，还需要精神生活条件，如学习、劳动、文化娱乐、贡献等。因此，凡需要能够得到满足时，人就会表现出喜悦的情绪。

2. 当需要得不到满足时情绪表现为愁、忧、怒

如果生存所需要的物质无法得到，就必然会影响生存和生活，也就会引起心理的波动而产生愁、忧、怒以及失望、不安、惧怕等情绪反应。因为人是社会性的高级生物，所以社会性的精神需要得不到满足时将产生同样的情绪反应。

《红楼梦》中，林黛玉虽寄人篱下，免不了敏感多疑，但她对宝玉痴心一片，期望得到宝玉的爱，希望能与宝玉成亲。一天，她无意中听到丫头雪雁在与紫鹃说悄悄话，雪雁轻轻告诉紫鹃"宝玉定亲了"。听罢，黛玉便感到头晕目眩，脸色苍白，好像被谁掷在大海里一般，跌跌撞撞回到了潇湘馆，从此一病不起，一日重似一日，太医治疗，全无效果。又一天，黛玉在昏睡中又听得雪雁与侍书在门外闲聊，说的又是宝玉的亲事，她俩说，宝玉没有定亲，老太太心里已经有了

人了，这个人是"亲上加亲，就在园中住着"。黛玉心里寻思，这个"亲上加亲，就在园中住着"的人，莫不是自己吧，顿时心神觉得清爽了许多，病竟渐渐地好了。黛玉这一前一后截然不同的状态，正是情感需要满足与否的情绪反应。

由此可见，情绪由人的需要而定，当人的需要得到满足时，会产生积极的情绪体验，反之，人的需要一旦无法得到满足，便会产生消极的情绪体验。

情绪的"风情万种"：心境、激情、应激

情绪状态是指在某种事件或情境的影响下，在一定时间内所产生的某种情绪，其中较典型的情绪状态有心境、激情和应激3种。

1.心境

心境是一种比较微弱而持久的情绪状态。它具有弥漫性的特点，往往影响着人的整个精神状态，并且在一段时间内，使周围的事物染上同样的情绪色彩。例如，喜悦的心情往往会使人感到心情舒畅，万事如意，办任何事情都顺利；而悲伤心情则会使人感到凡事枯燥乏味，悲凉忧伤。所谓"忧者见之则忧，喜者见之则喜"，就是指人的心境。

一般来说，心境持续的时间较长，从几个小时到几周、几个月或者更长时间，主要是取决于心境的各种刺激的特点与每个人的个性差异。例如亲人去世，往往会使人处于较长时间的郁闷心境，而且个性差异对这种心境也会带来不同的影响。抑郁质的人会助长这种郁闷的心境，而胆汁质的人可能会缩短或减缓这种心境。

心境对人的工作、生活、学习以及健康都有很大影响。积极、良好的心境会使人振奋、提高效率、有益于健康；而消极、不良的心境会使人颓丧、降低活动效率、有损健康。

有一天，卡特来到一家装潢讲究的珠宝店，走近柜台，顺手把一个手提包放在柜台上。他挑了一件挂件，觉得不理想，又挑了一件。

"请问这一挂件是哪里产的？"卡特问道。

"香港。"营业员热情地回答说。

应该说，这一挂件是很合他的心意的。但是，这时，一个衣着讲究、仪表堂堂的男士推门走进珠宝店，也过来选珠宝。卡特礼貌地把自己的包移开，但是这

人却愤怒地瞪他一眼。他的眼神告诉卡特，他是个正人君子，绝对无意碰卡特的手提包。他觉得他受到了侮辱，重重地把门关上，走出珠宝店："哼！神经病。"

莫名其妙地被人这么嚷了一通，卡特非常生气，再也没有心思买珠宝了，随手放下已被看中的挂件，出门开车回家。

马路上的车像一条巨大而蠢笨的毛毛虫，缓慢地蠕动着，看着前后左右、密密麻麻的车，卡特愈来愈生气！心情极为烦躁，真想狠狠地破坏一些什么东西。

不久，卡特的车与一辆大型卡车同时到达一个交叉路口。他心想，这家伙仗着他的车大，一定会冲过去的。当他下意识准备减速让行时，卡车却先慢了下来，司机将头伸出窗向卡特招招手，示意让他先过去，脸上挂着一个开朗愉快的微笑。

"嘟——嘟——"卡特按了两声喇叭，表示对他的谢意，然后一踩油门，迅速将车子开过路口。这时，卡特突然发现满腔的不愉快一下子全没了。

珠宝店中的男士不知从哪儿接受了愤怒，又把这种情绪传染给卡特，带上这种情绪，卡特眼中的世界都充满了敌意。

每件事、每个人好像都在和他作对。直到看到卡车司机灿烂的笑容，他用好心情消除了卡特的敌意。

2. 激情

激情是一种迅速强烈地爆发而时间短暂的情绪状态，如狂喜、绝望、暴怒等。在激情爆发时，常常会伴有明显的外部表现，如咬牙切齿、面红耳赤、顿足捶胸、拍案叫骂等。有时候甚至会出现痉挛性的动作或者言语混乱。激情的发生主要是由生活中具有重要意义的事件引起的。此外，过度地抑制和兴奋，或者相互对立的意向或愿望的冲突也容易引起激情的状态。激情有积极与消极之分，积极的激情合成为激发人正确行动的巨大动力；而消极的激情常常对机体活动具有抑制的作用，或者引起过分的冲动，做出不适当的行为。

伯牙和成连学琴，学了几年，可弹出的声音却和成连不一样，他不明白，于是问成连。

成连微笑着说："我且问你，你演奏的时候是不是一直都感到你在弹琴？"

"那当然了。"伯牙更迷惑了。

成连哈哈大笑起来："常言道：'师可教其法，不可教其心。'你学会了我的技巧，但修行还不到家，所以不能与乐曲融为一体、合二为一，时时还在想着自己该如何拨动琴弦。"

伯牙若有所悟，问道："那么您在想什么呢？"

"曲子不同，感觉也就不一样。"成连看着伯牙，一副"只可意会，不可言传"的神态。

"那为何我在弹每一首曲子的时候，感情都是一样的呢？"伯牙诚恳地问。

"一样的感情，说明你没有感情。无感情地弹奏，听者不会动情，你缺少的正是这个。"

"那么您教我如何有感情吧！"伯牙央求道。

"哦……"成连沉吟片刻，"我只会教你弹琴，不会教你如何有感情。不过，我有一个法子，就是你乘船到东海去体验一番，在东海上弹琴试试。"

于是伯牙抱着琴来到东海，在海上风起浪涌，波涛汹涌的海水拍打着两岸的山石，发出巨大的轰鸣声。伯牙的小船随海浪时高时低，海水从四面冲向船舷，仿佛要把小船吞没。他抓住船帮，遥望蓬莱山，只见山上树木葱茏，山林杳冥，野兽出没，群鸟悲号。伯牙忽然感到悲情顿生，便弹起琴来。伯牙紧闭双眼，感情如海水一样在胸中涌动，呼吸与琴声一起时快时慢，伯牙渐渐地感到自己随琴声在海浪与山间穿梭。就在这种激情之下，他弹出了名曲《水仙操》。

伯牙被伟大的自然力所震撼，恐惧崇高的激情可以情景交融，终于创作出了不朽的名作。

3. 应激

应激是指在出乎意料的情况下所引起的情绪状态。例如，人们遇到突然发生的火灾、水灾、地震等自然灾害时，刹那间人的身心都会处于高度紧张状态之中。此时的情绪体验，就是应激状态。

在应激状态中，要求人们迅速地判断情况，瞬间作出选择，同时还会引起机体一系列的明显的生理变化。比如心跳、血压、呼吸、腺体活动以及紧张度等都会发生变化。适当的应激状态，使人处于警觉状态之中，并通过神经内分泌系统的调节，使内脏器官、肌肉、骨骼系统的生理、生化过程加强，并促使机体能量的释放，提高活动效能。而过度地或者长期地处于应激状态之中，会过多地消耗掉身体的能量，以致引起疾病和导致死亡。

人在应激状态时，一般会出现两种不同的表现：一种是情急生智，沉着镇定；另一种是手足无措，呆若木鸡。有些人甚至会发生临时性的休克等症状。在应激状态下人们会出现何种行为反应是与每个人的个性特征、知识经验以及意志品质等密切相关的。

有一次，拿破仑骑着马正穿越一片树林，忽然听到一阵呼救声，情况很紧急，他扬鞭策马，朝着发出喊声的地方骑去。来到湖边，拿破仑看见一个士兵跌入湖里，一边挣扎，一边却向深水中漂去。岸边的几个士兵慌成一团，因为水性都不好，只能无可奈何地呼喊着。

拿破仑见此情景，便朝那几个士兵问道："他会游泳吗？""他只能扑腾几下，现在恐怕不行了。"一个士兵回答道。拿破仑立刻从侍卫手中拿过一支枪，朝落水的士兵大声地喊道："你还往湖中爬什么，还不赶快游回来！"说完，朝那人的前方开了两枪。落水人听出是拿破仑的声音，也看到子弹射入水中，似乎增添了许多力量，只见他猛地转身，扑通扑通地向岸边游来，不一会儿就游到了岸边。落水的士兵被大家七手八脚救上岸来，小伙子惊魂初定，连忙向拿破仑致敬："陛下，我是不小心落入水中的，您为什么在我快要淹死时还要枪毙我呢？"拿破仑笑着说："傻瓜，我那只不过是吓你一下，要不然，你真的要淹死了！"经他这样一提醒，大家才恍然大悟，打心底更加佩服拿破仑的足智多谋。

拿破仑的做法是很有道理的。士兵在这种应激时刻，已经丧失理智，手足失措，陷入慌乱之中，不能自救。对他开一枪，就能使他镇定，使其行为保持一种高度激活的状态。

短暂的情绪 vs 持久的情感

情绪和情感是十分复杂的心理现象，它既是在有机体的种族发生的基础上产生的，又是人类社会历史发展的产物。西方心理学著作常常把无限纷繁的情感和情绪概称为感情。这样，感情的概念就包括了心理学中使用的情感和情绪两个方面。

日常生活中，人们对情绪与情感并不作严格的区别，但在心理学中，情绪与情感是既有区别又有联系的两个概念。

情绪和情感二者的区别表现在：

第一，情绪通常是与生理需要相联系的体验。例如，由于饮食的需求而引起满意或不满意的情绪，由于危险情景引起的恐惧，和搏斗相联系的愤怒等。因此，情绪为人和动物所共有。但是，人的情绪在本质上与动物的情绪有所不同。即使人类最简单的情绪，在它产生和起作用的时候，都受人的社会生活方式、社会习俗和文化教养的影响和制约。由于这个原因，人在满足基本需要的生活活动中，

那些直接或间接地与人的这些需要相联系的事物，在人的反应中都带有各种各样的情绪色彩。例如，难闻的气味能引起厌恶的情绪，素雅整洁的房间使人产生恬静舒适的心情。

第二，情绪具有情境性、冲动性和短暂性。它往往由某种情境引起，一旦发生，冲动性较强，不容易控制，外显成分比较突出，表现形式带有较多的原始动力特征。时过境迁，情绪就会随之减弱或消失。情感具有稳定性、深刻性、持久性，是对人对事稳定的态度体验，它始终处于意识的控制之下，且多以内隐的形式存在或以微妙的方式流露出来。例如，孩子的顽皮可能引起母亲的愤怒，但这具有情境性，每一个做母亲的绝不会因为孩子引起她的一次生气，而失掉亲子之爱的情感。

除了区别，二者的联系也是非常紧密的，这主要体现在：

一方面，情感依赖于情绪。人先有情绪后有情感，情感是在情绪的基础上发展起来的，而且情感总是通过各种不断变化的情绪得以表现，离开具体情绪，人的情感就难以表现和存在。例如，当人们看到小偷行窃时，愤恨的情绪使人产生正义感；看到自己的祖国遭到外敌入侵时，就会产生无比愤怒和激动的情绪，由此而表现出崇高的爱国主义情感。

另一方面，情绪也有赖于情感。情绪的不同变化，一般都受个人已经形成的社会情感的影响。例如，在非常艰苦的条件下，人们受高尚情感的支配，可以克服很多常人难以想象的困难，让自己的情绪服从于情感。

在现实生活中，人的情绪与情感是难以彼此分离的两种心理现象。就大脑的活动而言，情绪与情感是同一物质过程的心理形式，是同一事物的两个侧面或两个着眼点，是相互依存、不可分割的，有时甚至可以互相通用。

表情是情绪的指南针

情绪和情感是人的一种内部主观体验，但是这种内部体验又伴随着一些外部表现，即表情。日常生活中，我们可以通过观察他人的面部表情、姿态表情、语音表情来推知他的情绪体验。

面部表情是指通过眼部肌肉、颜面肌肉和嘴部肌肉的变化来表现各种情绪状态。

人的眼睛是最善于传情的，不同的眼神可以表达人的各种不同的情绪和情感。例如,高兴和兴奋时"眉开眼笑",气愤时"怒目而视",恐惧时"目瞪口呆",悲伤时"两眼无光",惊奇时"双目凝视"等等。眼睛不仅能传达感情,而且可以交流思想。人们之间往往有许多事情只能意会,不能或不便言传,在这种情况下,通过观察人的眼神可以了解他的内心思想和愿望,推知他们的态度:赞成还是反对、接受还是拒绝、喜欢还是不喜欢、真诚还是虚假等。可见,眼神是一种十分重要的非言语交往手段。艺术家在描写人物特征、刻画人物性格时,都十分重视通过描述眼神来表现人的内心的情绪和情感,栩栩如生地展现人物的精神风貌。

嘴部肌肉的变化也是表现情绪和情感的重要线索。例如,憎恨时"咬牙切齿",紧张时"张口结舌"等,都是通过嘴部肌肉的变化来表现某种情绪的。

心理学家艾克曼通过实验发现,人脸的不同部位具有不同的表情作用。例如,眼睛对表达忧伤最重要,嘴部对表达快乐与厌恶最重要,而前额能提供惊奇的信号,眼睛、嘴和前额等对表达愤怒情绪很重要。我国心理学家林传鼎的实验研究也证明:嘴部肌肉对表达喜悦、怨恨等少数情绪比眼部肌肉重要;而眼部肌肉对表达其他的情绪,如忧愁、惊骇等,则比嘴部肌肉重要。

不同的面部表情表达特定的情绪,我们可以通过观察他人的面部表情来识别他人的情绪。如下表所示:

不同情绪的面部模式	
情绪	面部模式
兴奋	眼眉朝下、眼睛追踪着看、倾听
愉快	笑、嘴唇朝外朝上扩展、眼笑(环形皱纹)
惊奇	眼眉朝上、眨眼
悲痛	哭、眼眉拱起、嘴朝下、有泪有韵律地啜泣
恐惧	眼发愣、脸色苍白、脸出汗发抖
羞愧、羞辱	眼朝下、头低垂
轻蔑、厌恶	冷笑、嘴唇朝上
愤怒	皱眉、眼睛变狭窄、咬紧牙关、面部发红

姿态表情可分成身体表情和手势表情两种。身体表情是表达情绪的方式之一。人在不同的情绪状态下,身体姿态会发生不同的变化,如高兴时"捧腹大笑",恐惧时"紧缩双肩",紧张时"坐立不安"等等。举手投足、两手叉腰等身体姿势都可表达个人的某种情绪。

手势常常是表达情绪的一种重要形式。手势通常和言语一起使用,表达赞成还是反对、接纳还是拒绝、喜欢还是厌恶等态度和思想。手势也可以单独用来表达情感、思想，或做出指示，在无法用言语沟通的条件下，单凭手势就可表达开始或停止、前进或后退、同意或反对等思想感情。"振臂高呼"、"双手一摊"、"手舞足蹈"等手势，分别表达了个人的激愤、无可奈何、高兴等情绪。心理学家的研究表明，手势表情是通过学习得来的。它不仅有个别差异，而且存在民族或团体的差异。同一种手势在不同的民族中用来表达不同的情绪。

除面部表情、姿态表情以外，语音、语调表情也是表达情绪的重要形式。我们都知道，朗朗笑声表达了愉快的情绪，而呻吟表达了痛苦的情绪。言语是人们沟通思想的工具，同时，语音的高低、强弱、抑扬顿挫等，也是表达说话者情绪的手段。例如，当播音员转播乒乓球的比赛实况时，他的声音尖锐、急促、声嘶力竭，表达了一种紧张而兴奋的情绪；而当他播出某位领导人逝世的讣告时，语调缓慢而深沉，表达了一种悲痛而惋惜的情绪。

总之，面部表情、姿态表情和语调表情等，构成了人类的非言语交往形式，心理学家和语言学家称之为"体态语"。人们之间除了使用语言沟通达到互相了解之外，还可以通过由面部、身体姿势、手势以及语调等构成的体语，来表达个人的思想、感情和态度。在许多场合下，人们无需使用语言，只要看看脸色、手势、动作，听听语调，就能知道对方的意图和情绪。

·第七章·

江山易改，本性难移——人格

"你怎么总是这样！"

在遇到分歧的时候，我们似乎总能听到这样的对白："你怎么总是这样！""我就是这样，怎么着吧！"……正所谓"江山易改，本性难移"。每个人都有自己长时间形成、很难改变的"本性"，即我们的"人格"。

人格是一个心理学术语，类似于我们平常说的个性，是指一个人与社会环境相互作用表现出的一种独特的行为模式、思维模式和情绪反应的特征，也是一个人区别于他人的特征之一。因此人格就表现在思维能力、认识能力、行为能力、情绪反应、人际关系、态度、信仰、道德价值观念等方面。人格的形成与生物遗传因素有关，但是人格是在一定的社会文化背景下产生的，所以也是社会文化的产物。

从心理学角度讲，人格包括两部分，即性格与气质。性格是人稳定个性的心理特征，表现在人对现实的态度和相应的行为方式上。从好的方面讲，人对现实的态度包括热爱生活、对荣誉的追求、对友谊和爱情的忠诚、对他人的礼让关怀和帮助、对邪恶的仇恨等；人对现实的行为方式比如举止端庄、态度温和、情感豪放、谈吐幽默等。人们对现实的态度和行为模式的结合就构成了一个人区别于他人的独特的性格。在性格这个问题上，恩格斯曾说，人的性格不仅表现在做什么，而且表现在怎么做。做什么说明一个人在追求什么、拒绝什么，反映了人对现实的态度，怎么做说明人是怎么追求的，反映了人对现实的行为方式。性格从本质上表现了人的特征，而气质就好像是给人格打上了一种色彩、一个标记。气质是指人的心理活动和行为模式方面的特点，赋予性格光泽。同样是热爱劳动的人，可是气质不同的人表现就不同：有的人表现为动作迅速，但粗糙一些，这可能是胆汁质的人；有的人很细致，但动作缓慢，可能是黏液质的人。气质和性格就这样构成了人格。

人格很复杂，它是由身心的多方面特征综合组成。人格就像一个多面的立方体，每一方面均为人格的一部分，但又不各自独立。人格还具有持久性。人格特质的构成是一个相互联系的、稳定的有机系统。张三无论何时何地都表现出他是张三；李四无论何时何地也都表现出他是李四。一个人不可能今天是张三，明天又变成李四。

从前，有一个地方住着一只蝎子和一只青蛙。一天，蝎子想过一条大河塘，但不会游泳，于是它就央求青蛙道："亲爱的青蛙先生，你能载我过河吗？"

"当然可以。"青蛙回答道，"但是，我怕你会在途中蜇我，所以，我拒绝载你过河。"

"不会的。"蝎子说，"我为什么要蜇你呢，蜇你对我没有任何好处，你死了我也会被淹死。"

虽然青蛙知道蝎子有蜇人的习惯，但又觉得它的话有道理，它想，也许这一次它不会蜇我。于是，青蛙答应载蝎子过河。青蛙将蝎子驮到背上，开始横渡大河。就在青蛙游到大河中央的时候，蝎子实在忍不住了，突然弯起尾巴蜇了青蛙一下。青蛙开始往下沉，它大声质问蝎子："你为什么要蜇我呢？蜇我对你没有任何好处，我死了你也会沉到河底。"

"我知道，"蝎子一面下沉一面说，"但我是蝎子，蜇人是我的天性，所以我必须蜇你。"说完，蝎子沉到了河底。

正如上面故事所表现出来的，人格具有稳定性。在行为中偶然发生的、一时性的心理特征，不能称为人格。例如，一位性格内向的大学生，在各种不同的场合都会表现出沉默寡言的特点，这种特点从入学到毕业不会有很大的变化。

人格的稳定性并不排除其发展和变化，人格的稳定性并不意味着人格是一成不变的。人格变化有两种情况：第一，人格特征随着年龄增长，其表现方式也有所不同。同是焦虑特质，在少年时代表现为对即将参加的考试或即将考入的新学校心神不定，忧心忡忡；在成年时表现为对即将从事的一项新工作忧虑烦恼，缺乏信心；在老年时则表现为对死亡的极度恐惧。也就是说，人格特性以不同行为方式表现出来的内在秉性的持续性是有其年龄特点的。第二，对个人有重大影响的环境因素和机体因素，例如移民异地、严重疾病等，都有可能造成人格的某些特征，如自我观念、价值观、信仰等的改变。

不过，需要注意，人格改变与行为改变是有区别的。行为改变往往是表面的变化，是由不同情境引起的，不一定都是人格改变的表现。人格的改变则是比行为更深层的内在特质的改变。所以，你如果想改造一个人，应该明白，这种改变是有限的。

人格是天生的还是后天形成的

想必，你一定很不解，人格究竟是怎样形成的呢？

科学地讲，尽管不同的流派有不同的观点，但对我们大多数人来说，人格的形成是先天的遗传因素和后天的环境、教育因素相互作用的结果。

1. 遗传因素

目前人格的先天与后天之争已不很热烈，因为遗传因素和其他因素在人格发展过程中总是交替出现的。遗传因素的重要性随人格的不同而异。例如，遗传对智力有很大的影响。心理学家根据以往的研究结果推估，智力高低的决定75%受遗传的影响，25%受环境因素的影响。也有不少研究结果显示，遗传因素与人格失常有密切的关系，精神病质人格是可能遗传的，只不过有此遗传的人是否会发病还需看外界诱因而定。

2. 生理因素

影响人格的生理因素主要是内分泌腺的功能，内分泌腺的脑下垂体会分泌多种荷尔蒙，与人格密切有关的有三种：生长荷尔蒙、性荷尔蒙和肾上腺皮质素。另外，一个人的体格、仪表、健康状况也对人格的形成具有影响。

青少年时期，个体的身体变化比较大，并且自我意识渐渐强烈，因此生理因素对人格的影响也比较大。如相貌漂亮者可能较自信，对自己相貌不满意的可能会形成自卑退缩的性格。

3. 气质因素

气质是个体与生俱来的。不同的气质类型必然会有不同的人格特质。因为不同气质类型的人有不同的行为、活动、情绪反应，这对人格的形成有重大影响。

4. 家庭因素

从出生到五六岁，是形成人格的最重要的阶段，这一阶段的儿童绝大部分时间是在家中度过的。因此家庭环境对于个体人格的影响远远超过其他时期的影响。

一般学者认为，喂奶方式与大小便训练等育儿方式可能与日后的人格发展有关。父母的管教方式也影响着子女的人格发展，如溺爱方式易导致子女依赖、退缩、情绪不稳定、工作缺乏信心、抱负水平低、易受别人意见左右等特质；完全放任的方式可能使子女无法养成是非观念，因而不易适应团体生活；而严格的管教方式，易使子女形成诚实、礼貌、谨慎、负责的性格，但也可能表现出羞怯、敏感、对人屈从等特点。一般认为，良好的人格和民主式的管教方式密切相关。

不同的人，不同的气质

我们先来看这样一个故事：

有一对孪生兄弟，一个出奇地乐观，一个却非常悲观。

有一天，他们的父亲欲对他们进行"性格改造"。于是，父亲把那个乐观的孩子锁进了一间堆满马粪的屋子里，把悲观的孩子锁进了一间放满漂亮玩具的屋子里。

一个小时后，父亲走进悲观孩子的屋子里，发现他坐在一个角落里，一把鼻涕一把眼泪地在哭泣。父亲看到悲观的孩子泣不成声，便问："你怎么不玩那些玩具呢？""玩了就会坏的。"孩子仍在哭泣。

当父亲走进乐观孩子的屋子时，发现孩子正在兴奋地用一把小铲子挖着马粪，把散乱的马粪铲得干干净净。看到父亲来了，乐观的孩子高兴地叫道："爸爸，这里有这么多马粪，附近肯定会有一匹漂亮的小马，我要给它清理出一块干净的地方来！"

一对孪生兄弟何以会有如此大的差别呢？其实，这是因为他们的气质不同。

我们常说的气质，指的是在情绪反应、活动水平、注意和情绪控制方面所表现出来的稳定的质与量方面的个体差异。即平常我们所说的脾气、秉性。

人的气质是先天形成的，孩子一出生，最先表现出来的差异就是气质差异。气质是人的天性，它只给人们的言行涂上某种色彩，但不能决定人的社会价值，也不直接具有社会道德评价含义。气质不能决定一个人的成就，任何有气质的人经过自己的努力可能在不同实践领域中取得成就，也可能成为平庸无为的人。

古希腊著名医生希波里特（公元前 460～公元前 377 年）很早就观察到人有不同的气质，他认为人体内有四种体液：血液、黏液、黄胆汁和黑胆汁。希波里特根据人体内的这 4 种体液的不同配合比例，将人的气质划分为 4 种不同的类型：

多血质：体液中血液占优势；

黏液质：体液中黏液占优势；

胆汁质：体液中黄胆汁占优势；

抑郁质：体液中黑胆汁占优势。

下面的这个故事形象地描述了在同一情境中四种气质类型的人的不同表现。

四个不同气质类型的人去剧院看戏，但同时迟到了。检票员拦在门口，告诉他们不能进入，只有等到这一幕结束，幕间休息时才能进入。

这时，胆汁质的人与检票员吵了起来，企图进入剧院，他分辩说戏院的表走快了，他进去不会影响别人，并且企图推开检票员闯进剧院。

多血质的人面对这样的情形，立刻明白，检票员是不会让他进去的，但他猜楼上应该有小门，就跑到楼上看能不能从小门进去。

黏液质的人看到检票员不让他进入戏院，就想："第一场大概不精彩吧！我还是暂时到小卖部喝茶，等幕间休息再来吧！"

抑郁质的人则会想："我老是不走运，偶尔来一次戏院，就这么倒霉。"接着就回家去了。

接下来，我们再看一下上述四种气质各具有哪些典型的特征。

1. 多血质

灵活性高，易于适应环境变化，善于交际，在工作、学习中精力充沛而且效率高；对什么都感兴趣，但情感兴趣易于变化；有些投机取巧，易骄傲，受不了一成不变的生活。代表人物：韦小宝、孙悟空。

2. 黏液质

反应比较缓慢，坚持而稳健地辛勤工作；动作缓慢而沉着，能克制冲动，严格恪守既定的工作制度和生活秩序；情绪不易激动，也不易流露感情；自制力强，不爱显露自己的才能；固定性有余而灵活性不足。代表人物：鲁迅。

3. 胆汁质

情绪易激动，反应迅速，行动敏捷，暴躁而有力；性急，有一种强烈而迅速燃烧的热情，不能自制；在克服困难上有坚忍不拔的劲头，但不善于考虑能否做到，工作有明显的周期性，能以极大的热情投身于事业，也准备克服且正在克服通向目标的重重困难和障碍，但当精力消耗殆尽时，便失去信心，情绪顿时转为沮丧而一事无成。代表人物：张飞、李逵。

4.抑郁质

高度的情绪易感性，主观上把很弱的刺激当作强作用来感受，常为微不足道的原因动感情，且有力持久；行动表现上迟缓，有些孤僻；遇到困难时优柔寡断，面临危险时极度恐惧。代表人物：林黛玉。

气质本身并没有好坏之分，因为任何一种气质类型都有其积极的一面和消极的一面。例如，多血质的人灵活、亲切，但是轻浮、情绪多变；黏液质的人沉着、冷静、坚毅，但是缺乏活力、冷淡；胆汁质的人积极、生气勃勃，但是暴躁、任性、感情用事；抑郁质的人情感深刻稳定，但是孤僻、羞怯。因而，我们要注意发扬气质中积极的方面，克服消极的方面。

性格与体型是否有联系

如今，无论是从美的角度，还是从健康的角度，人们对体型的要求越来越高了。

事实上，体型就是指人身材的胖瘦、高矮和各部分之间的比例状态，它是人最明显的外部生理特征之一。体型与人的性格、心理相关的观点在日常生活中是很流行的，如在中国古代的"相面术"中就常常把人的性格、心理同人的外部相貌、体型特征联系起来，20世纪西方学术界对此也多有探讨。

德国精神病医生克雷奇米尔在上世纪20年代首先将体型与性格心理联系起来，进行了系统研究。他确定了4种基本体型：矮胖型、瘦长型、强壮型、异常型。他指出不同体型者有不同的性格和心理，而且发现不同体型的人易患的病症也不相同，其结论大致如下：

矮胖型，其气质是躁狂性的，具有外向的性格，易患躁狂抑郁症、高血压、高血糖等，心理特点急性、快速；

瘦长型，具有分裂气质，性格内向、顺从、胆小害羞、偏执，易患精神分裂症，心理趋向封闭、自我；

强壮型，具有黏着气质，有冲动性行为，癫痫病人中绝大多数属这一类型，心理无常、无序；

发育异常型，有抑郁气质，性格软弱，心理极端封闭，与世隔绝。

20世纪40年代，美国医生谢尔登继承并发展了克雷奇米尔的理论。他区分出3种体型：内胚层型（柔软、丰满、消化器官发达）、中胚层型（肌肉发达、强壮有力）、外胚层型（瘦长、虚弱、神经系统敏感）。由此，他划分出3种人格类型：内胚层型占主导的人为"内脏优势型"，其特征是悠闲、好吃、行为缓慢、喜社交、宽宏大量，其心理特点为平和、善解人意；中胚层型占主导的人为"身体紧张型"，其特征是自信、大胆、健壮、精力充沛、冒险冲动，心理特点为任性、刚愎；外胚层型占主导的人为"大脑紧张型"，其特征是内向、拘谨、胆怯、不好社交、工作热心负责、爱好艺术，心理特点为懦弱、稳重有余。

体型说作为一种了解自己与他人性格心理的简明的辅助手段，是有一定价值的。但它把复杂的性格及心理同简单、明显的体型相联系，则过于简单化，在对人进行预测时也往往并不灵验，因而当我们使用它时，最好遵循"尽信书不如无书"的原则，以免被其所左右。

人心如面，各不相同

中国古代有个成语叫"人心如面"，指每个人的思想像每个人的面貌一样，各不相同。

其实，它就是在说人心理的个别差异。而在这些差异当中，性格是非常重要的一个方面，人与人之间的差异首先表现在性格上。

如果一个人对现实的一种态度，在类似的情境下不断地出现，逐渐地得到巩固，并且使相应的行动方式习惯化，那么这种较稳固的对现实的态度和习惯化了的行动方式所表现出的心理特征就是性格。例如，一个人在为人处世中总是表现出高度的原则性、热情奔放、豪爽无拘、坚毅果断、深谋远虑、见义勇为，那么这些特征就组成了这个人的性格。构成一个人的性格态度和行动方式，总是比较稳固的，在类似的甚至不同的情境中都会表现出来。当我们对一个人的性格有了比较深切的了解后，就可以预测到这个人在一定的情境中将会做什么和怎样做。

我们可以针对学生性格上的特点，对学生进行帮助和教育。例如，一个学生比较自信、勇敢、有毅力，但又比较任性和粗暴；另一个学生缺乏自信、不好外露、没有主见、易受暗示，但有一股韧劲。当他俩去完成同样的任务时，对前者就要叮嘱他注意工作方法，密切联系群众；对后者则要给予更多的鼓励、更具体的帮助。

性格和能力都是个性心理特征，但性格和能力不同。能力是决定心理活动效率的基本因素，人的活动能否顺利进行，这与能力有关。性格则表现为人的活动指向什么、采取什么态度、怎样进行。例如，一个人识记比较差，反映的是这个人的能力特点。如果这个人不论识记什么材料，总是粗枝大叶、马马虎虎，这就反映了这个人对现实的特殊的态度和某种习惯了的行动方式，而这就是这个人的一种性格特点。同样，某人思考一些问题总是很深刻、很有逻辑性，就表明了这个人的一种智能特点。如果这个人考虑问题总是很细心、很周到，处事很谨慎，行动很坚定，就在言行态度上反映了这个人的性格特点。

小 A 和小 B 性情爱好各不相同，但他们同处一室，因而常常为一些事情争论不休。

一天，小 A 从外面回来，由于在外面赶路觉得燥热，一进门便嚷着屋里太闷太热，随手将门窗全都打开了。小 B 在家待了一天，哪里也没去，正觉得浑身寒冷，便责怪小 A 不该打开门窗。两个人互不相让，一个要开，一个要关，一个说闷，一个说冷，为一点小事闹了好半天，都认为只有自己才是对的。

又有一次，小 A 从地摊上买了几件廉价的衣服，被小 B 看见了，小 B 责怪小 A 没眼光，他认为地摊上的衣服样式不好，而且质量很差，根本比不上专卖店、大商场里的衣服。小 A 则认为地摊上的衣服便宜，穿几次不喜欢了可以丢掉，而专卖店、商场的衣服都太贵了。小 B 说专卖店的衣服虽然贵但质量好、耐穿……双方争得面红耳赤。

这个世界上的人形形色色，没有任何两个人的性格完全相同。

比如在日常生活中我们常看到，有的人谦虚好学，有的人狂妄自大；有的人公而忘私，有的人自私自利；有的人喜怒形于色，有的人则遇事不动声色；有的人和蔼可亲，有的人蛮横无理。而故事中的小 A 和小 B，不过是性格不同的两个人凑到了一起。但是性格不同是不是一定意味着矛盾和争执呢？

其实大可不必，我们既然理解了人和人本来就不同，就应该放开心胸，不必强求别人和自己一样。在一些非原则性的小事上强求别人，其实是在自寻烦恼。如果都像小 A 和小 B 那样，只从自身的角度出发看问题，固执己见，强人所难，我们的生活将不得安宁。

和不同性格的人求同存异，和睦共处，其实是一种处世艺术。

性格是生命的"导向仪"

人们常说："性格决定命运。"由此可见，性格对人生有着多大的影响。但是，你是否知道，性格对人的身心健康也有深远的影响。有人将性格比喻为生命的"指挥棒"和"导向仪",由此可见,保持良好的性格对我们来说是多么重要。

世界上没有两个人是完全相同的,这不仅指人的外表,更主要是指每个人都有自己独特的性格特征。性格对人的心理健康有非常明显的影响,性格缺陷是造成心理障碍或精神失常的一个重要因素。

研究资料表明,各种精神疾病,特别是神经官能症往往都有相应的特殊性格特征为其发病基础。例如,强迫性神经症,其相应的特殊性格特征称为强迫性性格,其具体表现是谨小慎微、求全求美、自我克制、优柔寡断、墨守成规、拘谨呆板、敏感多疑、心胸狭窄、事后易后悔、责任心过重和苛求自己等。又如,与癔病相联系的特殊性格特征是富于暗示性、情绪多变、容易激动、喜欢幻想、以自我为中心和爱自我表现等。有人以癔病为例,对精神刺激因素和特殊性格特征这两种因素在造成心理障碍过程中所起作用的相互关系,用一个长方形来表示。长方形中的一条对角线将其分为两个三角形,上方的三角形表示精神刺激因素,下方的三角形表示特殊性格特征。如果与癔病相联系的性格特征越明显,则只要有较轻微的精神刺激因素即可致病;相反,与癔病相联系的特殊性格特征越不明显,则需要有较强烈的精神刺激因素的作用才能致病。此外,精神分裂症被认为是与孤僻离群、多疑敏感、情感内向、胆小怯懦、较爱幻想等特殊性格特征密切相关的。

有些人平时特别容易激动,生活中一遇到困难或稍有不如意的事情,就整天焦虑、紧张,还有恐惧感,这种性格的人很容易得高血压疾病。

有的人生来乐观,而有的人却容易悲观失望,抑郁性格的人遇到一点不顺心的事就容易情绪消沉,对工作、生活丧失兴趣和愉快感,忧心忡忡,有时还有自杀念头,很容易得抑郁症。

乐观、知足、友善的个性和恬淡、平和的心态,能刺激人体释放大量有益于健康的激素。大脑可以合成50余种有益物质,指令自身免疫功能,其功能状况往往决定人对疾病的易感性和抵抗力。

恐慌、自我封闭、敏感多疑、多愁善感,或过于争强好胜,或过分追求完美,都容易造成内心冲突激烈、人际关系紧张,这种状况会抑制和打击免疫监视功能,诱发或加重疾病。

目前,医学上关于人的性格对一些心理疾病的影响是非常肯定的,比如刚才提到的抑郁症,还有其他神经性疾病,都和一个人的性格有关。

现在较公认的有以下4种性格与身体疾病关系密切:

急躁好胜型:快节奏、竞争性强、易激怒、敌意、反应敏捷。这类性格的人容易得冠心病、中风、高血压、甲亢。

知足常乐型：节奏慢、安静、顺从、知足、缺少抱负、不喜竞争、中庸、缺乏主见、多疑。这类性格的人容易得失眠、抑郁、疑心病、强迫症。

忍气吞声型：过度克制压抑情绪、生闷气、有泪往肚里流。这类性格的人容易得肿瘤、内分泌紊乱。

孤僻型：冷漠、消极、悲观、独处、没有安全感。这类性格的人容易得心脏病、肿瘤、精神疾病。

由此，我们可以看出，性格与人的身心健康有密切的关系。如果一个人的性格是健康的，那么他的人生也会是快乐的、幸福的；如果一个人的性格是病态的，那么他的人生也会是痛苦的、忧伤的。如果一个人想改变命运、创造辉煌，就必须改变自己的不良性格。

《红楼梦》里才貌双全的林黛玉，就是因其性格多愁善感、忧郁猜疑，终于积郁成疾，呕血而死。《三国演义》里东吴的大都督周瑜活活被诸葛亮气死了。试想，如果身经百战的周瑜具有平稳的性格，岂能接二连三地中计以致气死呢？《三国演义》里的关羽，过五关斩六将，英勇无敌，但最终却因为刚愎傲慢，败走麦城而死。

不良的性格能给人带来悲剧，良好的性格能给人带来希望与辉煌。当代杰出的女作家冰心，一生淡泊名利，生活上崇尚简朴，不奢求过高的物质享受，不关心文坛上无谓的争斗。她在平和的环境中与人相处，在微笑中勤奋写作。她的健康长寿、事业辉煌都得益于开朗、豁达的性格。

前面我们讲过，"江山易改，本性难移"。没错，人的本性是比较难改，但并不是不能改变的。美国人本杰明·富兰克林不仅对美国的独立战争和科学发明有过重大贡献，还因为有很强的自我意识能力和良好的性格给后人树立了光辉的榜样，受到后人的尊敬。有人曾批评富兰克林主观傲慢，他认真反思后，给自己立下了一条规矩：绝不正面反对别人的意见，也不准自己武断行事，并给自己提出了具体改正的要求，以克服自己性格中的缺陷，这也正是他成功的一个秘诀。

有了健康的性格，才能享有健康的人生。人生的许多不幸、疾患都与性格息息相关。人虽然不能控制先天的遗传因素，但有能力掌握和改变自己的性格。因此，人可以拯救自己，改变自己。

人的性格可以改变吗

有的人锋芒毕露，挫折不断；有的人孤僻高傲，怀才不遇；有的人大智若愚，青云直上；有的人热情大度，生活快乐；有的人刻意求全，郁郁寡欢。这一切都与一个人的性格有直接关系。性格有时会决定一个人的一生，因此我们有必要对我们的性格进行塑造，以培养健康的性格。健康的性格是人们达到物质满足后的高生活水准，它能使人们的生活变得更加优质。

每个人的性格都不可能是完美的，总会有这样那样的缺陷。因此，及时发现自己的性格缺陷并努力完善它是非常重要的。这个世界上没有最好的性格，只有更好的性格。我们只有不断地优化自己的性格，才能赢得人生。

"人上一百，各样各色。"性格是造成人们差别的重要因素。但性格本身没有优劣之分，外向的人有其长处也有不足，内向的人有其优点也有"毛病"。健康的性格并不以外向、内向来衡量，只要能最大限度地发挥自己性格的优势，排除自己的弱点，就算是一个性格健康的人。

具有健康性格的人，必须具备以下两个方面的条件：

1. 悦纳自我

一个性格健康的人能够体验到自己存在的价值。他们了解自我，有自知之明，乐于接受自己；而不良性格的人缺乏自知之明，对自己总是不满意。

2. 悦纳他人

善与他人相处，性格健全的人乐于与人交往，乐于接纳别人，人际关系和谐，能与集体融为一体，在与人相处时，积极的态度总是多于消极的态度；而性格不健全的人则往往不合群，脱离集体，不能与人和谐地相处。

心理学者杰拉德指出：能将内心对重视你的人敞开是健康性格的重要特征。同时，要拥有健康的性格，向别人开放自己的内心是最好的办法。

通常，为了适应社会的各种需求，不与社会发生冲突，大部分人都必须相当程度地压抑自己。在社会生活上这是必须的，只是若压抑过度就会产生身心障碍。所以杰拉德强调，即使在社会生活中频频压抑自己的人，至少也要有一处可以倾诉、发泄胸中的郁闷和不满情绪的地方。这是拥有健康性格的必要条件之一。但是，自我开放并非越高越好。

人与人之间的交往，若一方抱着很高的期望，另一方却关起心灵的大门，两

人便无法沟通和交往。所以，敞开自己绝对是发展亲密朋友关系的基本条件。然而，一见面或在公开场合过度吐露自己细腻复杂的心情，怕只会令听者大惑不解、不知所措。所以，自我开放必须看场合，而且要适可而止，才能培养健康的性格。

健康性格的培养是一个漫长的过程，需要具备以下3种能力：

1. 超强的自控能力

性格培养是一个与自己斗争、较劲的艰苦的、长期的工程，如果不能控制自己，则无从谈起。如果你是一个容易发怒的人，而你想培养一种豁达、宽容的性格，那么在你要发火的时候，一定要强行压制怒火，一旦你不能控制，再长的时间也培养不了健康的性格。

2. 科学的方法

性格其实与人的生理（比如血型、基因）、习惯、家庭环境等诸多因素有关，方法不科学，往往适得其反，严重的还会引发心理（比如强迫症）或生理疾病。实际生活中要认识到性格培养不是立竿见影的事，一定要树立打持久战的思想，方法上要从易到难，步步为营，先从容易的做起，当尝到甜头后，就会增强信心，要一步一个脚印，扎实打好基础，切忌反复。

3. 客观的自我认识

你要对自身进行深刻的反思或反想，对自己有个客观的认识，这样你在确定目标和方法时就会有很强的针对性，简单地移花接木式地照搬别人的经验往往会导致失败。

有一句话说得好，"世界上最难的往往不是战胜别人，而是战胜自己"，"苦心人天不负，卧薪尝胆，三千越甲可吞吴"，相信你一定会成功的。

·第八章·

别留下我一个人——人类的社会性

人类为何害怕孤独

居住在拥挤而嘈杂的人群中的人们，常常会希望自己能拥有一方安静的、属于他个人的独有空间，不要受任何人的打搅。为此，人们设计了可以随时开关的门窗、可以上锁的抽屉或箱子。甚至有许多人还幻想着有一天能退隐到深山幽谷中，过与世无争的"隐士"生活。问题是，这样的生活真的能给我们带来快乐吗？

18 世纪末叶欧洲探险家史金克(Alexander Selkirk)在一个荒岛上独居了 4 年。在这 4 年中，他可以自如地应付自然界的残酷，满足自己生存所需要的一切，但却无法忍受孤独的感觉。为此，史金克学着《鲁滨孙漂流记》中的鲁滨孙养了一条狗、一只鹦鹉，以及几头野兽为伴，每天和这些动物们进行长谈。但是，他仍然常常要陷入精神恍惚的状态，不能自拔。4 年后，他虽然重新回到了家人的身边，但却无法完全恢复以前与人交往的能力。

1996 年 7 月 29 日，40 岁的意大利洞穴专家毛里奇·蒙塔尔独自到意大利中部内洛山的一个地下溶洞里，开始了一年的命名为"先锋地下实验室"的生活。这个实验室设在溶洞内的一个 68 平方米的帐篷里，里面有科学实验用的仪器设备，还有起居室、工作间、卫生间和一个小小的植物园。

在这一年中，毛里奇·蒙塔尔吸了 380 盒香烟，看了 100 部录像片，在健身车上骑了 1600 多公里。第二年的 8 月 1 日，蒙塔尔重回家人身边，这时，他的体重下降了 21 公斤，脸色苍白而瘦削，人也显得憔悴，免疫系统功能降到最低点；如果两人同时向他提问，他的大脑就会乱；他变得情绪低落，不善与人交谈。虽然他渴望与人相处，希望热闹，但他的确已丧失了交际能力。经过一段时间的训练，蒙塔尔的交际能力逐渐恢复了一些，他说："在洞穴待了一年，才知道人只有与人在一起的时候，才能享受到作为一个人的全部快乐。过去，我是一个喜欢安静的人，常常倾向于独处。现在，让我在安静与热闹之间选择，那我宁可选择热闹，而不要孤寂。我之所以在洞穴中坚持了1年，只是为了搞科学试验。我丧失了许多与人交往的能力，这需要在今后的生活中重新纠正。但我不后悔，因为这场实验使我明白了一个人生的奥秘：生活的美好在于与人相处。"

所以说，人是社会性的，对于人来说，任何一个个体都必须或多或少地和其他个体发生关系，形成各种各样的人类群体，并由此组成了一个复杂的人类社会。面对这样一些事实，心理学家不免要问，人为什么是社会性的？即人类个体为什么非要和其他人类个体生活在一起并进行相互交往呢？大多数的人类个体为什么无法忍受远离尘世的孤独生活呢？

所谓人类的社会性，是指人类的群集性，是指任何人类个体都愿意与其他人类个体进行交往，并结成团体的倾向。心理学家通过观察和研究，发现社会性是人类社会一个极其普遍和重要的现象。最早对人类的社会性加以研究的心理学家是麦独孤（William McDougall），他认为社会性是人类的本能之一。

心理学家麦独孤认为，人类天生带有许多先天固有的特性，其中有一种就是要寻求伙伴，与他人结合在一起的倾向。这就好像蚂蚁由于本能集合在蚁群中，狒狒由于本能建立起复杂的群体结构，人也生活在自己的人类群体中。人们这样做，并不是由于这样做是好的或正确的，也不是因为是有用的，而是人的一种本能。

我们知道了，几乎所有的人都有要和其他人在一起生活的社会性特征，但是我们也知道，在生活中，人的这种社会性欲望有时特别强烈，而有时又特别微弱，甚至有时人们更希望能单独一个人静静地待着。比如，住在集体宿舍里的大学生，在某些时候，他们会盼望寝室中的人都赶快地离开，就留他一个人，他躺在自己的小床上，听着轻松的音乐，此时，他觉得这一刻是他人生的最大享受。那么，是什么因素在加强或减少着人们要和其他人在一起的社会性欲望呢？

有心理学家通过研究发现，恐惧是引起并影响人们社会性欲望的一个重要因素。

人类是社会性的动物，人的本质是一切社会关系的总和。

我们为什么喜欢 "随大溜"

有心理学家曾做过这样一个实验：

让5个人围坐着一张桌子，实验者请他们判断线段的长度。每次呈现一组卡片，每组包括两张，一张卡片上有一条垂直线段，称为标准线段；另一张卡片上有3条垂直线段，其中一条与标准线段一样长，另外两条要么长了许多，要么短了许多，要求被试把那条与标准线段等长的线段挑出来。按理论，每个人都可以轻易地做出正确无误的选择。

当第1组两张卡片呈现后，每个人依次大声地回答自己的判断，所有人意见一致，都做出了正确的选择。然后再呈现第2组，大家又都做了正确的一致回答。就在大家觉得实验单调而无意义时，第3组卡片呈现了，第1位被试在认真地观察这些线段后，却做出了显然是错误的选择，接着第2、3、4位被试也做了同样错误的回答。轮到第5位被试，他感到很为难，左右看看，因为他的感官清楚地告诉他别人都是错的，最后，他终于小声地说出了与别人相同的错误选择。

这个实验是事先安排好的，前4名被试其实都是实验者的助手，他们按照事先安排好的程序进行正确或错误的选择，而只有第5位被试不知道这一情况，是真正的被试。参加实验的真被试是具有良好视力及敏锐思维能力的大学生，并且从表面上看，他们可以任意地做出想做的反应，而实质上，也明确要求他们做出他们自己认为是正确的反应。但是，来自群体的压力很大，当绝大多数人都做出同样的反应时，个人就有强烈的动机去赞同群体其他成员的意见，因此有35%的被试拒绝了自己感官得来的证据，而做出了同大多数人一样的错误的选择，这就是心理学上所说的从众行为。

生活中你是否遇到过这样的情形？ 4个人一起去吃午饭，你看着菜单，小声嘟囔着："今天吃什么呢？来一份炸酱面吧！"这时同伴中的一个人说："我要一份牛肉面。"接下来其他两个人也都附和说："那就吃牛肉面吧！"在这种情况下，你可能也会说："那我也和你们一样吧。"

这种现象，恐怕在每个人身上都发生过吧。

人们都知道"我行我素"这句成语，而在现实中，却很难做到这么"潇洒"。在现实中，人们往往不是自己喜欢怎样便怎样，在很多时候，甚至可以说在大多

数时候，人们要看多数人是怎样做的，自己才怎样做。

试验和生活中的现象都说明，当个人的感觉与群体中的大多数人不一致时，个体为了使自己不被人认为"标新立异"，常常会放弃自己的看法而接受大多数人的判断。

为什么在理性和智力上都较完美的个人会抛弃来自他们自己感官的证据，而同意别人错误的意见呢？一般认为从众行为的原因来源于两种压力：一种压力为群体的规范的压力，任何与群体规范相违背的行为都会受到群体的排斥，个体由于惧怕受到惩罚，或者为了表明自己归属于群体的愿望，就会做出从众行为。另一种压力是群体的信息的压力。他人常常是信息的重要来源，我们通过别人获得许多有关外部世界的信息，甚至许多有关我们自己的信息也是通过别人获得的。在一般情况下，那些我们认为能带给我们最正确信息的人，往往是我们仿效和相信的人。这种信息压力引起的从众行为无论在实验中还是在生活中的确存在，人们倾向于相信多数，认为多数人是信息的正确来源而怀疑自己的判断，因为人们觉得多数人正确的情况比较多。在模棱两可的情况下，随大溜的行为更容易发生，因为在这种情况下，人们很容易失去判断自己行为的自信心。

不过，有的时候，人们的从众心理会变得很可怕。

随大溜其实是人类的一种思维定式。思维上的从众定式使得个人有一种归属感和安全感，能够消除孤单和恐惧等心理。许多时候，在明知一件事情是违法或犯罪的情况下，一个人可能不会去做，但是如果一群人中有人已经做了，并且在当时得益而没有产生处罚后果的时候，从众定式就会使人们产生非理性思维，法不治众的心理就会充斥于胸。这在犯罪心理学上叫"越轨的集群行为"，比较典型的如聚众哄抢财物、集体盗墓等。一般说来，这种集体行为是相对自发的，主要是由于人们之间的互动、模仿、感染而形成的。

发人深省的米尔格拉姆实验

对于我们大多数人来说，服从权威与领导，是一件简单又自然的事情。这是因为从儿童时代起，我们就接受着家庭与社会的服从训练，听话的被誉为好孩子，不听话的就要受到惩罚。这种服从的意识，在我们成长的过程中不断地从父母、从学校、从工作单位得到强化，最终使服从成为我们的一种习惯。

虽然，不同的人服从的程度有强有弱，但可以肯定地说，没有一个人敢宣称：

"我从来就不理会服从！"因此，服从命令、接受要求，似乎是我们经过条件反射建立起来的"第二天性"。事实上，从某种意义上，我们可以把服从理解为是为了维护社会团体所订立的标准，个人自觉自愿地服从普遍通行的行为方式。因为只有这样，个人才能与社会相适应，成功地占据社会阶层的特殊位置，并扮演与之相应的社会角色。1963 年美国社会心理学家米尔格拉姆着手进行了一项服从实验，以探讨个人对权威人物的服从情况。这一实验被视为有关服从实验的典型性实验，取得了令人震惊的结果，在社会心理学界产生了强烈反响，并引发了广泛的讨论。

米尔格拉姆首先在报纸上刊登广告，公开招聘受试者，每次实验，付给 4.50 美元的酬金。结果有 40 位市民应聘参加实验，他们当中有教师、工程师、邮局职员、工人和商人，年龄在 25 ~ 50 岁之间。实验时主试告诉这些应聘者，他们将参加一项研究惩罚对学生学习的影响的实验。实验时，两人为一组，一人当学生，一人当教师。谁当学生谁当教师，用抽签的方式决定。教师的任务是朗读配对的关联词，学生则必须记住这些词，然后教师呈现某个词，学生在给定的四个词中选择一个正确的答案。如果选错，教师就按电钮给学生施以电击，作为惩罚。

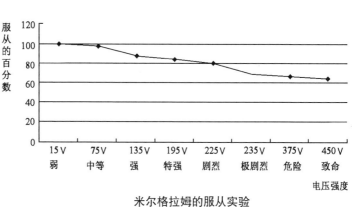

米尔格拉姆的服从实验

实际上，每组被试中只有一个是真被试，另外一个是实验者的助手。抽签时，总是巧妙地让真被试当老师，而助手则当学生。

实验开始，充当学生的假被试与教师的真被试分别安排在两个房间里，中间用一堵墙隔开。在"学生"的胳膊上绑上电极，这是为了在"学生"发生错误选择时，可由"教师"施以电击惩罚。而且，实验者把"学生"用带子拴在椅子上，向"教师"解释说是为了防止他逃走。"教师"看不到"学生"，他们用电讯传声的方式保持联系。

给"学生"施以电惩罚的按钮共有 30 个，每个电钮上都标有它所控制的电压强度，从 15V 开始累计，依次增加到 450V，每 4 个电钮为一组，共 7 组零 2 个，各组下面分别写着"弱电击"、"中等强度"、"强电击"、"特强电击"、"剧烈电击"、"极剧烈击"、"危险电击"，最后两个用 ×× 标记。

事实上这些电击都是假的，但为了使作为"教师"的被试深信不疑，首先让其接受一次强度为 45V 的真电击，作为处罚学生的体验。虽然实验者说这种电击是很轻微的，但已使"教师"感到难以忍受。

在实验过程中，"学生"故意多次出错，"教师"在指出他的错误后，随即给予电击，"学生"发出阵阵呻吟。随着电压值的升高，"学生"叫喊怒骂，尔后哀求讨饶，踢打墙壁，当电击为 315V 时，"学生"发出极度痛苦的悲鸣，已经不能回答问题；330V 之后，学生就没有任何反应了，似乎已经昏厥过去了。此时，"教师"不忍心再继续下去，问实验者怎么办。实验者严厉地督促"教师"继续进行实验，并说一切后果由实验者承担。在这种情况下，有多少人会服从实验者的命令，把电压升至 450V 呢？

实验结果却令人震惊，在这种情况下，有 26 名被试（占总人数的 65%）服从了实验者的命令，坚持到实验最后，但表现出不同程度的紧张和焦虑。另外 14 人（占总人数的 35%）作了种种反抗，拒绝执行命令。

米尔格拉姆在实验结束之后，告诉了被试真相，以消除他们内心的焦虑和不安。

继米尔格拉姆之后，其他许多国家的研究者也证明了这种服从行为的普遍性。在澳大利亚服从比例是 68%、约旦为 63%，德国的服从比例高达 85%。米尔格拉姆的实验虽然设计巧妙并富有创意，但也引出了不少争议。抛开实验本身是否道德这个问题不谈，单是实验结果就足以发人深省。人们往往低估了权威者对人的影响。那么，人究竟在什么情况下会服从，什么情况下会拒绝服从呢？哪些因素会对服从行为产生影响呢？米尔格拉姆通过改变一些实验条件，做了一系列类似的实验，发现下列因素与服从有关：

1. 命令者的权威

命令者的权威越大，越容易导致服从。职位较高、权力较大、知识丰富、年龄较大、能力突出等，都是构成权威影响的因素。

2. 服从者的道德水平

在涉及道德、政治等问题时，人们是否服从权威，并不单独取决于权威人物，而与他的世界观、价值观密切相关。米尔格拉姆采用科尔伯格的道德判断问卷测验了被试，发现处于道德发展水平的第五、第六阶段上的被试，有75%的人拒绝服从；处于道德发展第三和第四阶段的被试，只有12.5%的人拒绝服从。可见，道德发展水平直接与人们的服从行为有关。

3. 服从者的人格特征

米尔格拉姆对参加实验的被试进行人格测验，发现服从的被试具有明显的权威主义人格特征。有这种权威人格特征或倾向的人，往往十分重视社会规范和社会价值，主张对于违反社会规范的行为进行严厉惩罚；他们往往追求权力和使用强硬手段，毫不怀疑地接受权威人物的命令，表现出个人迷信和盲目崇拜；同时他们会压抑个人内在的情绪体验，不敢流露出真实的情绪感受。

此外，情境压力对服从也有一定的影响。在米尔格拉姆的实验中，如果主试在场，并且离被试越近，服从的比例就越高；而受害者离被试越近，服从率就越低。所以，就有学者担心，如果有一天战争发展到只需要在室内按按电钮的阶段，那么人们就有可能更容易听从权威的命令，那样后果将是可怕的。

洪川大师的"神品"是怎样诞生的

日常生活中，你可能遇到过这样的现象：

你在一条空旷的马路边散步，当另一个人在你身后急匆匆地赶过你时，你会不自觉地加快自己的步伐；

你骑车上街买东西，当你发现后面有一辆自行车在向你骑的车子靠近，并正要超越你时，你会情不自禁地加快车速；

你如果是位教师的话，虽然你有时候身体不大舒服，可是一上讲台，就来了精神；

还有在表演和比赛中，观众越多，情绪越热烈，演员和运动员们的劲头就越足，技术发挥得就越好；

……

后来，心理学家也发现了这种现象，并着手开始了研究。

心理学家特里普利特于1897年进行了一项实验：他让被试在3种情况下，骑自行车完成25英里路程。第1种是单独骑自行车，第2种是有人跑步陪同，第3种是与其他骑车人同时骑行。结果表明，单独进行的情境下，被试的平均时速是 24 英里；有人跑步陪同时，被试的平均时速为 31 英里；而与其他骑车人同时骑行，平均时速为 32.5 英里。后来，特里普利特在实验条件下，要求儿童绕钓鱼线，越快越好。结果发现，大家一起绕的儿童比单独绕的儿童速度更快。

后来，更多的心理学家也观察到了这种现象的存在，于是，就把这种他人在场（比赛伙伴或观看者）引起的个体活动中效率相应提高的现象，叫作社会助长。

为什么会出现这种现象呢？这是因为人是有惰性的，单独一个人时，无所谓输赢、好坏，没有人看见，没有人和你比较，你就觉得怎样都可以。当出现第 2 个、第 3 个人，甚至更多人，你的感觉就大不相同，你会感到有人在看着你。你会情不自禁地想："他们也可能正在评论我干得怎么样呢，我一定要好好干，让他们瞧瞧。"无论是哪种环境下，人们都害怕被抛弃，总想要别人喜欢和接受自己。很明显，当你与别人在一起时，这些动机更为强烈，当别人在身边时，你总认为别人可能正在观察自己。也许，你根本就不认识身边的人，但你却可能认为他们在某种程度上对你进行着评价，而我们又是很关心别人对自己的看法的，所以就不安起来，就会更加努力了。如果对方碰巧和你做着同样的事情，就会让你感到一种竞争的存在，人都是好胜的，谁也不想被别人比下去，于是你就会把事情做得又快又好，不知不觉地提高了效率。

凡是到过日本京碧寺的人，都会见到寺门匾额上的"第一议谛"4 个大字。这几个字写得龙飞凤舞，灵韵非凡，吸引了许多游客驻足欣赏。但是很多人不知道，这幅字还有一个有趣的来历。

大约两百余年前，洪川大师来到京碧寺，寺里的和尚请他写这 4 个字。洪川大师每写一字，都要精心构思，反复揣摩，真可谓呕心沥血。可是替他磨墨的那位和尚是个颇具眼力而又直言不讳的人。洪川的每一撇一捺，只要有一点点瑕疵，他都会"挑剔"出来。

洪川写了第一幅以后，这位和尚批评道："这幅写得不好。"

"那这一幅呢？"

和尚又摇头说："更糟，还不如刚才那一幅。"

在一边的香客悄悄地对方丈说："大师不在状态，会不会是嫌润笔费给得少了呢？"于是方丈向洪川委婉地提出了增加润笔费。

洪川本来是位一丝不苟的人，见此情景，也不说话，耐着性子先后写了 84 幅"第一议谛"。遗憾的是，没有一幅得到这位和尚的赞许。

最后，在这位"苛刻"的和尚离开如厕的空隙，洪川松了一口气，在心无羁绊的情况下，一挥而就写了这4个大字。那位和尚从厕所回来一看，翘起大拇指，由衷地赞叹道："神品！"

洪川刚开始时写不好字，这就说明，他人在场并不一定就能导致社会促进的发生。有时，身边有别人在场，会引起我们效率的下降。这种现象叫作"社会干扰"。

关于社会干扰，心理学家皮森在1933年的实验中进行了证明。他发现，有一个旁观者在场，会减低被试有关记忆工作的效率。心理学家达施尔也提出，有观众在场时，被试即使是做简单的乘法，通常也会出现差错。

有旁人在场时，为什么有时会产生社会助长现象，有时又会产生社会干扰现象呢？这主要与下列因素影响有关：

1. 与活动的性质有关

活动的性质，如果是简单易做的，不需要紧张思维的，那么就易产生社会助长现象。反之，如果是复杂的，需要高度集中注意的，并要深入思维的工作，那么就容易产生社会干扰现象。这由上述的实验所证实。

2. 与活动的情境有关

活动中如有重要人物在场、熟悉人物在场，就可能产生社会助长或干扰现象。其一，为了保护自尊心，希望有良好的表现给他们看；其二，激发了活动的动机，如果过高，则产生社会干扰现象，如果适中，就会产生社会助长效应。

3. 与活动结果的评价有关

一项活动如果事后要进行评价并与奖惩等紧密结合，那么就十分容易产生社会助长或干扰。这也是竞赛的目的之一。当然，竞赛过强，往往易于产生干扰，竞赛适中，往往易于产生社会助长。这主要是因为社会助长的实质是别人在场反而使个人感到轻松，有利于个人的活动；而社会干扰的实质是由于别人在场使个人感到拘束，从而使活动受到抑制和干扰。可见，一个人对活动结果评价的意识直接会影响到社会助长或干扰的产生。

4. 与一个人的个人特质有关

有的人喜好安静，不合群，在人多时就显得紧张局促，易出现社会干扰；有的人不怕生，"人来疯"，在人多时反而更善于表现自己，就会出现社会助长。

由此可见，社会助长和社会干扰的发生是有条件的，在人际交往中，我们可以运用一些策略促进社会助长，防止社会干扰。

从"三个和尚没水喝"说起

俗话说，"人少好吃饭，人多好干活"，于是有一种观点认为，一个具有共同利益的群体，一定会为实现这个共同利益而采取集体行动。但心理学家却发现，现实往往并非如此，在这样的集体中，许多合乎集体利益的集体行动并没有发生，相反，倒有许多个人自发的自利行为，导致了对集体不利、甚至非常有害的结果，"三个和尚"的故事就是一个很好的例证。

很久很久以前，一个小和尚独自一人住在山上的一座小庙里。他每天挑水、念经、敲木鱼，给观音菩萨案桌上的净水瓶添水，夜里不让老鼠来偷东西，生活过得安稳自在。

不久，来了个瘦和尚。他一到庙里，就把半缸水喝光了。小和尚叫他去挑水。瘦和尚心想一个人去挑水太吃亏了，便要小和尚和他一起去抬水，两个人只能抬一只水桶，而且水桶必须放在扁担的中央，两人才心安理得。这样总算还有水喝。

后来，又来了个胖和尚。他也想喝水，但缸里没水。小和尚和瘦和尚叫他自己去挑，胖和尚挑来一担水，立刻独自喝光了。

从此之后，再也没人挑水，他们也没水喝了。大家各念各的经，各敲各的木鱼，观音菩萨面前的净水瓶也没人添水，花草也枯萎了。夜里老鼠出来偷东西，谁也不管。结果老鼠猖獗，打翻烛台，燃起大火，三个和尚这才一起奋力救火。大火扑灭了，他们也觉醒了。此后三个和尚齐心协力，每个人都抢着挑水，他们终于又过上了安稳的日子。

这种人多反而影响工作积极性，"三个和尚没水喝"的现象就是"社会懈怠"。
之所以产生"社会懈怠"这种现象，专家们的解释是：人们可能觉得团体中的别人没有尽力工作，为求公平，于是自己也就减少努力；人们也可能认为个人的努力对团体微不足道，或是团体成绩很少一部分能归于个人，个人的努力难以衡量，与团体绩效之间没有明确的关系，所以就降低个人努力，或不能全力以赴。

为了降低"社会懈怠"现象发生的严重程度，国外研究者提出许多增加个体的参与感与责任感的方法。同时，也有专家认为，当工作较困难或具有挑战性，并且个体相信自己对团体有特殊贡献时，"社会懈怠"现象会有所降低。

为了避免"社会懈怠"现象的发生，在集体工作中，应合理地科学地安排工作，尽量发挥个体的潜能，戒除相互依赖性，做到"人尽其才，物尽其用"。要避免"人多瞎胡乱，鸡多不下蛋"的社会浪费，尤其要防止给"南郭先生"之类的人物提供"滥竽充数"的机会。具体方法如下：

（1）若在三人之间出现了"收益不对称"，即假设个别成员从集体行动中得到的利益比其他成员来得越多，他为集体行动作贡献的积极性也就越大。

（2）如果三人之间存在着"选择性激励"，即依据业绩、成就所实施的现代绩效考核，那么三个和尚很可能有水喝。

面对呼救，为何人们会坐视不管

孔子说过："见义不为无勇也。"虽然见义勇为一直被我们当作美德，可是在今天的社会中，见义不为、冷漠旁观却成了经常发生的现象。对这种现象，社会上当然是一片道德谴责之声，但是谴责却不能减少它发生的频率。

1964年3月的一个晚上，在纽约市一个僻静地区，一名青年女子正沿大街走着。突然，一个男人从暗处冲出来攻击她，她挣扎着并大声呼救，经过一阵搏斗后，她受了重伤，但她还是设法从攻击者那里挣脱出来，她一边大声呼救，一边沿大街奔跑。几分钟后她又被那个男人抓住，又是一阵挣扎，搏斗持续了半个小时，她不断地大声呼喊，直到最后被杀死。据事后调查，在出事地点附近的建筑物中至少有38人听到了她的叫声和搏斗声，他们中许多人走到窗前看发生了什么事，然而在这个过程中却没有一个人出去帮她，也没有人报警。

这种现象引起了心理学家的关注，并做了大量的实验加以研究，结果发现冷漠的旁观者是个体的利他行为减少的重要原因。其中一个实验是这样的，一个女人（实验者）在大街上行走，突然向一位不知情的路人大叫："救命！有人强暴！"而旁边另外安排的两位乔装路人，对此呼救声不闻不问而依旧向前走去。被当作实验对象的不知情的路人在听到呼救声时，所做出的反应不是立刻前去搭救，而是转头看旁边两个人有何动静，当他看到他们都漠然对待时，也就无动于衷了。这个实验表明，在紧急情况下，只要有他人在场，个体帮助

别人的利他行为就会减少，而且旁观者越多，利他行为减少的程度越高。这种现象被称为"旁观者效应"。

心理学家曾组织了一项实验，被试为纽约大学心理学入门课的 72 名学生。实验以 2 人组、3 人组或者 6 人组的形式进行。这些学生被各自分配在隔开的工作间里，并通过对讲机通话，轮流按安排好的顺序讲话。这些不知情的参与者，被告知他是与其他一个人或者两个人或者五个人谈话。而事实上他听到的话都是录音机上播出来的。第一个说话的声音是一位男学生，他说出了适应纽约生活和学习的难处，并承认说，在压力的打击下，他经常出现半癫痫的发作状态。到第二轮该他讲话时，他开始变声，而且说话前后不连贯，他结结巴巴，呼吸急促，"老毛病又快要犯了"，开始憋气，并呼救，上气不接下气地说："我快死了……救救我……啊呀……发作……"然后，在大喘一阵后，一点声音也没有了。

在以为只有自己和有癫痫病的那个人在谈话的参与者中，有 85% 的人冲出工作间去报告有人发病，甚至远在病人不出声之前就这样做；在那些认为还有 4 个人也听到这些发作的参与者中，只有 31% 的人这样做了。后来，当问到学生们：别人的在场是否影响到他们的反应？他们都说没有，他们没有意识到这有什么影响。

通过实验，心理学家认为，旁观者效应的产生是由于"社会影响"及"责任分散"。社会影响是指一个人在不能获得确切情况以便做出干预紧急事件的决定时，他就会去观察别人的行动，看看他们会做出什么反应。不幸的是，那些旁观者很可能也在观察别人的反应，于是很快就发展成一种"集体性的坐视不管"的局势。他人在场还会导致一种责任分担，反正这个责任并不是单单由我承担的，周围还有那么多人，肯定会有人出手相助的。

心理学家认为，由于还有其他的旁观者，个体就把帮助受难者的责任推到了别人的身上。于是，每个人都这么想，结果大家都成了旁观者。如果现场只有一个人时，他往往会觉得责无旁贷，会迅速地做出反应，帮助受难者。如果他见死不救会产生负罪感、内疚感，这需要付出很大的心理代价。而如果有许多人在场的话，帮助求助者的责任就由大家分担，造成责任分散，每个人分担的责任很少，旁观者甚至可能连他自己的那一份责任也意识不到，就容易造成"集体冷漠"的局面。

第二篇
心理学的"诡计"

　　世界的缤纷繁华让我们目不暇接，稍有不慎就会迷失方向，陷入困惑，甚至陷入困境、险境……命运是发牌者，但如何出牌就要靠我们自己了。如果你想永远成为赢家，那就一定要有心智，要懂得心理诡计。想知道具体如何去做吗？请按下浮躁的心，用心去窥视、去领会本篇的每一个字句……

·第一章·

洞悉人性，拿捏分寸

对方再谦虚，也不要过分表现自我

在与人交往的过程中，我们总能遇到一些谦虚有礼的人。他们总是客套地说"如有不周之处，还请多多指教"、"请多提宝贵意见"、"很多方面还需要向您多多学习"……

事实上，虽然说人要想得到别人的认可，就得善于表现自我，但是表现过分反而会遭到别人的反感，以至于让你寸步难行。因此，适当地低调一些，适度地隐藏自己的实力是明智之举。

柳萍刚下岗，她好不容易请理发店老板同意把她留下来工作，她觉得应该主动找事做。于是，她每天赶在大家起来之前，就把地擦了，把所有的理发器具也擦得一尘不染。

柳萍没想到的是，自己的"过分表现"却引起了别人的不痛快。原先负责搞清洁的女孩，虽然表面跟柳萍客客气气，常说"做得不好的地方还请多多批评"一类谦虚的客套话，背地里却老跟柳萍过不去，总打她的小报告。幸好后来有了个机会，才使两人消除了误会。柳萍这才意识到自己无意中把别人的工作抢了。

无独有偶，还有一个事例与之类似。

王伟是某政府机关办公室主任，对下属非常和蔼，总喜欢说"有什么意见大家尽管提"。

不过，谈起新人在单位急于表现的话题，他却摇头叹气。他举例说，有一年招了一个中文系毕业生，人是很用功，但劲儿总是使不到点子上。

毕业生来上班的第三天，看见王伟桌上有一份领导发言稿，他觉得文章结构不够合理，于是，也没问过王伟就自己把稿子拿回去改了。改完以后，还直接把

稿子交到领导手里。

那篇稿子的初稿是王伟写的，已经给领导看过，并根据领导的意思做了修改，文章的结构也是领导惯用的。

开会时，领导读起稿子来很不顺，与自己习惯的风格相去甚远，会后，领导对王伟大发雷霆。

事后，王伟把毕业生叫到办公室，那位毕业生不但不觉得自己做错了事，而且还辩解说是为领导好，最后导致办公室里大家都有点讨厌他。

无论是刚从校门走进社会的毕业生，还是在跨国公司间跳槽的资深职业经理人，到了一个全新的工作环境，总会希望尽快展现自己的才华，以求得到别人的了解与认同。急于显露自己的能力，是很多新人的通病，也是人之常情。

当然，对于刚来的新人，上司对他的工作表现一般都会比较宽容。虽然他们与新人见面时，都会谈及公司的不足，并说些鼓励的话，比如"希望你的到来能为公司注入新的活力"之类。但实际上，他们不会指望新人一进公司就能马上出成绩，反而会通过一些小事来观察新人的为人、品性、工作态度等，据此形成一个基本判断。这个判断会影响上司将来对这位新人的使用。此外，作为上司，他们并不希望新人的到来一下子打破原有的平衡，就算他们有计划用新人来替代原来的员工，也希望能平稳过渡。

很多刚走出校门的毕业生，都有大干一番事业的豪情壮志，所以到了新单位，干什么事都想冲在前面，希望给别人留一个好印象，尤其是遇到谦虚的上司。实际上，这样高调张扬的表现反而容易弄巧成拙。

不仅是在职场，商场、情场等亦是同理。与他人打交道，就要做一个有心计的人，在刚开始相互接触或接手某些事情的时候，学会低调，适当地隐藏自己的实力，对方再怎么谦虚，也不应该过分表现自己。只有这样，才能登上成功的宝座，而且坐得稳。

活用"谎言"，让对方乐于同你交流

你曾经说过谎吗？没有？恐怕这本身就是最大的谎言。马克·吐温曾说过："我们都说过谎，也都必须说谎。因此聪明的话，我们就应勤快地训练自己能善意地说谎。"

现实生活中，很多时候，我们在某些场合说"谎话"反而比说真话更容易得到别人的好感，还能避免不必要的尴尬，或者促进事态更好地发展。例如，某人患了不治之症，知道这一情况的亲友多不以实情相告，因为他们知道，患者如果知道实情不仅不利于病情的好转还会给他的心理带来折磨。此时，谎言就是最好的妙药灵丹。

正所谓"谎言永远比真理更受欢迎"。在交际中，不同的场合说不同的谎话总能产生不同的微妙效果。为此，我们总结了以下几种情况，可以让你在人际交往中取得"反客为主"的好效果。

（1）能产生良好交际效果的谎言有时是以装糊涂的形式出现的，以避免或解除尴尬。

生活中，我们常常会碰到这样的场面，到朋友家做客时，主人热情地给客人夹菜，恰恰是客人不喜欢吃的菜。这时，客人不外乎有两种态度。一种是接受主人盛情，一边道谢一边违心地说："好吃！好吃！"当然，这样的谎言只能让自己自讨苦水。而如果有一天主人知道了原委，也会后悔一辈子。这窝囊的谎言，既苦了自己又伤了别人，实在不是高明之举。另一种态度，便是巧妙地拒绝。先说一句："别客气，我自己来！"再补充一句："这个菜我挺喜欢吃，就是胃受不了！"如此巧妙的谎言，既不伤主人的面子，又避免了活受罪，两全其美！

（2）在某个时候说点谎话，能使本来很有距离的双方达到某种"共识"，从而使进一步的交流成为可能。

有位先生和朋友去拜访一位教授，那教授为人严肃，不苟言笑。坐了半天，除了开头说了几句应酬话，剩下的全是让人尴尬的沉默。

忽然，那位先生看到教授家养的热带鱼，其中几条色彩斑斓，游起来让人眼花缭乱。那位先生知道这鱼叫"地图"，因为自己也养了几条，还很得意地为朋友介绍过。教授见那位先生神情专注，就笑着问："还可以吧？才买的，见过吗？"那位先生说："还真没见过。叫什么名字？明儿我也打算养几条呢！"当时他的朋友不解地看看他，心想装什么糊涂，不是上星期才到我家看过吗？

可教授一听，来了兴致，大谈了一通养鱼经，那位先生听得频频点头。那位教授像是遇到了知音，说说笑笑，如数家珍地给他讲每条鱼的来历、特征，又拉着他到书房看他收集的各类名贵热带鱼的照片，气氛顿时活跃起来。他们一直聊到吃过晚饭才走，朋友才突然领悟到那位先生说谎话的用意。

一句谎话使本来几乎陷入僵局的交谈又顺利地进行下去了。

（3）有时候对家人也应撒点谎。

一位身患重病的母亲，为了支持儿子上学，竟然把买药治病的钱给儿子交了学费，当她带儿子到商店给儿子买圆规掏钱时，不慎带出了一张药单。儿子见后，再也不肯让母亲买圆规。可那位伟大的母亲为了使儿子能安心努力地读书，便谎称药单是用过了的。

母亲的谎言中孕育了伟大的母爱，表现的是一种最可贵的奉献精神。

（4）对求爱者的谎言。

一个男大学生爱上了一个女大学生，于是对女大学生说了一番热烈的话："我离不开你，你是温暖着我的太阳，你是照耀着我的月亮，你是为我呼唤早晨的启明星。"

女大学生早已听出这是一番表白爱情的极热烈的话，但自己并不喜欢面前的小伙子，怎么办？如果断然说"我不喜欢你"，岂不是会使对方陷入尴尬？不置可否，岂不是对对方不负责任？

她只说了一句："真美！您对天文学太有研究了，可我，真对不起，我对天文学一点也不感兴趣！"

就这样，女大学生轻松拒绝了男大学生。

在现实生活中，当你不得不用一些小谎言去办事时，你一定要注意，自己所说的谎言要不容置疑，这样才能以假胜真，巧中取胜，黑中取白。否则，会弄巧成拙。

你可保守他的秘密，但莫让他保守你的秘密

在人际交往中，许多人，尤其是年轻人，常常把自己的秘密毫无保留地袒露出来。有时如果没把自己的心事完完全全地告诉问及的人，心中就会不安，认为自己没有以诚待人，感到对不起人家，认为别人对自己很好或很重要，不告诉人家自己的秘密是错的。很显然，这些人在如何对待自己的秘密和如何对待坦诚这些问题上，所谓的"知无不言，言无不尽"是一种错误的认识。

在生活中，人与人之间需要交流，需要友情，但谁都不愿与一个从不袒露自己的内心世界、对任何问题都不明确表态的高深莫测的人交往。然而，对于坦诚

有一个正确的理解是十分必要的。所谓坦诚并不意味着别人要把内心世界的一切都暴露给你，也不意味着你要把内心世界的一切都暴露给别人。每个人都有秘密，这是正常的，也是必要的。

例如，一次约翰把自己的重大秘密告诉了乔治，同时再三叮嘱："这件事只告诉你一个人，千万别对别人说。"然而一转脸，乔治便把约翰的秘密添枝加叶地告诉了别人，让约翰在众人面前很难堪。这种背信弃义有时出于恶意，有时却是无意的。

当然了，能否保守秘密也与个人的品质修养有关。有的人透明度太高，这种人不但不能为别人保守秘密，就连自己的秘密也保守不住。有的人泄漏别人的秘密，不是为了伤害别人，而是为了抬高自己，"咱们单位的事，没有我不知道的"，"我要是想知道某件事，我就一定能了解出来"……这种人常这样炫耀自己，他们认为，知道别人的秘密越多，自己的身价就越高。用泄漏别人秘密的方法伤害别人、娱乐自己，甚至把掌握的秘密当作要挟别人的把柄，当作自己晋升的阶梯，这种人在现实中也大有人在，对这种人最应该提高警惕。

再回到前面的例子，像约翰那样让他人为自己保守秘密，远比只让自己保守自己的秘密难得多。因此，不是万不得已的时候，不要让他人分享自己的秘密，要学会自己的秘密自己保守。因为，你的秘密一旦落入别有用心的人的耳中，它就会成为关键时刻别人攻击你的武器，使你在竞争中处于被动的局面，甚至因此而失利。

许军是某公司的业务员，在厦门工作已经有三年的时间了，他因为工作认真、勤于思考、业绩良好，被公司确定为中层后备干部候选人。总经理找他谈话时，他表示一定加倍努力，不辜负领导的厚望。只因他无意间透露了一个属于自己的秘密而被竞争对手击败，遭到排挤，终于没被重用。

许军和同事王广林私交甚好，常在一起喝酒聊天。一个周末，他备了一些酒菜约了王广林在宿舍里共饮。二人酒越喝越多，话越说越多。微醉的许军向王广林说了一件他对任何人也没有说过的事。

"我高中毕业后没考上大学，有一段时间闲着没事干，心情特别不好。有一次和几个哥们喝了些酒，回家时看见路边停着一辆摩托车，一见四周无人，一个朋友撬开锁，让我把车给走了。后来，那朋友盗窃时被逮住，送到了派出所，供出了我。结果我被判了刑。刑满后我四处找工作，处处没人要。没办法，经朋友介绍我才来到厦门。不管咋说，现在咱得珍惜，得给公司好好干。"

谁知道，没过两天，公司人事部突然宣布王广林为业务部副经理，许军调出业务部另行安排工作岗位。

事后，许军才从人事部了解到是王广林从中捣的鬼。原来，在候选人名单确定后，王广林便来到总经理办公室，向总经理谈了许军曾被判刑坐牢的事。不难想象，一个曾经犯过法的人，老板怎么会重用呢？尽管你现在表现得不错，可历史上那个污点是怎么也擦洗不干净的。

知道真相后，许军又气又恨又无奈，只得接受调遣，去了别的不怎么重要的部门上班。

德国作家让·保·里克特曾说："一个人泄露了秘密，哪怕一丝一毫，就再也得不到安宁了。"如果还想过宁静的生活，如果不想成为别人眼中的透明人，那就别把心里的话全都说出来，把该保守的秘密坚定地保守下去。

每个人都有自己的秘密，都有一些压在心里不愿为人知的事情。这些隐私就是一个人的底线，别人不知道你的底线在哪里，也就无从伤害你。如果将其过多地暴露在别人的面前，即使是原本没有不良记录之人，也难免会在利的诱惑之下，做出常规外的伤害之举。

既然秘密是自己的，无论如何也不能对别人讲。在保护一份神秘感的同时，也能保护自己不因"祸从口出"而受害。

以诚动人，抓住他人心

人与人之间的交流如果想要说服对方认同你的观点，靠的是以诚服人、以情服人、以理服人、以德服人，这是感情、知识和心智力量使然。情感的力量是情感的认知和共鸣，知识的力量能使人们信服观点的论证，心智的力量则能使人们接受辩手本身，并进而在有意无意中相信和支持你的论证与反驳。

正如一位诗人所言："动人心者，莫过于情。"抓住了对方的心，与对方交谈也就成功了一半。

如果为人真诚，说话之前先有了真诚的心，那么即使是"笨嘴拙舌"也是没有什么关系的。有太多的事例一再说明，在与人交流时表达真诚要比单纯追求流畅和精彩更重要。

1915 年，小洛克菲勒还是科罗拉多州一个不起眼的人物。当时，发生了美国工业史上最激烈的罢工，并且持续达两年之久。愤怒的矿工要求科罗拉多燃料钢铁公司提高薪水，小洛克菲勒正负责管理这家公司。由于群情激奋，公司的财产遭受破坏，军队前来镇压，因而造成流血，不少罢工工人被射杀。

那种情况，可说是民怨沸腾。小洛克菲勒后来却赢得了罢工者的信服，他是怎么做到的呢？原来小洛克菲勒花了好几个星期结交朋友，并向罢工代表发表了一次充满真情的演说。那次的演说可谓不朽，不但平息了众怒，还为他自己赢得了不少赞誉。演说的内容是这样的：

"这是我一生当中最值得纪念的日子，因为这是我第一次有幸能和这家大公司的员工代表见面，还有公司行政人员和管理人员。我可以告诉你们，我很高兴站在这里，有生之年都不会忘记这次聚会。假如这次聚会提早两个星期举行，那么对你们来说，我只是个陌生人，我也只认得少数几张面孔。上个星期以来，我有机会拜访整个附近南区矿场的营地，私下和大部分代表交谈过，我拜访过你们的家庭，与你们的家人见过面，因而现在我不算是陌生人，可以说是朋友了。基于这份互助的友谊，我很高兴有这个机会和大家讨论我们的共同利益。由于这个会议是由资方和劳工代表所组成，承蒙你们的好意，我得以坐在这里。虽然我并非股东或劳工，但我深觉与你们关系密切。从某种意义上说，也代表了资方和劳工。"

这样一番充满真诚的话语，可能是化敌为友最佳的途径。假如小洛克菲勒采用的是另一种方法，与矿工们争得面红耳赤，用不堪入耳的话骂他们，或用话暗示错在他们，用各种理由证明矿工的不是，那结果只能是招惹更多怨恨和暴行。

真诚就像一颗种子，你细心维护它，有一天它就会结出让你惊喜的果实。你真挚待他人，他人也会真挚待你，甚至你敬人一尺，人必回你一丈。但是，我们不能够把付出真情当作某种本小利大的低风险投资，使别人觉得你的"真情"只是一种交易的筹码。

一个旅游团不经意走进了一家甜品店，参观一番后，并没有购买任何甜品的打算。临走的时候，服务员没有抱怨旅游团，相反，他却更加热情，把一盘精美的可可糖捧到了他们面前，并且柔声慢语地说："这是我们店刚进的新品种，清香可口，甜而不腻，请您随便品尝，千万不要客气。"如此盛情，使顾客不知不觉进入了糖果店营造的一种双方好似亲友的氛围之中。恭敬不如从命，既然领了店家的"情"，又岂能空手而归呢？旅游团成员觉得不买点什么，确实有点过意不去。于是每人买了一大包，在服务员"欢迎再来"的送别声中离去。

如果这位服务员使这个旅游团的成员感到他的热情只是一种算计，那么结果只有一种可能，就是：你越是热情，我越是拒绝。

每一句话都是心里话，而不是把装出来的热情做得不露痕迹，这样才能够在打动自己的同时打动对方。我们所要强调的是，真情，重在自然流露，在乎本性天成，不能仅仅作为一种方法或者策略。

真诚待人，展现人格魅力，这也是争辩的一种方法，它是某些人的特质。一个真诚的人，一个具有人格魅力的人，即使不能舌绽莲花，也可以让一个能言善辩的人哑口无言。

得理时要让他三分

著名的哲学家、教育家苏格拉底曾经说过："一颗完全理智的心，就像是一把锋利的刀，会割伤使用它的人。"在这个世界上，没有完全绝对的事情，就像一枚硬币一样具有它的两面性。这就告诫我们做人做事都不要太绝对，要给自己和他人留有余地。

在一个春天的早晨，房太太发现有三个人在后院里东张西望，她便毫不犹豫地拨通了报警电话，就在小偷被押上警车的一瞬间，房太太发现他们都还是孩子，最小的仅有 14 岁！他们本应该被判半年监禁，房太太认为不该将他们关进监狱，便向法官求情："法官大人，我请求您，让他们为我做半年的劳动作为对他们的惩罚吧。"

经过房太太的再三请求，法官最后终于答应了她。房太太把他们领到了自己家里，像对待自己的孩子一样热情地对待他们，和他们一起劳动，一起生活，还给他们讲做人的道理。半年后，三个孩子不仅学会了各种技能，而且个个身强体壮，他们已不愿离开房太太了。房太太说："你们应该有更大的作为，而不是待在这儿，记住，孩子们，任何时候都要靠自己的智慧和双手吃饭。"

许多年后，三个孩子中一个成了一家工厂的主人，一个成了一家大公司的主管，而另一个则成了大学教授。每年的春天，他们都会从不同的地方赶来，与房太太相聚在一起。

房太太就是"得理让三分"的典范。

"人活一口气，佛争一炷香。"这是一个人在被人排挤，或者被人欺侮时，经常说的一句急欲"争气"的话。

其实也未必如此，试想一下，一个人究竟能有多大的气量？一生大不了三万六千天，这还是极少数。就像古代名人张英说的那样，"万里长城今犹在，不见当年秦始皇"。"千里捎书为堵墙"，却不如"得饶人处且饶人，让他三尺又何妨"。这方面，不管是古人还是今人，有好多值得我们学习的地方。

"得理不让人，无理搅三分。"这是普通人常犯的毛病。其实，世界上的理怎么可能都让某一个人占尽了？所谓"有理"、"得理"在很多情况下也只是相对而言的。凡事皆有一个度，过了这个度就会走向反面，"得理不让人"就有可能变主动为被动，反过来说，如果能得理且让人，就更能体现出一个人的气量与水平。给对手或敌人一个台阶下，往往能赢得对方的真心尊重。

古希腊寓言家伊索曾说道："不要瞧不起任何人，因为谁也不是懦弱到连自己受了侮辱也不能报复的。"

一个人不仅要自己的胸怀宽广，度量宽宏，更要注意别人的自尊。一个人如果损失了金钱，还可以再赚回来；一旦自尊心受到伤害，就不是那么容易弥补的，甚至可能为自己树起一个敌人。"得理且让人"就是要照顾他人的自尊，避免因伤害别人的自尊而为自己树敌。

展现自信的风采，给对方一颗定心丸

不知道你是否注意到：无论是去应聘，还是平时与他人交往，自信的人总是比唯唯诺诺的人更受欢迎。这是为什么呢？

很简单，自信是人生重要的心理状态和精神支柱，是一个人行为的内在动力，是自我成功的必然法宝；自信能够使弱者变强，强者更健。我们只有相信自己，才能激发进取的勇气，才能最大限度地挖掘自身的潜力，才能在成功的路上健步如飞。所以，在他人面前展现出你自信的风采，无疑是给对方一颗定心丸，让对方觉得你是有能力、有实力的。

一个下着小雨的中午，车厢里的乘客稀稀拉拉的，在一个站台，上来了一对残疾的父子。中年男子是个盲人，而他不到10岁的儿子也只有一只眼睛能感光。父亲在小男孩的牵引下，一步一步地摸索着走到车厢中央。当车子继续缓缓往前开时，小男孩开口说："各位先生、女士，你们好，我的名字叫麦蒂，下面我唱几首歌给大家听。"

接着，小男孩用电子琴自弹自唱起来，电子琴音质很一般，但孩子的歌声却有天然童音的甜美。

正如人们所预料的那样，唱完了几首歌曲之后，男孩走到车厢头，开始"行乞"。但他手里既没有托着盘子，也没有直接把手伸到你前面，只是走到你身边，叫一声"先生"或"小姐"，然后默默地站在那儿。乘客们都知道他的意思，但每一个人都装出不明白的样子，或者装睡着，有的干脆扭头看车窗外面……

当小男孩小手空空走到车厢尾时，一位中年妇女尖声大喊起来："真不知怎么搞的，纽约的乞丐这么多，连车上都有！"

这一下，几乎所有的目光都集中到这对残疾的父子俩身上，没想到，小男孩竟表现出与年龄不相称的冷静，他一字一顿地说："女士，你说错了，我不是乞丐，我是在卖唱。"车厢里所有淡漠的目光刹那间都生动起来，有人带头鼓起了掌，然后，是掌声一片。

一个没有生存能力的孩子，却在顽强不屈地承受着生命给予他的考验。在有人悲叹自己命运不济的时候，小男孩却用自己的成熟和坚强支撑着自己和一家，用自己的劳动、自己的歌声为自己赢得收入。面对别人的嘲笑，他毫无自卑之感，自信坦然地面对。面对这个小男孩，所有的自卑都变成了逃避人生的理由，只要坚持相信自己，掌声一定属于自己。

成功不一定站在智慧的一方，但一定会站在自信的一方。相信自己，就会拥有自己的成就与幸福。如果你真的相信自己，并且深信自己一定能实现梦想，你就一定会成功。因为你相信"我能做到"时，自然就会想出"如何去做"的方法。

一般来说，我们既可以通过用语言来表达自信，也可以通过身体姿态等来表现自信。对于前者，你可以在陈述问题时多表现得诚恳些，简单明了，有重点；与人交流时可以多使用"我认为"、"我宣布"等词汇；有异议时，多提出建设性的批评而不是责骂或假设"应该如何"；想提出改进意见时不用劝告的语气；以清晰、稳重、坚定的语调表达自己的思想；可以通过主动询问的方式去发现别人的思想或情感，等等。对于后者，在与他人当面交流的时候，多以赞赏的眼光与对方接触；坐、立姿态均坚定挺拔；以开朗的表情辅助别人的评论；平静地讲解，强调重点词汇、不犹豫，等等。

英国剧作家、诗人莎士比亚说："自信是走向成功的第一步，缺乏自信即是其失败的原因。"自信是一生的事情，是一个人热爱自己并不断完善的过程，相信自己：即便不是最好的，至少也是独一无二的，毕竟"每个人都是自然界最伟大的奇迹"。

那么，请相信你自己，如果你不能做到心灵统一，就不可能发挥出生命的潜在力量，不发挥出潜在力量，就是自己埋没自己。也许你并没有意识到：在大部分时间、大多数事物中，不是别人限制你，而是你埋没了你自己！

率先化干戈为玉帛，敌对的他也会成朋友

人生漫漫，我们总是会遇到形形色色的人。有时，一次竞争、一个分歧，甚至一句玩笑，都有可能令我们树敌。常言道："多个朋友多条路，多个敌人多堵墙。"树敌对我们个人的发展是非常不利的。

然而，时光不会倒流，世界上也没有后悔药，一旦树立了敌人，就已既成事实。很多人都想知道，那我们有没有化解他人敌意的好办法呢？

想要化敌为友，你必须学会率先迈出第一步。

从前，在苏伯比亚小镇有两个叫乔治和吉姆的邻居。可事实上，虽然他们住得非常邻近，但他们的关系一点儿都不和睦，谁都不喜欢对方。

日常生活里，他们相遇总会发生口角。即使夏天在后院开除草机除草时车轮碰在一起，他们多数情况下也不会跟对方打招呼。

在一次夏天快要过去的时候，乔治和妻子外出两周，一同去度假。由于两家一向彼此充满敌意，吉姆和妻子一开始并未注意到乔治夫妇走了。没错，注意他们干什么？除了口角之外，两家相互间几乎就没什么话可说。

突然有一天傍晚，吉姆在自家院子除过草后，发现乔治家的草已很高了，与自家刚刚除过草的草坪形成鲜明对比。

对附近过往的人来说，都发现乔治夫妇显然不在家，而且已离开很久了。吉姆想，这不是等于公开邀请夜盗入户吗？这个想法如同闪电一样攫住了吉姆。

当吉姆再一次看到乔治家那高高的草坪，尽管心里非常不愿意去帮助那家他非常不喜欢的人，但第二天早晨，他还是把那块长疯了的草坪除好了！

几天之后的一个周日下午，乔治和妻子多拉回到了家。他们愕然地发现，自

己不在家时竟然有好心人帮他们把草坪收拾得如此干净、整齐。他们很想知道这位好心的朋友是谁，于是就到整个街区的每一家询问。然而，这里却不包括吉姆的家。

可除了吉姆家，所有询问的邻居都说不是自己做的。最后，乔治敲了吉姆家的门。吉姆开门时，乔治站在那儿不停地盯着他，脸上露出奇怪和不解的表情。

过了很久，乔治终于说话了："吉姆，你帮我除草了？"这是他很久以来第一次这样称呼吉姆的名字。"我问了所有的人，他们都没除。杰克说是你干的，是真的吗？是你除的吗？"尽管乔治的语气似乎有些责备的意味，但他内心的感谢之情仍旧不经意地流露出来。

"是的，乔治，是我除的。"吉姆答道。他以为乔治会因为自己主动除草而大发雷霆。可乔治犹豫了片刻，像是在考虑要说什么，最终，用他那低得几乎听不见的声音嘟囔说"谢谢"之后，急转身马上走开了。

能够主动帮自己敌对的人做好事，这几乎是常人所意料之外的。不过，这种"帮助"所带来的结果往往也是常人意料之外的。

吉姆的主动帮忙就这样打破了他与乔治之间的敌意沉默。尽管当时他们还没发展到在一起打高尔夫球或保龄球，他们的妻子也没有为了互相借点糖或是闲聊而频繁地走动，但他们的关系已经出现了改善。至少除草机开过的时候他们相互间有了笑容，有时甚至说一声"你好"。也许没多久，他们就会向朋友一样分享同一杯咖啡。

所以，当你与他人发生矛盾时，一定要学会主动示好。这种智慧的选择，可以帮你把眼前的那堵墙，变成畅通的路。

尽量让对方多说，自己才能获得更多信息

只要你稍微留心，便会发现：无论在职场，还是在情场，那些总能赢得他人喜欢的人，往往是精明、内敛的倾听者，而不是滔滔不绝、夸夸其谈的擅说者。为什么呢？很简单，能说的不如会听的，尽量让对方多说，你自己才能获得更多信息。

卡耐基曾被邀请去参加一个桥牌集会。卡耐基不玩桥牌，在场的一位金发女

郎也不玩。她发现卡耐基以前曾是罗维尔·托马斯进入无线电业之前的经理，也发现他在准备生动的旅行演讲的时候，曾在欧洲各处转过。因此她说："啊，卡耐基先生，我请求你把所有你过去的那些美妙的地方，以及你所见过的那些美丽景色，全部告诉我。"

坐在沙发上，金发女郎说她和丈夫最近刚从非洲旅行回来。"非洲！"卡耐基惊叹，"多么有意思！我一直想看看非洲，但除了有一次在阿尔及利亚待了24小时以外，我从没去过。告诉我，你是否去过那个狩猎王国？真的，我多羡慕你，请把非洲的情况告诉我。"

接下来，她滔滔不绝地告诉卡耐基自己到过的地方，那里有多么多么的有趣……

45分钟就这样过去了，她没能从卡耐基口中得到丝毫关于非洲的信息，反而非常开心地把自己所知道的全部信息都告诉了卡耐基。

我们不难发现，在这次交谈中，卡耐基以一个"饶有兴趣的听众"的身份，赢得了金发女郎的喜欢，所以她非常开心地将自己所知道的非洲信息全部告诉了卡耐基。这也告诉我们，如果你会听，很多时候要比你能说更能讨人喜欢。

也许你会问为什么，这个问题的理由至少可以举出两个：第一，只有凭借聆听，你才能学习；第二，别人只对听他说话的人有反应。

正如卡耐基自己所言："最重要的是聆听，在你开口告诉别人你有多棒之前，你一定要先聆听。然后你才能开始认识别人，与别人交谈，千万别高人一等。多跟别人交谈，用心倾听，不要太快下决定。"

简单地说，世界上任何人都喜欢有人听他说话，只有对于听他说话的人，他才会有反应。聆听也是尊重的一种最佳表示，表示我们看重他们。我们等于是在说："你的想法、行为与信念对我都很重要。"

你也许想不到，要想了解别人的想法，最好的办法就是听听他的意见，让他自己说出你想了解的事情。拥有私人银行桑德斯·卡普公司的银行家汤姆·桑德斯曾说道："关键在于先了解对方，他的价值观以及他对投资的看法，再决定你是否能诚实地说出我们的投资方式是正确并对其有利。"他也正是利用了聆听的方式，多次协助大企业进行天文数字般的巨额投资。他还说："一切都由聆听开始。他心里到底想怎么样？他为什么不答应？真正的理由到底是什么？""我与美国电讯公司（AT & T）已经维持了25年的关系，而且是很好的关系。我认为真正的聆听功不可没。""我可以提供印刷精美的小册子，也可以运用幻灯片，可是，我仍然必须弄清楚什么才能真正吸引对方。他考虑什么？担心什么？他看事情的角度如何？"

常言道："知己知彼，百战不殆。"如果你想在人际交往中游刃有余，首先就要学会做一个注意听话的人，了解别人，从别人那里获得自己想要的信息。正如查尔斯·洛桑所说的："要令人觉得有趣，就要对别人感兴趣——问别人喜欢回答的问题，鼓励他谈谈自己和他的成就。"

所以，请记住：跟你谈话的人对他自己、他的需求和他的问题，比他对你和你的问题，更感兴趣千百倍。当你下次跟别人交谈的时候，千万别忘了这一点，尤其在想获得对方信息的情况下。

·第二章·

以心交心，互惠互利

如果能被对方需要，你也会变重要

事物都有其存在的特定价值：货币因流通的需要而存在，食物因饥饿的需要而存在，火因寒冷的需要而存在……人虽然与其他的事物不尽相同，但却同样有被需要的情感诉求，就像母亲被子女需要、情侣被对方需要一样。

真正聪明的人宁愿让人们需要，而不是让人们感激。因为，如果你能被他人需要，你就会在他人心中变得重要。有礼貌的需求心理比世俗的感谢更有价值，因为有所求，便能铭心不忘，而感谢之词最终将在时间的流逝中淡漠。

1847年，俾斯麦成为普鲁士国会议员，在国会中没有一个可信赖的朋友。让人意外的是，他与当时已经没有任何权势的国王腓特烈威廉四世结盟，这与人们的猜测大相径庭。腓特烈威廉四世虽然身为国王，但个性软弱，明哲保身，经常对国会里的自由派让步。这种缺乏骨气的人，正是俾斯麦在政治上所不屑的。

俾斯麦的选择的确让人费解，当其他议员攻击国王诸多愚昧的举措时，只有俾斯麦支持他。

1851年，俾斯麦的付出终于得到了回报：腓特烈威廉四世任命他为内阁大臣。他并没有满足，仍然不断努力，请求国王增强军队实力，以强硬的态度面对自由派。他鼓励国王保持自尊来统治国家，同时慢慢恢复王权，使君主专制再度成为普鲁士最强大的力量。国王也完全依照俾斯麦的意愿行事。

1861年腓特烈威廉四世逝世，他的弟弟威廉继承王位。然而，新的国王很讨厌俾斯麦，并不想让他留在身边。

威廉与腓特烈同样遭受到自由派的攻击，他们想吞噬他的权力。年轻的国王感觉无力承担国家的责任，开始考虑退位。这时候，俾斯麦再次出现了，他坚决支持新国王，鼓动他采取坚定而果断的行动对待反对者，采用高压手段将自由派

斩尽杀绝。

尽管威廉讨厌俾斯麦，但是他明白自己更需要俾斯麦，因为只有俾斯麦的帮助，才能解决统治的危机。于是，他任命俾斯麦为宰相。虽然两个人在政策上有分歧，但这并不影响国王对他的重用。每当俾斯麦威胁要辞去宰相之职时，国王从自身利益考虑，便会让步。俾斯麦聪明地攀上了权力的最高峰，他身为国王的左右手，不仅牢牢地掌握了自己的命运，同时也掌控着国家的权力。

作为一名强者，俾斯麦认为领队强势是愚蠢的行为，因为强势已经很强大，根本不在乎你的存在，也可以说根本不需要你；而与弱势结盟则更为明智，可以让别人因为需要你而依附你，让自己成为他们的主宰力量。他们不敢离开你，否则将会给自己带来危机，他们的地位就会受到威胁，甚至崩溃。俾斯麦就是看准了这一点，才趁机登上了德国的政坛，成就了其辉煌的一生。

就这样，俾斯麦利用别人对他的需要创造了轰轰烈烈的人生。除此之外，有些人则利用别人对他的需要保住了差点丢掉的小命。

在酷爱占星学的法国国王路易十一的宫廷中，养着许多占星师，其中有一个尤为与众不同。这位占星师曾预言一位贵妇会于三日之内死亡，结果预言成真。大家非常震惊，路易十一也被吓坏了。他想：如果不是占星师杀了贵妇以证明自己预言的准确，就是占星的法力太高深了。路易十一感到了巨大的威胁，于是决定杀掉占星师，以摆脱自己受制于人的命运。

路易下令士兵在宫廷中埋伏好，只要他一发出暗号，就冲出来将占星师杀死。占星师接到路易十一的召见，很快便来到了王宫，路易十一一见到他便问："你自诩能看清别人的命运，那你告诉我，我能活多久？"聪明的占星师稍做思考之后，回答说："我会在您驾崩前三天去世。"

占星师的话令路易十一震惊，为了保住自己的性命，路易十一最终没有发出杀占星师的暗号。占星师凭着路易十一对他的依赖与需要，不但保住了性命，还得到了国王的全力保护。路易十一甚至聘请最高明的医生照顾他，享受了一生安康和奢华生活的占星师比路易十一还多活了好几年。

可见，让自己变得重要会使你人生之路更加坦途，也可以令你有更大的发展。而实现这一点最好的方法，就是让别人依赖你、需要你，一旦离开了你，他的计划就无法进行，他的生活就难以继续。在这样的相互关系中，只需一个小小的举动，就能带来无数的感激。需要能带来感激，感激却未必能产生需要。

正如卡耐基所言："别指望别人感激你。因为忘记感谢乃是人的天性，如果你一直期望别人感恩，多半是自寻烦恼。"你的价值因别人的需要而存在，被人需要胜过被人感激，与其让对方感激你，不如让他有求于你。

激起"心理共鸣"，让他感觉帮你像在帮自己

在人际交往过程中，"心理共鸣"是一种以心交心的有效方式，也是一门非常微妙的相处艺术，它可以拉近交际双方心灵的距离。

不过，虽然人与人之间本来就有许多地方是相同的，但是要产生共鸣，还需要相当的说话技巧。当你对另一个人有所求的时候，最好先避开对方的忌讳，从对方感兴趣的话题谈起，不要太早暴露自己的意图，让对方一步步地赞同你的想法，当对方跟着你走完一段路程时，便会不自觉地认同你的观点。

伽利略年轻时就立下雄心壮志，要在科学研究方面有所成就，为此，他希望得到父亲的支持和帮助。

一天，他对父亲说："父亲，我想问您一件事，是什么促成了您同母亲的婚事？"

"我看上她了。"父亲不假思索地答道。

伽利略又问："那您有没有娶过别的女人？"

"没有，孩子。家里的人要我娶一位富有的女士，可我只钟情于你的母亲，她从前可是一位风姿绰约的姑娘。"

伽利略说："您说得一点也没错，她现在依然风韵犹存。您不曾娶过别的女人，因为您爱的是她。您知道，我现在也面临着同样的处境。除了科学以外，我不可能选择别的职业，我对它的爱有如对一位美貌女子的倾慕。"

父亲说："像倾慕女子那样？你怎么会这样说呢？"

伽利略说："一点也没错，亲爱的父亲，我已经18岁了。别的学生，哪怕是最穷的学生，都已想到自己的婚事，可是我从没想过那方面的事，以后也不会。因为我只愿与科学为伴。"

伽利略继续说："亲爱的父亲，您有才干，但没有力量，而我却能兼而有之。为什么您不能帮助我实现自己的愿望呢？我一定会成为一位杰出的学者，获得教授身份。我能够以此为生，而且比别人生活得更好。"

说到这，父亲为难地说："可我没有钱供你上学。"

接着伽利略又说："父亲，您听我说，很多穷学生都可以领取奖学金，这钱是公爵宫廷给的。我为什么不能去领一份奖学金呢？您在佛罗伦萨有那么多朋友，您和他们的交情都不错，他们一定会尽力帮忙的。他们只需去问一问公爵的老师奥斯蒂罗·利希就行了，他了解我，知道我的能力……"

父亲被说动了："嗯，你说得有理，这是个好主意。"

伽利略抓住父亲的手，激动地说："我求求您，父亲，求您想个法子，尽力而为。我向您表示感激之情的唯一方式，就是……就是保证成为一个伟大的科学家……"

伽利略最终说动了父亲，他实现了自己的理想，成为一位伟大的科学家。

这里，伽利略请求父亲帮忙，采用的是"心理共鸣"的说服方法。这种方法一般可分为以下4个阶段：

（1）导入阶段。先顾左右而言他，以对方当时的心情来体会现在的心情。例如，伽利略先请父亲回忆和母亲恋爱时的情形，引起了父亲的兴趣。

（2）转接阶段。伽利略巧妙地通过这句话把话题转到自己身上："我现在也面临着同样的处境。"

（3）正题阶段。提出自己的建议和想法。伽利略提出"我只愿与科学为伴"，这也正是他要说服父亲的主题。

（4）结束阶段。明确提出要求。为了使对方容易接受，还可以指出对方这样做的好处。伽利略正是这样做的，他说："……为什么您不能帮助我实现自己的愿望呢？我一定会成为一位杰出的学者，获得教授身份。我能够以此为生，而且比别人生活得更好。"

正是巧妙运用了"心理共鸣"的方法，伽利略终于达到了自己的目的，为最终实现自己的理想奠定了基础。

那么，在日常生活中，我们也不妨试着用这种方法求助别人，它往往会带来让你满意的结果。

让合作者生活得更好，你也能更好地生活

高尔基曾说过："你的钟声只有在齐鸣时才能听见，在单独鸣响时——只会淹没在那些旧钟的一片响声里。"事实上，这句话在生物界同样适用。

在广袤的欧洲大陆上，生活着一种美丽异常的动物，名叫蓝蝶，由于它外形

的炫目，人们通常把它们称作会飞的"花朵"。然而几十年前，蓝蝶的翩翩身影在暖春的晴空里消失了。

道格拉斯·麦其逊是一个专门研究蝶类的昆虫学家，对这些会飞的"花朵"凋谢之谜作了广泛而深入的研究，最后得出的结论让人很是吃惊。麦其逊发现，导致蓝蝶的绝种竟然与两种蚂蚁的灭绝息息相关。

原来，蓝蝶是在醋酸植物上产卵繁殖的，必须得到两种小蚂蚁的帮助才能顺利进行。蓝蝶的幼虫，腹部分泌的挥发性物质，对于蚂蚁来说是极具诱惑性的香甜美食。闻到这一特殊的香味，蚂蚁就会爬到蓝蝶幼虫的腹部边尽情享受。

而蚂蚁并不是白吃。当蚂蚁在草地上发现蓝蝶卵时，马上来照顾这些幼小的生命，生怕被其他昆虫掠去。蓝蝶的幼虫是吃树叶的，每吃完一片树叶，众工蚁就把它抬到另一片新树叶上，让它吃个饱。蚂蚁与蓝蝶的这种互惠互利关系，经历了漫长岁月的考验。由于接受了工蚁的照顾，经受过刺激的蓝蝶幼虫的表皮，生长得比其他蝴蝶幼虫的表皮厚上 60 倍，可有效地防止蚂蚁那铁钳一样的上颚咬穿幼虫的表皮。冬天来临，工蚁就把它们搬进自己温暖舒适的蚁穴里，蚂蚁在吸食蓝蝶幼虫分泌的"蜜露"时，甚至把自己的幼虫作为食物奉献给这位"贵宾"。

刚从茧蛹中钻出的蓝蝶也不必担心受到蚂蚁的攻击。因为新生蓝蝶的体表附着一层细小的鳞屑，就像滑石粉一样保护着蓝蝶。进攻的蚂蚁只有跟跟跄跄地在空中乱抓一气。就在这时候，蓝蝶伸展翅膀，自由自在地飞走了。

可是几十年前，贪婪的人类为了自私的目的，无情地侵占了这两种蚂蚁的生存空间。他们用推土机无情地把它们的栖息地毁了，小蚂蚁从此灭绝了。没有了相依为命的小蚂蚁，蓝蝶也就花陨香消。

无独有偶，在风景如画的美国加利福尼亚，年轻的海洋生物学家布兰姆做了一个十分重要的观察实验。

一天，布兰姆潜入深水以后，看到了一个奇异的场面：一条银灰色的大鱼离开鱼群，向一条金黄色的小鱼快速游去。兰姆布以为，这条小鱼已在劫难逃了。然而，大鱼并没有恶狠狠地向小鱼扑去，而是停在小鱼面前，平静地张开了鱼鳍，一动也不动。那小鱼见了，便毫不犹豫地迎上前去，紧贴着大鱼的身体，用尖嘴东啄啄西啄啄，好像在吮吸什么似的。最后，它竟将半截身子钻入大鱼的鳃盖中。几分钟以后，它们分手了，小鱼潜入海草丛中，那大鱼轻松地去追赶自己的同伴了。在这以后的数月里布兰姆进行了一系列的跟踪观察研究，他多次见到这种情景。看来，现象并不是偶然的。经过一番仔细的观察，布兰姆认为，小鱼是"水晶宫"里的"大夫"，它是在为大鱼治病。

鱼"大夫"身长只有三四厘米，这种小鱼色彩艳丽，游动时就像一条飘动的彩带，因而当地人称它"彩女鱼"。鱼"大夫"喜欢在珊瑚礁中或海草丛生的地方游来游去，那是它们开设的"流动医院"。栖息在珊瑚礁中的各种鱼，一见到彩女鱼就会游过去，把它团团围住。有一次，布兰姆发现，几百条鱼围住了一条彩女鱼。这条彩女鱼时而拱向这一条，时而拱向另一条，用尖嘴在它们身上啄食着什么东西。而这些大鱼怡然自得地摆出了各种姿势，有的头朝上，有的头向下，也有的侧身横躺，甚至腹部朝天。这多像个大病房啊！

布兰姆把这条彩女鱼捉住，剖开它的胃，发现里面装满了各种寄生虫、小鱼以及腐烂的鱼皮。这真是一种奇妙的合作：鱼"大夫"用尖嘴为大鱼清除伤口的坏死组织，啄掉鱼鳞、鱼鳍和鱼鳃上的寄生虫，这些脏东西又成了鱼"大夫"的美味佳肴。这种合作对双方都很有好处，生物学上将这种现象称为"共生"。

在大海中，类似彩女鱼那样的鱼"大夫"共有45种，它们都有尖而长的嘴巴和鲜艳的色彩。

这些鱼"大夫"的工作效率十分惊人。有人在巴哈马群岛附近发现，那儿的一个鱼"大夫"，在6小时里竟接待了300多条病鱼。前来"求医"的大多是雄鱼，这是因为雄鱼好斗，受伤的机会较多；同时雄鱼比雌鱼爱清洁，除去脏东西后，它们便容光焕发，容易得到雌鱼的垂青。有趣的是，小小的彩女鱼在与凶猛的大鱼打交道时，不但没受到欺侮，还会得到保护呢。布兰姆对几百条凶猛的鱼进行了观察，在它们的胃里都没有发现彩女鱼。然而，他却多次看到，这些小鱼进入大鲈鱼张开的口中，去啄食里面的寄生虫。一旦敌害来临，大鲈鱼自身难保时，它便先吐出彩女鱼，不让自己的朋友遭殃，然后逃之夭夭，或冲上前去对付敌害。

鲨鱼是很凶猛的海洋生物，被人们称为"海上魔王"。可是，这个魔王的身旁却有个形影不离的小伙伴——一种不大的"垃圾鱼"。我们之所以叫它"垃圾鱼"，主要是它们的生活习惯比较特别。它们一般不会自己独自猎食，而是靠清理鲨鱼等大鱼口中的垃圾为生。在大海中，不带"垃圾鱼"的鲨鱼是很少见的。这种"垃圾鱼"的体长不过30厘米，身上有着美丽的条纹，它们和鲨鱼之间建立了奇妙的合作关系：鲨鱼的视力不佳，机灵的"垃圾鱼"在鲨鱼身边游来游去，把鲨鱼引向鱼群集结的海面；鲨鱼吃剩的食物残屑，成了"垃圾鱼"的美味佳肴，有时"垃圾鱼"干脆进入鲨鱼的嘴里，吃牙缝中的碎屑，使鲨鱼感到十分舒服。

凶残的鳄鱼也有合作伙伴。公元前450年，古希腊历史学家希罗多德来到埃及。在奥博斯城的鳄鱼神庙，他发现大理石水池中的鳄鱼，在饱食后常张着大嘴，听凭一种灰色的小鸟在那里啄食剔牙。这位历史学家非常惊讶，他在著作中写道："所有的鸟兽都避开凶残的鳄鱼，只有这种小鸟却能同鳄鱼友好相处，鳄鱼从不伤害这种小鸟，因为它需要小鸟的帮助。鳄鱼离水上岸后，张开大嘴，让这种小鸟飞到它的嘴里去吃水蛭等小动物，这使鳄鱼感到很舒服。"这种灰色的小鸟叫"燕千鸟"，又称"鳄鱼鸟"或"牙签鸟"，它在鳄鱼的"血盆大口"中寻觅水蛭、苍蝇和食物残屑；有时候，燕千鸟干脆在鳄鱼栖居地营巢，好像在为鳄鱼站岗放哨，只要一有风吹草动，它们就会一哄而散，使鳄鱼猛醒过来，做好准备。正因为这样，鳄鱼和小鸟结下了深厚的友谊。

不难看出，在动物界，互相合作和帮助，会使付出努力的双方均受益，大家也因此都能更好地生存和生活。其实，人类作为动物界的一员，同样需要相互合作。

从前，有两个兄弟各自带着一只行李箱出远门谋生。一路上，重重的行李箱将兄弟俩都压得喘不过气来。他们只好左手累了换右手，右手累了又换左手。忽然，大哥发现路边有一根扁担，便停了下来，拾起扁担将两个行李箱一左一右挂在上面。这样，兄弟二人轮流挑起两个箱子上路，反倒觉得轻松了很多。

不难看出，合作是一个相互的过程，让你的合作者生活得更好，你也能更好地生活。

帮别人的同时，也是在帮自己

罗曼·罗兰曾说过："只要还有能力帮助别人，就没有权利袖手旁观。"没错，永远不要吝惜对别人的帮助，在帮助别人的同时，你也正是在帮助你自己，你将从中不断收获幸福和快乐。

有一个盲人，在夜晚走路时手里总是提着一个明亮的灯笼。别人见了觉得非常奇怪，问他："你自己根本看不见，为什么还要打着灯笼走路呢？"盲人回答道：

"这个道理很简单，这个灯笼当然不是为了给我自己照路，而是为别人提供光明，帮助别人看清道路。也只有这样，别人才能看见我，不会撞到我身上，我的安全才有保证。"

当盲人无私地为他人着想、方便他人时，恰恰帮助了自己，给自己带来了方便。如果每一个人都能够像盲人这样学会帮助别人、关心别人，我们这个世界一定会变得更加美好。

帮助别人就是帮助自己，有时，仅仅只是举手之劳，却解决了人家的大麻烦、大问题，我们又何乐而不为呢？你也许会说，帮助别人需要耗费你大量的精力、体力，耽误你的时间，但要知道，你的付出，不仅能助他人一臂之力，而且能给对方带来力量和信心，使他们有更大的勇气去战胜困难。特别是当一个人遇到挫折、处于逆境之中时，如果我们能热情相助，那将犹如雪中送炭，别人也定会有"滴水之恩，当涌泉相报"的感激。"危难中见真情"，很多人在受到别人真诚的帮助后，总能以更真诚的感激报答别人，你为他人所做的一切将为你赢得尊重、感激、信任等弥足珍贵的感情。

古往今来，人与人之间的交往实质是一种平等互惠的关系，也就是说，你对别人怎么样，别人就会怎样对你。你帮助我，我就会帮助你，正所谓"投之以桃，报之以李"，一个人只有大方而热情地帮助和关怀他人，他人才会给你帮助。所以你要想得到别人的帮助，你自己首先必须帮助别人。

有些时候，我们在帮助别人的同时，还能收获到意外的利益。

在一场激烈的战斗中，上尉忽然发现一架敌机向阵地俯冲下来。照常理，发现敌机俯冲时要毫不犹豫地卧倒。可上尉并没有立刻卧倒，他发现离他四五米远处有一个小战士还站在那儿。他顾不上多想，一个鱼跃飞身将小战士紧紧地压在了身下。此时一声巨响，飞溅起来的泥土纷纷落在他们的身上。上尉拍拍身上的尘土，回头一看，顿时惊呆了：刚才自己所处的那个位置被炸成了一个大坑。

显而易见，上尉的善意之举，不仅救了小战士的性命，而且也意外地让自己免于牺牲。这种帮助，不正是一种双方的共赢吗？

最后，我们帮助别人的时候，还能给自己带来精神上的欢愉和满足，这本身也是一件值得自豪的事。

不报复对方，也是在为自己开路

常言道："多个朋友多条路,少个仇人少堵墙。"意思就是说,多结交一个朋友,就等于多为自己开辟了一条路；而得罪一个人,就为自己堵住了一条去路。人与人之间,只要矛盾还没有发展到你死我活的地步,总是可以化解的。记住中国有句老话："冤家宜解不宜结。"相识就是缘分,还是少结冤家为好。

东汉时有个叫苏不韦的,他的父亲苏谦曾做过司隶校尉。李皓由于和苏谦有隙,怀着个人私愤把苏谦判了死刑,当时苏不韦只有18岁。他把父亲的灵柩送回家,草草下葬,又把母亲隐匿在武都山,自己改名换姓,用家财招募刺客,准备刺杀李皓,但事不凑巧,没有办成。很久以后,李皓升迁为大司农。

苏不韦就和人暗中在大司农官署的北墙下开始挖洞,夜里挖,白天躲藏起来。干了一个多月,终于把洞挖到了李皓的寝室下。一天,苏不韦和他的人从李皓的床底下冲出来,不巧李皓上厕所去了,于是他们杀了他的小儿子和妾,留下一封信便离去了。李皓回屋后大吃一惊,吓得在室内布置了许多荆棘,晚上也不敢安睡。苏不韦知道李皓已有准备,杀死他已不可能,就挖了李家的坟,取了李皓父亲的头拿到集市上去示众。李皓听说此事后,心如刀绞,心里又气又恨,又不敢说什么,没过多久就吐血而死。

李皓只因为一点私人恩怨,就置人于死地,而苏不韦一生之中只为报仇,竭心尽力。李皓不忍小仇,结果招致老婆孩子被杀,死了的父亲也跟着受辱,自己最终气愤而死,被天下人笑话,实在是太愚蠢了。

正所谓"得饶人处且饶人",在人际交往中,最好想办法化敌为友。这样人生之路就会走得平坦许多,顺畅许多,而且还可能会有意外的收获。

古时有一位国王在领兵跟敌国作战时,遇到顽强地抵抗。战争异常残酷,持续了几个月之久。

一次,敌方将领想出一个"擒贼擒王"的计策——派一位武士行刺国王。这位武士骁勇机智、行动敏捷,他躲开岗哨,想从马棚进入国王的卧室。不料,国王的马非常通灵,见有生人入侵,便嘶叫起来。这个情况是武士事先没想到的,他拿不准应该杀马灭口、继续冒进,还是脚底抹油、溜之大吉。

国王听见马鸣声有异,估计出了情况,手持宝剑出来察看,发现了刺客。他一声招呼，卫兵们便蜂拥而来，向刺客扑去。武士知道此番性命难保，想举刀自刎，却已经来不及了，被卫兵们捆得结结实实，扔在地上。

这时，卫兵长跑过来，向国王自责疏于防范之过，并请示如何处置这名刺客。

国王走到武士身边，厉声问："你是来偷马的吗？"

武士不明白是什么意思，含含糊糊地答应一声，心里却想：我是来取你性命的，怎么说我偷马呢？

国王回头对卫兵长说："这家伙一定是来偷马的。现在是战争时期，老百姓都很穷，想偷马卖钱，情有可原。把他放了吧！"

卫兵长急忙说："不能放！他明明是来行刺的，不是来偷马的，应该将他就地正法。"

国王说："他明明是个偷马贼，为什么说他是刺客呢？我看他也是一条好汉，一定是迫不得已才干这种小偷小摸的事。把他放了吧！"

卫兵长无奈，只好把刺客给放了。

这件事传出去后，人们都称颂国王心胸宽广、爱惜人才。各地的勇士如潮水般涌来投奔他，他的军队实力大增，很快就取得了战争的胜利。后来，国王建立了一个强大的王国。

非常之人必有非常之量。《圣经》说："原谅你的仇敌。"这并非道德说教，而是经验之谈，因为原谅仇敌可以带来很大好处，但是原谅仇敌并不是一件容易的事。一方面，我们很难克制自己的仇视心理；另一方面，在操作上很难做到恰到好处——带着鄙视、不屑的心理予以原谅，反而会引发新的仇恨。

人在世界上，有一个敌人不算少，有一百个朋友不算多。带着尊重的心理原谅别人，收缴他心中的锐器。让别人对自己有所依赖，或者让自己对别人有所帮助，这样，朋友会越来越多，而仇敌会越来越少。

正如古希腊哲学家毕达哥拉斯所言："要这样生活：使你的朋友不致成为仇人，而使你的仇人却成为你的朋友。"放开眼界，收起报复的心态，以一种大度宽容的方式对待周围的人，即便不能都使其成为朋友，也能避免使其站到自己的对立面去。

合作共赢

"狼狈为奸"的勾当是令每个人所不齿的，但是反过来想一想，狼和狈为何要相互勾结呢？狼和狈是两种长相十分相似的野兽，它们口味还都极其相似——

都喜食猪、羊等动物。唯一不同的是：狼的两条前脚长，两条后脚短；而狈则是两条前脚短，两条后脚长。

一到夜晚，狼和狈就出来一起去偷猪、羊等家畜。有一回，一只狼和一只狈共同来到一个羊圈外，看到羊圈中有很多又壮又肥的羊，非常想偷吃。但是羊圈的墙和门都很高，它们使尽了各种办法，费尽了力气还是进不去。

于是，它们就想了一个办法。先由狼骑到狈的脖子上，然后狈站起来，把狼抬高，再由狼越过羊圈把羊偷出来。

商量过后，狈就蹲下身来，狼爬到狈的身上。然后，狈用前脚抓住羊圈的门，慢慢伸直身子。狈伸直身子后，狼将脚抓住羊圈的门，慢慢伸直身子，把两只长长的前脚伸进羊圈，把羊圈中的羊偷了出来。

这样偷羊的事，狼和狈经常互相合作才得以成功。如果它们不这样合作，谁都不能把羊偷走，任何一方都要挨饿。正是由于狼和狈互相合作，农民大受损失，所以就有了后来的"狼狈为奸"。

其实，这个故事蕴含的道理是意味深长的。两种不同的动物，为了一个共同的目标走到了一起，学会了合作的技巧，懂得了取长补短。在谋得了自身的利益，达到了共赢的目的，是一种十分聪明的做法。

这个社会不是一个人的独角戏，会合作的人才会实现利益的最大化，不要再重演"三个和尚没水喝"的故事。

人是群居性的动物，每个人都在社会这个大家庭中生活，彼此隔绝是不可能的，每个人都需要团队，每个人都需要合作。哲人叔本华就曾经说过："单个的人是软弱无力的，就像漂流的鲁滨孙一样，只有同别人在一起，他才能完成许多事业。"

随着知识经济的到来，竞争日趋紧张激烈，各种新技术、新知识不断推陈出新，市场化需求越来越多样化，使得现代企业管理面临的环境和情况越来越复杂。在很多情况下，单靠一个人的力量是很难完成对各种错综复杂信息的处理和解决的，更不可能采取切实、高效的行动，这就需要依赖组织成员之间的相互合作、相互关联、协调行动，以解决各种复杂的难题，保持组织的应变能力和源源不断的创新能力。

团队合作在当代的市场经济和人际交往中显得格外重要，一个不懂得团队合作、不善于团队合作的人不是一个聪明的人。"滴水不成海，独木难成林"，只有团队之间真正地合作，才会汇成一股强大的力量，推动实现最终的目标。

"狼狈为奸"是大势所趋，是明智之选，因为合作能产生 1+1>2 的成效。在成就他人的同时，也成就了自己。

告诉他：你很重要

许多事业上卓有成就的人成功的原因是他懂得驭人之术。而其中最重要的一点，也即最有效的一点就是：让别人感到自己很重要。因为每个人都想获得来自他人的尊重，得到别人的重视。那么，你就不妨满足他这个需要。

罗斯福是一位懂得使别人感到自己很重要的人。只要是去过牡蛎湾拜访过罗斯福的人，无不为他那博大精深的学识所折服。不管对方从事多么重要或卑微的工作，也不管对方有着什么样显赫或低下的地位，罗斯福和他们的谈话总能进行得非常顺利。

也许你会感到十分的疑惑，其实不难回答，每当他要接见某人时，他都会利用前一天晚上的时间仔细研读对方的个人资料，以充分了解对方的兴趣所在，从而让对方感觉到自己被重视了。这样精心准备怎能不使会面皆大欢喜呢！

贵为总统尚且如此，我们凡人为何不肯承认别人的重要？所以，要使他人真心地尊敬和喜欢你，非常乐意为你做事，原则上是要拿对方感兴趣之事当话题，让他感觉到自己的重要。在满足别人的重要感之后，很多事情都迎刃而解了。

据一些权威人士表示，甚至有人会借着发疯来从他们的梦幻世界中寻求自我满足。一家规模不小的精神病院的医生说："有不少人进入疯人院，是为了寻求他们在正常生活中无法获得的受重视的感觉。"人们为求受重视，连发疯都在所不惜，试想如果我们肯多给对方一分尊重、一句赞美，它的影响该有多大？

那么，在什么时候才能让对方感受到他的重要？答案是：随时随地都可以。

譬如，你在饭店点的是鱼香肉丝，可是，服务员端来的却是回锅肉，你就说："太麻烦您了，我点的是鱼香肉丝。"她一定会这么回答："不，不麻烦。"而且会愉快地把你点的菜端来。因为你已经表现出了对她的尊敬和重视。

一些客气的话实际上就表达了你对别人的重视，"谢谢你"，"请问"，"麻烦你"，诸如此类的细微，可以很容易就让对方感到他被尊重、被重视。

很多人，尤其是身居上位者，极易产生一种高高在上之感，极易用一种俯视的心态去面对他人，仿佛他们只是自己实现理想的"棋子"，而忽略了其身为人对于自身肯定的需求。用真诚的心去肯定别人，就会拉近心与心的距离，形成一个良好的人际关系。

在通常情况下，人们内心所想的东西，即使不用嘴说出来，不用笔写出来，也会被对方觉察体会出来。假如你对对方有厌恶之情，尽管你没有说出来，但是由于你这种心理的支配，你多少会露出一些"蛛丝马迹"，被对方捕捉住，或被对方体察出来，不久，他对你也会产生坏印象的。这跟照镜子是一样的道理，你对它皱眉头，它也对你皱眉头，你对它露出笑脸，它也还你一张同样的笑脸。同样的，如果我们怀着一颗真诚的心去肯定对方，对方也会同样从内心感激你，用心回报你，直至将你所交代的事情做到完美为止。

正如美国著名企业家杰克·韦尔奇所说："天下最易使人颓丧不振、冲劲全失的就是来自上级主管的批评、责骂。"抛开那些伤人的话语，随之以各种各样的方式告诉他："你很重要。"受到肯定的人自然会在尊重与肯定下以诚相待、全力以赴帮忙。

主动吃亏

如今，很多人都认为"无论做什么，尽量别吃亏"。其实，吃亏并非都是坏事。有些时候，糊涂处世，主动吃亏，山不转水转，也许以后还有合作的机会，又走到一起。若一个人处处不肯吃亏，则处处必想占便宜，于是，妄想日生，骄心日盛。而一个人一旦有了骄狂的态势，难免会侵害别人的利益，于是便起纷争，在四面楚歌之中，又焉有不败之理？

"吃亏"也许只是指物质上的损失，但是一个人的幸福与否，却往往是取决于他的心境如何。如果我们用外在的东西，换来了心灵上的平和，那无疑是获得了人生的幸福，这便是值得的。

不少好朋友，抑或事业上的合作伙伴，由于种种原因，后来反目成仇了，双方都搞得很不开心，结果是大打出手。有个人却不一样，他与朋友合伙做生意，几年后一笔生意让他们将所赚的钱又赔了进去，剩下的是一些值不了多少钱的设备。他对朋友说，全归你吧，你想怎么处理就怎么处理。留下这句话后，他就与朋友分手了。显得多有风度，没有相互埋怨，这叫"好合好散"。生意没了，人情还在。他，就是李嘉诚的儿子——李泽楷。

有人问李泽楷："你父亲教了你一些怎样成功赚钱的秘诀吗？"李泽楷说，

赚钱的方法他父亲什么也没有教，只教了他一些为人的道理。李嘉诚曾经这样跟李泽楷说，他和别人合作，假如他拿七分合理，八分也可以，那么拿六分就可以了。

李嘉诚的意思是，吃亏可以争取更多的人愿意与自己合作。想想看，虽然他只拿了六分，但现在多了一百个合作人，他现在能拿多少个六分？假如拿八分的话，一百个人会变成五个人，结果是亏是赚可想而知。李嘉诚一生与很多人进行过或长期或短期的合作，分手的时候，他总是愿意自己少分一点钱。如果生意做得不理想，他就什么也不要了，愿意吃亏。这是种风度，是种气量，也正是这种风度和气量，才有人乐于与他合作，他也才越做越大。所以李嘉诚的成功更得力于他的恰到好处的处世交友经验。

很多时候，吃亏是一种福，是智者的智慧。不管你是做老板也好，还是做合作伙伴也罢，你主动吃亏，而旁边的人接受了你的"谦让"，他不仅会一心一意与你合作，跟着你干，而且会因为感谢、感激，不断寻找机会还你人情。

曾经有一个老板，没有文化，也绝对没有背景，但生意却出奇地好，而且历经多年，长盛不衰。说起来他的秘诀也很简单，就是与每个合作者分利的时候，他故意只拿小头，把大头让给对方。如此一来，凡是与他合作过一次的人，都愿意与他继续合作，而且还会因为感激介绍一些朋友，再扩大到朋友的朋友，也都成了他的客户。人人都说他好，因为他只拿小头，但所有人的小头集中起来，就成了最大的大头，他才是真正的赢家。

不过，"吃亏是福"不能只当套话来理解，应在关键时候有敢于吃亏的气量，这不仅体现你大度的胸怀，同时也是做大事业的必要素质。把关键时候的亏吃得淋漓尽致，才是真正的赢家。

现实生活中，不要因为吃一点亏而斤斤计较，开始时吃点亏，是为以后的不吃亏打基础，不计较眼前的得失是为了着眼于更大的目标。那些没有"手腕"的人，都怕便宜了别人，可吃亏的却往往是自己。

人非圣贤，谁都无法抛开七情六欲，但是，要成就大业出人头地，就要学会适度糊涂，就得分清轻重缓急，该舍的就得忍痛割爱，该忍的就得从长计议。正所谓"吃人嘴短，拿人手软"，主动让别人占便宜，你就等于给对方放了一份人情债，那么他对你日后的请求也就不好拒绝了，甚至你无需请求他都会主动来帮助你。

·第三章·

将心比心，换位思考

想钓到鱼，就要像鱼一样思考

我们常说"以小人之心，度君子之腹"，也就是说，在人际交往中我习惯以己度人，习惯用自己的标准去衡量别人的行为，衡量周围的事物，并把自己的感情、意志、特性投射到其他事物上，结果不仅产生了误会还造成了预想破产，现实失利。为何会产生这样的结果呢？因为我们过于自信，自己的思考忽略了周围事物的独特个性，限制了视野，因此也很难触摸到成功。

有一位资深的营销培训专家讲过这样一堂生动的课，他说，自己很小时随父亲一起去钓鱼，但是，每次父亲总是凯旋而归，而自己却一无所获。沮丧的他向父亲请教："为什么我连一条鱼也钓不到，我钓鱼方法不对吗？"他的父亲告诉他："孩子，不是你钓鱼的方法不对，而是你的想法不对，你想钓到鱼，就得像鱼那样思考。"

"像鱼那样思考"到底是什么意思呢？很多年后他才慢慢悟到，原来鱼是一种冷血动物，对水温十分的敏感。所以，它们通常更喜欢待在温度较高的水域。但是，一般水温高的地方阳光也比较强烈，鱼因为没有眼睑，阳光很容易刺伤它们的眼睛。所以，鱼会选择待在阴凉的浅水处。浅水处水温较深水处高，而且食物也比较丰富。但处于浅水处还要有充分的屏障，比如茂密的水草下面，这样它们才更容易躲避危害而不受外界的侵害。所以，只有你把鱼钩放在这里才能钓到又多又好的鱼。

这就传达给我们一个重要的理念，你要会换位思考，会站在对方的立场想问题才能无往而不胜。这也应了那句俗话"要想公道，打个颠倒"，比如，你在面试时，要从用人单位和主考官的角度出发，站在他们或者他们所在的单位、部门、公司的角度出发，表现为他们理想中的"人才"，这样才能达到成功的效果。美国前总统林肯就曾这样说过，"我会用三分之一的时间来思考自己以及要说的话，花三分之二的时间来思考对方以及他会说什么话。"也就是告诉我们，无论做什么事情，要做到知己知彼，有的放矢，就必须首先做到换位思考。

一个营销员要想把自己的产品推销出去，想从顾客口袋里掏钱，就要站在顾客的角度思考，就像你打算让一个男士买一套化妆品几乎是不太可能的事情，但是要他送给自己的太太或者女朋友，结果就不一样了，以男士的心态，替他想问题，这样才能有胜算。

生活中，很多人努力工作着，却总也成功不了，其原因就在于不会换位思考。把握心理换位的策略最重要的是要了解对方，设身处地地为对方着想，想人之所想，深入体察对方的内心世界，站在对方的角度来思考你的策略，解决他的问题，也就解决了你的问题。

既然这样，当我们遇到事情的时候，特别是遇到困难和阻力的时候，不要做所谓的钻牛角尖的事情。这样费力又无功，世事都存在两个方面，换个角度，转个身，你就可能迈进成功的门槛。

让他知道你了解他、包容他，合作更容易

美国著名小说家西奥多·德莱塞曾说过："如果人想自人生中得到更多快乐就不能只想到自己，而应为他人着想，因为快乐来自于你为别人，别人为你。"

就拿事业来说吧，你自己的努力与能力往往只是成功的一半，找到适合与你合作的人，你才算找到了成功的另一半。那么，怎样找到那个适合的人呢？就是要了解他、包容他，就像了解你自己，包容你自己一样，只有了解别人，才谈得上合作，也只有了解了别人，才能够在合作的过程中扬长避短，互相配合。

1983 年春天，玛格丽特抵达"东南老人中心"，开始了她的物理治疗的独立生活。当该中心员工米莉·麦格修将玛格丽特介绍给中心人员时，她注意到玛格丽特盯着钢琴看的那一刹那间流露出痛苦的表情。

"怎么了？"米莉问。

"没什么，"玛格丽特柔声说，"只是看到了钢琴，勾起我许多回忆。"米莉瞥向玛格丽特残障的右手，默默聆听眼前这名黑人妇女谈起她音乐生涯的辉煌

过去。

"你在这里等一下，我马上回来。"米莉突然插口说。一会儿，她回来了，身后紧跟着一位娇小、白发、戴着厚重眼镜，并且使用助步器的女人。

"这位是玛格丽特。"米莉帮她们互相介绍，"这位是露丝·艾因柏格。"她又笑道，"她也弹钢琴，但她跟你一样，自从中风后，就没办法弹了。艾因柏格太太有健全的右手，而你有健全的左手，我有种感觉，只要你们互相合作，一定可以弹出好作品。"

"你知道肖邦降 D 调的华尔兹吗？"露丝问，玛格丽特点点头。

于是两人并肩坐在钢琴长椅上。两只健全的手——一只是黑色，有纤长优雅的手指；另一只手是白色，有短胖的手指——很有节奏感地在黑白键上滑动。从那天起，她们就一起坐在键盘前——玛格丽特残障的右手搂住露丝背部，露丝无用的左手搁在玛格丽特膝上。露丝健全的右手弹主旋律，玛格丽特灵活的左手弹伴奏旋律。

她们的音乐曾在电视上、教堂里、学校中、康复中心、老人之家给许多听众带来快乐。坐在钢琴长椅前，她们共享的东西不只是音乐。除肖邦、巴赫和贝多芬的音乐外，她们发现彼此的共通点比想象的要多得多——两人都是很好的祖母和寡妇，都失去了儿子，都有颗奉献的心，但若失去了对方，她们就什么也办不到。两人同坐在钢琴长椅前，露丝听见玛格丽特说："我被剥夺了音乐，但上帝却给了我露丝。"很显然，这些年来她们并肩而坐，玛格丽特的某些信仰已经影响了露丝。露丝说："是上帝的奇迹将我们结合在一起。"

建立良好的合作关系，还需要了解他人，包容他人。每个人都有自己的优缺点，在与人合作的过程中，你不可能只与他人的优点合作，当与他人的缺点发生冲撞时，你唯一能做的就是包容。

关于这方面，还有一个意义深刻的故事。

有一天，沙漠与海洋谈判。

"我太干，干得连一条小溪都没有，而你却有那么多水，变成汪洋一片。"沙漠建议，"不如我们来个交换吧。"

"好啊，"海洋欣然同意，"我欢迎沙漠来填补海洋，但是我已经有沙滩了，所以只要土，不要沙。"

"我也欢迎海洋来滋润沙滩，"沙漠说，"可是盐太咸了，所以只要水，不要盐。"

正如上面的海洋与沙漠一样，我们想得到一种东西，也必须容忍其他一些东西也跟过来。只有这样才是所谓的"双赢"。

有两个戏剧学院的同学，毕业后一起进入演艺圈，他们都很有才气，在学校的时候就显得与众不同，两人虽然彼此惺惺相惜，却也因好强而暗中较量。

虽然两人同时毕业于戏剧学院，但一位是导演系的，一位是表演系的，因此入行后，一位当导演，一位做演员。

经过一段时间的努力，两人在工作岗位上都表现得很出色，也各自拥有了一席之地。有一次，刚好有部电影可以让他俩合作，基于两人是要好的同学，而且心里对彼此的才能和需求都非常了解，所以爽快地答应一起合作。

这个导演对于演员一向要求比较严格，所以在拍戏的过程中，虽然是自己的同学也毫不客气地加以指责。而已经是名演员的老同学也有自己的见解和个性，所以片场的火药味总是很浓。

有一天，导演因为几个镜头一直拍不好，不禁怒火中烧，对着自己的老同学大发脾气，一句重话马上脱口而出："我从来没见过这么烂的演员！"

名演员一听，脸色苍白地愣住了。他走到休息室，不肯出来继续拍戏。

"一道篱笆三个桩，一个好汉三个帮。"一个人在社会生活中，不可能永远是孤军打天下，总会有与别人携手合作的时候。事实上，我们几乎每天都会碰到许多必须与别人合作才能完成的事情，学会与别人愉快而有效地合作，无疑将会给你的生活学习带来高效率和愉悦的心情。因此，我们也可以说合作关系是人际关系的另一面镜子。

与别人合作关系差的人，其人际关系往往也很差。因此，从合作关系之中，我们可以建立良好的人际关系；从人际关系之中，我们可以巩固彼此的合作关系，这是互动的。

学会与别人合作有很多的技巧，不是说你本着一颗真诚的心就可以万事大吉的。要与人合作必须了解别人，只有在了解了别人的基础上，才谈得上合作的关系，只有对别人有了充分的了解，才能扬其长避其短，使其有信心与你共事。

客观而言，了解别人也是一种能力，而不仅仅是一种态度。在很多情况下，我们都是感情用事，不够理智，不懂得换位思考，这为我们带来了许多麻烦，所以我们每个人都应该以一颗包容的心，忍受别人不合理的行为和各种不顺心的情况，学习去欣赏并接受不同的生活方式、文化等。

不揭对方伤疤，他不痛你也好过

暴露别人的隐私，对任何人来说，都不是令人愉快的事。不去提及他人平日认为弱点的地方，是懂得为人处世的表现。因为你不给相处的人造成伤痛，大家才能长期愉快相处，否则你自己也不好过。

小李长得高大英俊，在大学校园内有"恋爱专家"的雅号。如今他是一家外资公司的高级职员，英俊的长相和丰厚的薪水使他在众多的女友中选上了貌若天仙的丽。也许是为了炫耀自己的能耐，小李带着丽去参加朋友聚会。

就在大家天南海北闲谈的时候，"快嘴王"换了话题，谈起了大学校园罗曼蒂克的爱情故事，故事的主人公自然是"恋爱专家"小李。"快嘴王"眉飞色舞地讲述小李如何引得众多女生趋之若鹜，又如何在花前月下与女生卿卿我我。丽开始还觉得新奇，但越听越不是味，终于拂袖而去。小李只好撇下朋友去追丽。

"快嘴王"不是有意要揭小李的伤疤，但他的追忆往事确实使丽难以接受，无端捅出娄子。这不仅使小李要费不少周折去挽回即将失去的爱情，而且使在场的人心里也都大不高兴，自然也会影响到自己的人际关系。

在朋友聚会时，挑愉快的事说是活跃气氛的好办法，但口下留情很重要，千万不要揭别人的伤疤，否则，你就会成为不受欢迎的人。说话应该谨言慎行，给语言的刀子加上一把鞘。

在中国素有所谓"逆鳞"之说，即使再驯良的龙，也不可掉以轻心。龙的喉部之下约直径一尺的部位上有"逆鳞"，全身只有这个部位的鳞是反向生长的，如果不小心触到这一"逆鳞"，必会被愤怒的龙所杀。其他的部位任你如何抚摸或敲打都没关系，只有这一片逆鳞无论如何也接近不得，即使轻轻抚摸一下也犯了大忌。

所以，我们可以由此得知，无论人格多高尚、多伟大的人，身上都有"逆鳞"存在。只要我们不触及对方的"逆鳞"就不会惹祸上身。所以说，所谓的"逆鳞"就是我们所说的"痛处"，也就是缺点、自卑感，针对这一点我们有必要事先研究，找出对方"逆鳞"所在位置，以免有所冒犯。

谁都明白，受伤的疮疤不能揭，因为越揭越容易发炎，甚至会使伤口扩大。触人痛处，犹如揭人疮疤，其结果犯了人与人相处的大忌，得罪了别人，自己也捞不到什么好处。

看住对方的面子，等于守住彼此的融洽关系

鲁迅说过，面子是中国人的精神纲领。爱面子似乎已经成为人性的一大特点。可是我们不能只爱自己的面子，而不给他人面子。每个人都有一道最后的心理防线，一旦我们不给他人退路，不给他人台阶下，他只好使出最后的一招——自卫。因此，当我们遇事待人时，应谨记一条原则：别让人下不了台阶。

保留他人的面子，这是一个何等重要的问题！每个人都有自尊，都希望别人凡事都能顾及自己的面子！而我们却很少会考虑到这个问题。我们常喜欢摆架子、我行我素、挑剔、恫吓、在众人面前指责孩子或雇员，而没有多考虑几分钟，讲几句关心的话，为他人设身处地想一下，要是这样去做了，就可以缓和许多不愉快的场面。

有一段时间，通用电气公司遇到一项需要慎重处理的问题——公司不知该如何安排一位部门主管查尔斯的新职务。查尔斯原先在电气部是个一级技术天才，但后来被调到统计部当主管后，工作业绩却不见起色，原来他并不胜任这项工作。公司领导层感到十分为难，毕竟他是一个不可多得的人才，何况他性格还十分敏感。如果激怒惹恼了他，不定会出什么乱子！经过再三考虑和协调之后，公司领导给他安排了一个新职位——通用电气公司咨询工程师，工作级别仍与原来一样，只是另换他人去接手他现在的那个部门。

对此安排查尔斯自然很满意。公司当然也很高兴，因为他们终于把这位脾性暴躁的大牌明星职员成功调遣，而且没有引起什么风暴，因为公司让他保留了面子。

一家管理咨询公司的会计师说："辞退别人有时也会令人烦恼，被人解雇更是令人伤神。我们的业务季节性很强，所以，旺季过后，我们不得不解雇许多闲置下来的人员。我们这一行有句笑话：没有人喜欢挥动大刀。因此，大家都很担心，唯恐避之不及，那解雇人的任务就会安排到自己头上，只希望日子赶快过去就好。例行的解雇谈话通常是这样的：'请坐，汤姆先生。旺季已经过去了，我们已没什么工作可以交给你做了。当然，你也清楚我们……'"

"除非不得已，我绝不轻易解雇他人，同时会尽量婉转地告诉他：'汤姆先生，你一直做得很好（假如他真是不错）。上次我们要你去油瓦克，那工作虽然很麻烦，而你处理得滴水不漏。我们很想告诉你，公司以你为荣，十分信任你，愿意永远支持你，希望你不要忘记这里的一切。'如此，被辞退的人感觉好过多了，至少

不觉得被遗弃。他们知道，如果我们有工作的话，一定会继续留住他们的。要是等我们再需要他们的时候，他们也是很乐意再来投奔我们的。"

世界上任何一位真正伟大的人，都是绝不会浪费宝贵的时间去羞辱失败者的。有这样一个例子：

1922 年，土耳其决定把希腊人逐出土耳其的领土。凯末尔对他的士兵发表了一篇拿破仑式的演说，他说："你们的目的地是地中海。"于是近代史上最惨烈的一场战争开始了。最后土耳其获胜，而当希腊将领前往凯末尔总部投降时，几乎所有土耳其人都对他们击败的敌人加以羞辱。

但凯末尔丝毫没有显出胜利的傲气。"请坐，先生，"他说着，并握住他们的手，"你们一定走累了。"然后，在讨论了投降的细节之后，他安慰他们失败的痛苦。他以军人对军人的口气说："战争这种东西，最优秀的将领有时也会打败仗。"

凯末尔即使是沉浸在胜利的极度兴奋中，仍能做到照顾手下败将的面子。这是多么可贵的一种行动！所以，让人尊敬的妙招，就是给他人留足面子。

"面子"是一件很重要的事，如果你是个对"面子"无所谓的人，那么你必定是个不受欢迎的人；如果你是个只顾自己面子，却不顾别人面子的人，那么你必定是个总有一天会吃暗亏的人。

做人还是应该和气一些，宽宏大度一些。"面子"问题说白了就是一个人的"尊严"问题。给人留点面子，就是尊重和重视对方的表现。事实上，给人面子并不难，也无关道德，大家都是在人性丛林里讨生活，给人面子基本上就是一种互助。尤其是一些无关紧要的事，你更要给人面子。当然，至于重大的事，就可以考虑不给，你不给，对方也不敢对你有意见，他若强要面子，就有可能在最后失去面子。

就像法国哲学家、文学家伏尔泰所言："自尊心是个膨胀的气球，戳上一针就会发出大风暴来。"我们避免社交风暴的最佳策略之一，就是帮别人看住面子。每给别人一次面子，就可能增加一个朋友；每驳别人一次面子，就可能创造一个敌人。

站在对方立场说话，他才容易听你的话

很多人往往习惯将自己的想法或意见强加给别人，总觉得它们才是解决问题的最好方式。虽然出发点都是好的，是为了帮助别人解决某些问题，但是却始终

没有站在对方的立场上想过——这样是否适合？

当我们和别人商谈事情时，我们不应该先自我确定标准和结论，应该先站在对方的立场上仔细想想，询问对方对这件事情的看法和他认为应该如何解决这个问题，而不是直接讲一番大道理来逼迫对方接受自己的观点，这样反而更容易让对方听你的话。

很多时候，站在对方的立场上考虑问题，你会发现，你跟他有了共同语言，他的所思所想、所喜所恶，都变得可以理解甚至显得可爱。在各种交往中，你都可以从容应对，要么伸出理解的援手，要么防范对方的恶招。许多人不懂得如何站在对方立场上思考和说话，这是导致很多事情做不成功的一大原因。

你若能站在他人的立场上说话，能给他人一种为他着想的感觉，这种技巧常常使你的话具有极强的说服力。要做到这一点，"知己知彼"十分重要，唯先知彼，而后方能从对方立场上考虑问题。成功的人际交往语言，有赖于发现对方的真实需要，并且在实现自我目标的同时给对方指出一条可行的路。

某精密机械工厂生产某种新产品，将其部分部件委托另外一家小型工厂制造，当该小型工厂将零件的半成品呈送总厂时，不料全不合该厂要求。由于新产品上市迫在眉睫，总厂产品负责人让小厂尽快重新制造，但小厂负责人认为他是完全按总厂的规格制造的，不想再重新制造，双方僵持了许久。这时总厂厂长在问明原委后，便对小厂负责人说："我想这件事完全是由于公司方面设计不周所致，而且还令你吃了亏，实在抱歉。今天幸好有你们帮忙，才让我们发现了产品的缺点。只是事到如今，产品总是要上市的，你们不妨将它制造得更完美一点，这样对你我双方都是有好处的。"那位小厂负责人听完，欣然应允。

也许你会质疑："站在对方的立场上说来容易，实际要做的时候也那么容易吗？"没错，站在对方立场上说话确实不容易，但却不是不可能。许多口才不错的人都能做到这一点。因为若不如此做，谈话成功的希望就可能是很小的。真正会说话的人，善于从他人的角度来设想，并且乐此不疲。然而，他们也并非一开始就能做得很好，而是从一次次的说服过程中吸收经验、汲取教训，不断培养这种习惯，最后才达到这种境界的。因此，只要你愿意，这并不是件太难的事。

美国"汽车大王"福特曾说过："如果说成功有秘诀的话，那就是站在对方立场上认识和思考问题。"所以在与人交往的过程中，多站在对方的立场上思考和说话，设身处地地为别人着想，更能让人感动，更能让人接受你的思想。

一个人的痛苦之一就是没人理解，如果我们能站在他人的立场上说话，那对于他人来说是一种莫大的幸福。

说话多给对方"同感"的理解，更能打动其心

朋友之间应该互相帮助，一对好朋友彼此坦诚相待，真诚相帮，双方都有"不是亲人，胜似亲人"的感觉。

当自己有不懂的地方向对方请教后，终于解开了疑惑，自己也由此获得知识，你对对方的尊重更会加深。若不然，你既向别人求教，又对别人持轻视态度，谁会买你的账呢？当你将自己的欢悦与困惑向朋友倾诉时，如果你的朋友对你的倾诉不屑一顾，试问，这样的友情还有必要存在吗？

因此，我们应该学会多给朋友帮助和鼓励，同时，你也会在朋友的帮助和鼓励中达到双方感情上的沟通。

人与人之间情感的沟通，是交往得以维持并向更为密切方向发展的重要条件，是人对客观事物所持态度的内心体验。情感沟通由两部分组成：一是"共鸣"，即对同一事物或同类事物具有相仿的态度及相仿的内心体验；二是"振荡"，即由于"共鸣"而双方情绪相互影响，以致达到一种比较强烈的程度。前者是找到共同语言，后者是掏出心来，心心相印。

所谓"同感"，就是对于对方所述，表示自己有同样的想法和经历。比如吴倩以十分认真的语调告诉她的好朋友李蓉，她想自杀。李蓉不是去问她为什么，也不板起脸孔说教一番，而是说："是啊，我曾经也有过同样的想法，记得是那天发生的一件事，使我看到了人为什么要勇敢地活下去……"结果吴倩就轻松地谈起了她的烦恼与苦闷。李蓉边听边点头，表示理解和关注。后来吴倩不但勇敢地活下去，并且做出了成绩。她和那位善解人意的李蓉的友谊愈来愈深了。

要想达到与人情感沟通，就要注意对方。当对方对某一事物表露出一种情感倾向时，你就要对他所说的这件事表达同样的感受，而且激烈些，于是你们就谈到一起了。

情感沟通的程度，以每当回忆起这段交往时，所导致的兴奋程度为标准。比如，当你读到友人来信中的下面这段话，你俩的感情就绝不会变得冷漠。"不知怎的，你在上次谈论中的一举一动、一言一语都给我留下深刻的记忆，竟是那么清晰动人。真的，我很高兴与你一起度过了那个下午……"当对方常常联想到这

段交往时，就伴着愉悦的心境，则这种沟通也就达到了。

在与人交往的时候，你多付出一分感情，就能多得到一分回报。情感的往返交流是自然的、真诚的，任何矫揉造作或夸张，都不能收到情感交融的效果。因为"同感"不是违心的附和，而是朋友间的理解，是心灵的沟通。

站在上司的立场想问题，站在自己的立场办事情

战略是全局性的，是具有指导意义的，是根据形势需求指定的长期性规划，是不能变的、稳定的、坚定的；但是战术却是灵活的、多变的，是围绕战略思想，将现实的利益、现实的合理性与未来的发展、长期的发展有效结合起来。

职场上，你要学会站在上司的立场考虑问题，了解上司的全盘战略思想，了解他为什么要这样做，这样做能带来什么样的效益，这种战略和现实有什么矛盾？当上司安排你做一些事情的时候，你要做到心中有数，既不要不问情况，不看实际地一味蛮干，也不要故作聪明地暗自跟老板较劲，消极怠工。

我们要尽量选择符合自己利益的事情去做，不符合利益的想法推搪。用做了的事情取悦上司，而不做的事情则让上司知道，你已经完全尽力了。简单地说，我们要做到"战略上藐视敌人，战术上重视敌人"。

新疆某公司出产了一种"阿凡提"瓜子，在当地久负盛名，公司老板想把它尽快推销全国。因此，该公司负责推向业务的经理设定方案进行推销，即向国营店或个体户大力发展批发业务。李杰是负责"阿凡提"瓜子上海业务的，当他按照总部的指挥采用这种战术时，不仅没有取得丝毫的效果，还处处碰壁。

原来，上海是"傻子"瓜子的天下，别的品牌根本无法轻易插足。李杰作为上海直销的负责人，当然知道"阿凡提"兵败滑铁卢的原因，虽然他几次向总部提出建议和方案，但是得到的回应却始终如一——按原计划行事，尽快打开上海的销路，否则一切责任自己承担。李杰在碰了一鼻子灰后，认真思考自己目前的形势：如果按照上司的要求行事，一定不会完成任务，到头来也是"死"；如果不按照上司的要求行事，自作主张，若出了什么问题，还是"死"，左右是"死"路一条，与其"死在别人的手中"，不如让自己动手，或许还有峰回路转，柳暗花明的一天。

为了打开"阿凡提"瓜子在上海地区的销路，李杰采用了新的推销方法。他

们把装瓜子用的纸袋免费送给零售单位，广做宣传；对经营单位免费送货；在价格上实行薄利多销，还可推迟结算货款，方便经销者。由于采用了这种适宜于当地的推销方法，"阿凡提"瓜子很快就占领了本土瓜子的市场，挤占了上海市场。

李杰没有一味地跟上司辩解，让上司接受自己的观点，也没有傻乎乎地按照总部的规定"照猫画虎"，而是按照上海当地实际情况灵活地改变了战术，使"阿凡提"瓜子得到了大卖。结果不用细述大家也知道，公司只看重最后的结果，李杰成功地打开上海这个大市场，为公司创造了很大的利益，公司自然会对一个对公司作出突出贡献的人给予奖励。李杰成功地完成了上级交代的任务，体现出了自己独特的价值，还为自己争取到了利益。

当然，很多时候世界上往往没有这么完美的事情，但是想要追求完美就必须会运用战术，以不变应万变，要在原则的坚定性和策略的灵活性相结合的情况下，了解上司制定这个计划最终想要的和想要达到的目的，然后根据现实情况和自身力量，站在自己的立场思考该怎么做，如何做，做后会产生怎样的结果。要努力寻求自我发展，积极整合外部资源，团结一切可以团结的力量来争取最好的结果。

诙谐对待他人的错误，他过得去你也过得去

不知道你是否发现，大度诙谐更多时候比横眉冷对更有助于问题的解决，对他人的小过以诙谐的方法对待，实际上就是一种糊涂处世的态度。

20世纪50年代，台湾的许多商人知道于右任是著名的书法家，于是他们纷纷在自己的公司、店铺、饭店门口挂起了署名于右任的招牌，以示招徕。其中确为于右任所题的极少，半真半假的居多，完全假的有时也有所见。

一天，于右任的一个学生急匆匆地来见老师，说："老师，我今天中午去一家平时常去的羊肉泡馍馆吃饭，想不到他们居然也挂起了以您的名义题写的招牌。青天白日，明目张胆地欺世盗名，您老说可气不可气！"正在练习书法的于右任"哦"了一声，放下毛笔然后缓缓地问："他们这块招牌上的字写得好不好？"

"好个啥子哟！"学生叫苦道，"也不知道他们在哪儿找了个书生写的，字写得歪歪斜斜，难看死了。下面还签上老师您的大名，连我看着都觉得害臊！"

"这可不行！"于右任沉思道。

"我去把那幅字摘下来！"学生说完，转身要走，但被于右任喊住了。

"慢着，你等等。"

于右任顺手从书案旁拿过一张宣纸，拎起毛笔，"刷刷刷"在纸上写下些什么，然后交给恭候在一旁的学生，说："你去把这幅字交给店老板。"

学生接过宣纸一看，不由得呆住了。只见纸上写着笔墨流畅、龙飞凤舞的几个大字，"羊肉泡馍馆"，落款处则是"于右任题"几个小字，并盖了一方私章。整个书法，可称漂亮至极。

"老师，您这……"此学生大惑不解。

"哈哈！"于右任抚着长髯笑道，"你刚才不是说，那块假招牌的字实在是惨不忍睹吗？我不能砸了自己的招牌，坏了自己的名声！所以，帮忙帮到底，还是麻烦你跑一趟，把那块假的给换下来，如何？"

"啊，我明白了，学生遵命。"转怒为喜的学生拿着于右任的题字匆匆去了。这样，这家羊肉泡馍馆的店主竟以一块假招牌换来了大书法家于右任的真墨宝，喜出望外之余，未免有惭愧之意。

面对矛盾，一般最直接的做法就是用强去争，争来争去，互不相让，结果就不那么妙了。实际上，在聪明人看来，低头不单是缓和矛盾，也能化解矛盾，强争只有在极端的情况下才能解决矛盾，而在多数情况下只能是激化矛盾。在很多事情上，糊涂一点，包容一些，不但自己过得去，别人也会过得去，产生矛盾的基础不复存在，矛盾自然就化解了。彼此能够相安，岂不更好？

人生苦短，生活更是不容易，我们在争取拥有的同时，也要懂得适时糊涂，适当地包容。有时候看似糊涂的做法，诙谐对待他人的错，不仅是让别人过得去，往往也是在让自己过得去。

·第四章·

以心治心，掌控主动

欲震慑"猴"，就在其面前杀"鸡"

杀鸡儆猴，是中国古代统治者用来镇压民众或威慑人心的惯常手段。人们一旦提起，总感觉其带有些阴暗的色彩。但"杀鸡儆猴"这一潜规则也给我们带来不小的启迪，那就是如果想震慑"猴"，就在其面前杀"鸡"。这样不仅能起到震慑人心的作用，更能让自己处于人生的主动地位。

齐国人孙武是我国古代伟大的军事家，被誉为兵学的鼻祖。他因内乱逃到吴国，把自己所著的兵法敬献给吴王阖闾。阖闾说："您写的兵法13篇，我都细细读过了，您能当场演习一下阵法吗？"孙武回答说："可以。"吴王又问："可以用妇女进行试练吗？"孙武又答道："可以。"于是吴王派出宫中美女180人，让孙武演练阵法。

孙武把她们分成两队，让吴王最宠爱的两个妃子担任队长，每位宫女手拿一把戟。孙武问她们："你们知道自己的心、左右手和背的部位吗？"她们都回答说："知道。"孙武说："演习阵法时，我击鼓发令：让你们向前，你们就看着心所对的方向；让你们向左，就看着左手所对的方向；让你们向右，就看着右手所对的方向；让你们向后，就转向后背的方向。"她们都齐声说："是。"

孙武将规定宣布完后，便陈设斧钺，又反复强调军法。一切准备妥当后，孙武击鼓发令向右，宫女们却嬉笑不止，不遵奉命令。孙武说："规定不明确，口令不熟悉，这是主将的责任。"于是他重新申明号令，并击鼓发令向左，宫女们仍然嬉笑不止。孙武说："规定不明确，口令不熟悉，这是主将的责任；现在既然已经明确，你们仍然不服从命令，那就是队长和士兵的过错了。"说罢，命令斩杀两名队长。

当时吴王正站在观操台上，见孙武要斩杀他的两个爱妃，大吃一惊，急忙派人向孙武传令："我已经知道将军善于用兵了。没有这两个爱妃，我连吃饭也没有味道，请您不要杀掉她们。"孙武回答说："臣既然已经受命为将帅，就应该尽职尽责做好分内的事。将帅在处理军中的事务时，君主的命令如果不利于治军，可以不接受。"说完，仍下命令斩杀两名队长示众，并重新任命两名宫女担任队长。孙武再次击鼓发令，宫女们按照鼓声向左向右，向前向后，跪下起立整齐划一，一举一动完全符合孙武的要求，没有一个人敢发出嬉笑声。

孙武正是运用了"杀鸡儆猴"的策略，才使众宫女乖乖听从指挥，从而树立了自己的威信。与之类似，田穰苴也将这一招运用得非常到位。

春秋时期，齐景公任命田穰苴为将，带兵攻打晋、燕联军，又派宠臣庄贾做监军。穰苴与庄贾约定，第二天中午在营门集合。第二天，临行前，穰苴早早到了营中，命令装好作为计时用的标杆和滴漏盆。约定时间已过，可是庄贾迟迟不到。穰苴几次派人催促，直到黄昏时分，庄贾才带着醉容到达营门。穰苴问他为何不按时到军营来。庄贾一脸无所谓，只说什么亲戚朋友都来为他设宴饯行，他总得应酬应酬吧。穰苴非常气愤，斥责他身为国家大臣，负有监军重任，却只恋自己的小家，不以国家大事为重。庄贾认为这是区区小事，仗着自己是国王的宠臣亲信，对穰苴的话不以为然。穰苴当着全军将士的面，叫来军法官，问："无故延误时间，按照军法应当如何处理？"军法官答道："该斩！"穰苴当即命令拿下庄贾。庄贾吓得浑身发抖，他的随从见势不妙，连忙飞马进宫，向齐景公报告情况，请求景公派人救命。在景公派的使者赶到之前，穰苴已经下令将庄贾斩首示众。全军将士看到主将敢杀违反军令的大臣，个个吓得发抖，谁还敢不遵将令。

景公派来的使臣飞马闯入军营，拿景公的命令叫穰苴放了庄贾。穰苴沉着地应道："将在外，君命有所不受。"他见使臣骄狂，便又叫来军法官，问道："乱在军营跑马，按军法应当如何处理？"军法官答道："该斩！"使臣吓得面如土色。穰苴不慌不忙地说道："君王派来的使者，可以不杀。"于是下令杀了他的随从和马匹，并毁掉马车，让倒霉的使者回去报告情况。

由此可见，作为部队的指挥官，必须做到令行禁止、法令严明，否则，指挥不灵，令出不行，士兵如一盘散沙，怎能打仗？所以，历代名将都特别注意严明军纪，管理部队刚柔相济，关心和爱护士兵，但决不能有令不从，有禁不止。

将这一点推广到我们今天的现实生活中，同样非常适用。想要管理好某些人，有时采用"杀鸡儆猴"的方法，在其面前抓住其他个别典型从严处理，就可以达到树立自己威信、震慑对方心灵的效果。

"激励"让他多干活，"赞赏"让他积极干活

任何一个团队里，想要管理好下属或其他人，想让他们积极地多做工作，激励与赞赏是领导者不可缺少的法宝。

下面，我们来看一个有趣的寓言：

有一天，猎人带着一只猎狗到森林中打猎，猎狗将一只兔子赶出了窝，追了很久也没有追到，后来兔子一拐弯，不知道跑到哪去了。牧羊犬见了，讥笑猎狗说："你真没用，竟跑不过一只小小的兔子。"猎狗解释说："你有所不知，不是我无能，只因为我们两个跑的目标完全不同，我仅仅是为了一顿饭而跑，而它却是为了性命啊。"

这话传到了猎人的耳朵里，猎人想，猎狗说得对呀，我要想得到更多的兔子，就得想个办法，消灭"大锅饭"，让猎狗也为自己的生存而奔跑。猎人思前想后，决定对猎狗实行论功行赏。

于是猎人召开猎狗大会，宣布："在打猎中每抓到一只兔子，就可以得到一根骨头的奖励，抓不到兔子的就没有。"

这一招果然有用，猎狗们抓兔子的积极性大大提高了，每天捉到兔子的数量大大增加，因为谁也不愿看见别人吃骨头，自己却干看。

可是，一段时间过后，一个新的问题出现了：猎人发现猎狗们虽然每天都能捉到很多兔子，但兔子的个头却越来越小。

猎人疑惑不解，于是，他便去问猎狗："最近你们抓的兔子怎么越来越小了？"

猎狗们说："大的兔子跑得快，小的兔子跑得慢，所以小兔子比大兔子好抓多了。反正，按你的规定，大的小的奖励都一样，我们又何必要费那么大的力气，去抓大兔子呢？"

猎人终于明白了，原来是奖励的办法不科学啊！于是，他宣布，从此以后，奖励骨头的多少不再与捉到兔子的只数挂钩，而是与捉到兔子的重量挂钩。

此招一出，猎狗们的积极性再一次高涨，捉到兔子的数量和重量，都远远超过了以往，猎人很开心。

有研究表明，如果只是被动服人，缺乏自觉性和积极性的话，员工只能发挥其能力的 20% ~ 40%，而如果他们被充分激励后，则可以发挥 80% ~ 90%。

激励最有效的手段就是奖励。奖励也是有学问的。奖励不当不仅不能激励员工，而且会打击员工的积极性。这是管理者必须考虑周全的问题。

不过，在运用激励的同时，赞赏的强大作用也不可忽视。它会让员工以良好、饱满的精神状态投入工作。

某城市有个著名的厨师，他做的烤鸭堪称一绝，深受顾客的喜爱。他的老板对他也是格外赏识。不过这个老板从来没有给予厨师任何鼓励，使得厨师整天闷闷不乐。

有一天，老板在店里招待一位远道而来的客人，点了数道菜，头一道就是老板最爱吃的烤鸭。厨师奉命行事。不一会儿，香喷喷的烤鸭就端上了桌。

然而，当老板挟了一条鸭腿给客人时，却找不到另一条鸭腿，他便问身后的厨师说："另一条鸭腿到哪里去了？"

厨师说："老板，咱们这儿的鸭子都只有一条腿！"

老板感到诧异，但碍于客人在场，不便问个究竟。

饭后，老板便跟着厨师到鸭笼去查个究竟。时值夜晚，鸭子们正在睡觉。每只鸭子都只露出一条腿。

厨师指着鸭子说："老板，你看，我们这儿的鸭子不全都是只有一条腿吗？"

老板听后，便拍手鼓掌，睡梦中的鸭子被惊醒了，都站了起来。

老板说："鸭子不全是两条腿吗？"

厨师说："对！对！不过，只有鼓掌拍手，才会有两条腿呀！"

聪明的厨师巧妙地点化了老板。这正如戴尔·卡耐基曾说过的，要想赢得朋友，影响别人，就得表示出"真诚的欣赏"。在大多数公司里，员工总觉得在做错事时，才会引起管理者的注意。这样的公司里有一种"批评文化"。赞赏是要善于发掘人们有哪些好的表现，并对此表示欣赏，以此来进行鼓励。

在麦克尔·勒勃夫出版的一本名为《世界上最伟大的管理规律》的书中他指出，这个规律就是：受到奖赏的行为会不断重复。

这是一条在任何组织中都很重要的规律，但令人遗憾的是，它也是常被人忽略的一条规律。公司对员工的赞赏不应是管理者的简单习惯，而需要确立制度，使之运行自如。

总之，赞赏能为许多人创造良好的工作情绪，不要让这种良好的工作方式只是随机出现，要系统地表现出更多的欣赏和感谢，而非批评和抱怨。

不该仁义时，就要对他凶狠

在战争中，当时机成熟的时候，一定要果断重拳出击，千万不能有不必要的"仁义"，只有这样才不会陷入被动。

春秋时，齐桓公死后，宋襄公不自量力，想接替齐桓公当霸主。但是，遭到了各国的反对。宋襄公发现郑国支持楚国做盟主最积极，便想找机会征伐郑国出口气。

周襄王十四年（公元前638年），宋襄公亲自带兵去征伐郑国。楚成王见势，发兵去救郑国。但他没有直接去救郑国，却率领大队人马直奔宋国。宋襄公慌了手脚，只得带领宋军连夜往回赶。等宋军在泓水（今河南柘城西北）扎好了营寨时，楚国兵马也开到了对岸。公孙固劝宋襄公说："楚兵到这里来，不过是为了援救郑国。咱们从郑国撤回了军队，楚国的目的也就达到了。咱们力量小，不如和楚国讲和算了。"

宋襄公说："楚国虽说兵强马壮，可是他们缺乏仁义；咱们虽说兵力不足，但举的是仁义大旗。他们的不义之兵，怎么打得过咱们这仁义之师呢？"宋襄公还下令做了一面大旗，绣上"仁义"二字，准备用"仁义"去打败楚国的军队。天亮以后，楚军开始过河了。公孙固对宋襄公说："楚国人白天渡河，明明是瞧不起咱们。咱们乘他们渡到一半时，迎头打过去，一定会胜利。"宋襄公还没等公孙固说完，便指着飘扬的大旗说："你难道没见到旗上的'仁义'二字吗？人家过河还没过完，咱们就打人家，还算什么'仁义'之师呢？"

楚兵全部渡过了河，在岸上布起阵来。公孙固见楚兵乱哄哄地还没整好队伍，赶忙又对宋襄公说："楚军还没布好阵势，咱们抓住这个机会，赶快发起冲锋，还可以取胜。"宋襄公瞪着眼睛大骂道："你这个家伙，怎么净出歪主意！人家还没布好阵就去攻打，这算仁义吗？"

正说着，楚军已经排好队伍，洪水般地冲了过来。宋国的士兵吓破了胆，一个个扭头就跑。

宋襄公手提长矛，催着战车，想要攻打过去。可还没来得及往前冲，就被楚兵团团围住，大腿上早中了一箭，身上还受了好几处伤。多亏了宋国的几员大将奋力冲杀，才把他救出来。等他逃出战场，宋国的兵车已经损失了十之八九，兵器、粮草也全部丢光，将士们死的死，伤的伤，溃不成军，那面"仁义"大旗也早已无影无踪。老百姓见此惨状，对宋襄公骂不停口。可宋襄公还觉得他的"仁义"取胜了。公孙固搀扶着他，他还一瘸一拐地边走边说："讲仁义的军队就得以德服人。人家受伤了，就不能再去伤害他；头发花白的老兵，就不能去抓他。我以仁义打仗，怎么能乘人危难的时候去攻打人家呢？"那些跟着逃跑的将士，听了宋襄公的话，都哭笑不得，心想：我们平日打仗，靠拼命才能打败敌人，这回主公靠"仁义"打仗，害得我们差点儿丢掉性命。

其实，不仅在战争中，在没有硝烟的现实生活中，这一理论同样有道理。在毫无情面的对手面前，若一味地按教条的思维去考虑仁义，认为对方实力弱了，开始怜悯对方，难免会使自己陷入迂腐的误区。如前面宋襄公的可笑，就在于他混淆了"仁义"运用的场景和实际情况，才使得自己一步步地被动起来。

所以，如果你不该仁义之时，千万别心软、手软，而是要竭力地凶狠，将对方彻底打败，不让其有还击的余地。

单刀直入，开门见山

在辩论、谈判等需决胜负的交际场合中，单刀直入、开门见山是制胜比较常用的方法。这主要是在面对特殊的话题或特殊的对手，使自己难以组织说理性的攻击时而采用的一种较为简便但又能慑服对手的一种战术。

所谓开门见山，其意就在于要求雄辩者不拐弯抹角，一开口就切入正题，造成先声夺人的气势，给对方一个冷不防。开门见山式的辩词通常是雄辩者在事先准备好的。也就是说，在舌战之前，对欲战的题目乃至对对手的实力进行理性的分析后，制定一两句能让对方躲闪不及又必须正视的辩词来应对，以此搅乱对方的正常心态，使之在昏乱中做出对其不利的反应。

在充分研究材料、掌握对方情况的前提下，抓住要害、单刀直入、开门见山，一开始就接触问题的实质，趁敌方未加防范时，使对手失去平衡，以夺取论战中的精神优势，获得先机之利。

战国时，齐国的孟尝君主张合纵抗秦，他的门客公孙弘对他说："您不妨派人到西方观察一下秦王。如果秦王是个具有帝王之资的君主，您恐怕连做属臣都不可能，哪里顾得上跟秦国作对呢？如果秦王是个不肖的君主，那时您再合纵跟秦作对也不算晚。"

孟尝君说："好，那就请您去一趟。"

公孙弘便带着十辆车前往秦国去看动静。

秦昭王听说此事，想用言辞羞辱公孙弘。

公孙弘拜见昭王，昭王问："薛这个地方有多大？"

公孙弘回答说："方圆百里。"

昭王笑道："我的国家土地纵横数千里，还不敢与人为敌。如今孟尝君就这么点地盘，居然想同我对抗，这能行吗？"

公孙弘说："孟尝君喜欢贤人，而您却不喜欢贤人。"

昭王问："孟尝君喜欢贤人，怎么讲？"

公孙弘说："能坚持正义，在天子面前不屈服，不讨好诸侯，得志时不愧于为人主，不得志时不甘为人臣，像这样的士，孟尝君那里有三位。善于治国，可以做管仲、商鞅的老师，其主张如果被听从施行，就能使君主成就王霸之业，像这样的士，孟尝君那里有五位。充任使者，遭到对方拥有万辆兵车君主的侮辱，像我这样敢于用自己的鲜血溅洒对方的衣服的，孟尝君那里有十个。"

秦国国君昭王笑着道歉说："您何必如此呢？我对孟尝君是很友好的，并准备以贵客之礼接待他，希望您一定要向他说明我的心意。"

公孙弘答应着回国了。

有的时候，一言就能定输赢，紧紧抓住要点，一针见血，给人一种简洁、干练的感觉，冗长的客套话往往会引起对方反感。

现实生活中，开门见山的表达方法，可以说明自己的信心、信念和不可动摇的意愿，并以一定的口吻促使对方改变原来的主意，不再犹豫，不再因考虑细小枝节而对关键性的问题而和你抗衡；可以在对手未加防范时，使其失去平衡，赢得论战中的精神优势；可以给人一种简洁、干练的感觉。

此外，这种战术在辩场上常以发问形式出现。如果对方避而不答，可追问他们不答复的理由。若答复不能自圆其说，或其所说不利于发问者，因发问者早有准备，胸有成竹，可立即进行辩驳。一般情况下，开门见山的发问，对被问者来说都是不好对付的。正由于此，被问者在慌乱中往往会出现词不达意或越答越错的现象，这样，发问者便可轻而易举地将对手击败了。

将欲擒之，必先纵之

在做许多决定时，如果过早地行动，会让我们悖于道义、有违民心而陷入被动的处境。所以智者做事不会操之过急，他们懂得"欲擒故纵"的道理，"将欲擒之"的时候，往往会运用"必先纵之"这一规则，最后再水到渠成地实现自己的目的。

郑庄公的母亲姜氏生有两个儿子，老大就是庄公，老二叫共叔段。姜氏对共叔段特别偏爱，几次请求郑武公立共叔段为世子，武公都没有同意。

武公死后，长子寤生即位，是为郑庄公。姜氏见扶植共叔段的计划失败，转而请求庄公将京邑封给共叔段，庄公不好推辞，只好答应了。

郑国大夫知道后，立即面见庄公说："分封的都城，它的周围超过三百丈的，就会对国家有害。按照先王的制度规定，国内大城不能超过国都的三分之一，中城不能超过国都的五分之一，小城不能超过国都的九分之一。现在将京邑封给共叔段，不合法度。这样下去恐怕您将控制不住他。"

庄公答道："母亲喜欢这样，我怎么能让她不高兴呢？"

大夫又说："姜氏哪里有满足的时候！不如早想办法处置，不要使她的欲望滋长蔓延，蔓延了就很难解决，就像蔓草不能除得干净一样。"

庄公沉吟了一会儿，说："多行不义必自毙。你姑且等着吧！"

其实，郑庄公心里早已有了对付共叔段的方略。他知道自己现在力量还不够强大，共叔段又有母后的支持，要除掉共叔段还比较困难，不如先让他尽力表演，等到其罪恶昭著后，再进行讨伐，一举除之。

共叔段到了京邑后，将城进一步扩大，还逐渐把郑国的西部和北部的一些地方据为己有。

公子吕见此情形十分着急，对庄公说："国家不能使人民有两个君主统治的情况出现，您要怎么办？请早下决心。要把国家传给共叔段，那么就让我奉他为君，如果不传给他，就请除掉他，不要使人民产生二心。"

庄公回答说："你不用担心，也不用除他，他将要遭受祸端的。"

此后，共叔段又将他的地盘向东北扩展到与卫国接壤。此时，子封又来见庄公，说："应该除掉共叔段了，让他再扩大土地，就要得到民心了。"

庄公说："他多行不义，人民不会拥护他。土地虽然扩大了，但一定会崩溃的。"

共叔段见庄公屡屡退让,以为庄公怕他,更加有恃无恐。他集合民众,修缮城墙,收集粮草,修整装备武器,编组战车,并与母亲姜氏约定日期作为内应,企图偷袭郑国都城,篡位夺权。

庄公对共叔段的一举一动早已看在眼里,并有防备。当他得知共叔段与姜氏约定的行动日期后,就命大将子封率领二百乘兵车提前进攻京邑,历数共叔段的叛君罪行,京邑的人民也起来响应,反攻共叔段,共叔段弃城而逃,后畏罪自杀。他的母亲姜氏也因无颜见庄公而离开宫廷。

郑庄公运用"将欲擒之,先予纵之"的谋略,很轻松地除掉了王位竞争对手。他考虑到共叔段毕竟是自己的弟弟,如果一开始就对共叔段大加讨伐,别人会说他不讲亲情,在道义上他会失分。所以他先让共叔段坏下去,让大家都看清楚了是非曲直,才顺理成章地出兵。

我们在与他人交往的过程中亦是同理。比如大家关注度较高的情场,男人最钟情的女人是那些会吊自己胃口的女人,欲擒故纵、若即若离反而会让他的感情升温。

《鹿鼎记》中,韦小宝娶了七个老婆,个个貌美如花,然而韦小宝最爱的还是一直对他若即若离的阿珂,金庸在原著中这样写道:"韦小宝一见这少女,不过十六七岁,胸口像被一个无形的铁锤重重击了一记,霎时之间唇燥舌干。心道,我死了,我死了,这个美女倘若给我做老婆,小皇帝跟我换位也不干。"在韦小宝的七个老婆中,阿珂是他追得最为辛苦的,阿珂的喜怒无常让韦小宝难以驾驭,正是这样才让韦小宝成天朝思暮想、肝肠寸断,甚至发下毒誓:"皇天在上,后土在下,我这一生一世,便是上刀山下油锅,千刀万剐,满门抄斩,大逆不道,十恶不赦,男盗女娼,绝子绝孙天打雷劈,满身生上一千零一个大疮,我也非娶你做老婆不可。"

阿珂是无意中激起了韦小宝的狩猎欲,从而让韦小宝对她百般纠缠。如果女人在面对自己心爱的优质男人时,能有意保持若即若离的距离,让他看得到,却摸不着,心痒难耐,狩猎欲被激发起来,这个男人已注定是你的囊中之物。

所以,如果你想抓住某些人的心,自己千万别心急,用点心机,运用欲擒故纵,反而更容易有成效。

实现野心要"名正言顺"，让他无话可说

大凡成大事者都有惊人的野心，但智者知道如何控制勃勃雄心，在条件不具备时不轻易显露。唯有在一切都水到渠成之时，野心才能真正实现，所以凡事不必操之过急，要遵循循序渐进的发展规律。

武则天本是唐高宗的爱姬。公元 683 年，唐高宗头眩病复发，不治身亡。即位的唐中宗李显品性庸懦，毫无主见，凡事都对母亲武则天言听计从，执政大权渐渐落入武则天手中。

昔日唐高宗在位时，因患有头眩病，自公元 660 年起，便把大小政事多半委托武则天处理，自己好清心养性，武则天也因此渐渐掌握了朝中大权。高宗一死，即位的又是她的儿子，要想废黜只是一句话而已。这样，武则天不觉野心萌动，想要尝试一下当女皇帝的滋味。

然而，在一个夫权为上的男性社会里，传统的男尊女卑的观念早已深入人心，要撼动谈何容易。中宗被废后，武则天故意试探性地问群臣："此后应由何人承续帝位？"宰相应声答道："就立豫王李旦为帝。"李旦是武则天和唐高宗所生的最小的儿子。其他人也众口一词，没有一个人会想到武则天自己想过一把当皇帝的瘾。群臣的意见让武则天心凉了半截，但也给她打了一针清醒剂，她知道，自己现在做皇帝还不是时候。

无奈，她只好暂立豫王李旦做了挂名皇帝，是为唐睿宗。即使这样，仍有不少大臣屡屡站出来劝谏，要武则天尽早把权力还给皇帝李旦。李敬业甚至召集十余万兵马，发誓要杀掉这个想篡夺大唐江山的女子。大文豪骆宾王也挥毫抒愤，写出了力透素纸、千古名扬的《讨武檄文》，追随李敬业麾下，兵败而不知所终。之后仍有许多州县的一大批刺史起兵讨武……

面对如此强大的反对力量，武则天心里明白，虽然此时在朝中说句话她就能坐上皇帝的宝座，但众人不服，民心不稳，这样的女皇不会做长久，也可能在历史上留下恶名。于是，她放眼前途，决定费些时间大造声势，设法改变人们的观念，改变民众对女人尤其对她这个不一般的女人的敌视态度。

首先，武则天表面上装作归政于李旦，暗地里却让李旦写表坚决推辞，而自己则好像是迫不得已才临朝，掌握皇权。接着，她又让侄子武承嗣派人在石头上刻上"圣母临人，永昌帝业"八个大字，涂成红色，扔进洛水，再由雍州人唐同

泰取来献给朝廷。武则天亲祭南郊，告慰神灵，称此石为"授圣图"，改洛水为永昌水，封洛水神为显圣侯，给自己加号圣母神皇，封唐同泰为游击将军，并举行了声势浩大的拜洛受瑞仪式，使人以为她当皇帝乃是奉循上天的旨意。而后，她又暗使高僧法明杜撰了《大云经》四卷，遍送朝廷内外。《大云经》中在醒目的位置称武则天本是弥勒佛的尘世化生，理当代为主宰唐朝。武则天便令两京诸州官吏，使百姓大读特读，并专门建寺珍藏。

此外，她又令侍御史傅游艺率关中的百姓900余人，来朝廷上表，恳请武则天亲临帝位。

武则天佯装不答应，却马上把傅游艺提升为给事中。如此升官捷径，哪个不会效法？于是，百官宗戚，远近百姓，四夷酋长，沙门道士竞相仿效傅游艺，上表奏请武则天当皇帝。有一次上表者竟多达6万余人。

如此大造舆论，众人都觉得武则天做皇帝已是上应天意下顺民心，势所必然。百官群臣也乐得顺水推舟，请求武则天早日登基，就连挂名皇帝李旦竟也认为自己这个皇帝是抢了母亲的位，亲自上表请求改姓武。

时机成熟之后，武则天才废了李旦，亲自登基为帝，反对者声息皆无，她这个皇帝也就坐稳了。

武则天是一位深知历史潜规则的女中豪杰，她对民众的心理和她身边的局势可谓了如指掌。虽然她有雄心，但并不急于行动，而是借助方方面面的力量，为达到自己真正的意图摇旗呐喊。一切都是那么顺理成章，武则天也乐于"顺水推舟"，牢牢地坐定了自己的宝座。

可见，如果你是那种有志向的人，不妨学习一下武则天，在成事前尽量隐藏自己的"野心"。别让自己过早地成为"众矢之的"，以致让目标流于失败。

巧拉家常，让他不厌恶你的"管理"

作为管理者，在工作中难免会遇到一些充满"敌意"的人，这时就要试着说一些生活中的事情沟通一下彼此之间的感情，虽然不敢肯定他一定会对你产生好感，但至少也会让他觉得你没有想象中的那么"可恶"。

1952年，尼克松参加了艾森豪威尔总统的竞选班子。就在这时有人揭发：加利福尼亚的某些富商以私人捐款的方式暗中资助尼克松，而尼克松将那笔钱作为参议员所得收入。

尼克松据理反驳，说那笔钱是用来支付政治活动开支的，绝没有据为己有。但是，艾森豪威尔坚决要求他的竞选伙伴必须"像猎狗的牙齿一样清白"。他准备把尼克松从候选人名单中除去。

这样，那一年10月的一天晚上，10点30分，全国所有的电视台、电台将各自的镜头、话筒对准了尼克松——他不得不通过电视讲话解释这些捐款的来龙去脉，为自己的清白作辩护。

尼克松在讲话中并不单刀直入地为自己辩解，以清洗丑闻给他蒙上的灰尘，而是多次提到他的出身如何低微，如何凭借自己的一股勇气、自我克制和勤奋工作才得以逐步上升的。这合乎美国那种竞争面前人人平等的国情，也博取了观众和听众的同情。

说着说着，他话题一转，似乎是顺便提起了一件有趣的往事，他说道："我在被提名为候选人后，的确有人给我送来了一件礼物。那是在我们一家人动身去参加竞选活动的那一天，有人说寄给了我家一个包裹。我前去领取，你们猜会是什么东西？"

尼克松故意打住，以提高听众的兴趣。"打开包裹一看，是一个条箱，里面装着一条西班牙长耳朵小狗，全身有黑白相同的斑点，十分可爱。我那6岁的女儿特莉西亚喜欢极了，就给它起了一个名字，叫'棋盘'。大家都知道，小孩子们都是喜欢狗的。所以，不管人家怎么说，我打算把狗留下来……"

这就是历史上有名的尼克松的"棋盘演说"。

事后，美国的一份娱乐杂志马上把这篇"棋盘演说"嘲讽为花言巧语的产物。好莱坞制片人达里尔·扎纳克则说："这是我从未见过的最为惊人的表演。"

尼克松当时还以为自己失败了，为此还流过不少眼泪。可最后事态的发展完全出乎大家的意料，成千上万封赞扬他的电报涌进了共和党全国总部，他因为表现出色而最终被留在了候选人的名单上。

从尼克松的成功演说，我们看到了拉家常的强大魅力。正如古人说得好："意越冷，越投机；语越宽，越醒听。由其冷意，无非苦心，宽语悉是苦心也。"与对方拉家常，犹似盘旋在高空的苍鹰，看样子逍遥自在，其实可让自己窥视、蓄势，不仅可以由此找准目标以便一击即中，而且可以直接拉近彼此的距离，使对方不厌恶你的"管理"。

收放结合，才能把对方牢牢制住

古人云："文武之道，一张一弛。"用到驭人方面，只有懂得收放分寸的人，才能将主动权稳固地把握于己身。

想更深刻理解这一点，我们不妨看看下面的故事。

刘秀当上东汉开国皇帝后，有一段时间很是忧郁。群臣见皇帝不开心，一时议论纷纷，不明所以。

一日，刘秀的宠妃见他有忧，怯生生地进言说："陛下愁眉不展，妾深为焦虑，妾能为陛下分忧吗？"

刘秀苦笑一声，怅怅道："朕忧心国事，你何能分忧？俗话说，治天下当用治天下匠，朕是忧心朝中功臣武将虽多，但治天下匠的文士太少了，这种状况不改变，怎么行呢？"

宠妃于是建议说："天下不乏文人大儒，陛下只要下诏查问、寻访，终有所获的。"

刘秀深以为然，于是派人多方访求，重礼征聘。不久，卓茂、伏湛等名儒就相继入朝，刘秀这才高兴起来。

刘秀任命卓茂做太傅，封他为褒德侯，食二千户的租税，并赏赐他几乘车马，一套衣服、丝绵五百斤。后来，又让卓茂的长子卓戎做了太中大夫，次子卓崇做了中郎，给事黄门。

伏湛是著名的儒生和西汉的旧臣，刘秀任命他为尚书，让他掌管制定朝廷的制度。

卓茂和伏湛深感刘秀的大恩，他们曾对刘秀推辞说："我们不过是一介书生，为汉室的建立未立寸功，陛下这般重用我们，只怕功臣勋将不服，于陛下不利。为了朝廷的大计，陛下还是降低我们的官位为好，我们无论身任何职，都会为陛下誓死效命的。"

刘秀让他们放心任事，心里却也思虑如何说服功臣朝臣，他决心既定，便有意对朝中的功臣们说："你们为国家的建立立下大功，朕无论何时都会记挂在心。不过，治理国家和打天下就不同了，朕任用一些儒士参与治国，这也是形势使然啊，望你们不要误会。"

尽管如此，一些功臣还是对刘秀任用儒士不满，他们有的上书给刘秀，开宗明义便表达了自己的反对之意，奏章中说："臣等舍生忘死追随陛下征战，虽不为求名求利，却也不忍见陛下被腐儒愚弄。儒士贪生怕死，只会搅动唇舌，陛下若是听信了他们的花言巧语，又有何助呢？儒士向来缺少忠心，万一他们弄权生事，就是大患。臣等一片忠心，虽读书不多，但忠心可靠，陛下不可轻易放弃啊。"

刘秀见功臣言辞激烈，于是更加重视起来，他把功臣召集到一处，耐心对他们说："事关国家大事，朕自有明断，非他人可以改变。在此，朕是不会人言亦言的。你们劳苦功高，但也要明白'功成身退'的道理，如一味地恃功自傲，不知满足，不仅于国不利，对你们也全无好处。何况人生在世，若能富贵无忧，当是大乐了，为什么总要贪恋权势呢？望你们三思。"

刘秀当皇帝的第二年，就开始逐渐对功臣封侯。封侯地位尊崇，但刘秀很少授予他们实权。有实权的，刘秀也渐渐压抑他们的权力，进而夺去他们的权力。

大将军邓禹被封为梁侯，他又担任了掌握朝政的大司徒一职。刘秀有一次对邓禹说："自古功臣多无善终的，朕不想这样。你智勇双全，当最知朕的苦心啊。"

邓禹深受触动，却一时未做任何表示。他私下对家人说："皇上对功臣是不放心啊，难得皇上能敞开心扉，皇上还是真心爱护我们的。"

邓禹的家人让邓禹交出权力，邓禹却摇头说："皇上对我直言，当还有深意，皇上或是让我说服别人，免得让皇上为难。"

邓禹于是对不满的功臣一一劝解，让他们理解刘秀的苦衷。当功臣们情绪平复下来之后，邓禹再次觐见刘秀说："臣为众将之首，官位最显，臣自请陛下免去臣的大司徒之职，这样，他人就不会坐等观望了。"

刘秀嘉勉了邓禹，立刻让伏湛代替邓禹做了大司徒。其他功臣于是再无怨言，纷纷辞去官位。他们告退后，刘秀让他们养尊处优，极尽优待，避免了功臣干预朝政的事发生。

放纵是有条件的，在某些方面，该放的就要放；而在另一些方面，该收的也一定要收。收放结合，才能把人牢牢制住。

需要注意的是，就像历史上的功臣一样，虽然他们所起的作用是巨大的，但如果走向反面，他们的影响力和破坏力也是惊人的。所以，对待你周围那些具有实力和影响力的人，其地位不能降低，以示荣宠，但不要给其实权，就可防患于未然了。在要害处只收不放，这是放纵的首要前提。

慑其精神，让他不得不屈服

身为管理者，要使被管理者服从自己，很多时候可以采用震慑对方精神的方法。因为让人的精神恐惧，任何人都会屈服。

唐玄宗靠政变上台，他先后诛灭韦党和太平公主，所以当上皇帝后也很不安心。

宰相姚崇一日和玄宗闲谈，说起内患之事，姚崇叹息说："我朝屡有内部变乱，实由人心散乱、不惧皇威所致。陛下若不整治人心，使人不敢心起妄念，朝廷就很难长治久安啊。"

玄宗点头说："内乱重生，致使大唐危机重重，朕定要设法根绝。依你之见，朕该有何动作？"

姚崇进言说："防患于未然，必须早作预见，惩人于未动之时。即使小题大做，也要造成震慑他人的效果，使人不起异念，自敛谨慎。这就需要陛下割舍情感，痛下重手了。"

玄宗示意已知，微微一笑。

不久，玄宗在骊山阅兵式上，以军容不整为由，判功臣兵部尚书郭元振死罪。惊骇万分的大臣中有人进谏说："郭元振是当世名将，有勇有谋，他不仅屡立战功，更在诛灭太平公主过程中功不可没。如此功臣如今犯小过错，陛下不念旧情就治他死罪，惩罚太重了，也有损陛下贤德之名。"

玄宗厉声痛斥进谏之人说："功臣犯法，难道就可以不问吗？有功必赏，有罪必惩，此乃治国之道，朕大公无私，本无错处，你们竟替罪臣求情责朕，莫非你们要造反不成？"

玄宗这般严厉斥责，吓得群臣再也不敢说话。最后，玄宗虽然赦免了郭元振的死罪，还是把他流放新州。

宰相刘幽求也是大功臣，他一贯和武党抗争。除灭韦党和太平公主的过程中，他也参与谋划，功劳不小。玄宗因为一件小事就将他罢相，还告诉他说："百官之首当为百官作则，故朕对你要求甚严，也是正常之举。"

刘幽求十分不满，背后常发牢骚说："皇上现在不念恩义，判若两人，他不该如此待我啊。我为他出生入死，谁知却落得这样的下场！"

玄宗听到刘幽求的牢骚，马上又下旨把他贬到睦州当刺史，还对群臣激愤地说："天下多乱，朕当严治臣子，此朕的职责所在。刘幽求以功劳和朕对抗，口出不逊，这便是大罪。朕若徇私枉法，反让人有了造反的口实，朕怎会做这样的蠢事呢？"

不久，刘幽求怨愤而死。群臣见玄宗对功臣都如此心狠无情，一时都惶恐不安，不敢犯一点小错。

一次，同为朝廷功臣的钟绍京在面见玄宗时，无故竟被玄宗训斥说："你为朝廷户部尚书，议事之时却不发一言，是不是有些失职？难道你不顾朝廷安危，准备明哲保身吗？"

钟绍京脸色惨变，直呼有罪。事后，姚崇有些不忍，他对玄宗说："陛下重治功臣之罪，已让人心震骇了，陛下的目的已然达到。钟绍京无端被责，臣以为过于唐突，其实不必这样。"

玄宗调笑说："朕依照你的办法，才有这样的举动，你不该出言反对吧？"

姚崇又准备说什么，玄宗却摆手阻止了他，苦笑说："朕也不想如此啊。不过朕也想过，这些功臣都几经政变，实在是政变的行家里手，如果不把他们慑服，谁保他们日后不变心呢？朕折辱他们，也是让群臣心悸，只思自保。朕纵是背上无情之名，也心甘了。"

玄宗把钟绍京降为太子詹事，后来又将他贬为绵州刺史，不久又将他贬为果州尉。

后来，功臣王琚、魏知古、崔日用一一被贬，朝中再也无人敢以功臣自居。群臣整日战战兢兢，玄宗这才罢手。

可见，人的精神一倒，其意志和雄心便会随之土崩瓦解，再刚强和难制的人，也抵御不了精神的打击。抓住了这一攻击点，也就是掌握了人最薄弱的环节。制造精神紧张首先要制造恐怖气氛，在人人自危的环境下，人们总是本能地加倍小心。了解别人的内心想法，也是必不可少的，如果把别人的潜在意图都一一点明，谁都会心惊肉跳，不敢轻举妄动了。

赞美说得不动声色，将对方"捧"服

虚荣是人的本性，每个人都暗暗为自己的优点得意，并希望别人注意和赞美自己的优点。拣别人爱听的、想听的话说，迎合他的虚荣心，自然可博得对方欢心。赞美便是这其中的关键所在，赞美是一种重要的交际手段，它能在瞬间沟通人与人之间的感情。任何人都希望能被人赞美，高帽子人人都爱戴。

袁枚是清朝著名的才子，他少年成名，刚过 20 岁就被任命为某地知县。赴任前，袁枚去老师那里告辞。老师问他："官不是那么好当的，你年纪轻轻就做上了知县，有什么准备啊？"

袁枚说："并未做什么特别的准备，只是带了一些高帽子，准备见人就送一顶，因为人人都喜欢戴高帽子啊！"

老师一听，不高兴了："为官要正直，亏你还读了那么多书，怎么也搞这一套呢？"袁枚马上回答："老师的话很对，可请老师您想想，当今这个世界上，像老师您这样不喜欢戴高帽子的人，又有几个呢？"

听到袁枚这么一说，老师马上就转怒为喜。于是，师生欢欢喜喜地告别了。

袁枚从老师的家里出来后，感慨道："我准备的一百顶高帽子，还没到任，就已经送出去一顶了。"

清朝刊印《二十四史》时，乾隆非常重视，常常亲自校核，每校出一处差错来，就觉得是做了一件了不起的事，心中很是痛快。和珅和其他大臣，为了迎合乾隆的这种心理，就在抄写给乾隆看的书稿中，故意在明显的地方抄错几个字，以便让乾隆校正。这样做比当面奉承乾隆学问深，能收到更好的效果。和珅这个马屁拍得不着痕迹，让乾隆浑然不觉却又浑身舒坦，因而大讨乾隆欢心。

看来，赞美的确是一种艺术，关键之处在于根据人的不同心理需求和具体情况来选择和斟酌自己的话语，让自己无论怎么说，别人都爱听。恰到好处的赞美，能使双方的感情和友谊在不知不觉中得到增进，还会调动其交往合作的积极性。那么，如何才能将赞美话说到最好呢？

1.赞美话要坦诚得体，必须说中对方的长处

人总是喜欢赞美的。即使明知对方讲的是奉承话，心中还是免不了会沾沾自喜，这是人性的弱点。换句话说，一个人受到别人的夸赞，绝不会觉得厌恶，除非对方说得太离谱了。赞美别人首要的条件，是要有一份诚挚的心意及认真的态度。言辞会反应一个人的心理，因而轻率的说话态度，很容易被对方识破，而产生不快的感觉。

2.背后称颂效果更好

背后颂扬别人的优点，比当面恭维更为有效。这是一种至高的技巧，在人背后称赞人，在各种恭维的方法中，要算是最使人高兴的，也最有效果了。如果有

人告诉我们：某某人在我们背后说了许多关于我们的好话，我们内心一定是极为舒坦。这种赞语，如果当着我们的面说给我们听，或许反而会使我们感到虚假，或者疑心他不是诚心的，远没有间接听来的这般悦耳。

3. 对于不了解的人，最好先不要深谈

要等你找出他喜欢的是哪一种赞扬，才可进一步交谈。最重要的是，不要随便恭维别人，有的人也许不吃这一套，乱套高帽可能弄巧成拙。

列夫·托尔斯泰所言："称赞不但对人的感情，而且对人的理智也起着巨大的作用。"运用赞美这种特殊的力量与作用，将其说得自然、令人信服、恰到好处，只需几秒钟，人与人之间的关系就会变得很不同。

实施"苦肉计"，将狡猾的他制服

"苦肉计"是中国历史潜规则中不可忽视的一条。在面对狡猾的对手时，唯有付出鲜血的代价，才能将之制服。

吴王阖闾是派人暗杀了吴王僚后才登上王位的，僚的三个儿子逃亡在外，吴王阖闾以为大患，日夜难安。

一日，阖闾对大臣伍子胥说："僚的三个儿子，以庆忌最为刚烈勇猛，听说他在外网罗部属，发誓要为父报仇，打回吴国，此人不可不除啊。"

伍子胥说："庆忌狡猾多计，实在是强敌，他活在世上一天，大王就有不可预测的凶险。臣向大王推荐一人，此人肯定可为大王建功。"

伍子胥于是把要离举荐给吴王阖闾。阖闾见要离身材短小，形象丑陋，与他想象的志士相去甚远，不禁大为失望。伍子胥看出了阖闾的心思，劝他说："好马贵在能负重致远，而不在其形体的大小。要离相貌平常，但是智勇无敌，此人绝非等闲之辈啊。"

要离不卑不亢地对阖闾说："善于杀人者靠的是智慧而不是体力，善于谋叛者依仗的是骗取信任而不是明斗。我若能亲近庆忌，让他引为心腹，杀他岂不是轻而易举的事吗？"

阖闾被要离的话打动，马上以礼相待。三人计议多时，终于形成了谋刺庆忌的方案。

次日，在朝堂上，伍子胥上奏吴王请求派兵伐楚，并且推荐要离担任伐楚将领。吴王阖闾故意不屑地说:"要离手无缚鸡之力,岂可为将? 他这个人无德无能,寡人只是可怜他才将他留在朝中。何况吴国刚刚安定,如果出兵打仗,寡人还有安稳的日子可享吗? 此议决不可用。"

群臣哑言,这时要离却仗义直出,他指着吴王阖闾的鼻子,愤愤说:"大王侮臣是小,却不该对伍子胥不仁不义。伍子胥帮你夺取王位,又助你治国安邦,吴国方有今日的兴盛局面。大王曾言替他伐楚报仇,无故失信背约,大王何以面对天下? 这样做,大王连一个承守信诺的百姓都不如,如何让人信服呢?"

吴王阖闾大怒色变,当即命令力士砍断了要离的右臂,将其打入死牢。要离的妻小也被吴王拘拿。几日后,伍子胥密令狱中看守放松对要离的看管,让要离乘机逃出。阖闾把要离的妻小杀死,焚尸于吴国的闹市,使这件事人人皆知。

要离逃出吴国,他一路赶奔卫国投靠庆忌。庆忌见了要离,听他哭诉之后,庆忌还是不肯相信他,他对心腹说:"阖闾恨我不死,谁知这是不是他主使的苦肉计呢?"

庆忌的心腹说:"要离的右臂被砍掉,他历尽艰辛才逃出吴国,若说阖闾使计,可要离也不会自残自苦如此,大人不要疑心太重。"

不久,庆忌的密探向他报告要离的妻小被杀之事,庆忌疑虑顿消,他对心腹高兴地说:"肢体自残,要离或许可做到。可若是舍弃妻小性命,只为骗我信任,这就于理不通了,谁会这样残忍呢?"

庆忌于是视要离为心腹,让他为自己谋划归国大事。要离见自己和阖闾、伍子胥谋定的计策成功,于是趁热打铁,力劝庆忌及早发兵,夺回王位。庆忌对他言听计从,出动全部兵卒,顺江而下,向吴进军。

庆忌在指挥船上,要离手持长矛侍立其旁。庆忌指指点点,得意非凡,要离趁其不备,一矛刺透了庆忌的心窝。阖闾的心腹大患解除,吴国的局面最终安定下来。

正常情况下,人不会自我伤害,若他受害必然是真情。利用这种常理,我们不妨以假作真,以真作假,那么离间计就可实行了。

虽然把自己的真实用心掩藏起来,有时要付出血的代价,但不做必要的牺牲,狡猾的对手就难以消除疑虑。采用这种办法欺骗敌人,在对手意想不到之处打动他,用最忠心的人也难以做到的事触动他,任何人都会失去理智,也就是顺应着他那柔弱的性情达到目的。

· 第五章 ·

以心攻心，斗智斗勇

要赢，先在勇气上压倒对方

曾有这样一幅画面：一株纤弱的小树苗从巨石的缝隙中蜿蜒地爬出来，倔强地寻求一缕阳光。小树苗那股子精神真的很震撼人心。其实，真的勇气不是压倒一切，而是不被一切压倒。

面对强大的敌人，面对重重阻挠和困难，退缩就意味着死亡，只有奋勇向前才能打破层层壁垒赢得最后的胜利。如果因为对手强大或者困难难以克服就气馁丧气，退缩求饶，没有勇气面对，那么小树苗将永远被埋在阴暗的石头缝里，见不到阳光，更看不到风雨之后的彩虹，最后慢慢地腐烂变质。

俄国著名作家屠格涅夫就曾经亲眼见过一只母麻雀为了保护自己的孩子战胜了一只凶狠的猎狗。饥饿的猎狗似乎嗅到了美味的食物，疯狂地朝两只麻雀跑过来，欲要将之一口吞下。母麻雀用翅膀护住小麻雀，扎煞起羽毛疯狂地扑腾，并拱起自己的背提起十二分精神跟恶狗对峙，一会儿尖叫，一会儿扑腾翅膀，一会儿凝神不动……每当猎狗扑上去的时候，母麻雀就突然变换姿态和声音，突然给猎狗一个惊吓，久而久之，猎狗终于疲劳和迷惑了，呆呆地望着到嘴边的肉却不敢咽下，只能悄悄地走开。就这样，在本不可能生还的情况下老麻雀却凭借着自己的勇敢无畏战胜了比自己强大十几倍的猎狗保护了自己的孩子，最终化险为夷。

试想，在这场惊心动魄的战斗中，如果麻雀有一丁点退缩的心理，有一丁点松懈，就有可能葬送自己和孩子的生命。不可思议的奇迹的发生，就在于深深的母爱，母爱让老麻雀爆发出了惊人的潜力和勇气，爆发出了一种压倒一切，令对方害怕的霸气和不要命的傻气，震住了对方，赢得了胜利。

危急关头，"狭路相逢勇者胜"，"明知不敌对手也要毅然亮剑"，这里没有退路，只有突破，才能站得住脚，谋得一席发展之地，所以，越是困难，越是强敌，我们越要勇于迎接挑战，在战斗中让自己更强大，在与狼搏斗中让自己的"爪牙"

更锋利。

一位自幼丧父的老翁，一生孤苦，种地赶上灾荒收成很少，转而经商，又遇上行情不好，想要当渔人，出海打鱼却遇到风暴差点丧命，他苦于自己受挫太多，老天对他太不公平。于是就去质问上帝，上帝听完对他说："你知道吗？有个向来事事顺心，左右逢源的商人，同样在这场风暴中损失惨重，他因为接受不了现实的打击跳楼了，可是你却好好地活着。"老翁听完后，若有所悟，从此不再抱怨，明白了上帝对每个人都是公平的，给你关上了一扇窗的同时就会给你打开另一扇窗。因此，60多岁的他重操旧业，开始经商，在经商路上遇到各种困难都勇敢面对，最后成为资产十几亿的大富翁。

一个人只有经历了比别人更多的挫折才能以一颗平常心来面对以后的挫折。我们在生活工作中，拥有不被一切压倒敢于迎难而上的勇气要比拥有一帆风顺的运气更加可贵。

我们一定要有那种压倒一切对手的决心和信心，要有战胜一切困难去夺取最后胜利的勇气和霸气。当"狼群"在我们身边时，我们绝不能退缩，退缩将意味着死亡，意味着永远也难以站起来，难以见到胜利的阳光。我们也要把困难估计得更多一些，把挑战估计得更严峻一些，把对手估计得更强大一些，把自己的准备做得更充分一些。然后丢下包袱、轻装前进。

绵里藏针，柔中带刚

先说软的，可以在强敌面前取得进一步论辩的机会；再说硬的，就可以显示一些威胁的力量。软的为绵，硬的为针，是为绵里藏针。

"绵里藏针法"的运用常常跟喂小孩子吃苦药的道理一样，要用糖衣包着药片，或者就着糖水送服，招数因人而异，窍门却一通百通。

春秋时期的晋灵公奢侈腐化。某年下令兴建一座九层高的楼台，群臣劝说，他火了，干脆又下了一道命令，将劝阻建九层台者斩首。这样一来便没人敢说话了。

只有一个叫孙息的大臣很讨灵公喜欢。他就告诉灵公说他能把九个棋子摞起来，上面还能再摞九个鸡蛋。灵公听了，觉得这事儿挺新鲜，立即要孙息露一手让他开眼界。孙息也不推辞，就把九个棋子摞在一起，接着又小心翼翼地把鸡蛋往棋子上摞，放第一个，第二个……

孙息自己紧张得满头大汗，战战兢兢，看的人也大气不敢出一口。如果孙息不能把鸡蛋摆好，就犯了欺君大罪，是会被杀头的。

这时，灵公也憋不住了，大叫："危险！"孙息却从容不迫地说："这算什么危险，还有比这更危险的事哩！"灵公也被勾起了好奇："还有什么比这更危险？"

孙息便掂掂手中的鸡蛋，慢吞吞地说："建九层台就比这危险百倍。如此之高台三年难成，三年中要征用全国民工，使男不能耕，女不能织，老百姓没有收成，国家也穷困了。而国家穷困了，外国便会趁机打进来，大王您也就完了。你说这不比往棋子上摆鸡蛋更危险吗？"

灵公吓得出了一身冷汗，立即下令停工。

孙息让晋灵公看了场不成功的杂技表演，更受了一次形象生动的批评，那味道确实是又甜又苦。正在气头上的人，是难以与他正面争辩的，何况他还有无上的权威支持，那更是老虎屁股——摸不得。然而，"绵里藏针法"每每在这样的关键时刻，能起到逆转乾坤的作用。

庄重显力量，风趣显风度。在论辩中做到既庄重又风趣，可以叫对方无力招架，自叹弗如。庄重为绵，风趣为针，是为绵里藏针。

有一次，一个美国记者同周恩来总理谈话时，看到桌上有一支美国派克钢笔，就带着几分讥讽的口气问："请问总理阁下，你们堂堂中国人，为何还用我们美国的钢笔呢？"听出了他的言外之意，周总理庄重而又风趣地答道："提起这支钢笔，话就长了，这是一位朝鲜朋友的抗美战利品，作为礼物赠送给我的。朋友说，留下做个纪念吧。我觉得有意义，就收下了贵国这支钢笔。"那个记者听后，露出一脸窘相，怔得半天也没有说出话来。

绵里藏针，话里藏话，总体上有两个基本功：

一是能够听出对方的弦外之音，恶毒之意，否则便会成为笑柄，白白赔了笑脸；

二是要委婉含蓄地表达自己，话要说得很艺术，让听话之人心领神会，明白你话中的锋芒所在。

欲摘鲜花，先从绿叶开始

"想人之所想，急人之所急"总是能给人留下极佳的印象，并能同时获得料想中、甚至远超出想象的人际交往成果。能将这种策略巧妙地运用于管理之中的领导，自然能得到更高的支持率。

家庭幸福和睦、生活宽松富裕无疑是下属干好工作的保障。如果下属家里出了事情，或者生活很拮据，上司却视而不见，那么对下属再好的赞美也无异于假惺惺。

利用对下属亲人的关心，可以使下属感到上司的平易近人和关心爱护，从而将企业当作了自己的家。

日本的西浓运输公司，在企业内部设立了一个特殊的假日：日本公司员工的妻子过生日时，该员工可以享受有薪假一天，来陪伴他的太太共度爱妻诞辰。当然，员工本人生日，也有获带薪假一天的权利，让夫妻共度良日。

后来，公司又规定：员工每年的结婚纪念日可以享受有薪假一天。自从有了这几个规定之后，职工们为感谢公司的关怀，都非常卖力地干活，而重要的是让员工的妻子认识到了这是一个能够理解人的、有人情味的公司。妻子们常常鼓励，甚至下令她们的先生："效忠公司，不得有误！"这比老板的命令更为有效。公司因此获益匪浅。

利用下属的家属做好下属的思想工作，比起上司亲自做工作省心多了，上司批评可能会产生抵触情绪，而自己的家人批评就会心平气和地接受。同时，关心下属的家属就会减轻下属的顾虑，使得下属以厂为家，能够更好地为企业效力。

据说有一天，一个急得嘴角起泡的青年找到美国钢铁大王卡耐基，说是妻子和儿子因为家乡房屋拆迁而失去了住处，要请假回家安排一下。因为当时业务很忙，人手较少，卡耐基不想放他走，就说了一通"个人的事再大也是小事，集体的事再小也是大事"之类的道理来安慰他，让他安心工作，不料这位青年被气哭了。他气愤地说："在你们眼里是小事，可在我是天大的事。我妻儿都没住处了，你还让我安心工作？"卡耐基被这番话震住了。他立刻向这位下属道了歉，不但准了他的假，还亲自到这位青年家中去探望了一番。

关心下属疾苦，就是要站在下属的角度，急下属之所急，解决下属的后顾之忧，这个道理是适用于任何组织的。

一个优秀的上司，不仅要善于使用下属，更要善于通过替下属排忧解难来唤起他内在的工作主动性，要替他解决后顾之忧，让他的生活安稳下来，集中精力，全力以赴地投入到工作上。

一般来说，为下属解决后顾之忧必须做到以下三点：

第一，要摸清下属的基本情况。

上司要时常与下属谈心，关心他们的生活状况，对生活较为困难的下属的个人和家庭情况要心中有数，要随时了解下属的情况，要把握下属后顾之忧的核心所在，以便于对症下药。

第二，上司对下属的关心必须出于一片真心。

上司必须从事业出发，实实在在，诚心诚意，设身处地地为下属着想，要体贴下属，关怀下属，真正地为他们排忧解难。尤其是要把握好几个重要时机：当重要下属出差公干时，要帮助安排好其家属子女的生活，必要时要指派专人负责联系，不让下属牵挂；当下属生病时，上司要及时前往探望，要适当减轻其工作负荷，让下属及时得到治疗；当下属的家庭遭到不幸时，上司要代表组织予以救济，要及时伸出援助之手，缓解不幸造成的损失。

第三，上司对下属的帮助也要量力而行，不要开实现不了的空头支票。

上司在帮助下属克服困难时要本着实际的原则，在力所能及的范围内进行。帮助可以是精神上的抚慰，也可以是物质上的救助，但要在公司财力所能承受的范围内进行。

身为上司，收服下属的心有很多种办法，物质上的激励、言语上的肯定、精神上的支持都是至关重要的，但通过"收买"其家属迂回地收服，也不失为一个妙招，有时甚至能收到比直接攻心更满意的效果。

像关心自己的家人一样，去关心下属的家人，身居下位之人，自然是感激涕零。这一招有时比直接收买人心更有效。

辩论中先发制人，争取主动权

先发制人，占据主动位置，这是论辩中最常用的一种策略，在辩题对己方明显不利的情况下尤其适用。

1986年亚洲大专辩论会上，新加坡国立大学队和中国香港中文大学队展开辩论，辩题是"外来投资能够确保发展中国家经济高速成长"。

香港中文大学队为正方，新加坡国立大学队为反方。显然，从命题上看，香港中文大学队处于不利地位。因为"确保"一词是个值得推敲的词语，如果把"确保"理解成绝对保证，那么，正方香港大学中文队几乎是无理可辩。

不过，香港中文大学队也有高招，他们采取"先发制人、先声夺人"的策略，开场就提出"确保"并不是指百分之百保证。比如在客车里，乘务员常说："为了确保各位旅客的安全，请不要扶靠车门。"这并不是说只要不去扶靠车门，乘客的安全就百分之百得到保证了。

香港中文大学率先定义"确保"一词的含义，为自己的论点开辟了广阔的活动舞台，而反方新加坡国立大学队又没有令人信服地证明"确保"就是百分之百地保证。因此，香港中文大学就化不利为有利，牢牢把握住了辩论场上的主动权，并最终获胜。

可以设想，如果不是采用了先发制人的方法，而是在承认"确保"就是百分之百地保证的前提下与对方辩论，正方很难有取胜的希望。

"先发制人"重在一个"先"字，贵在一个"制"字。当你了解别人将要说一些对你不利的话或让你办一些不想办的事时，你可抢先开口，或截、或封、或堵、或围、或压、或劝，明确告知对方免于开口，打断对方的话题，用其他话题岔开。这样就能牢牢掌握交际的主动权，达到自己拒绝的目的。

辩论不是简单的舌战，更不是街头泼妇骂架，而是进攻与防守综合艺术的运用。顾头不顾尾的蛮攻和忍气吞声的呆守都会造成灭顶之灾。孙子曰："备前则后寡，备后则前寡，备左则右寡，备右则左寡，无所不备，则无所不寡。"在辩论时，为了辨明是非，最经常也是最奏效的战略就是主动出击，先发制人，因为只有在进攻、进攻、再进攻中才能始终把握主动权。但不能盲目进攻，要掌握进攻技巧，才能取得好的效果。

1. 正面进攻

辩论中，与对方短兵相接，面对面地直接驳斥对方的论点，尤其是中心论点，指出对方论点的错误和明显违背事实和常理的地方，使其主张不能成立，是辩论制胜的法宝。这就是所谓正面进攻。这是大规模的正规军决战常用的手法，最常用，也最难以掌握。

1988 年"亚洲地区大学生论辩赛"预赛的第一场，香港中文大学队对新加坡国立大学队，辩题是"个人功利主义是社会进步的最重要的因素"。辩题即论点，站在反方的香港中文大学的一名队员发言指出：

"孙中山领导辛亥革命，推翻了中国两千多年的封建统治，难道是因为个人功利主义吗？爱迪生发明了电灯，造福于全人类，难道是因为个人功利主义吗？"

上述例子中采用的就是正面进攻，直接反驳辩题。只用两个反问句，举出两个无可辩驳的历史事实。孙中山领导的辛亥革命，中国及全世界都知道；爱迪生的科学发明，给全世界带来了光明，更是世人皆知。论者用这两个促进社会进步的重大历史事实，直接证明"个人功利主义是社会进步的最重要因素"这一论点的错误。这一方法的效果是全面而且有力的。

2. 侧面进攻

侧面进攻指不与对方正面交锋，或是因对方论点看似十分坚强，难以找到漏洞，而从侧面驳斥对方的论据，或提出对方论据逻辑上的毛病，加以迎头痛击，彻底打垮对方。

3. 迂回进攻

迂回进攻是指不与对方近距离接触，而先远距离地进攻，如从挑剔对方的论辩态度不妥或论辩风度有失，开始诘难，进而抓住对方的论辩企图，深入进行驳诘。用这种方法，往往使对手措手不及，难以应答。

4. 包围进攻

包围进攻是指当对方分论点很杂时，可以分割包围对方核心论点周围的分论点及论据逐一进行驳诘，最后推翻对方的核心立论。既然对方分论点不能成立，其核心立论自然不成立。

在辩论中，要做到先发制人，抢先掌握主动权，只有以正确的进攻方式攻击对手，在攻击过程中发现对方的破绽抢先下手，进而穷追猛打，方可达到预先目的，并一举取胜。

反其道而行，让对方的努力等于零

三十六计中有一计叫"借尸还魂"，原意是说已经死亡的东西，又借助某种形式得以复活。当然，这里并非讲这些命理性的东西，用在商场上，是指利用、支配那些看上去没有作为的势力、无什么用途的东西，来达到我方目的的策略。就像我欲"还魂"必须借助看似无用的"尸体"一样。我们要善于抓住一切机会，甚至是看上去没什么用处的东西，努力争取主动，壮大自己，即时利用而转不利为有利，乃至转败为胜。

这条计谋要求我们借助死去的人（也就是看上去无用的东西）与活着的人（也就是看上去有用的东西）较劲，似乎有悖常理，但这正是他的精髓所在，意在告诉人们要不走寻常路，独辟捷径。比如当对手纷纷抛弃老模式、旧思维和老技术，大力创新时，我们不妨反其道而行重新揣摩旧的思维、模式和技术，通过另辟捷径以反常方式来取得成功。

　　这种竞争手法最关键的是不按常理出牌，当对手都已经抛弃时，只有你在使用。当对手们蜂拥向独木桥时，你却乘着小舟；当对手们彼此你追我赶，向所谓的最新潮流追逐的时候，你却反方向而行……你的"唯一"往往是你战胜敌手的"利器"，因为对手下了很多功夫都是无用功。

　　在美国，电报业最兴盛之时，老范德比经营的西联电报公司处于垄断地位。老范德比去世之后，古尔德花100万美元开了一条新电报线路，成立了太平大西洋电报公司。小范德比意识到了古尔德对自己的威胁，决定收购太平大西洋电报公司，如此，就能使自己仍处于垄断地位。他马上派人与古尔德谈判，结果他以500万美元买下了太平大西洋电报公司，太平大西洋公司人员设备全部转入西联。艾克特是古尔德的挚交好友，因为有技术，进西联后，担任该公司的总工程师。小范德比对这一次成功的收购十分满意，他不仅扩大了实力，还引进了一员虎将。

　　过了一段时间，爱迪生又发明了四重发报机，使用这种发报机，效率要比原来提高一倍以上，如此一来，西联小范德比决定买下这项专利。他派艾克特与爱迪生谈判，让艾克特以低于5万美元的价格收买。他认为这次他同样会稳操胜券，因为电报市场是他一人垄断着。然而，艾克特虽在西联担任总工程师，却是古尔德的内线，他及时地将进展告诉古尔德。有一天，古尔德请爱迪生来到他的家里，想以高薪聘请爱迪生去自己刚刚成立的美联电报公司。

　　爱迪生本是个科学家，根本不懂生意经，觉得美联比西联的条件优厚得多，也就答应了。现在，古尔德决定向小范德比摊牌，要挟小范德比说要撤走艾克特。失去了爱迪生的四重发报机，又失去艾克特，西联将会一片黑暗，无奈之下，小范德比只好同意美联与西联合并，由古尔德任总经理。

　　古尔德为了得到西联可谓费尽心机，直到老范德比去世，才能稍稍有所动作，成立太平大西洋公司。当然，当时电报公司是赚钱的，而古尔德却绝非想从电报的营业中赚钱，他得将西联电报公司赚到手，太平大西洋电报公司不过是他抛下

的一个诱饵，小范德比果然上当。

此外，古尔德的另一个妙笔是将艾克特打进西联高层，从而使高级情报可以及时地传到古尔德的手里。所谓知己知彼，百战不殆。此时古尔德对小范德比的作为一目了然，而小范德比却对古尔德一无所知，未加丝毫防范，本来唾手可得的四重发报机专利，却从眼皮底下被古尔德夺去。

古尔德得到了四重发报机的专利，此后他便可以实施他赚取西联公司的最后攻势了。要么撤走总工程师，要么合并，在此条件之下，小范德比只好俯首就范。合并公司，古尔德得到了他垂涎已久的西联。

《三十六计》中说："有用者，不可借；不能用者，求借。借不能用者而用之，'匪我求童蒙，童蒙求我'。"要在竞争中取胜，首先要发挥自己的优势，要发挥优势就要求另辟蹊径。竞争之法无准则，取胜才是根本目的，使用反常方式，对手更易陷入措手不及的状态。

以己之长，攻人之短

很多时候，打架不一定弱的输，赛跑不一定快的赢。关键在于你能不能够充分利用自己的特长，以己之长，攻人之短。

齐国的将军田忌经常同齐威王赛马。他们赛马的规矩是：双方各自下赌注，比赛共设三局，胜两局的为赢家。然而每次比赛，田忌总是输给齐威王。

这一天，田忌赛马又输给了齐威王。回家后，田忌把赛马的事告诉了自己的军师孙膑。孙膑是军事家孙武的后代，饱读兵书，深谙兵法，足智多谋，被庞涓谋害双腿残废。来到齐国后，很受田忌器重，被田忌尊为上宾。

孙膑听了田忌谈他赛马总是失利的情况后，说："下次赛马你让我前去观战。"田忌非常高兴。

又一次赛马开始了。孙膑坐在赛马场边上，饶有兴趣地看田忌与齐威王赛马。第一局，齐威王牵出自己的上马，田忌也牵出了自己的上马，结果跑下来，田忌的马稍逊一筹。第二局，齐威王牵出了中马，田忌也以自己的中马与之相对。第二局跑完，田忌的中马也慢了几步而落后。第三局，两边都以下马参赛，田忌的下马又未能跑赢齐威王的下马。

看完比赛回到家里，孙膑对田忌说："我看你们双方的马，若以上、中、下三等对等比赛，你的马都相应的差一点，但悬殊并不太大。下次赛马你按我的意见办，我保证你必胜无疑，你尽管多下赌注就是了。"

这一天到了，田忌与齐威王的赛马又开始了。第一局，齐威王出那头健步如飞的上马，孙膑却让田忌出下马，一局比完，自然是田忌的马落在后面。

可是到第二局形势就变了，齐威王出中马，田忌这边以上马对战，结果田忌的马跑在前面，赢了第二局。最后，齐威王剩下了最后一匹下马，当然被田忌的中马甩在了后面。这一次，田忌以两胜一负而取得赛马的胜利。

由于田忌按孙膑的吩咐下了很大的赌注，他一次就把以前输给齐威王的都赚了回来，还略有盈余。

田忌以前赛马的办法总是一味硬拼，希望一局也不要输，结果因自己总体实力差那么一点，总是赛输了。孙膑则巧妙运用自己的优势，先让掉一局，然后保存实力去确保后两局的胜利，这样便保证了整体的胜利。

也许，我们都该悟出这样的道理：每个人生来都不可能是完美的，成功的关键在于以长制短、以优制劣。

瞄准对方关键点，以一点击溃其全部

商场上劲敌如林，很多时候我们很难与之正面交锋，因为，有时候你越是跟强敌较劲，越能激发对方的凶猛攻势，最终，只能让自己丧失主动权，陷入无休止的被动，变得连喘气的机会都没有。那么，应该如何对付强敌？"打持久战"是耗不起的，"打游击战"又没有那么多的"根据地"，所以，只能做"狙击战"，瞄准对方关键点，一击即中，彻底粉碎敌方的"大本营"。

《三十六计》中说："不敌其力，而消其势，兑下乾上之象。"也就是说，要避其锋芒，攻其弱点，消除敌方生存之根本，那么对方自然不攻而破。也就是"釜底抽薪"之意，是现代经商赚钱中不可不知的一计。

20世纪90年代中期，戴尔发现，许多竞争厂商有一半以上的利润来自服务器。更严重的是，虽然他们的服务器是很好的产品，却为了补贴业务上其他比较不赚钱的地方而必须抬高定价。事实上，由于他们服务器的定价高得超乎常理，所以等于是把额外的成本转嫁给最好的顾客，从而暴露了自己的致命伤。1996年9月，戴尔公司以非常具有竞争力的价格，推出一系列服务器，整个市场为之震惊。这项野心勃勃的行动，重新建立了其在服务器市场的地位，而戴尔公司现在已是全美第二大服务器供应商，占有20%的市场。

戴尔公司凭借掏空竞争者的利润来源，削弱了他们在笔记本电脑、台式电脑等市场上以价格和戴尔公司对抗的能力。

因特网也是另一个让戴尔公司和竞争者大玩柔道的绝佳方式。对戴尔公司来说，网络是直接模式的最终延伸。但对许多采取间接模式的对手而言，进入网络市场是个两败俱伤的主张。对他们来说，直接交易终将导致通路上的冲突。他们的营运模式是以传统的产销者、代理商和经销商为基础，而不是与顾客直接发生交易关系。一旦原本采取间接模式的制造商开始与使用者直接对话时，便会和本来是为自己销售产品的经销商产生竞争。这让戴尔公司很快就获得更多的青睐。假想一下，如果顾客想直接向制造商购买，还有什么方法比向直接销售的公司购买更好呢？

戴尔之所以能在市场上谋得"一方水土"，能在竞争中崭露触角，靠的就是"釜底抽薪"，直接攻击对手的"供给线"——"利润"，商家利润要害如同蛇的七寸，掐断利润，也就相当于断了对方的"粮草"。所谓"兵马不动，粮草先行"，割断敌方的粮草，必然使之惊慌失措，敌人不攻自破。

当然要想釜底抽薪，首先要"知己知彼"，充分了解其他对手的特点、优势，博取众家之长，弥补自己的缺点，推陈出新，以自己所具有的生产能力、生产工艺、生产技能、生产出市场上独一无二的适用产品。这样才能广销各地，受到消费者的欢迎。

上世纪50年代，一个名叫鬼冢喜八郎的日本人，得知体育运动将会在世界范围内得到推广，便想从生产运动鞋上发财致富。然而，他一无资金，二无生产设备，如何与其他已有的运动鞋生产厂家竞争呢？

看来正面无法硬碰，只能另谋良策了。为了生产一双真正适合运动员穿得舒适的运动鞋，他走访了许多优秀篮球运动员，与他们一起打球，并亲身验证了目前篮球鞋的缺点：容易打滑，止步不稳，影响投篮的准确性。怎样扬长避短，生产出独具特色的运动鞋呢？鬼冢喜八郎昼思夜想，终于从鱿鱼触足长着的一个三吸盘上受到启发，决定把平底改为凹凸底，以防止打滑。试验一举成功，鬼冢喜八郎马上申请了专利，并投入生产，一上市，这种新型球鞋马上排挤了所有厂家的同类产品，人们争相购买，产品备受欢迎……

商场上不存在永远的强势和永远的弱势，弱势如果想跟强势争夺市场底盘，就不能正面硬碰，这样只会导致"大鱼吃小鱼，小鱼吃虾米"的结果，弱势要善于做一个狙击手，不断培养自己的敏锐触觉和目光，暗中瞄准劲敌的关键点，才能将之一击即中。弱势还要不断提高自己在博取众家之长的基础上，不断创新，顺从消费者的需要生产，在千变万化的市场竞争中，使自己的产品保持销售旺势，永远立于不败之地。

·第六章·

以心赢心，以力借力

"寄生"于人，成长加速

提起"寄生者"，很多人会感觉很不舒服，因为它让我们联想到许多糟糕的东西，如寄生在我们身体之中、吸食我们的养分并使我们生病的那些小生物，就像蛔虫、钩虫之类。

"寄生者"意味着"不劳而获"和"损人利己"，我们也常常称那些不肯付出努力而混吃混喝的人叫作"寄生虫"。

但是，也许你不知道在自然界中，借助外在力量获取利益的例子比比皆是。鲨鱼的身边总是游弋着几条灵巧的小鱼，它们靠拣拾鲨鱼猎食的残余为生；海鸥喜欢尾随军舰，因为后者的排水可以使海里的小生物浮上水面，成为它们的食物；在丛林中，很多藤蔓植物是靠依附在参天大树上得以享受阳光的。

在这个"巨兽"横行的时代，做一个"寄生者"是很不错的选择，毕竟大树底下好乘凉。想要做事，先要立身；想要做大事，先要立稳身。

清朝康熙帝最宠爱大臣明珠。明珠幼年在宫中当过侍卫，与康熙的关系比较亲近。正是由于这层关系，明珠仕途一帆风顺，鼎盛时期官至兵部尚书。

吴三桂自请"撤藩"，朝中大臣多有慰留之意，而明珠附和康熙的意见，主张下旨"撤藩"，看看吴三桂敢不敢反。从此以后，康熙更是对明珠恩宠有加。

明珠得势以后，与余国柱开始大肆卖官，中饱私囊。凡是各省的总督、巡抚、布政使、按察使等重要位置一有空缺，他们便向有意者大肆索贿，直到满足他们的欲望为止。日子久了，明珠的财富也就堆积如山了。

而且，明珠还进一步控制那些检察官员，以钳制百官。他将所有新上任的检察官员找来，令他们定下密约，答应所有向皇帝上报的奏章，事先一定拿来给自己过目。

这样，明珠不仅得宠于皇上，控制百官，还控制着整个检察机构，国家机构对他已没有任何的约束力，一时权倾朝野。

宠臣太过，必然会危害朝廷。大智如康熙者，不曾明眼辨奸，实为憾事。

等到明珠最终被人告发，康熙也仅仅是免了他的大学士之职，即便如此，康熙也很不忍心。过了不久，康熙又把他召来身边，充任"内大臣"！

明珠若不是有康熙这棵大树为他挡住烈日、挡住狂风、挡住暴雨，他早已是满朝文武的众矢之的，早已身首异处了。

虽然明珠这种尽全力来讨好皇帝主子以欺上瞒下、为非作歹的行为很卑鄙、无耻，不值得宣扬，但是在人生中，如果自己一时势单力薄、孤掌难鸣，不妨找棵大树来依靠。如此，不仅能遮风挡雨，他人也会因"大树"而力图取悦于你，可免去许多求人之苦，其好处自不待言。

你一定熟悉可口可乐的瓶子，这个造型独特的瓶子现在已经成了可口可乐的一部分。其实，它就是一个"寄生"的结果。

一个年轻人走进可口可乐公司经营者的办公室，向这些大老板显示他设计的饮料瓶。他介绍他的设计：优雅的曲线富有女性的妩媚之美；收细的腰身正好适于手的抓握；而且，最主要的是这种包装可以节省饮料而又不会为消费者注意。

为了使论点更有说服力，这位设计者还做了一个样品当场演示。他成功了，可口可乐公司接受了这一设计。这是一个双赢的结果，"寄主"和"寄生者"都获得了他们想要的东西。

所以，如果你还不具备成功所需的卓越能力，如果你艰苦卓绝的毅力和征服一切的胆识尚且不够，那么要想成为杰出人士的话，就应该好好地考虑一下，下一步该怎么走？寄生于人，不是一种耻辱，而是一种智慧。从别人的身上吸取自己需要的能量，既省去了到处"觅食"的艰辛，也令自己成长的过程加快了很多。

现在，你不妨去寻找一棵生命中的"大树"，做一个暂时的"寄生者"，才能从借力中受益。

巧转地将棘手之事抛给有能力的人

事情有难易之分，面对易如反掌的事情，我们总是能轻松解决，但当面前的问题很棘手时，就不妨将问题抛出去，让能人去解决。

有位知名度颇高、要求极为严格的建筑师，他规划了许多的建筑物，然后分别包给多位承包商。

由于这位建筑师对质量和进度要求甚高，所以在他的手下做事压力巨大。在他的建筑师事务所里，经常可以听到会议室里传出来的阵阵怒吼声，因此，他手下的助理更换非常频繁。

这次，建筑师请来的是一位刚毕业的年轻助理，负责监督和催促工程进度的工作。这个工作一向是最吃力不讨好的，所以受到建筑师的责难也最大。可奇怪的是这位年轻助理连续工作了半年，居然很少受到建筑师的责骂，工程的进度在他的监督下也几乎都能跟上，同事们对此都感到非常不解。

直到有一天，同事们在同这位年轻助理谈论工作经验时，才向其问道："我们实在都很好奇，你工作时间不长，却能把工程进度控制得如此之好，你到底是怎样做到的呢？"

年轻助理耸了耸肩，无比轻松地说："其实，这很简单，当一位承包商把难题丢给我，企图想要拖延工程进度时，我就很坚定地告诉他：'我的进度不能变更，你是要和我解决呢，还是让我们的建筑师和你解决？'这样他们通常都会没什么话说了。"

这位小伙子真的很聪明，他将自己的困境轻松地转化为建筑师和商人的矛盾，自己却轻松了起来。与之类似，中国历史上也有一个非常有名的事例。

唐肃宗时，李辅国是宫中一名大宦官。至德元年（公元756年），肃宗在灵武称帝后，李辅国官拜行军司马。凡是肃宗的起居出行、诏令发布等内外大事，都委任李辅国处理。唐肃宗打败安禄山，收回京城后，李辅国在银台门主持恢复京城的事，并负责掌管禁兵，一时权倾朝野，人人都不敢小看他。上元二年（公元761年）八月，又加给李辅国兵部尚书一职。

可是李辅国仍然不满足，恃功向唐肃宗要官，请求做宰相。唐肃宗对李辅国这种咄咄逼人、明目张胆要官的做法非常反感，同时，对他的权力过重也有所警惕。因此，唐肃宗并不想把宰相的权力交给他。不过，李辅国对唐朝宗室有功，唐肃宗不想当面得罪他，于是，就对李辅国说："按照你为国家所建立的功勋，什么不能做？可是，你在朝廷中的威望还不够，这怎么办呢？"

李辅国听了唐肃宗的话以后，就让仆射裴冕等人上表推荐自己。唐肃宗知道李辅国在请人上表，十分担心，就悄悄把宰相萧华找来说："李辅国想做宰相，我并不打算让他干。听说你们想上表推荐他,真的吗?"

萧华没有做声,但心里已经明白了,出宫以后找到裴冕,征求他的意见。裴冕说:"当初我并没有打算上表推荐李辅国做宰相,是他自己来找我的。现在我知道了皇上的真实意图,请皇上放心,我宁死也不会上表推荐李辅国为宰相的。"

萧华又进宫向唐肃宗奏明他们的意见,肃宗非常高兴。后来,李辅国始终没能当上宰相。

有句谚语说"把热马铃薯丢出去",其中热马铃薯指的就是忽然遇到的问题与困难。就如同前面故事中的年轻助理和唐肃宗一样,他们都非常巧妙地将问题挡了出去,让别人为自己的问题苦恼,使其处于两难的境地,自己则享受没有烦恼的乐趣。年轻助理是将问题引向了更困难的建筑师,自己巧妙地回避了矛盾;唐肃宗则是将问题推给了下属,借他们的力量来限制李辅国。有的问题在当时就应很快反应,否则稍有停顿便会烫到自己的手。事后步步埋怨自己没有抓住稍纵即逝的机会作适当的反应,也没有用了。

所以,尽管烫手的马铃薯人人都不想接,但如果它不幸落到我们自己这里的话,那最好的办法就是将它丢出去,扔给那些有能力的人去解决。不过,热马铃薯丢出去还要有技巧,要丢得不愠不火,小心别烫到了对方,伤了感情。这里面就有个"度"的问题,既要让对方能在脸面上过得去,又要让自己摆脱困境。高明的人不仅能使丢出去的热马铃薯不会砸到别人,还能让别人心甘情愿地替自己解决问题。

还需要注意的是,这些技巧是要经常练习的。常常操练,就能够掌握这个火候了。但是,有些时候也不应一味地回绝,应该抓住时机。有些时候,如果问题不是非常难处理,则应尽量去把它做好。

借用他人的智慧

俗话说:"一个篱笆三个桩,一个好汉三个帮。"还有句古话说得好:"三个臭皮匠,胜过一个诸葛亮。"个体不同,就各有各的优势和长处,所以一定要善于发现别人的优势和长处,取之所长,补己之短。

一个人不能单凭自己的力量完成所有的任务,战胜所有的困难,解决所有的

问题。须知借人之力也可成事，善于借助他人的力量，既是一种技巧，也是一种智慧。

《圣经》中有这样一则故事：

当摩西率领以色列子孙们前往上帝那里要求赠予他们领地时，他的岳父杰罗塞发现，摩西的工作实在超过他所能负荷的。如果他一直这样的话，不仅仅是他自己，大家都会有苦头吃。于是杰罗塞就想办法帮助摩西解决问题。他告诉摩西，将这群人分成几组，每组1000人，然后再将每组分成10个小组，每组100人，再将100人分成两组，每组50人。最后，再将50人分成五组，每组10人。然后杰罗塞告诫摩西，要他让每一组选出一位首领，而且这个首领必须负责解决本组成员所遇到的任何问题。摩西接受了建议，并吩咐负责1000人的首领，只有他才能将那些无法解决的问题告诉自己。自从摩西听从了杰罗赛的建议后，他就有足够的时间来处理那些真正重要的问题，而这些问题大多数只有他自己才能够解决。简单一点说，杰罗塞交给摩西的，其实就是要善于利用别人的智慧，善于调动集体的智慧，用别人的力量帮助自己克服难题。

很多事情就是这样的，当我们无力去完成一件事时，不妨向身边可以信任的人求助，也许对我们来说费力不讨好的事情，对他们来说却可能不费吹灰之力就能轻松"搞定"。与其自己苦苦追寻而不得，不如将视线一转，呼唤那些有能力解决问题的人，这样赢取胜利的过程自然会顺利不少。

一个小男孩在沙滩上玩耍。他身边有他的一些玩具——小汽车、货车、塑料水桶和一把亮闪闪的塑料铲子。他在松软的沙滩上修筑公路和隧道时，发现一块很大的岩石挡住了去路。

小男孩企图把它从泥沙中弄出去。他是个很小的孩子，那块岩石对他来说相当巨大。他手脚并用，使尽了全身的力气，岩石却纹丝不动。小男孩一次又一次地向岩石发起冲击，可是，每当他刚把岩石搬动一点点的时候，岩石便又随着他的稍事休息而重新返回原地。小男孩气得直叫，使出吃奶的力气猛推猛挤。但是，他得到的唯一回报便是岩石滚回来时砸伤了他的手指。最后，他筋疲力尽，坐在沙滩上伤心地哭了起来。

这整个过程，他的父亲在不远处看得一清二楚。当泪珠滚过孩子的脸庞时，父亲来到了他的跟前。父亲的话温和而坚定："儿子，你为什么不用上所有的力量呢？"

男孩抽泣道："爸爸，我已经用尽全力了，我已经用尽了我所有的力量！"

"不对，"父亲亲切地纠正道，"儿子，你并没有用尽你所有的力量。你没有请求我的帮助。"说完，父亲弯下腰抱起岩石，将岩石扔到了远处。

可见，不要羞于向强者求助，有时对自己来说是天大的难事，对强者而言不过只需要动动手指头。甚至在另外一些时候，即使是敌人，也可为己所用。

你可能不知道，在亚热带，有一个由三种动物组成的非常有意思的生物链：毒蛇、青蛙和蜈蚣。毒蛇的主要食物是青蛙，青蛙却以有毒的蜈蚣为美食，在青蛙面前是弱者的蜈蚣却能够使比自己体形大得多的毒蛇毙命，一般的毒蛇对它都无可奈何，三者间是两两水火不相容的。有趣的是冬季里，捕蛇者却在同一洞穴中发现三个冤家相安无事地同居一室，和平共处。

它们经过世代的自然选择，不仅形成了捕食弱者的本领，也学会了利用自己的克星保护自己的本领：如果毒蛇吃掉青蛙，自己就会被蜈蚣所杀；而蜈蚣杀死毒蛇，自己就会被青蛙吃掉；青蛙吃掉蜈蚣，自己就会成为毒蛇的盘中餐。这样一来，为了生存，青蛙不吃蜈蚣，以便让蜈蚣帮助自己抵御毒蛇；毒蛇不吃青蛙，以便让青蛙帮助自己抵御蜈蚣；蜈蚣不杀死毒蛇，以便让毒蛇帮助自己抵御青蛙。三者相克又相生，形成了一个美妙的平衡局面。

借人之力，利用他人为自己服务，以让自己能够高居人上，这是一个人很难能可贵的地方，尤其对自己所欠缺的东西，更需要多方巧借。善于借助别人的力量，善于利用别人的智慧，广泛地接受多家的意见，多和不同的人聊聊自己的构想，多倾听别人的想法，多用点脑子来观察周遭的事物，多静下心来思考周遭发生的一些现象，将让你受益匪浅。

正如奥地利著名作家斯蒂芬·茨威格说的："一个人的力量是很难应付生活中无边的苦难的。所以，自己需要别人帮助，自己也要帮助别人。"所谓"孤掌难鸣，独木不成桥"，在这个世界上没有完美的人，巧妙地借助他人的力量为我所用，自然会有事半功倍的效果。

善待小人物

借人之力成己之事，是获取成功的捷径之一，但在这条捷径上，人们却总是习惯于将目光聚焦到那些有权势、有财富的名人和富豪们身上，认为只有这些人才可能是自己人生路上的贵人，才能给自己的成功添砖加瓦。于是，很多人都成了"势利眼"，瞧不起小人物，只会仰望大人物。

可事实上，"大小"并不绝对，二者可以转换。如唐代著名诗人李白所说："天生我材必有用。"再平凡的人，身上也会有别人所没有的闪光点；再庸碌的人，也会有别人所不具有的才能。重视身边的每一个人，包括小人物，说不定哪一天他们也能像鸡鸣狗盗般，救自己一命。所以对待"小人物"，也不要一味趾高气扬，而要懂得变通，善于借助他们的力量。历史上"鸡鸣狗盗之辈"就曾经帮孟尝君逃脱大难。

要知道，小人物就像小螺丝钉，用得得当，就能推动大机器的运转。不要小看小人物，有的时候，小人物却有大用处。

清朝雍正皇帝在位时，按察使王士俊被派到河东做官，正要离开京城时，大学士张廷玉把一个很强壮的佣人推荐给他。到任后，此人办事很老练，又谨慎，时间一长，王士俊很看重他，把他当作心腹。

王士俊任期满了准备回京城。这个佣人忽然要求告辞离去。王士俊感觉很奇怪，问他为什么要这样做。那人回答："我是皇上的侍卫××。皇上叫我跟着你，你几年来做官没有什么大差错。我先行一步回京城去禀报皇上，替你说几句好话。"

王士俊听后吓坏了，好多天一想到这件事就两腿直发抖。幸亏自己没有亏待过这人，要是对他有不善之举，可能命就保不住了。

我们不得不承认，小人物有小人物的优势，如便利、隐蔽、灵活、感恩等，因此，在人际交往中，要灵活变通，千万不要只逢迎那些所谓的达官贵人，而要懂得和小人物建立关系。

所以，平时无论是说话还是办事，一定要记住：把鲜花送给身边所有的人，不要小瞧了那些目前不如你的人。俗话说："不走的路去三回，不用的人用三次。"说不定哪一天，某个小人物就会在某个关键时刻成为影响你前程和命运的"大人物"，就像鸡鸣狗盗之徒救孟尝君的性命一样。

每个人不论他目前的境况如何，但都有别人不能替代的地方。所以，待人接物切忌以权贵、贫富为分而有所差别，善待小人物也就是善待自己，重视小人物也是成功路上不可不知的"常识"。

以静制动，让诤友充当自己的镜子

你是否发现，朋友中总是有这样一些人：他们从不给你甜如蜜的奉承，也从不给你不切实际的打击，但又总是实话实说，直陈你的过失。他们，就是我们一生中不可或缺的朋友——诤友。

拥有诤友是生命的幸运和福气，因为他们能像镜子一样帮你认清自我。他们对我们直言不讳、肝胆相照，既给予我们真诚的关心，又会直言指出我们的盲区和瑕疵，帮助我们获得快乐、成功。

在这个纷繁芜杂的世界里，只有乐于结交诤友的人，才能改正错误、避免失误，不断取得进步。唐太宗李世民在历史上是一位以善于纳谏而闻名的帝王，他在结交诤友方面有许多有趣的逸事。

传说有一次，唐太宗闲暇无事，与吏部尚书唐俭下棋。唐俭是个直性子的人，平时不善逢迎，又好逞强，与皇帝下棋却使出自己的浑身解数，架炮跳马，把唐太宗打了个落花流水。

唐太宗心中大怒，想起他平时种种的不敬，更是无法抑制自己，立即下令贬唐俭为潭州刺史，不甘休，又找了尉迟恭来，对他说：

"唐俭对我这样不敬，我要借他而诫百官。不过现在尚无具体的罪名可定，你去他家一次，听他是否对我的处理有怨言，若有，即可以此定他的死罪！"

尉迟恭听后，觉得太宗这种做法太过分，所以当第二天太宗召问他唐俭的情况时，尉迟恭只是不肯回答，反而说：

"陛下请你好好考虑考虑这件事，到底该怎样处理。"

唐太宗气极了，把手中的玉笏狠狠地朝地下一摔，转身就走。尉迟恭见了，也只好退下。唐太宗回去后，一来冷静后自觉无理，二来也是为了挽回面子，于是大开宴会，召三品官员入席，自己则主宴并宣布道：

"今天请大家来，是为了表彰尉迟恭的品行。由于尉迟恭的劝谏，唐俭得以免死，使他有再生之幸，我也由此免了枉杀的罪名，赐尉迟恭绸缎千匹。"

唐太宗能够拥有尉迟恭、魏徵这样的谏友是作为一位帝王最大的荣幸，他也确实依靠这些诤友的力量开创了中国历史上难得的盛世局面。

要知道，缺点错误是一个人成功的大敌，而诤友的作用，就在于指出缺点，就在于引起你的警觉。如果不能善待诤友的批评，那你的缺点错误就永远无法改正。

不要把诤友的善意批评，想象成对自己的人身攻击；切忌把诤友的意见，误会为给自己难堪。善意的批评是人生中不能缺少的，它是我们增长见识必须付出的代价。

请不要怀着敌意来看待批评，因为忠言逆耳，你要仔细聆听，了解诤友的批评是否具有建设性。它能让你变得足智多谋、沉稳成熟。若懂得冷静聆听批评，既能保持情面，又对加深友谊具有积极的效益。固然有些批评是尖酸刻薄的，你也要淡化处理，这样诤友才会越来越喜欢给你以忠言和卓见。

其实，在诤友的批评面前，反击、争辩或是无礼都无济于事，对这样的批评进行无关紧要的纠正，只会演化成严重的问题。要学会把诤友的批评当成宝，乐于接受建设性的批评并且遵照执行。

以下这些方法将指导你更好地对待批评：

（1）想一想到底是不是自己的错。先把利己主义抛到一边，如果朋友批评得有道理，就要客观地倾听他们的看法，并切实了解清楚，接下来应该想想如何解决问题。

（2）不要寻找替罪羊。不要试图争辩、迁怒他人或是矢口否认，以为事情能就此淡化。解释往往会被看成借口或否认。

（3）要合作，不要对抗。即使因为并不相干的事情受到了批评，也不一定非要选择对抗性的做法，不要给人留下"小家子气"的印象，多一些容人之量，和对方一起找到真正的问题才是解决之道。

·第七章·

以退为进，韬光养晦

闭上生气的嘴，张开争气的眼

俗话说："不蒸（争）馒头争口气。"人们在这句话的鼓舞下，为了自己的尊严与面子，不惜牺牲自己所拥有的：有人为了别人的无心之言而怒火中烧，非要与之争出个长短不可；有人为了显示自己的强悍，非要与情敌拼个你死我活；还有人为了让人看得起，非要挑战不可能之事……

如此看来，所谓的"争气"不过是生气而已，与其原本的意思存在着一定的偏差，并非所有的"气"都值得生：哪些气应该生，哪些气应该咽下去，除了要仔细衡量外，还需考虑现实的情况，如果为了面子问题生气而丢掉此后的前程，自然是得不偿失的。适当的时候，放下自傲的心理，让自己弯曲一下，也不失为一种巧妙的战略。

南北朝时东魏的高洋就是一个懂得适时弯曲的人。高洋在尚未称帝时，东魏政权掌握在其兄长高澄的手里。高洋的妻子十分美艳，高澄很嫉妒，而且心里很是不平。高洋为了不被高澄猜忌，装出一副朴诚木讷的样子，还时常拖着鼻涕傻笑。高澄因此将他视为痴物，从此不再猜忌他。

高澄时常调戏高洋的妻子，高洋也假装不知。后来高澄被手下刺杀，高洋为丞相，都督中外诸军。朝中大臣素来轻视高洋，而这时高洋大会文武，谈笑风生，与昔日判若两人，顿时令四座皆惊，从此再不敢藐视。高洋篡位后，初政清明，简静宽和，任人以才，驭下以法，内外肃然。

当时西魏大丞相宇文泰听到高洋篡位，借兴义师的名义，进攻北齐。高洋亲自督兵出战，宇文泰见北齐军容严盛，不禁叹息道："高欢有这样的儿子，虽死无憾了！"于是引军西还。

在今天的现实生活中，已不存在这种不忍让就会动辄丢性命的屈伸之道了，但适时弯曲是必需之策。弯曲时更容易看清彼此更多的东西，更有利于沟通和进步。

一个名叫拉升·彼德的男士在海军服役两年后，回到了美国首都华盛顿，之前服务的那家广播公司正等待他继续去做播音工作，但是换了个新上司。由于某种原因，这位新上司好像不大愿意接受他。

他憋着劲儿要在各个方面和他的上司比个高低，于是他冷静、谨慎地工作着。新上司对他主持的节目时间重新安排以后，他按捺不住了。他一直是和老搭档主持某个喜剧节目的，而新安排的时间差得不能再差了——将近午夜。

他怒火中烧，准备和上司干一场，但是为了饭碗他还是忍了下来。搭档和他接受了这个倒霉的时间安排，兢兢业业地工作着，三年后，这个节目成为华盛顿首屈一指的节目。

一天，新上司主动邀他参加电台的聚会，这次是躲不掉了。晚会上，他遇到了上司的未婚妻，她是个聪颖、活泼、务实的姑娘。像她这样的姑娘怎能喜欢一个没有什么可取之处的人呢？通过上司的未婚妻，他对上司的人格品行的看法有了转变。

随着时间的流逝，他的态度转变了——上司的态度也变了。后来，他们成了好朋友。他仍在全国广播公司工作，并在全国一档著名的电视节目中主持气象预报。

高洋与彼德都是有心机之人，他们明白：己不如人时，当面翻脸、发泄怒火只会自取灭亡，懂得适时弯曲、暗中发力才是求胜之道。

因此，当遭遇别人的欺辱时，是生气对自己有利，还是忍下这口气对自己更有利？是翻脸对自己有利还是适时弯曲对自己更有利？这是不言自明的。在弯曲时不忘积极进取，最后一鸣惊人，显示出强者的实力，自然会赢得别人的尊重。

就像西方著名政治思想家卡托所言："动怒的人张开他的嘴，却闭上眼睛。"人生在世，受气是难免的，生活中，如果有人"动了你的奶酪"，就不假思索地火冒三丈，是愚蠢之举；而真正的聪明者，则会在别人闭上眼睛的时候，看清自己的道路。

忍对方一时之气，为自己换来有利局势

忍让是一种眼光和度量，能克己忍让的人，是深刻而有力量的，是雄才大略的表现。现实的交际世界中，很多时候，忍对方一时之气，常常能为自己换来有

利的局势。

楚汉相争中，刘邦由于势力较弱，经常吃败仗。公元前 203 年，刘邦兵败，被项羽围困在荥阳。

刘邦的大将韩信亲自率领一队军马北上作战，捷报频传，接着攻下魏、代、赵、燕各王国，最后又占领了齐国全境。

韩信派使者来见刘邦说："齐人狡诈反复，齐国又与强大的楚国为邻，如果不设王进行威慑，不足以镇压安抚齐地百姓，请大王允许我暂时代任齐王。"

刘邦一听，勃然大怒，破口大骂："我现在被围困在荥阳，日夜盼望你韩信带兵来增援，你不但不来，反要自立为王！我……"此时的刘邦只看到了自己所处的危险境况，全然没有了王者该有的风度，把自己的本性暴露无遗。

正说着，刘邦感到自己的脚被人狠狠踩了一下。他发现坐在他身旁的张良向他示意了一下，便止住了下面的一连串骂人的话语。

张良清楚地知道韩信是当世首屈一指的将才，眼下又拥有强大的兵力，处在举足轻重的地位上。刘邦如果现在与韩信翻脸，会对他大大不利；反过来，如果能调动韩信的兵马，就能给楚军以沉重打击，使楚汉对峙的局面向着有利于自己的方向转变。

因此，张良靠近刘邦，悄声说："大王，韩信手握重兵，投靠大王则大王胜，投靠项羽则项羽胜。我们对他的要求要慎重考虑。"

刘邦气还没消，不高兴地冲着张良说："那你说怎么办？难道就被这小儿挟持不成？"

张良说："现在我们正当危急时刻，弄翻了关系，他自立为王，我们也毫无办法。逼急了他，他一旦与项羽联手，大王的大事就麻烦了！不如趁势正式立他为王，调动他的军队攻击楚军。请迅速决断，迟则生变！"

刘邦毕竟是非常聪明的人，听了张良的话，马上恢复了理智，但他故意接着刚才气汹汹的口气骂道："男子汉大丈夫，要做齐王就做真齐王，做什么代齐王！"

刘邦当即下令派张良为使节，带着印绶到齐地去，立韩信为齐王，并征调韩信的军队攻打楚军。局势很快发生了重大转折：汉军由劣势向优势转变，逐渐对楚形成了包围之势。

后来，刘邦终于在垓下全歼楚军，赢得了楚汉战争的最后胜利。应该说，刘邦在隐忍方面做得非常好。

反之，韩信要官做，急于成王的行为则背离了隐忍的大道，他最终被杀，在很大程度上跟他自己锋芒太露有关。

俗话说："小不忍则乱大谋。"在人生的紧要关头，忍一时之气是为了换来有利局势。如果在危急时刻贸然作出举动，会激起反抗力量的攻击，让全盘计划最终落空。胸怀韬略者明白"韬晦"潜规则，以一时的忍耐实现自己的理想和宏伟目标。在这方面，古人的智慧会带给我们极大的启悟。

不轻易暴露"野心"，才更容易将其实现

在现实生活中，你也许会有某些"志向"或"企图"，即使是正当的，而一经在你身上得到表现的时候，总会有人感觉受到了威胁。他们可能会利用手中的权力和影响力，对你进行打击，使你过去的一切努力都化为泡影，因此，你如果真的怀有某种"野心"的话，千万要谨慎点，切莫轻易外露。表现得"糊涂"些，将自己的野心隐藏起来，否则，你可能会因此而自毁前程。

刘得志是一名刚毕业的大学生，他到一家大公司去应聘，结果被录用了。而后，他主动找到公司人事主管，说自己不怕苦累，只是希望能到挣钱多的岗位上工作，原因是，自己是农村来的大学生，几年大学下来，花光了家里的所有积蓄不算，还欠着外债。人事主管很同情他，把他分配到了营销部当推销员。因为这家公司生产的健身器材很畅销，推销员都是按销售业绩计算收入，因此尽管刘得志是个新手，可几个月下来，他得到的薪金却比其他部门的员工多，由此，他也就下定决心在营销部干下去。

刘得志毕竟是大学生，头脑灵活，爱思考，时间长了，他就发现了营销部里一些工作上的疏漏，管理也不规范。因此，他除了不断加强与客户的联系外，还把心思用到了营销部的管理上，并且经常向经理提出一些意见。对此，经理总是回答说："你提出的意见很好，可我忙不过来呀，改进工作慢慢来吧。"经过几次和经理谈话，刘得志发现一个秘密，那就是营销部墙上的组织结构图表中有副经理一名，可他到营销部已近半年，却从未见过副经理，难怪部里有些工作无人管理呢？

并且，刘得志通过打听了解到，营销部经理的薪金有时高过公司副总经理，副经理的薪金也高过推销员的几倍，于是，他萌发了觊觎营销部副经理一职的想

法。想了就干，就在一次营销部全体员工会议上，他坦陈了自己的想法，经理照例当众表扬了他。可没想到，自那次会议后，刘得志的处境就越来越被动了。他初来乍到，并不知道那个副经理之职，已有许多人在暗中等待和争夺，迟迟没有定下来的原因就在于此。而刘得志的到来，开始并未引起人们的关注，因他只是个小雏，羽翼未丰，不足刮目。但时间一长，他频频关心此事，人们便感到他的威胁了，这次他又公然地要争这个职位，无疑是惹了马蜂窝，一时间，控告他的材料堆满了经理的办公桌，什么刘得志不讲内部规定踩了别人客户的点；他泄漏了公司的价格底线；他抢了别人正在谈判中的生意……这些控告中的任何一项都是一个推销员所承受的极限。

人们为了维持社会或团体的某一现状，常常不允许个人欲望的恣情喷发和左冲右突，对有悖于这一现状的任何奇思异想都可能被视为"野心"。而事实上，在追逐个人成功的道路上，每个人都有一些不安于室的心灵躁动。这种躁动，在自己看来可能是雄心壮志，在别人看来则可能是野心勃勃。

聪明的人绝不会轻易暴露自己的心灵底牌，将自己的野心包裹起来，使自己看起来"糊涂"点，在"野心"尚未实现之前，绝不会让人看出自己的行踪和去向，否则，便可能会授人以柄，甚至遭到对手的打击。

成全对方好胜心，保全自己

人人都有自尊心，人人都有好胜心。若要联络感情，应处处重视对方的自尊心，适时糊涂，方圆为人，则应该学会抑制你自己的好胜心，成全对方的好胜心。

下面这个例子是关于名相萧何如何成全刘邦的好胜心而保全了自己的。

汉初良相萧何，泗水沛（今江苏沛县）人。曾任沛县主吏掾、泗水郡卒吏等职，持法不枉害人。秦末随刘邦起兵反秦，刘邦进入咸阳，萧何把相府及御史府的法律、户籍、地理图册等收集起来，使刘邦知晓天下山川险要、人口、财力、物力的分布情况。项羽称王后，萧何劝说刘邦接受分封，立足汉中，养百姓，纳贤才，收用巴蜀二郡的赋税，积蓄力量，然后与项羽争天下。为此深得刘邦信任，被任为丞相。他极力向刘邦举荐韩信，认为刘邦要取得天下非用韩信不可。后来韩信在楚汉战争中的才干证明萧何慧眼识人。楚汉战争中，萧何留守关中，安定百姓，征收赋税，供给军粮，支援了前方的战斗，为刘邦最后战胜项羽提供了物质保证。

西汉建立后,刘邦认为萧何功劳第一,封他为侯,又拜为相国。萧何计诛了韩信后,刘邦对他就更加恩宠,除对萧何加封外,刘邦还派了一名都尉率五百名士兵做相国的护卫。

当天,萧何在府中摆酒庆贺。有一个名叫召平的人,穿着白衣白鞋,进来对萧何说:"相国,您的大祸就要临头了。皇上在外风餐露宿,而您长年留守在京城,您既没有什么汗马功劳,又没有什么特殊的勋绩,皇上却给您加封,又给您设置卫队,这是由于最近淮阴侯在京谋反,因而也怀疑您了。安排卫队保卫您,这可不是对您的宠爱,而是为了防范您。希望您辞掉封赏,再把全部私家财产都捐给军用,这样才能消除皇上对您的疑心。"

萧何听从了他的劝告,刘邦果然很高兴。同年秋天,英布谋反,刘邦亲自率军征讨。他身在前方,每次萧何派人输送军粮到前方时,刘邦都要问:"萧相国在长安做什么?"使者回答,萧相国爱民如子,除办军需以外,无非是做些安抚、体恤百姓的事。刘邦听后总默不做声。使者回来后告诉萧何,萧何也没有识破刘邦的用心。

有一次,偶然和一个门客谈到这件事,这个门客忙说:"这样看来您不久就要被满门抄斩了。您身为相国,功列第一,还能有比这更高的封赏吗?况且您一入关就深得百姓的爱戴,到现在已经十多年了,百姓都拥护您,您还在想尽办法为民办事,以此安抚百姓。现在皇上所以几次问您的起居动向,就是害怕您借关中的民望而有什么不轨行动啊!如今您何不贱价强买民间田宅,故意让百姓骂您、怨恨您,制造些坏名声,这样皇上一看您也不得民心了,才会对您放心。"

萧何说:"我怎么能去剥削百姓,做贪官污吏呢?"门客说:"您真是对别人明白,对自己糊涂啊!"萧何又何尝不知道这个道理,为了消除刘邦对他的疑忌,只得故意做些侵夺民间财物的坏事来自污名节。不多久,就有人将萧何的所作所为密报给刘邦。刘邦听了,像没有这回事一样,并不查问。当刘邦从前线撤军回来,百姓拦路上书,说相国强夺、贱买民间田宅,价值数千万。刘邦回长安以后,萧何去见他时,刘邦笑着把百姓的上书交给萧何,意味深长地说:"你身为相国,竟然也和百姓争利!你就是这样'利民'啊?你自己向百姓谢罪去吧!"刘邦表面让萧何自己向百姓认错,补偿田价,可内心里却窃喜,对萧何的怀疑也逐渐消失。

刘邦身为开国皇帝,自是不希望臣子的威信高过自己。萧何采纳了门客的建议成功地保全了自己。

人们在人际交往中也是如此，每个人都有好胜心，我们何不适当地"糊涂"点，在彼此的交往中成全别人的好胜心，成人之美，皆大欢喜。

欲进两步，先退一步

《孙子兵法》中讲"以近代远，以逸待劳，以饱待饥，此治力者也"，也就是说，双方交战时，不一定要用进攻的方法才能将对方置于困难的局面，只要做好充分的准备工作，养精蓄锐，等疲劳的敌人来犯时，给予敌人迎头痛击，一样能达到制胜的目的。待机而动，以不变应万变，以静制动往往能在竞争中占据优势。

"以逸待劳"是现代商场上经常遇到的一计，你不需要直接采取进攻的行动，只要积极防御，以盈养亏，以亏促盈；待竞争对手出现漏洞时，再攻其不备，出其不意，就很容易在竞争中取胜。

市场变幻莫测，行业间摩擦此起彼伏，机会稍纵即逝。在这个每时每刻充满着竞争、风险的环境中，任何一个公司哪怕是稳坐"庄家"的"老大哥"都不可能一直独占鳌头。可能今天你还是一支"绩优股"，明天或许将会变成一支不折不扣的"垃圾股"。

既然我们不可能在竞争中永葆胜利，就要学会攻守兼备，适时转移或者退步，当时不利己时，退回来休养生息，不和对手硬碰硬，等待时机，瞅准机会反过来推翻对手。在和对手进行斗智斗勇的过程中，要耐得住时间，耐得住各种各样的诱惑和小恩小惠，保持良好的自我状态，才能取得自己真正的需求。

英国友尼利福公司的经营之道就是"以退为进"、"以静制动"，他们有一个基本的信条，即"不拘束于体面，而以相互利益为前提"。只要最终能赢得利益，即使暂时要妥协、退让或者不够体面也没有关系。因为，在一些特殊情况下，只有甘愿妥协退步，才能赢得时机发展自己。退一步，有可能会获得进两步的空间和机会，结果还是自身获益。所以，在这一信条的引领下，英国友尼利福公司在企业经营和生意谈判中常常采用退让策略。

非洲东海岸是一块非常适合栽培食用油原料落花生的地方，那里不仅土壤肥沃，温度和气候也恰到好处，落花生每年的产量都很高。友尼利福公司就是看好这一点，所以在那里设有大规模的友那蒂特非洲子公司。这里是友尼利福公司的一块宝地，也是其主要财源之一。然而，第二次世界大战结束后，随着非洲民族独立运动的兴起和发展。友尼利福这些肥沃的落花生栽培地一块块地被非洲国家没收，这使该公司面临极大的危机。

怎么办呢？跟非洲政府和人民抗争到底，还是妥协退让？面对这种形势，公司内部经过长时间地激烈讨论之后，经理柯尔对非洲子公司发出了六条指令：

第一，非洲各地所有公司系统的首席经理人员，迅速启用非洲人；

第二，取消黑人与白人的工资差异，实行同工同酬；

第三，在尼日利亚设立经营干部培训基地，培养非洲人干部；

第四，采取互相受益的政策；

第五，以逐步寻求生存之道；

第六，不可拘束体面问题，应以创造最大利益为要务。

不仅如此，柯尔在与加纳政府的交涉中，为了进一步获得对方的信任，还主动把自己的栽培地提供给加纳政府，从而获得加纳政府的好感。果然，没多久，加纳政府为了报答他，指定友尼利福公司为加纳政府食用油原料买卖的代理人，这就使柯尔在加纳独占专利权。同样，在同几内亚政府的交涉中，柯尔使用了同样的"伎俩"，表示愿意自行撤走公司，他的这种坦诚的态度又赢得了几内亚政府的信任，因而允许柯尔的公司留在几内亚。于是，柯尔在同其他几个国家的交涉中，也都坚持采用退让政策，结果，在"迂回战术"的连连使用下，柯尔的公司不仅没有真的退下来，反而光明正大地站稳了脚跟，公司就这样平安地渡过了难关。

做生意要像做人这样有进有退，有所为有所不为，必要的退让可以换来更大的利益，一味地咄咄逼人则有可能使你陷入死胡同。学会以逸待劳、以静制动，才能更好地后发制人，克敌制胜。但是，退让策略的运用，既要适时，又要得体，一定要充分掌握对方的心理活动，再"对症下药"地安排策略，这样才能万无一失地取得成功。

以自己小失让对方，日后会有大收获

综观古今，很多先哲都明白得失之间的关系。他们充满远见，以一时的小失换得更多的回报，而非一时一事的得与失。

春秋战国时期的宓子贱是孔子的弟子，鲁国人。有一次齐国进攻鲁国，战火迅速向鲁国单父地区推进，而此时宓子贱正在单父。当时正值麦收季节，大片的麦子已经成熟了，不久就能够收割入库了，可是齐军一来，这眼看到手的粮食就会让齐国抢走。当地一些父老向宓子贱提出建议，说："麦子马上就要熟了，应该赶在齐国军队到来之前，让咱们这里的老百姓去抢收，不管是谁种的，谁抢收了就归谁所有，肥水不流外人田。"另一个人也认为："是啊，这样把粮食打下来，可以增加我们鲁国的粮食。而齐国的军队没有粮食，自然坚持不了多久。"尽管乡中父老再三请求，宓子贱坚决不同意这种做法。过了一些日子，齐军一来，真的把单父地区的小麦一抢而空。

为了这件事，许多父老埋怨宓子贱，鲁国的大贵族季孙氏也非常愤怒，派使臣向宓子贱兴师问罪。宓子贱说："今年没有麦子，明年我们可以再种。如果官府这次发布告令，让人们去抢收麦子，那些不种麦子的人则可能不劳而获，得到不少好处，单父的百姓也许能抢回来一些麦子，但是那些趁火打劫的人以后便会年年期盼敌国的入侵，民风也会变得越来越坏，不是吗？其实单父一年的小麦产量，对于鲁国强弱的影响微乎其微，鲁国不会因得到单父的麦子就强大起来，也不会因失去单父这一年的小麦而衰弱下去。但是如果让单父的老百姓，乃至鲁国的老百姓都存在这种借敌国入侵能获得意外财物的心理，这才是危害我们鲁国的大敌。这种侥幸获利的心理，那才是我们几代人的大损失呀！"

宓子贱自有他的得失观，他之所以拒绝父老的劝谏，让入侵鲁国的齐军抢走了麦子，是因为他认为这样做失掉的只是有形的、有限的一点点粮食，而让民众存有侥幸得财得利的心理才是无形的、长久的损失。得与失应该如何取舍，宓子贱做出了正确的选择。

与人交往的过程中，我们必须明白：有些情况，忍一时的失，才能有长久的得，要能忍小失，才能有大的收获。

·第八章·

嘴上巧用劲，脚下便有路

矛盾时给对方台阶，也是给自己台阶

在与人发生矛盾时不说绝话，能体现一个人宽容大度的高尚品格。在正常情况下，人们的度量大小是很难表现出来的。而当与别人发生了矛盾，使你难以容忍的时候，能否容人，就能表现得一清二楚了。这时只有那些思想品格高尚的人，才会保持头脑清醒，做出宽容的姿态，不把话说绝，避免两颗本已受伤的心再受到进一步的伤害。

事实上，发生矛盾后，双方肯定谁心里都不痛快，很容易失态，口出恶言，把话说绝了。这样的痛快只能是一时的，受伤害的是双方长远的关系和自己的声誉。所以，即使有了再大的矛盾，我们也应该把握住一点，就是不把话说绝，给对方，也给自己一个台阶下。

一位顾客在商场里买了一件外衣之后，要求退货。衣服她已经穿过一次并且洗过，可她坚持说"绝对没穿过"，要求退货。

售货员检查了外衣，发现有明显的干洗过的痕迹。但是，直截了当地向顾客说明这一点，顾客是绝不会轻易承认的，因为她已经说过"绝对没穿过"，而且精心地伪装过。于是，售货员说："我很想知道是否你们家的某个人把这件衣服错送到干洗店去过，我记得不久前在我身上也发生过同样的事情。我把一件刚买的衣服和其他衣服堆在一块，结果我丈夫没注意，把这件新衣服和一堆脏衣服一股脑地塞进了洗衣机。我觉得可能你也会遇到这种事情，因为这件衣服的确看得出洗过的痕迹。您不信的话，咱们可以跟其他衣服比一比。"

顾客心虚，知道无可辩驳，而售货员又为她的错误准备了借口，给了她一个台阶下。于是，她顺水推舟，乖乖地收起衣服走了。

有的人会说："发生矛盾，我就打算和他绝交了，把话说绝了又怎么样？"真是这样吗？要知道，暂时分手并不等于绝交。

友好分手还会为日后可能出现的和好埋下伏笔。有时朋友间分手绝交并非是彼此感情的彻底决裂，而是因一时误会造成的。如果大家采取友好分手的方式，不把话说绝，那么，有朝一日误会解除了，很可能重归于好，使友谊的种子重新绽放出绚丽的花朵。在这方面不乏其例。

17世纪初，丹麦天文学家弟谷·布拉赫和德国的天文学家开普勒共同研究天文学，两个人建立了亲密的友谊。后来，由于开普勒受妻子的教唆，丢下研究课题，离开了弟谷。然而弟谷并没有因此而指责开普勒，还宽大为怀，写信做解释。不久，开普勒终于明白自己误听了谗言，十分惭愧，写信向弟谷道歉，并回到已病重的弟谷身边。两个人言归于好，再度合作，终于出版了《鲁道夫星表》，使他们的名字得以载入科学史册。

从这个事例可以看出，他们之所以能恢复友谊并共同做出成就，是与当时采取友好分手方式有直接关系的。所以说，不把话说绝实在是一种交际美德，值得提倡。

有的人不明白这个道理，他们一和别人发生矛盾就取下策而用之，谩骂指责，与人反目为仇，把话说得很绝，以解心头之恨。这样做痛快倒是痛快，但他们没有想到，在把别人骂得狗血喷头的同时，也就暴露了自己人格上的缺陷。人们会从这样的情景中看到，他对别人居然如此刻薄，如此不留情面，翻脸不认人，从而会离他远远的，以免惹"祸"上身。

如果对方经验老到，恩威并施说服更快

人都是有血有肉有感情的，因此，一般情况之下，只要我们能以诚相待、将心比心，多为对方考虑，就很容易说服他按照我们的意思办事。但当我们需要说服的对象无理取闹、顽固不化时，我们不妨施之以威，采取恩威并施之策略。唯有如此，我们的说服效率才会更高。

明太祖朱元璋以其巩固国土而为中华民族做出了不朽的贡献，在明朝初定之时，西南地区并不完全归服，一则天高皇帝远，中央势力鞭长莫及；二则少数民

族上层与中原汉族素有隔阂，因此，对此边远之地维持有效统治并非易事。可是，朱元璋在当时的形势下，就因为能够恩威并施，才解决了很多问题。

当时，朝廷驻贵州镇守的都督马烨趁水东、水西两邦改换首领之机，想"改土归流"，废掉水西、水东土司，改制郡县。因此，他将水西的女土司奢香抓来，鞭挞凌辱，欲以此挑起云南水东、水西诸邦怒气，来制造出兵借口。

此事一出，水部四十八部彝民都纷纷欲反，这使明太祖认识到武力并不能解决问题，对待云南各部还要采取抚慰政策。

这样一来，可借机让土司交出部分权力，去除各部与内地交通之屏障；二来可成就仁君之美名，收买人心，得到百姓拥戴。

尽管马烨也一片忠心，但这回不得不成为明太祖政治手腕的牺牲品。

明太祖接待了水东土司刘淑贞，听其诉说马烨的劣迹和世代守土之功。马皇后也召见了刘淑贞，并传唤设宴进京入朝，予以抚慰。这使刘淑贞和奢香很是感动。明太祖进一步问："汝诚苦马都督，吾为汝除之，然何以报我？"明太祖已打算用马烨的性命换取二位土司的归顺。奢香说："愿世世代代皆诸罗，令不敢为乱。"

明太祖斩马烨的同时，册封奢香为顺德夫人，刘淑贞为明德夫人。可谓极尽恩赐之能事。但明太祖心中有数，过于亲近厚待必定会使其得意忘形，不服管教，并以为朝廷懦弱。因此，朱元璋仍留了一手。

当奢香、刘淑贞历经回归时，明太祖命令沿途官府在两路中央陈设兵力，紧张武备设施，以震慑二女，让其明白朝廷并非软弱可欺，而是具备相当实力，若举兵反叛，下场将不会很好。

明太祖的这种做法可谓明智至极，效果也极佳，对其册封厚待，使二位邦主领略了中央爱民之仁德；对其耀武陈兵，又使她们明白朝廷的威德。奢香等回去后，将朝廷兵力告知各部，于是众部心中顿生敬畏之情，归顺之心日强。下面，再看一个经典的恩威并施之例吧！

清朝被推翻之后，中国进入了军阀割据的年代，各大军阀为了抢占地盘，在帝国主义的支持下大打出手，把整个中国搞得乌烟瘴气、民不聊生。

这时，奉系军阀张作霖占据东北，而直系军阀曹锟占据了华北平原，双方地盘接壤，时不时会有小摩擦发生，但一直没有大的冲突。

这是为什么呢？照理说，在当时那种条件下，军阀地盘交错，不是朋友，就是敌人，气氛应该很紧张。其实，张作霖与曹锟还能扯上一点亲戚关系，张作霖的姑妈的表侄女是曹锟的三姨太，尽管没有血缘关系，但也算有姻亲在其中。

曹锟的为人有一个让人所不齿的地方，就是"势利"，早在曹锟还没有爬到直系统帅的时候，张作霖就听姑妈说过，而后几次偶然的接触，更加深了他对曹锟的认识。

曹锟在当上直系的头子后，就不时地送礼给张作霖，希望他能与之合作，共同打垮其他几支军阀，而一同称霸中国。开始，张作霖没有反应，后来曹锟动用了"亲情"，想以此来感动张作霖，但张作霖还是没有答应。照理说，在那种年代，能暂时寻得同盟也未尝不可，但张作霖太了解曹锟的为人了，所以才未敢答应。

曹锟一计不成，又生一计，又不时地向张作霖抢地盘，以为张作霖不会因"一小块"不毛之地与人翻脸。但曹锟又想错了，张作霖在地盘上毫不退缩，就是一寸，也动之以武力相威胁，就令曹锟对他这位亲戚又恨又怕，毕竟，张作霖背后有日本这个大靠山，拥有大量的兵源与装备。

张作霖在这方面态度强硬，但也不敢太得罪这位亲戚，因此自动支持曹锟竞选民国总统，声称"全力声援"。

就这样，曹锟又不得不与张作霖搞好关系，因为他需要张作霖的支持。

张作霖真不愧是恩威并施的高手，他在与这个"势利"亲戚交涉时，让曹锟吃够了苦头，又尝到了不少甜头，令曹锟这种势利小人不得不主动与之处好"亲戚"关系。

当我们使用恩威并施的方法之时，一定要注意考察对手的相关情况。如果对方具有丰富的经验，并且整个说服的形势对自己不利而对对手有利，那么，恩威并施的方法难于达到预期效果。反之，在整个形势对己有利而对对方不利的时候，特别是对方缺乏足够的经验，或者对方对达成某项协议心情较为迫切的情况下，一般效果甚佳。

巧借比喻，无须明指也能将对方说服

在说服他人的过程中，可选取比较恰当的比喻，把精辟的论述与摹形拟象的描绘糅合在一起，这样，不但能给人以艺术上的美感，而且会更有说服力。让我们看一个例子：

庄子是我国战国时期著名的思想家。他一生都过着十分清贫的生活。有一天，庄子家里一点粮食也没有，他万般无奈，只好放下手里的书，拎个袋子到朋友监河侯那里借点粮食。

监河侯正收拾行装要外出。庄子见了他，讲了借粮的事，监河侯满口答应："好说，好说，不过我正要进城收租金，等我回来，一定借给你三百两银子，好吗？"

庄子心想："你进城一趟，来回得半个月，等你回来，我一家人不就饿死了吗？"他想了想说："老兄啊，刚才我见到一件事，很有意思，你不想听听吗？"监河侯说："什么事，你快说。"他向来特别爱听新奇的事。

庄子说："刚才我到你这儿来的时候，在路边听见求救的声音。我到处找，却没见人。原来在路旁的干河沟里，有一条小鱼，嘴巴一开一闭地叫着。它说：'我从东海来，现在快干死了，先生能不能给我一瓢水，救我一命啊？'我说：'那太少了！你再忍耐一下，等我去找赵国和吴国的大王，请他们堵住西江的水，然后开沟挖渠，把西江水引到这儿来，你就可以顺水游回东海了，你看这样好吗？'谁知那条鱼听了很生气地说：'我现在已经快干死了，只要一小瓢水就能活下去。你的计划虽然很好，但等到西江水来的时候，恐怕我早已变成鱼干了，先生只好到干鱼摊上找我了。'"

监河侯听到这里，满脸通红。他连声向庄子道歉，喊来家人，给庄子装了满满一袋粮食。

运用比喻说理简洁明了，喻体非常广泛，俯拾皆是。只要与你说明的道理有内在性质的共同点，就可以信手拈来，达到说理的目的。

有一位少女，她因为失恋而对自己的生活失去了信心，于是千里迢迢地独自跑到西湖，伤心、哭泣、徘徊了一整天，眼看夕阳西下，少女正欲投湖自尽之时，不料耳边忽然响起了一个声音："其实，跳下去，也不一定舒服！"她不禁朝后一瞥，只见一位背着画板的小伙子站在她面前——他其实已经注意她一整天了。于是画家小伙子同绝望少女之间便有了如下一段对话：

小伙子："如果你真的跳下去，我还得救你，这也未免太戏剧化了吧。"

少女："你——什么人？在这儿画什么？"

小伙子："整整3年了，我在这儿虽然感慨万千、柔肠百结，可还是没画出像样的东西来。正在寻找灵感时，我注意到了你的行踪……"

少女："不信你能看透人的心思，就真以为我会跳下去了？"

小伙子："也不，我只是怕有人破坏了一幅有灵气的山水画而已！"

少女："哦，感谢你能如此点化我、成全我。"

小伙子："看来，一个人好歹都有自己存在的价值——无论是林黛玉抑或是杜十娘，是吧？"

少女："可人与人之间，过分地相互关注也未必值得庆幸。"

小伙子："毕竟孤独不是件好事。不知你是喜欢怎样，能否告诉我？"

少女："我空虚——这个世界没有属于我的东西，也没有值得我留恋的人！"

小伙子："不，有些与生俱来的东西可并不只有孤独伴随！不信，你瞧瞧这个！"

那少女接过小伙子递过来的一幅画——画中人正是她，伫立在湖岸，带着凄苦而美丽、缱绻而忧郁的神情。她凝视着，不觉心里拂过丝丝温馨，眼角也泛起回心转意的涟漪，不由感慨地说："谢谢你成就了一幅并不孤独的风景！"于是便心甘情愿地随着小伙子前往火车站回家去。就在跨上车同小伙子握手告别的那一瞬间，她禁不住热泪涟涟地自语："我记住了，有些与生俱来的东西并不只有孤独伴随！"

不难发现，画家小伙子在劝说轻生少女时，其语言采用了一种既不直白也不空洞的调侃方式，才先发制人地争取到劝说对方的主动权，因而也赢得了轻生少女的好感。此后，他吐出的每一句虽浅显但寓意深远，不乏某种黑色幽默的话，似乎都在抛给对方援助的工具。唯其如此，才产生了一种使人信任的无形力量，才使得对方对他消除了提防之心，愿意与之灵犀相通地交流。这时候，小伙子说她是一幅"好作品"的隐喻，真如梵音般动听，从而轻轻地唤醒了少女对生命的珍惜之情，更让她对对方平添了几分亲切感、信服感。这就难怪，当小伙子陪她去火车站时，她再也抑制不住对对方那坦白、真诚的劝告报以由衷的谢意了。

另外，运用比喻应注意以下三点：

第一，比喻的喻体和本体必须是属性不同，但又有极其相似之处（如形态、特征、性状等）的两种事物。属性相同的事物，没有比喻的意义，如说"左手像右手"。它既不能引起人们的联想，也不能产生美感。没有相似之处的事物不能构成比喻，如不能说"你的头像他的脚"。头和脚之间没有任何相似之处，风马牛不相及，因此不能作比。

第二，运用比喻必须以浅显易懂、生动具体、为人们熟悉的事物作比喻，才能使人容易理解和接受。如果运用了人们不熟悉或不好理解的事物作比，听众就不知道你到底在表达什么意思，就不能很好地理解你讲的道理。运用比喻既要形似，更要神似。形似是指外形的相似，作比的两类事物具有外形的相似点；神似是指不仅要符合事物的外貌，而且要注意把握和表现事物的特质与神情，揭示事物内在的精神实质。

第三，运用比喻要贴切自然，切忌滥用。比喻，作为一种语言表达的技巧，固然能加强表现力，使讲话显得更加生动、具体，但运用时必须自然贴切，富于创造性，滥用比喻可能使原来已经明白的道理变得复杂难懂，适得其反。更不能为了猎奇，矫揉造作、故弄玄虚。同时，要注意发掘运用一些新鲜生动的比喻，别人多次运用的比喻，最好不要再用，否则不会有良好的效果。

调节冲突，抬高一方让其主动退出

在现实生活中，难免会遇见亲朋好友或者别的人为了某些事而发生冲突与纠纷，需要你出面做和事佬的情况。但是，和事佬并不好做，这是个两边不讨好的差事，如果没有比较高超的语言技巧，往往会把自己陷进去，成为一方甚至双方攻击的对象。但是冲突总得有人调解，或许这个人就是自己，那该怎么办呢？

俗话说："一个巴掌拍不响。"在双方接受自己来进行调解之后，可以考虑主攻一方，让其主动退出争执，另一方没了冲突对象，纠纷自然化解了。

让当事人为顾全面子而退出争执。对一方当事人进行夸奖，讲述他曾经有过的可引以为自豪的事情，唤起他的荣誉感，使之为了保全荣誉感和面子，主动退出争执。这种方式对于绝大多数受过良好教育的人都非常有效，因为荣誉和颜面往往是他们很看重的，是他们约束自己的动力。

小王与小刘是学校新来的两位年轻教师。小王心细，考虑事情周到；小刘性情鲁莽，但业务能力强。两人因一件小事发生争执，小王说不过小刘，并且被小刘训了一顿，觉得非常委屈，就去向校长诉苦。校长说："小王啊，你脾气好，办事周到，大家都很欣赏。你是个细致的人，小刘是个急性子，脾气上来了连自己说了什么都不知道。你怎么能和他计较呢？你一向都非常注意团结同事、不感情用事的，怎么能为了这么点事情就觉得委屈呢？"一番话说得小王心里又甜又酸，从此再不与同事争执了。

事例中校长就是巧妙地运用了这一方法。他先夸奖小王，然后强调两人之间的差距，让听话者的一方受到赞扬，从而轻易化解了两人之间的冲突。

不过这个调解办法在使用时必须注意不可伤害到另一方的自尊，你对一方的"抬高"最好不要当着另一方的面说，否则会事倍功半，收效不佳。

此外，跟当事人说一件很重要的事让他感觉到自己的地位及价值的存在，从而让他退出争执，也是一种不错的方法技巧。冲突之所以持续，往往是一种非理性情绪支配的结果。所以，如果在调解冲突时，提出一件足以唤起一方理性思考的事情，转移其注意力，往往也能达到让一方退出争执、化解冲突的目的。

兴趣诱导法

我们在求人帮忙特别是陌生人时，对方能不能答应你的要求，能不能全力帮助你把事情办成，关键是什么？

关键在他心里是怎么想的。他的心理世界是怎么想问题，就决定了他对你提出的事情是给办还是不给办。那么，心理学家告诉我们，人们怎样想一件事情完全是外在情趣和利益诱惑的结果。比如他对 A 问题感兴趣或者想获得 A，他就会说对 A 有利的话，也会做对 A 有利的事；反之，他便具有原始的不自觉的拒绝注意的心理。

所以，人们在办事时，要想争取对方应允或帮忙，就应该设法引起对方对这件事情产生积极的兴趣，或者设法让对方感觉到办完这件事后会得到自己感兴趣的利益。很显然，人们对什么事情有兴趣或认为什么事情有满意的回报，就会乐于对什么事情投入感情，投入精力，甚至投入资金。这种办事方法就叫作兴趣诱导法。

利用兴趣诱导法必须让对方感到自然愉悦，深信不疑，大有希望，只有利用情趣或利益把对方吸引住时，对方才肯为你的事情付出代价。

有位车夫拉着车上桥，桥很陡，走到半路实在拉不动了。他急中生智，用力顶着车把，放声唱起歌来。他这一唱，前面的人停下来看他，后面的人想看看发生了什么事。快走着追上他，而车夫则乘机央求大家帮着推车，大家一齐用力，车就推上了桥。

车夫了解人们好奇围观的心理，所以他不靠蛮力一个人拼死拉车，而是靠在车把上唱歌，如果他没有办法召集人来推车，就算他用尽力气也不能把车拉上桥。

这位车夫的求人策略堪称高超过人，无与伦比。本来是求人帮忙，结果却成了别人自觉自愿的行为，求人求得不露声色，浑然无迹。

这就告诉我们在求人帮助时，有时"央求不如婉求，劝导不如诱导"，要想诱导，首先就要引起别人的兴趣，让对方带着一份兴趣来为你尽力。

现实中，我们在请人帮忙时，如可以通过对工作的介绍，激发对方的好奇和兴趣，诱导其深入地了解工作的原理，和目前所面临的困难，那么，就很可能使对方暂时忽略利益上的得失，从而慷慨解囊。

贝尔是电话机的发明人。有一次，他出门去筹款，来到一个大资本家许拜特先生家中，希望他能对他正在进行的新发明投一点资。但他知道，许拜特是个脾气古怪的人，向来对电气事业不感兴趣。怎么能让他发生兴趣，并为之解囊呢？

他们见面寒暄一阵之后，贝尔并没有直截了当地向对方说明，预算能获得多少利润，也没有对他讲述科学道理。

他坐下来，先弹起客厅里的钢琴。弹着弹着，他忽然停止，向许拜特说："你可知道，如果我把这只板踏下去，向这钢琴唱一个声音，这钢琴便也会复唱出这声音来。譬如，我唱一个哆，这钢琴便会应一声哆，这事你看有趣吗？"

许拜特放下手中的书本，好奇地问："这是怎么回事？"

于是，贝尔详细向他解释了和音和复音电话机的原理。通过这次谈话，许拜特很愿意负担一部分贝尔的实验经费。贝尔如愿以偿。

再看看我国清代人称"棋圣"的范西屏又是如何利用此种方法达到求人目的的。

有一年，范西屏向朋友借了一头小毛驴去扬州探亲，长途跋涉来到江边，船老板却不让他的毛驴上船，因为小小的船舱只能载人不能载牲口。

范西屏不能上船，又不能把朋友的毛驴给丢了。他一筹莫展地牵着头毛驴在街上乱逛。

走到了一个布店前面，布店老板正和一个年轻人在下围棋，年轻人的棋子全被老板给封住了，正在苦思怎么杀出重围。

这时只见范西屏将毛驴拴在旁边的柱子上，挤入几个观棋的人之中。过了一会儿，他忍不住为年轻人出主意，说的却都是一些外行话，让围观的人给嘘了回去，接着他又批评店主的棋下得不对，这下可把店主给惹火了，店主大声说："你认为你很在行是吧！咱俩就下一盘，不要在旁边穷嚷嚷。"范西屏说："好啊！咱俩就下一盘，如果我赢了，你就给我一块布，如果你赢了，我就给你我的毛驴。"

一局对弈下来，范西屏输得极惨，店主开怀大笑。范西屏显得很不甘心地将毛驴让店主牵了去，并且说："我因为有事在身，没尽全力，所以输得不服气，一个月后我带些钱来找你，再赢回这头驴子。"

店主心想你这三脚猫的功夫，下多少盘棋我也能赢。于是满口答应，相约一个月后再见。

一个月后，范西屏如约赶到布店，布店老板一见财神爷又到了，忙不迭地摆桌下棋。

没想到棋局一开始，店主就发现对方的棋路奇异诡谲，自己的心思似乎完全被对方洞穿了，才下了没多久，店主就败下阵来，一言不发地愣在那儿。

这时只见范西屏牵过拴在旁边柱子上的毛驴，摸了摸吃了一个月上好粮草、肥壮的驴肚皮，一跨足骑了上去。

店主会过意来赶了上去说道："敢问先生尊姓大名。"

"在下范西屏。"说完仰天大笑，吆喝着毛驴扬长而去。

店主这才知道为棋圣白白养了一个月驴子。

"棋圣"第一次和店主对弈时，如果他说一旦店主输了，就要店主代养一个月的驴子，对方可能不会给驴子上好的粮草。他利用了赌徒在赌上的贪，轻易地就让对方为他好好地养了一个月驴子。

当然，故事中范西屏那种费尽心机占别人便宜的行为并不足取。我们主要是要研究一下这种思考方式，在有求于人之时，不妨利用一些利益将对方深深吸引住，让他因这些利益而肯为你付出代价。

另外，利用这种方法让其达到最终目的，还应懂得一个诀窍：要学会循序渐进。

美国斯坦福大学社会心理学家弗利特曼和弗利哲两位教授，曾同学校附近一位家庭主妇巴特太太做了个有趣的实验，他们打了个电话给她："这儿是加州消费者联谊会，为具体了解消费者之实况，我们想请教几个关于家庭用品的问题。"

"好吧，请问吧！"

于是他们提出了一两个例如府上使用哪一种肥皂等简单问题。当然，这个电话，不仅仅只是打给了巴特太太。

过了几天，他们又打电话了："对不起，又打扰你了，现在，为了扩大调查，这两天将有五六位调查员到府上当面请教，希望你多多支持这件事。"

这实在是件不好办的事情，但也被同意，什么原因呢？只因为有了第一个电话的铺路。相反地，他们在没有打过第一个电话，而直接提出第二个电话中

的要求时，却遭到了拒绝。他们最后以百分比作为结论。前一种答应他们的占52.8%，后一种只有22.2%。

据此可知，向人有所请托，应由小到大，由微至著，由浅及深，由轻加重才是，如果一开始就有太大的请求，一定会遭受对方断然拒绝。

可见，学会循序渐进，一点一点引别人接受，既是求人帮忙的小技巧，也是嫁接成功的大原则。

话不投机时，不想尴尬快转弯

在我们日常与他人进行交流之时，因话不投机也往往会造成一些尴尬，令气氛紧张。话不投机有多种情况，第一种情况是，某种言谈举止使人为难，那就要及时转换话题，以缓和气氛。

两个青年去拜访老师，在谈话中提到：

"老师，听说您的夫人是教英语的，我们想请她指教，行吗？"

老师为难地沉默了片刻，说："那是我以前的爱人，前不久分手了。"

"哦？对不起，老师……"

"没什么，喝点水吧。"

"老师，您的书什么时候出版？快了吧？……"

这样转换话题，特别是提出对方很愿意谈的话题，就会使谈话很快恢复正常，气氛活跃起来。

话不投机的第二种情况，是有人有意或无意地和你开玩笑，带有挖苦意味，使你窘迫甚至生气。如你的头发脱落许多，快成秃子了，有人很可能挖苦你是"电灯泡"、"不毛之地"。在这种情况下，你不可恼羞成怒，伤了和气；也不能忍气吞声，硬装没事。最好是一笑置之，豁然大度地来两句："好啊！这说明我是绝顶聪明。没听说吗？热闹的大街不长草，聪明的脑袋不长毛！"这样答复，话题未转，内容却引申、转折了，既摆脱了窘境，又自我表扬，岂不妙哉？

第三种情况是双方意见对立谈不拢，但问题还要解决，不能回避。这种话不投机的情况就需要绕路引导。

例如，在找对象的问题上，母子有矛盾。儿子不愿也不能和母亲闹僵，只好等待时机再说。这天吃饭时，母亲又唠叨起来："你这孩子，怎么就不听妈的话呢？人家局长的女儿，人长得不错，又有现成的房子，你为什么不和人家谈，偏要……""妈，快吃饭吧，菜凉了不好吃……"儿子先回避话题，意在绕路引导。

联系工作，洽谈生意，也可能话不投机，陷入僵局。只要还有余地，就可提出新的话题，绕弯引导。如甲方推销四吨卡车，而乙方不要四吨的，想要两吨的。这时，甲方若硬着头皮争执，只会越谈越僵，不欢而散。如能转移话题，绕弯引导，从季节、路途、载重多少与车辆寿命长短等各种因素来促使乙方考虑只用两吨的弊病，或许能"柳暗花明又一村"，开辟新的途径。

梁晓声是知青出身的青年作家。他创作的许多作品，如《这是一片神奇的土地》、《今夜有暴风雪》等，深受广大读者的喜爱，他也经常到国外访问。

一次，英国一家电视台采访梁晓声，现场拍摄电视采访节目。

采访的记者是一位40多岁，老练机智的英国人。采访进行了一段时间后，记者将摄像机停了下来，走到梁晓声面前说：

"下一个问题，希望你做到毫不迟疑地用最简短的一两个字，如'是'与'否'来回答。"

梁晓声点头认可。

随着遮镜板"啪"的一声响，记者的录音话筒立刻就伸到梁晓声嘴边问：

"没有文化大革命，可能也不会产生你们这一代的青年作家，那么，我想请教你，梁先生，在你或是你这一代作家看来，文化大革命是好是坏？"

梁晓声一怔，未料到对方的提问会如此刁钻，分明是想"诓"人上当。他灵机一动，迅速转移话题，立即反问道：

"先生，如果没有第二次世界大战，自然也就没有以反映第二次世界大战而著名的作家，那么你认为第二次世界大战究竟是好还是坏呢？"

回答如此巧妙！英国记者不由得暗暗佩服。后来，英国的这家电视台在播放这期节目时，只好将这一段对话"掐"掉。

在社交场合，有时候会遇到一些让人左右为难的境况，就如上面提到的这个故事，如果梁晓声按照那位英国记者设计的思路去想问题，回答问题，无论他回答什么都会落入英国人设计的圈套。此时，就需要人们有非凡的反应能力，最好能够借助周围的环境，迅速转移话题，以有效地避免自己的尴尬。

当然，这种及时转弯的应变能力是靠不断地实践培养出来的，但也并不是遥不可及的。只要平时多加锻炼，必然会有所收获。

·第九章·

知晓方圆，精明生存

迂回出击，主动给自己创造契机

英国军事家哈利曾说过："在战略上，漫长的迂回道路，常常是达到目的的最短途径。"在现实世界里，迂回出击常能主动给自己创造契机。

公元前 265 年，赵国的赵太后刚执政不久，秦国便发兵前来进攻。赵国求救于齐国。齐国提出必须以赵太后的小儿子长安君做人质，才肯发兵相救。但是赵太后舍不得小儿子，坚决不允。赵国危急，群臣纷纷进谏。赵太后依旧坚决地说："从今日起，有谁再提用长安君做人质，我就往他脸上吐唾沫！"大臣们便不敢再多说什么。

有一天，左师触龙要面见赵太后，赵太后知道触龙一定是为了劝谏此事而来，于是她便摆开了吐唾沫的架势。不想触龙慢条斯理地走上前，见了太后，关心地说："老臣的脚有毛病，行走不便，因此好久未能来见您，我担心太后的玉体违和，今天特地来看望。最近您过得如何？饭量没有减少吧？"

太后答道："我每天都吃粥。"

触龙又说："我近来食欲不振，但我每天坚持散步，饭量才有所增加，身体才渐渐好转。"赵太后听触龙不提人质的事，怒气渐渐消了。两人于是亲切、融洽地聊了起来。

聊着聊着，触龙向赵太后请求道："我的小儿子叫舒祺，最不成才，可是我偏偏最疼爱这个小儿子，恳求太后允许他到宫中当一名卫士。"

太后马上问触龙："他几岁了？"

触龙答："15 岁。他年岁虽小，可是我想趁我在世时，赶紧将他托付给您。"

赵太后听到触龙这些爱怜小儿子的话，深有同感，便忍不住与他闲谈。太后说："真想不到你们男人也疼爱小儿子呀！"

触龙说："恐怕比你们女人还更甚呢！"

太后不服气地说："不会吧，还是女人更爱小儿子。"

触龙见时机已到，于是把话题深入一步，说："老臣认为您爱小儿子爱得不够，远不如您爱女儿那样深。"太后不同意触龙的这个说法。

触龙解释道："父母爱孩子，必须为孩子作长远的打算。想当初，您送女儿远嫁燕国时，虽然为她的远离而伤心，可是又祈祷她不要有返国的一日，希望她的子子孙孙相继在燕国为王。您为她想得这样长远，这才是真正的爱。"

太后信服地点了点头。触龙接着说："您如今虽然赐给长安君许多土地、珠宝，但若不使他有功于赵国，您百年之后，长安君能自立吗？所以我说，您对长安君不是真正的爱护。"

触龙这番话说得赵太后心服口服。太后终于同意给长安君准备车马、礼物，送他去齐国当人质，并让他催促齐国出兵。长安君到达齐国后不久，齐国就出兵解了赵国之围。

触龙说服赵太后的方法，便是运用以迂回为策略的典范。

此外，清朝著名雄辩家纪晓岚也很善于驾驭语言。

有一回，乾隆皇帝想开个玩笑以考验纪晓岚的辩才，便问纪晓岚："纪卿，'忠孝'二字作何解释？"

纪晓岚答道："君要臣死，臣不得不死，是为忠；父要子亡，子不得不亡，是为孝。"

乾隆立刻说："那好，朕要你现在就去死。"

"臣领旨！"

"你打算怎么个死法？"

"跳河。"

"好吧！"

乾隆当然知道纪晓岚不可能去死，于是静观其变。不一会儿，纪晓岚回到乾隆皇帝跟前，乾隆笑道："纪卿何以未死？"

"我碰到屈原了，他不让我死。"纪晓岚回答。

"此话怎讲？"

"我去到河边，正要往下跳时，屈原从水里向我走来，他说：'晓岚，你此举大错矣！想当年楚王昏庸，我才不得不死；可如今皇上如此圣明，你为什么要死呢？你应该回去先问问皇上是不是昏君，如果皇上说他跟当年的楚王一样是个昏君，你再死也不迟啊！'"

乾隆听后，放声大笑，连连称赞道："好一个如簧之舌，真不愧为当今的雄辩之才。"

上述触龙和纪晓岚不愧是运用方圆之道的杰出代表。就拿纪晓岚来说，他巧用"迂回出击"的技巧，在毫不损害乾隆面子的情况下，点出他的无理之处，一举令他折服。很显然，乾隆是根据纪晓岚提出的"君要臣死,臣不得不死,是为忠"之论叫他去死，此令顺理成章。纪晓岚临阵进退皆无道理，只有迂回出击，方能主动创造契机，指出"如果皇上承认自己是昏君，我就去死"。而乾隆当然不可能承认自己是昏君，因此纪晓岚很自然地把自己从"死"中解脱出来，为自己找到了一个充分的不死理由。

在与人打交道的时候，如果对方非常强大，甚至能直接决定你的成败或生死，你不能退又无法硬攻的情况下，不妨迂回出击，从而为自己创造一定的契机。

未出头时，要能而有度

能力太强，容易招人妒忌；处处出头，更容易受到打击。但做人做事又不能太过于仁弱，显得太无能也会危及自己的生存。特别是在个人力量没有达到强大之时，把握能而有度的方圆之道，实在很关键。

帝王在选择太子时心理是很矛盾的。太子仁弱一点吧，怕将来即位后缺乏驾驭众人的能力；太子贤明一点吧，又怕众望所归会危及自己。宋太宗见到自己的太子颇得人心，就曾酸溜溜地说："人心都归向太子，欲置我于何地？"皇帝既有这种心态，太子委实难处。不能不得人心，也不能太得人心；不能太不及父皇，也不能太胜过父皇，这中间的尺寸确实是很难把握的。

隋炀帝的儿子杨𬀩就因为把握不好这个度，而与父皇产生隔阂。造成他们父子失和的是两件事。

第一件事是为了一个美女。有一次，乐平公主告诉炀帝，有个女子十分漂亮，但不知为什么炀帝听后无所表示。过了一段时间，乐平公主以为炀帝对此人不感兴趣，就把她推荐给了太子杨𬀩。杨𬀩马上把她纳入后宫。后来炀帝忽然记起这事，就问乐平公主："你上次说过的那个美人现在在哪呢？"乐平公主回答说："已经被太子收用。"

这件事本身是不能全怪杨柬，他不可能每得到一个美女都先请示一下父皇是否感兴趣。乐平公主是这件事的始作俑者，按理炀帝问起，她满可以将始末和盘托出。但这样一来，就有可能引起炀帝对她的不满。所以，当炀帝再度问起这件事，她意识到自己捅了娄子，只好含糊地说一句"在太子那里"，似乎与自己无关。

第二件事是因为打猎。炀帝去狩猎，命令杨柬率领一伙侍从参加。狩猎的结果是杨柬猎获颇丰，而炀帝一无所得。炀帝龙颜大怒，认为自己在众人面前丢了面子。一问左右，左右侍从害怕炀帝迁怒，推说是猎物被杨柬手下一伙人阻挡，所以打不到了。炀帝因此猜忌起杨柬来，认为他是为了想出风头，于是处处寻找杨柬的不是。

俗话说"欲加之罪，何患无辞"，何况太子本非圣人，结果太子的名号也就无法保留了。炀帝父子间从此结怨，直到后来宇文化及起来谋反，派人分别去囚禁、杀害炀帝父子时，炀帝还认为是杨柬派人来抓自己的，而杨柬也认为是炀帝派人来杀自己的，父子至死不能消除误会。

中庸之道无处不在。皇子要当上太子，继承王位，也要深谙此道。过于仁弱，力不服众，难以驾驭天下；过于贤明，众望所归，又危及皇帝的地位，使其持有戒心。因此，为了继承那至高无上的权力，太子只得隐忍自己，能而有度。

其实，我们在交际圈中又何尝不是呢？

夹缝中生存，对谁都要等距离交往

清代掌故遗闻的汇编《清稗类钞》中记载了这样一个故事：

清朝末年，陈树屏做江夏知县的时候，张之洞在湖北做督抚。张之洞与湖北巡抚谭继洵（"戊戌六君子"之一谭嗣同的父亲）关系不太融洽，多有矛盾。

有一天，张之洞和谭继洵等人在长江边上的黄鹤楼举行公宴，当地大小官员都在座。后来，有人谈到了江面宽窄问题，谭继洵说是五里三分，曾经在某本书中亲眼见过。张之洞沉思了一会儿，故意说是七里三分，自己也曾经在另外一本书中见过这种记载。

督抚二人相持不下，谁也不肯丢自己的面子。于是张之洞派人把当地江夏县令召来断定裁决。知县陈树屏听来人说明情况，急忙整理衣冠飞骑前往黄鹤楼。他刚刚进门，还没来得及开口，张、谭二人同声问道："你管理江夏县事，汉水在你的管辖境内，知道江面是七里三分还是五里三分吗？"

陈树屏对两人的过节已有所耳闻，听到他们这样问，当然知道他们这是借题发挥。但是，张、谭二人他谁都得罪不起，所以肯定任何一人都会使自己陷入困境。他灵机一动，从容不迫地拱拱手，言语平和地说："江面水涨就宽到七里三分，而水落时便是五里三分。张制军是指涨水而言，而中丞大人是指水落而言。两位大人都没有说错，这有何可怀疑的呢？"张、谭二人本来就是信口胡说，听了陈树屏这个有趣的圆场，抚掌大笑，一场僵局就此化解。

与之类似，我们有时就是会无端地被卷入对立的两派之间，而两边又都得罪不起。于是，这时候就得用点枪手博弈的智慧：在博弈中能否获胜，不单纯取决于彼此的实力，更重要的是取决于博弈方实力对比所形成的关系。也就是说，等距离外交，谁也不得罪。这是夹缝中求生存的高招。

所谓"等距离外交"，就是指无论在工作上或生活上，你与所有的人都大致保持相同的距离，大都处于关系均衡的状态。因为你处在夹缝中得罪不起人，不采取这种博弈策略，你就将面临危险。

也许你会认为，这种等距离、谁也不得罪的策略是一种墙头草的行径，直起腰杆儿做人应敢于挺身入局，表明自己的立场。其实，等距离策略不过是一种博弈手段，其目的是为了在冲突的最初阶段更好地保护自己，并且在将来挺身入局的时候能够占据更为有利的地位。所以，它不是墙头草的行径，而是一种智慧的选择。

如果对方很刚硬，你可运用柔的策略

人到老年时，柔软的舌头尚在，但坚硬的牙齿却脱落了，这是为什么呢？是因为柔软的东西比刚强的事物更有生命力啊！

商容疾据说是纣王时的大夫，因屡次直谏荒淫无道的纣王，结果遭到贬谪。后来纣王剖比干，囚箕子，逐微子，商容疾深感心寒，便躲进深山之中，避世隐居，不问世事。武王灭亡商朝后，天下大定。周室表彰商容疾，想召他出山，被商容疾婉言谢绝。他遗世独立，静心养性，修得一副道骨仙颜，虽然年岁已过数百，仍然精神矍铄，面色如童。到了春秋末年，老子降世，商容疾知道他不是平凡人物，便收他为弟子，传授他天地玄机，处事妙道，所以老子后来成为一代圣人。

却说有一次，商容疾得了重病，自知将不久于人世。老子匆匆赶来问候老师。他先询问了老师的病情，然后对老师说："先生的病确实很重了，有什么教导要嘱咐弟子的吗？"

商容疾说："乘车经过故乡的时候要下车，你知道这是为什么吗？"

老子说："过故乡而下车，大概是表示要不忘故乡吧？"

商容疾说："对了！那么，经过高大的古树的时候，要快速地走过，你知道这是为什么吗？"

老子说："经过高大的古树要快速地走过，这大概是说要尊敬德高望重的长者吧？"

商容疾说："是啊！"

然后张开嘴给老子看，说："我的舌头在吗？"

老子说："在。"

商容疾又说："我的牙齿还在吗？"

老子说："不在了。"

商容疾说："你知道这是什么道理吗？"

老子说："舌存而齿亡，这不是说刚强的东西已经消亡了，而柔弱的东西还存在吗？"

商容疾说："说得好啊！天下的事理正是这样。你没看见那水吗？天下万物，没有什么比水更柔弱的了。然而积水为海，则广阔无际，深不可测，大至于无穷，远极于无涯。百川灌之，无所增加；风吹日晒，没有减少。上天则为雨露，下地则为润泽。万物没有它不能生长，百事离开它不能成功。奔流起来不可遏止，无形无状不可把握。剑刺不能伤害它，棒击无法打碎它。刀斩不会断，火烧不能燃。锋利无比，可以磨灭金石；强健至极，可以承载舟船。深可渗进无形之域，高可翱翔于缥缈之间。涓涓细流回旋于川谷之中，滔滔巨浪翻腾于大荒之野。水为什么能够具有如此大的威力？因为它柔软润滑，所以能够出于无有，入于无间，攻坚克强，无可匹敌。弱而胜强，柔而克刚，世上没人不知，然而无人能行。你明白了吗？"

老子说："先生说得太好了！天下之至柔，驰骋天下之至坚，确实是万世不易的定理。人活着的时候，身体柔软脆弱，死后尸体就变得僵硬坚挺。草木活着的时候，又柔又软，一死就变得枯槁坚硬。所以，刚强的东西是走向死亡的东西，柔弱的东西是生机勃勃的东西。军队太强大，容易被消灭；树木太坚硬，容易被吹折。两国相争，弱国胜；两仇争利，柔者得。皮革太坚固，容易破裂；牙齿比舌头硬，所以先消亡。坚强的东西能胜不如自己的东西，柔弱的东西则克超过自己的东西。所以强大的东西处于劣势，柔弱的东西居于上风。积弱可以为强，积柔也就变成刚。欲刚必以柔守之，欲强必以弱保之。"

商容疾面露慰藉的笑容，说："你已经得到大道了。天下之理都已被你说尽了，我还有什么需要留给你的呢！"

以柔克刚，以弱胜强，是道家守柔主静的动静观，这里面包含着朴素的辩证法。商容疾对老子讲的舌头与牙齿的故事，还有水的能量，均在证明柔与刚的辩证关系。

从大宇宙的时空观念来看事物，我们会品味出道家人生态度的独特理念。宇宙间的一切生命本体，很难说有大小、弱强之分，任何事物都在变化中运行，没有绝对的胜者和败者。

如果你的对手是一种非常刚性的人，你就可以用柔将其克制。直白地讲，以柔克刚只是耐心、信心、恒心、毅力的比较。在这些方面，谁占了上风，谁就是真正的胜利者。具体以柔克刚的方式方法很多。例如，感情之柔，柔如密友的细诉、情侣的幽怨，让对方的心湖荡起层层涟漪；服务之柔，柔如夏日的雨水、冬日的阳光，让对方的感觉非常良好；文化之柔，柔如轻音乐的演奏、抒情诗的朗诵，让对方的精神得以升华。

无论对方是何类人，一定记住"过犹不及"

古人云："恩不可过，过施则不继，不继则怨生；情不可密，密交则难久，中断则有疏薄之嫌。"意思是施恩不可以过分，因为过分地施舍是不能永远持续下去的，一旦中断施舍就会有怨恨产生；交情不可以过于密切，因为密切的交往是很难保持永久不变的，一旦中断，就让人有了疏远冷淡的嫌疑。

从中我们明白，任何事情都要讲究一个"度"，无论对方是何类人，一定记住"过犹不及"。至于如何能做到中庸，实在是一门博大精深的学问。

有一次，孔子的弟子子贡在跟孔子谈论师兄弟们的性格及优劣时，忽然向孔子提了个问题："先生，子张与子夏两人哪一个更好些呢？"

子张、子夏，两人都是孔子的得意弟子。

孔子想了一会儿，说："子张过头了，子夏没有达到标准。"

子贡接着说："是不是子张要好些呢？"

孔子说："过头了就像没有达到标准一样，都是没有掌握好分寸的表现。"这就是"过犹不及"的出处。

有一回，孔子带领弟子们在鲁桓公的庙堂里参观，看到一个特别容易倾斜翻倒的器物。孔子围着它转了好几圈，左看看，右看看，还用手摸摸、转动转动，却始终拿不准它究竟是干什么用的。于是，就问守庙的人："这是什么器物？"

守庙的人回答说："这大概是放在座位右边的器物。"

孔子恍然大悟，说："我听说过这种器物。它什么也不装时就倾斜，装物适中就端端正正的，装满了就翻倒。君王把它当作自己最好的警诫物，所以总放在座位旁边。"

孔子忙回头对弟子说："把水倒进去，试验一下。"

子路忙去取了水，慢慢地往里倒。刚倒一点儿水，它还是倾斜的；倒了适量的水，它就正立；装满水，松开手后，它又翻了，多余的水都洒了出来。孔子慨叹说："哎呀！我明白了，哪有装满了却不倒的东西呢！"

子路走上前去，说："请问先生，有保持满而不倒的办法吗？"

孔子不慌不忙地说："聪明睿智，用愚笨来调节；功盖天下，用退让来调节；威猛无比，用怯弱来调节；富甲四海，用谦恭来调节。这就是损抑过分、达到适中状态的方法。"

子路听得连连点头，接着又刨根究底地问道："古时候的帝王除了在座位旁边放置这种鼓器警示自己外，还采取什么措施来防止自己的行为过火呢？"

孔子侃侃而谈道："上天生了老百姓又定下他们的国君，让他治理老百姓，不让他们失去天性。有了国君又为他设置辅佐，让辅佐的人教导、保护他，不让他做事过分。因此，天子有公，诸侯有卿，卿设置侧室之官，大夫有副手，士人有朋友，平民、工、商，乃至干杂役的皂隶、放牛马的牧童，都有亲近的人，来相互辅佐。有功劳就奖赏，有错误就纠正，有患难就救援，有过失就更改。自天子以下，人各有父兄子弟，来观察、补救他的得失。太史记载史册，乐师写作诗歌，乐工诵读箴谏，大夫规劝开导，士传话，平民提建议，商人在市场上议论，各种工匠呈献技艺。各种身份的人用不同的方式进行劝谏，从而使国君不至于骑在老百姓头上任意妄为，放纵他的邪恶。"

子路仍然穷追不舍地问："先生，您能不能举出个具体的君主来？"

孔子回答道："好啊，卫武公就是个典型人物。他95岁时，还下令全国说：'从卿以下的各级官吏，只要是拿着国家的俸禄、正在官位上的，就不要认为我昏庸老朽就丢开我不管，一定要不断地训诫、开导我。我乘车时，护卫在旁边的警卫人员应规劝我；我在朝堂上时，应让我看前代的典章制度；我伏案工作时，应设置座右铭来提醒我；我在寝宫休息时，左右侍从人员应告诫我；我处理政务时，应有瞽、史之类的人开导我；我闲居无事时，应让我听听百工的讽谏。'他时常用这些话来警策自己，使自己的言行不至于走极端。"

众弟子听罢，一个个面露喜悦之色。他们从孔子的话中明白了一个道理：在任何情况下，人们都要调节自己，使自己的一言一行合乎标准，不过分，也不要达不到标准。

中庸，在孔子和整个儒家学派里，既是很高深的学问，又是很高深的修养。追求恰到好处、适可而止，这是做人处世的一种境界，一种哲学观念。比如吃饭，餐餐最好吃到恰到好处，每顿饭不要因饭菜不好而饿肚子，也不要因饭菜特好而把肚皮撑得鼓鼓的，适可而止，就永远保持健康的胃口。

值得说明的是，孔子讲的中庸，绝不是无谓的折中、调和，而是指为人处世应该慎重选择一种角度，一种智慧。有一些人认为孔子讲的中庸就是不讲原则，那是对中庸思想的误解，其本质是过犹不及、适可而止，这也正是我们游刃于人脉之间的一条重要法则。

复杂争夺之中，可抹黑自己以避险

古语有言："物朴乃存，器工招损。"意思是，事物朴实无华才得以保存，器具精巧华美才招致损伤。其实，行于世事的我们亦是同理，太完美很容易招致危险，尤其在遇到与人复杂争夺的时候。不过，如果我们懂得适时抹黑自己，往往就可以避险保身了。

苏秦早年在鬼谷子先生门下学习，他勤奋刻苦，博览群书，学业精进。苏秦学业有成，辞别鬼谷子先生时，鬼谷子先生考究了他一番，苏秦侃侃而谈，滔滔不绝，不想鬼谷子先生眉头直皱，脸上并无喜悦。

苏秦把话说完，怯生生地问："先生我说错了什么了吗？先生为何脸有异色？"

鬼谷子先生凝神道："你说得很好，并无错失。"

苏秦困惑之际，鬼谷子先生再道："事不可尽，尽则失美。美不可尽，尽则反毁。你只知善辩的好处，唯恐不发挥至极处，却不知善辩之能，遭人嫉美，若一味恃弄，祸不可测啊。"

苏秦怅然有失，心中却另有别词，只是不敢和鬼谷子争论。

苏秦四处游说求官，一无所得，落魄归来，连他的兄弟、嫂妹、妻妾都暗中耻笑他。他们对他说："立业当以务实为本，若想要嘴皮子为生，怎么可能呢？你还是死了那份心吧。"

苏秦不为所动，于是闭门不出，发愤苦读。一年之后，他又出外游说，此行大获成功，一人任六国之相。当他威风凛凛地去赵国办事路过洛阳时，车马辎重前呼后拥，排出很远，诸侯派使者相送的很多，周显王都为他戒严道路，派人到郊外慰劳他。苏秦的兄弟和妻嫂伏在地上，十分惶恐。苏秦得意地问他嫂子："你最瞧我不起，今日为何这般恭敬？"

他的嫂子说："三弟你如今位高财大，自然受人尊重了。"

苏秦长笑一声，口道："口舌之能，何人再敢轻视？我若不习此术，当在田里耕种，怎么可能有今日的荣华富贵？"

苏秦在齐国时，齐国的臣子联合起来，诬陷他心怀恶意，图谋不轨，他们反复对齐王进谏说："苏秦劝大王归还了燕国十城，表面上他为大王争取名声，其实却是暗助燕国，削损齐国之国力。他一无本事，只知道搬弄是非，说说讲讲，大王若是被他蒙蔽，再加信任，他的奸计一旦得逞，齐国将陷入危难之中。"

有人将此事偷偷报知苏秦，苏秦先是一怔，后懒声说："若论说辞，自信无人是我的对手，他们是害不了我的。"

来人和苏秦交好，此时却分外着急道："大人为人嫉恨，已非一日了。他们都是齐国的重臣，眼下一同发难，想来齐王也不会无动于衷。你平日和他们只知辩论，语多无忌，自然会伤害到他们，他们这是报复大人啊。"

齐王果然心怀疑虑，对苏秦态度有所改变。苏秦百般说辞，不见效应，于是避祸而离开，回到了燕国。

苏秦在燕国和燕王的母亲通奸，终日惶惶。他怕燕王杀他，就自请到齐国做燕王的奸细。他花言巧语又使齐王信任了他，但齐国的大臣无不对他恨之入骨。

苏秦的地位愈加巩固，齐国的大臣无法忍耐，聚在一起商议对策。他们最后派人刺杀苏秦，苏秦带伤逃走，最终因伤势过重而死。

正像事物因朴实而不惹人注意一样，俗人眼中的缺点却成了它自存的法宝。而器具的精致让人觊觎，你争我夺，造成对其本身的伤害，这正是它自身炫耀的结果。由此引申开来，巧言善辩自有它的弊端，过于玩弄辞令也会伤害自身，于事有误。

难怪老子在《道德经》中一再强调"大音希声"、"大言若讷"的重要。看来，该表现时尽力表现，不该表现时来点糊涂，才得其方圆之道的精妙。

你可以比上司聪明，但莫让上司知道你比他聪明

在现实生活中存在着这样一种自视颇高的人，他们锐气旺盛，锋芒毕露，处事不留余地，待人咄咄逼人，有十分的才能与聪慧，就十二分地表露出来。他们有着充沛的精力，很高的热情，也有一定的才干，但这种人却往往在人生旅途上屡遭波折。

本来怀着一腔热血和抱负，想一展自己的才华，有才干是没错的，但是锋芒毕露却犯了职场的大忌，一个人如果表现得比上司还能干，比上司还聪明，结果只能招致排挤和挤压。自古"功高盖主"的人你看哪个有好下场的，前车之鉴啊！

所以，你如果想要在这个社会当中有所作为，就先要适应这个社会，熟悉这个社会的游戏规则，实力壮大、羽翼丰满之后，再通过你的能力来制定新的游戏规则。如果你想一下子就让社会适应你，你一定会被碰得头破血流，留下"壮志未酬身先死"的怨叹。

众所周知，鸵鸟是世界上最大的鸟类，常孤身在茫茫无际的沙漠中四处觅食。而鸵鸟不能像其他鸟类一样在蓝天自由翱翔，只能凭借一双长而有力的腿，像苦行僧般孤独地跋涉。

遇到有敌害在后边紧追不放时，鸵鸟总是一阵猛跑，将敌人甩出一段距离，然后将脖子紧贴地面，一头扎进沙子里。这样，它以为自己什么都看不见了，敌人也就不会发现它。在我们周围常听到有人形容那些不敢正视现实的举动为"鸵鸟政策"。

其实，鸵鸟并不愚笨。据非洲鸟类学家长期的野外观察，沙漠气候炎热干燥，

尤其水源严重不足，长时间地奔逃于沙地，消耗体能，对己不利。鸵鸟便在敌人未追上之前，将身体蜷曲成团，将头钻进沙里。它暗褐色的零乱羽毛酷似沙漠中常见的丘垤或灌木丛，敌人从身边经过，也不会轻易被发现。敌人一旦发现，它会马上跳起，迅速跑掉。

把这种聪明的方法应用到我们人身上，不正是所谓的"大智若愚"吗？也许正因为这样，我们身边才经常发生一些看似愚蠢的，但又不失为最聪明的一种保护自己的方法。

因此，在必要的时候，你要学会做一个"愚人"来保全自己。

说出来的永远都要少于需要说的

当你想用言辞来给人们留下深刻印象的时候，你说得越多，你这个人看起来就越是平淡无奇，你所能控制的也就越少，而且说出更多愚蠢的话的可能性也就越大。如果你能把话说得隐晦一点，神秘一些，多给人留一点遐想，那么即使你是老调重弹，别人也会觉得你的见解独到。正如那些有权力的人，他们总是说得很少，但给人的印象却很深刻，而且总是能威慑到别人。

就拿大家熟悉的"刘罗锅"来说。人们脑海里立刻出现了一个聪明机智、正直勇敢、不失几分幽默的人物形象。刘墉靠着他的正直和聪明周旋于危机重重的封建官场，左右逢源，游刃有余。

刘墉也曾遭遇重大转折，受到乾隆皇帝的申斥，本该获授的大学士一职也旁落他人。究其原因，不过是刘墉守口不密，说话不周，酿成了祸患。一次乾隆谈到一位老臣去留的问题，说若老臣要求退休回籍，乾隆也不忍心不答应。刘墉便将这话泄露给了老臣，而老臣真的面圣请辞。乾隆大为恼火，认为这是刘墉觊觎补授大学士的明证，是"谋官"的明证，因而训斥一通，将大学士一职改授他人。

言语谨慎对于一个人立身、处世具有很重要的意义。常言道，病从口入，祸从口出。就是说，疾病往往是因为饮食不慎而引起，祸患则因为言语不慎而招致。处世戒多言，多言必失。与世人相处切忌多说话，说话太多必然有失误。莫言闲话是闲话，往往事从闲话来；是非只为多开口，烦恼皆因强出头。

所以，请记住：你说出来的永远都要少于需要说的。只讲表面现象，不作实质结论。"千呼万唤始出来，犹抱琵琶半遮面。"吞吞吐吐，似有难言之隐；似隐却露，故作弦外之音。关键性的内容言者并不明言，但却有意做出强烈的暗示，使闻者不难从中领悟辨识话中之"话"、弦外之"音"，自行得出合乎逻辑的结论。

此种手段的"妙处"在于：言者未曾明言，便可不承担明言的责任；言者未作结论，便无强加于人之嫌；然而言者所要表达的关键内容却尽为闻者所知，其目的已然达到。善奏弦外之音的人比那些凡事喜欢大鸣大放、夸夸其谈的人要高明得多。

唐玄宗在位期间，曾发生了一场废立太子之争。受宠的武惠妃极力构陷太子李成，企图以自己的亲生儿子取而代之。唐玄宗听信了谗言，召集宰相会议，打算废掉太子。正直的宰相张九龄，从稳定政局和维护礼法的角度出发，公开反对更储，并明确表示："陛下必欲为此，臣不敢奉诏。"同时在位的奸相李林甫，却另有一番表现。他当众"无所言"，不发表任何意见，退朝之后却暗地里通过宦官转告玄宗说："此主上家事，何必问外人？"此番话虽然没有直接针对更储问题做出明确的表态，但其所暗示的弦外之音却是十分明显的：既间接表明了李林甫迎合玄宗和武惠妃赞同废掉太子的态度，同时又影射攻击了政敌张九龄干预君主的"家事"。

李林甫不愧"奸诈"二字。我们虽不提倡这种卑鄙歹毒的处世方针，却可以学学"弦外之音"的说话艺术。

如果你想给别人留下很深的印象，少说话往往比喋喋不休更有力量。在职场上，许多工于心计的老手最精通"话说一半，点到为止"的精要。不仅能够掩藏自己的真实意图，还能为自己留有事后自我辩解的余地，为自己保留一条后退抽身之路。

说话是一门艺术。聪明人善用而不滥用这门艺术，往往利用最简洁的语言，传达自己的意思，也能给别人留下最深刻的印象，产生最理想的效果。

1903年12月17日，是人类第一次驾驶飞机离开地面的日子。美国发明家莱特兄弟完成了这一历史使命之后，到欧洲旅行。

在法国的一个欢迎宴会上，各界名流庆祝莱特兄弟的成功，并希望他俩给大家讲讲话，再三推托之后，莱特兄弟中的一个只得走向讲台。

他的演讲只有一句话："据我所知，鸟类中会说话的只有鹦鹉，而它是飞不高的。"

这句精彩的话，博得全场热烈的掌声。

莱特兄弟可以详尽地介绍自己科学发明的经过，也可以谈论科学家的实干精神，但他们只用这一句话道出了人类智慧的伟大之处，给听众留下了十分深刻的印象。

在以上的这些事例中，我们看到了几个说话简洁有力的典范。说得多不一定有用，说得少，说得精，才能提升你的语言力量，提高你的语言技术。

如果你想要成为语言高手，首先必须进行一项练习：表述清楚，用语简洁。在日常表达中，如果连自己都不是非常明确问题的概念，当然不可能被对方领会和接受。

说话不同于写文章，文章写好之后，可以字斟句酌，可以删改。而说话要紧扣一个中心，才能有针对性。同时，讲话要做到条理分明，先说什么，后讲什么，要有一个顺序。

说话时，有些人层次不清，最突出的是犯两种毛病：

第一，引用的对话太多。说得太乱叫人一头雾水。例如：你要向人陈述自己和朋友见面的经过，一会儿是"他说……"，一会儿又是"后来我又说……"，接下去又是"他又说……""那时我就说……""这时他又说……"。这样"说"来"说"去，把人都听糊涂了。

第二，在讲话中不要事无巨细，讲太多的细节，说得太多反而毫无用处。如这段话："我到一家书店去买书，在××路的转角，门牌是××号。××路正在修马路。我记得这家书店是5年前开的……"讲了一大堆话，人家不知你想说什么。

要注意的一点是：在一番较长的讲话完了之后，为给人留下一个清晰、明确的印象，就要加上明确的结语，以使人有一个完整的感觉。

特别是一些不断改变话题的谈话，层次不容易显露，中心也不突出，更应如此。所以，讲话结尾时简明扼要地把全部内容作一次总结，是十分必要的。

其次，在会说话的基础上学会说"对"话，给嘴巴安道门，警惕口舌祸端。

1. 要区别对象

同样一句话，能对甲说，不一定能对乙说。比如开玩笑吧，人的身份、性格、心情不同，对玩笑的承受能力也不同。

一般来说，后辈不宜同前辈开玩笑；下级不宜同上级开玩笑；男性不宜同女性开玩笑。在同辈人之间开玩笑，则要掌握对方的性格特征与情绪。

对方性格外向，能宽容忍耐，玩笑稍微过火也能得到谅解。对方性格内向，喜欢琢磨言外之意，开玩笑就应慎重。对方尽管平时生性开朗，但如恰好碰上不愉快或伤心事，就不能随便与之开玩笑。相反，对方性格内向，但正好喜事临门，此时与他开个玩笑，效果会出乎意料得好。

2. 讲究内容的高雅

说话的内容取决于开玩笑者的思想情趣与文化修养。内容健康、格调高雅的语言，不仅给对方受到启迪和精神的享受，也是对自己美好形象的有力塑造。

钢琴家波奇一次演奏时，发现全场有一半座位空着，他对听众说："朋友们，我发现这个城市的人们都很有钱，我看到你们每个人都买两三个座位的票。"于是这半屋子听众放声大笑。波奇无伤大雅的玩笑话使他反败为胜。

3. 要有与人为善的态度

与人为善，是交往的一个原则。对话的过程，是感情互相交流传递的过程。如果仗着口齿伶俐对别人冷嘲热讽，发泄内心厌恶、不满的感情，那么除非是傻瓜才识不破。也许有些人不如你口齿伶俐，表面上你占到上风，但别人会认为你不能尊重他人，从而不愿与你交往。

4. 场合要分清

庄重严肃的场合宜少言，更宜慎言。

美国总统里根一次在国会开会前，为了试试麦克风是否好使，张口便说："先生们请注意，5分钟之后，我对苏联进行轰炸。"一语既出，举座皆惊。在错误的场合不注意说话的艺术，乱开国际玩笑，失礼尚是小事，万一酿成国际纠纷就麻烦了。

·第十章·

创变通达，趋利避险

人舍你取，“垃圾”可能变“珍宝”

西方有句谚语说：“垃圾是放错位置的财富。”每件事物、每个人都会有其可取之处，正如李白所说：“天生我材必有用”，关键就在于人们是否能发现其可用之处。愚昧者，会将别人眼中的宝，视为一文不值的草；聪慧者，则能将别人眼中的垃圾变废为宝，这全是人舍我取的智慧。

“人弃我取，人取我予”是战国经济谋略家和理财家白圭首创的经商名言。

白圭提出了一套经商致富的原则，即“治生之术”,其基本原则是“乐观时变”,主张根据丰收、歉收的具体情况来实践“人弃我取，人取我予”的规则。当时的贸易是以货易货，而白圭的高明之处就是准确掌握市场行情，在别人觉得多而抛售时，他就大量地吃进；等别人缺少货物需要吃进时，他就大量抛出。这样低进高出，必能从中获利，积累财富。

正如中国著名的人民教育家陶行知所言：“在你的教鞭下有瓦特，在你的冷眼里有牛顿,在你的讥笑中有爱迪生。”“废”与“宝”于不同的人而言,各不相同。眼中看到的垃圾，只是还未发现其可用之处而已，换个角度、换种思路，或许其立刻就能变成为珍宝。

现在赫赫有名的李嘉诚，其实亦是深谙“人舍我取”之道的大商人。他通过“房地产低迷时买进，待后来高卖”之法，赚取了大笔利润。

1966 年年底，低迷的香港房地产开始出现一线曙光，地价、楼价开始回升。银行经过一年多的“休养生息”，元气渐渐恢复，有能力重新资助房地产业。房地产商跃跃欲试，准备大干一场。

就在此时，香港各种谣言四起，人心惶惶，触发了自第二次世界大战后的第一次大移民潮。人们纷纷贱价抛售物业，司徒拔道的一幢独立花园洋房竟只卖 60万港元。新落成的楼宇无人问津,整个房地产市场卖多买少，有价无市。房地产商、建筑商们焦头烂额、一筹莫展。

李嘉诚经过深思熟虑，毅然采取惊人之举：人弃我取，趁低吸纳。

李嘉诚逆同业之行而行，坚信乱极则治，否极泰来。大规模移民潮虽渐息，而移居海外的业主，仍急于把未脱手的住宅、商店、酒店、厂房贱价卖出去。李嘉诚认为这是拓展的最好时机，他把塑胶赢利和物业收入积攒下来，将买下的旧房翻新出租；又利用地产低潮，建筑费低廉的良机，在地盘上兴建物业。

不少朋友为李嘉诚的"冒险行动"捏了一把汗，同业的有些房地产商正等着看李嘉诚的笑话。

1970年，香港百业复兴，房地产市场转旺。有人说李嘉诚是赌场豪客，孤注一掷，侥幸取胜。只有李嘉诚自己清楚，他的惊人之举是否含有赌博成分。他是这场房地产大灾难中的大赢家，但绝非投机家。

取于人舍之时，可付出较小的成本；可避免与人争抢；可正中对方下怀，使对方心怀感激。然而，人舍我取也需要胆略和眼光。

行事、用人和经商一样，趁低吸纳，收益巨大，可惜的是，少有人敢这么做。然而正因为此，趁低吸纳之人才会"轻易"地成功。当然，能够做到趁低吸纳，需要非凡的洞察力和睿智的眼光，这要求我们在生活中多观察、多思考，多加磨炼。一旦发现机会，就要处之不疑，勇敢地将其变为现实，这既是一种勇气与魄力，也是一种创新的胆识与智慧。

激烈反驳不如冷静灵活应对

客观世界里充满了矛盾。我们只有掌握了科学的思维方法，才能在错综复杂的矛盾面前立于不败之地。有些人为了达到个人的目的不惜造谣生事、诬陷诽谤，只有具有灵活的思维和准确的分析判断能力，才能够避免被人蒙蔽，做出正确的应对。

晋文公在位的时候，曾遇到过一起发生在自己身边的陷害案。

一天，一个侍从在御膳房端了一盘烤肉，恭恭敬敬送到晋文公面前请其就餐。晋文公拿起餐刀正准备切肉，忽然发现肉上粘着不少头发。他立即放下手中的小刀，命人去找膳吏。

那个膳吏看到传召的侍从脸色不好，一路上不停地琢磨这次国君召见的原因。究竟是刚送去的烤肉火功不够，还是烧烤时用料不当、口味欠佳呢？

他哪知道一见晋文公就遭到一阵责骂。文公气势汹汹地说道："你是存心想噎死我吗？为什么在烤肉上放这么多头发？"

膳吏一听，原来发生了一件自己没有料到的祸事。虽然他明知道这件事里面有鬼，但在君王的气头上是不能辩白的，否则如果把握不好，很容易招致横祸。因此，膳吏急忙跪拜叩头，口中却似是而非、旁敲侧击地说道："请君王息怒，奴才真是该死。烤肉上缠着头发，我有三条罪责。我用最好的磨石把刀磨得比利剑还快，它切肉如泥，可就是切不断毛发，这是我的第一大罪过。我在用木棍去穿肉块的时候，竟然没有发现肉上有一根毛发，这是我的第二大罪过。我守着炭火通红、烈焰炙人的炉子把肉烤得油光可鉴、吱吱有声、香味扑鼻，然而就是烤不焦、烧不掉肉上的毛发，这是我的第三大罪过。不过我还想补充一句，您是一位明察秋毫的贤明君主，您能不能把堂下的臣仆观察一遍，看看其中是否有恨我的人呢？"

晋文公觉得膳吏所言话外有音，所以对案情产生了怀疑。他立即召集属下进行追问，不出膳吏所料，果然找出了那个想陷害膳吏的侍从。晋文公下令杀了那个人。

三国时期，吴国的国君孙亮的思维判断能力也非常令人折服。孙亮非常聪明，观察和分析事物都非常深入细致，常常能使疑难事物得出正确的结论，为一般人所不及。

一次，孙亮想要吃生梅子，吩咐黄门官去库房把浸着蜂蜜的蜜汁梅取来。这个黄门官心术不正而且心胸狭窄，是个喜欢记仇的小人。他和掌管库房的库吏素有嫌隙，平时两人见面经常发生口角。他怀恨在心，一直伺机报复。这次，可让他逮到机会了。他从库吏那里取了蜜汁梅后，悄悄找了几颗老鼠屎放了进去，然后才拿去给孙亮。

不出他所料，孙亮没吃几口就发现蜂蜜里面有老鼠屎，果然勃然大怒："是谁这么大胆，竟敢欺到我的头上，简直反了！"

心怀鬼胎的黄门官忙跪下奏道："库吏一向不忠于职责，常常游手好闲，四处闲逛，一定是他的渎职才使老鼠屎掉进了蜂蜜里，既败坏主公的雅兴又有损您的健康，实在是罪不容恕。请您治他的罪，好好儿教训教训他！"

孙亮马上将库吏召来审问鼠屎的情况，问他道："刚才黄门官是不是从你那里取的蜜呢？"

库吏早就吓得脸色惨白，他磕头如捣蒜，结结巴巴地回答说："是……是的，但是我给他……的时候，里面……里面肯定没有鼠屎。"

黄门官抢着说："不对！库吏是在撒谎，鼠屎早就在蜜中了！"

两人争执不下，都说自己说的是真话。

侍中官出主意说："既然黄门官和库吏争不出个结果，分不清到底是谁的罪责，不如把他们俩都关押起来，一起治罪。"

孙亮略一沉思，微笑着说："其实，要弄清楚鼠屎是谁放的这件事很简单，只要把老鼠屎剖开就可以了。"

他叫人当着大家的面把鼠屎切开，大家仔细一看，只见鼠屎外面沾着一层蜂蜜，是湿润的，里面却是干燥的。

孙亮笑着解释说："如果鼠屎早就掉在蜜中，浸得时间长了，一定早湿透了。现在它却是内干外湿，很明显是黄门官刚放进去的，这样栽赃，实在是太不像话了！"

这时的黄门官早吓昏了头，跪在地上如实交代了陷害库吏、欺君罔上的罪行。

我们对于形势复杂难以判断的事物只要全面分析、推理，开动脑筋想办法，不被表面现象所迷惑，不被事物的复杂性所吓倒，这样就能正确应对突然来临的事物。这一点，对行于人际关系中的我们显得尤为关键。

长袖时善舞，多钱时善贾

利用优越的条件施展手段而吃得开，有办法，这就叫作"长袖善舞，多钱善贾"。下面，我们一起来看一个具体的例子：

范雎是战国末期一位全能型的谋略家。他出生在魏国，原想在魏国求职，由于家境贫寒，没有钱打通关节，连魏王的影子也见不到，只好投在中大夫须贾的门下。

一次，范雎随须贾一道出使齐国。齐王见他能言善辩，才华过人，就派人送给他十斤金子和一些牛肉，范雎坚持谢绝而不敢接受。须贾听说此事，以为范雎把机密泄露给齐国了。回国后，不由分辨就把范雎抓来毒打。范雎肋骨被打断，牙齿被打落，血肉模糊，似乎已经死去。于是，须贾让手下人用芦席把他的尸体包着丢在厕所的坑里，轮流把小便撒在范雎身上。可是世界上的事情很奇妙，也可能尿刺激了范雎，他居然苏醒过来，并轻轻地对看守他的人说："请你把我运出去，我一定重重地谢你。"看守同情范雎，向须贾等人谎称已经把尸体扔到山里去了。范雎就这样奇迹般地脱险了。

范雎躲进朋友家里，并且改名为张禄。不久，经过几番周折，被秦国使者带到秦国。当时，秦昭王在位，大权被亲贵控制。范雎了解到秦王同太后之间的矛盾，看准机会上书自白，果然被昭王诏见。秦王还很恭敬地再三向他求教。看到昭王诚恳的态度，范雎畅所欲言，尽陈己见。在谈到秦国的外交政策时，范雎着重分析连横策略已经过时，远攻齐国尤其大错特错，指出秦国的外交方针应该是远交近攻。他对秦王说："王不如远交而近攻，得到一寸土地则王之寸也，得到一尺土地亦王之尺也。"昭王采纳了他的政策，拜范雎为相。

范雎做了秦的相国，还是叫张禄。魏国人不知道，还以为范雎老早就死了。魏国听说秦国远交近攻的方针，准备攻打韩、魏两国，急忙商议对策。第一步就是派人去对秦国的决策人张禄行贿，请求停止对魏国采取军事行动。这位使者正是当年迫害范雎的须贾。范雎听说须贾来了，庆幸自己有了报仇的机会。他换上破旧不堪的衣裳，到须贾下榻的地方。须贾看见范雎，吃了一惊，但眼前的范雎寒酸、潦倒，也就没有紧张的必要了。

范雎的穷酸样子一点破绽也没露出来，引起须贾的怜悯和同情，他还替须贾找来四匹马驾的高大车子，亲自为须贾执辔赶车，一直把车赶进相国公馆。当守门人告诉须贾，张禄就是范雎时，须贾吓得魂不附体，膝盖一软跪在地上，边叩头边求饶命。戏弄须贾一番后，范雎决定不杀他，打发他返回魏国。

范雎在秦国十余年，纵横捭阖，百千谋略随手拈来，一直受到尊重，是一位多产的谋略家。他正如一个舞蹈演员，靠着长长的衣袖，表演起来婀娜多姿，体态显得格外优美；更如同一个经商的人，本钱越多，其生意越好做，赚的钱也就越多。

"长袖善舞，多钱善贾"，这是非常普通而又非常正确的道理。在今天社会的各个舞台上，仍有其广泛的意义。在政治舞台上活跃，就要具备丰富的学识和灵敏的政治头脑；在军事领域驰骋，就要上通天文，下识地理，外知敌情，内熟民心；要在企业界出人头地，就少不了顺风耳、千里眼，及时了解市场信息，正确展望市场趋势……更重要的是，拥有了这样的长袖，你千万不要遮遮掩掩，要尽情地舞动、挥扬，从而使你的"长袖"越来越长。

正面难入手时，就从侧面出击

作为一种战术，从侧面进攻是行之有效的攻击谋略，特别是在战场上，当自己的力量还不足以与对手抗衡的时候，运用此策略更为有效。历史上，哥特人和匈奴人曾用此法打败了强大的罗马帝国。今天，现代社会的生活中仍可灵活运用，它可以打乱对手的阵脚，增加自己胜利的机会，迫使你的对手屈服，最终战胜对手。

印度的帕特尔振兴尼尔玛化学公司在与对手竞争的时候，用从侧面打击对手的方法，最终取得了胜利。20世纪60年代，帕特尔开始了他的创业生涯。创业之初，帕特尔利用自己的专长，在自己的厨房里利用简陋的设备，生产出一种成本极其低廉的洗衣粉，并且把这种洗衣粉命名为尼尔玛。为了打开销路，帕特尔开始四处奔波，试图为他的洗衣粉在竞争激烈的市场上分得一杯羹。

但是根据印度传统的经营理论，城市富裕家庭主妇的钱袋是大多数产品销售的唯一来源。而在当时这一巨大的财源几乎被印度制造业的跨国公司——印达斯坦·勒维尔公司独占着。勒维尔公司在全世界都设有分公司，实力极其雄厚，它的业务范围也相当广泛，而且它所生产的冲浪牌洗衣粉，在印度洗涤市场一直占据着统治地位。刚刚起步的帕特尔公司，可以说根本没有力量与勒维尔公司正面交锋。帕特尔看清了这一点，他决定寻找另一条出路。帕特尔针对勒维尔公司只注重城市富裕家庭主妇的钱袋，而忽略了广大中下层人民的需要这一弱点，开始做文章。他绕开与勒维尔正面交战的战场，把注意力放在了无力购买高价洗衣粉的广大中下层人民身上，他相信这是一个潜力巨大而又无人涉足的广阔市场，并制定了灵活的销售策略。

（1）坚持薄利多销。

（2）在产品上做文章。他不断推出新产品。20世纪80年代中期，帕特尔公司根据市场的需求，先后推出块状洗衣皂和香皂。当这两种产品投入市场的时候，购买者趋之若鹜。为此，公司迅速增大了产量，显示出其广阔的发展前景。

随着时间的推移，产品牢牢地把握了市场地位，块状洗衣皂成为尼尔玛公司的主要经济来源之一，仅此一项销售额就达到了公司营业总额的1/4。另一方面，香皂生产也迅速扩大，并在这一领域对勒维尔公司造成了严重的威胁。

为了争取更多的客户，拓展业务，做大做强，尼尔玛公司打起了广告的策略。对于做广告，他们不像有的商家那样，先用大量广告刺激起消费者的购买欲望，紧接着就把产品送到，而是先将自己的产品运送到各个销售点，然后才登广告进行宣传。尼尔玛公司这样做也有它的优势，因为产品广告与充足的货源能够紧密地结合起来，这样可以进一步提高公司在消费者心目中的地位，给消费者一种信赖感。

在公司正确的战略指导下，到了1988年，公司生产的尼尔玛牌洗衣粉，销售达到50万吨。而这时，它的主要竞争对手——勒维尔公司已经被抛在了后面，他们生产的冲浪牌洗衣粉，只售出了20万吨。

自此之后，尼尔玛公司以产品的良好信誉、优良质量和低廉价格深入人心，终使尼尔玛公司在洗衣粉市场后来居上，独领风骚。

帕特尔的胜利为我们提供了处世的经验：当与对方不得不交手的时候，在正面无法取得胜利的时候，就要灵活多变，迂回到对手的后方和侧面采取积极的行动。

无条件时创造条件

马其顿国王亚历山大当年称霸之后，有人对他说，他的成功是善于把握有利的时机和条件，他大声回答："这一切无不是我创造出来的！"可见，没有条件不代表不能成功，关键是看你能否自己创造条件。

许多人认为创造条件难度太大，而且总是无从下手。其实，这是因为大家总喜欢用常规的思维去思考问题，如果我们懂得施计弄巧，很多情况就大不一样了。

众所周知，慈禧太后姓叶赫那拉。清咸丰皇帝当初遇上她，完全是一种偶然；而叶赫那拉氏得宠于咸丰皇帝，在一定条件下，又属于一种必然。这条件，完全是叶赫那拉氏凭借她那先天的丽质和超人的心计创造出来的。

1850年2月，清道光皇帝驾崩，咸丰皇帝即位。这时，由于清政府的腐败，导致民不聊生，进一步激化了社会的各种矛盾。南方农民起义不断发生，仅广西一省就有二三十支起义队伍，其中最有影响的是洪秀全领导的太平天国运动。他们讨伐清廷，打得清军焦头烂额，弄得刚刚即位的咸丰皇帝心神不宁。

后来，咸丰帝起用了汉族地主出身的曾国藩创建的一支湘军镇压太平军，取得了一些胜利，并占领了湖北的武汉等地。消息传到京城，咸丰帝十分高兴，心神欣慰，设宴与各位大臣庆贺。庆贺之余，咸丰帝率嫔妃去圆明园游玩。咸丰帝与嫔妃正在边玩边笑，忽然听到"桐荫深处"传来南方的曲调，委婉动听。咸丰帝就问身边的太监："是谁在唱？"

太监答道："是宫女兰儿。"

这兰儿便是叶赫那拉氏的小名。她是安徽道台、满族人惠徵的女儿。那拉氏从小生得机灵，又长得仙女一般，还有圆润的嗓音，会唱南方江浙一带的小调，因此18岁便被选入宫了。

那拉氏入宫后，由于皇帝妃嫔很多，而自己地位很低，根本见不到皇帝。然而她又不甘心让自己的黄金岁月白白过去，决心千方百计地接近皇帝。于是，她便经常打听皇帝的爱好，并不惜重金买通太监，以便得见龙颜。这一天，她在"桐荫深处"唱歌，就是太监因为拿了她一份厚礼而专门安排的。如果不是受贿太监引路，偌大一个圆明园，咸丰帝是根本听不到她的歌声的。

咸丰帝听到动人的歌声，似有听其喉知其貌的感觉，身不由己地朝"桐荫深处"走来。走至近前，果然见到一位丽质少女：她的身材长得恰到好处，真个是增之太高，减之太矮，亭亭玉立，无一不韵。那满头的万缕青丝，格外润泽；一双眸子，明如黑玉。

太监见皇帝两眼发直，心中暗笑，便请皇帝坐了下来，向那拉氏喊道："皇帝驾到，兰儿还不快快过来见礼！"

那拉氏闻言，不敢怠慢，急急忙忙来到咸丰帝面前跪倒请安："向万岁爷请安！"这六字出口，似雏黄莺之声，清脆悦耳，咸丰帝顿觉浑身酥软，忙让她站起来。接着，又让她唱了几曲，并且让她端茶。众人一见，知道皇帝不想走了，一个个便自觉地离去。随后，咸丰帝便在那拉氏的服侍下，来到别宫住了下来。

一宵恩爱，那拉氏便被封为贵人。从此，那拉氏仗着色艺过人，再加上善于察言观色，甜言蜜语，竭力奉承，过了几年，那拉氏为咸丰帝生了一个小皇子，这就是后来的同治皇帝。

咸丰皇帝虽然嫔妃众多，却没有一个能为他生出儿子来。这回那拉氏为他生了个儿子，咸丰皇帝哪有不高兴之理？这是命运的巧合，还是功到自然成的结果？母以子为贵，不久，那拉氏就被封为懿妃，随后，又被封为懿贵妃。

咸丰帝死后，同治皇帝即位，那拉氏垂帘听政。朝廷为那拉氏加徽号为"慈禧"，故称为慈禧太后；又因她住在西边的长寿宫，所以又称她为"西太后"。

试想，如果没有当初兰儿在圆明园的施计弄巧，就不会有"桐荫深处"碰见皇帝，也许兰儿永远还是那个兰儿，也许中国近代的历史又会成另一番模样。

必要时候，与狼共舞

在生物漫长的进化历程中，人类也与其他生物一样，接受这自然的选择。从远古人的合作狩猎，到现代人的共同灾后重建，无一不体现着合作的强大力量。

要知道，我们每个人的能力都是非常有限的，尤其在这个充满竞争的时代，独立生存有时往往会很艰难。因此，最能有效地运用合作法则的人生存得最久，这也是猎鹿博弈所要告诉我们的道理。

西方有句古谚说："狮子和老虎结了亲，满山的猴子都精神。"意思是说：与强者建立互利的伙伴关系会产生焕然一新的新景象。这句话在博弈中同样成立，但在博弈论中，强强联合更多的是出于策略的思考，即通过大家的共同推动，实现共赢的结局。

金龙鱼是嘉里粮油旗下的著名食用油品牌，最先将小包装食用油引入中国市场。多年来，金龙鱼一直致力于改变国人的食用油健康条件，并进一步研发了更健康、营养的二代调和油和 AE 色拉油。

苏泊尔是一家以炊具制造为主、多元发展的企业集团。多年来，苏泊尔在不断加大科技投入的同时，加大了资本运作的力度，先后在玉环、杭州、武汉和东莞等地建有四个生产基地。

苏泊尔是中国炊具第一品牌，金龙鱼是中国食用油第一品牌，两者都倡导新的健康烹调观念。如果两者结合在一起，岂不是能将"健康"做得更大？

就这样，两家企业策划了苏泊尔和金龙鱼两个行业领导品牌"好油好锅，引领健康食尚"的联合推广，在全国 800 家卖场掀起了一场红色风暴……

"好油好锅，引领健康食尚"活动在全国 36 个城市同步举行。活动期间（2003年 12 月 25 日～2004 年 1 月 25 日），顾客凡是购买一瓶金龙鱼二代调和油或色拉油，即可领取红运双联刮卡一张，刮开即有机会赢得新年大奖，包括丰富多样的苏泊尔高档套锅（价值 600 元）、小巧动人的苏泊尔 14 厘米奶锅、一见倾心的苏泊尔"一口煎"。同时，凭红运双联刮卡购买 108 元以下苏泊尔炊具，可折抵现金 5 元；购买 108 元以上苏泊尔炊具，还可获赠 900ml 金龙鱼第二代调和油一瓶。同时，苏泊尔和金龙鱼还联合开发了"新健康食谱"，编纂成册送给大家，并举办健康烹调讲座，告诉大家怎样选择健康的油和锅。

活动正值春节前后，人们买油买锅的欲望高涨。此次活动，不仅给消费者更多让利，让购物更开心，更重要的是，教给了消费者健康知识，帮助消费者明确选择标准。通过优质的产品和健康的理念，提升了国人的健康生活素质。所以这一活动一经推出，立刻获得了广大消费者的欢迎，不仅苏泊尔锅、金龙鱼油的销售大幅上涨，而且其健康品牌的形象也深入人心。

可以看出，这次合作，苏泊尔、金龙鱼在成本降低的同时，品牌和市场都得到了进一步的提升：金龙鱼扩大了自己的市场份额，品牌美誉度得到进一步加强；苏泊尔进一步强化了中国厨具第一品牌的市场地位。这正是强强联合带来的双赢局面。

不仅在经营领域，在生活的各个方面，与狼共舞式的强强联合，都要远远胜于在羊群里独领风骚。如果你想在生活事业上取得成功，实现于人于己都有利的共赢结局，就必须学会与狼共舞。

当然，与狼共舞并不是一件容易的事，需要你找准与他们的利益交汇点，若无利可图，谁也不会和你合作。合作的本质就是在公平的基础上达到互惠互利。

第三篇
掌控他人的心理策略

　　人生就是一场心智的博弈，胜负的关键在于谁能操控人心！如何打开对方心扉？如何让他人对你印象深刻？如何使他人心悦诚服地赞同自己？如何让双方情感顺着你的意愿发展？如何在不同场合将不同人物掌握于弹指之间？如何让难对付之人为己所用……一切答案，尽在本篇！

·第一章·

快速透视对方内心的心理策略

服装，让你最直观地了解对方

大文豪郭沫若曾说过："衣服是文化的表征，衣服是思想的形象。"意思是说人可以通过衣着打扮来向外界展示自己。

随着人类社会的发展与进步，现在从衣着打扮上判断一个人的难度在无形之中增大了，因为现在的人们提倡张扬个性、不再拘泥于某一种形式，所以不能按照传统的一套进行观察和判断。但也正是由于张扬个性，不拘泥于形式，人可以更加充分地表现自己的心理状况、审美观点等，从而把握其性格特征。

一般来说，喜欢穿简单朴素衣服的人，性格比较沉着、稳重，为人比较真诚和热情。这种人在工作、学习和生活当中，对任何一件事情都比较诚实、肯干，勤奋好学，而且还能够做到客观和理智。但是如果过分朴素就不太好了，这种情况表明人缺乏主体意识，软弱而容易屈服于别人。

喜欢穿单一色调服装的人，这种人是比较正直、刚强的，理性思维要优于感性思维。

喜欢穿淡色衣服的人，多为比较活泼、健谈，并且喜欢结交朋友。

喜欢穿深色衣服的人，性格十分稳重，显得城府很深，一般比较沉默，凡事深谋远虑，常会有一些意外之举，让人捉摸不定。

喜欢穿式样繁杂、五颜六色、花里胡哨衣服的人，多是虚荣心比较强、爱表现自己而又乐于炫耀的人，他们任性甚至还有些飞扬跋扈。

喜欢穿过于华丽衣服的人，多为具有很强的虚荣心和自我显示欲、金钱欲的人。

喜欢根据自己的嗜好选择服装而不跟着流行走的人，一般是独立性比较强，有果断决策力的人。

喜爱穿同一款式的人，性格大多比较直率和爽朗，他们有很强的自信，爱憎、是非、对错往往都十分明确。他们的优点是行事果断，显得十分干脆利落，言必信，行必果。同时他们也有缺点，那就是清高自傲，自我意识比较浓，常常自以为是。

喜欢穿短袖衬衫的人，他们的性格大多是放荡不羁的，但为人却十分随和、亲切。他们热衷于享受，凡事率性而为，不墨守成规，喜欢有所创新和突破。自主意识比较强，常常是以个人的善恶来评判一切。他们虽然看起来有点表里不一，但实际上他们的心思还是比较缜密的，而且什么时候都知道自己是做什么的，所以他们能够做到三思而后行，小心谨慎，不至于任性妄为，而做出错事来。

喜欢穿长袖衣服的人，大多数人比较传统和保守，为人处世都循规蹈矩，而不敢有所推陈出新。他们的冒险意识在某一方面来讲是比较缺乏的，但他们又喜爱争名逐利，自己的人生理想定得也很高。这样的人最大的优点就是适应能力比较强，这得益于循规蹈矩的为人处世原则，把他们任意放在哪一个地方，他们都能迅速地融入其中，所以通常会营造出较好的人际关系。他们很重视自己在他人心目中的形象，希望得到注意、尊重和赞赏，从而在衣着打扮、言谈举止等各个方面都总是严格地要求自己。

喜爱宽松自然的打扮，不讲究剪裁合身、款式入时的衣着的人，多是内向型的。他们常常以自我为中心，而不能走进其他人的生活圈子里。他们有时候很孤独，也想和别人交往，但在与人交往中，又总会出现许多的不如意，所以到最后还是以失败而告终。他们多是没有什么朋友，可一旦有，就会是非常要好的。他们的性格中害羞、胆怯的成分比较多，不容易接近别人，也不易被人接近。他们对团体活动一般来说是没有兴趣的。

眼睛是心灵的窗口

人们常说"眼睛是心灵的窗户"，在面部表情中眼睛是重要的认知线索，人的各种感情都会从眼睛的微妙变化中反映出来。

有时候，言语不一定代表一个人内心的真正想法，即容易出现口是心非。但眼睛不会说谎，它能显示出大脑的真实思维活动。心理学家经研究发现，一个人做了亏心事，或心虚时，在他人的目光注视下会自动地回避；而在求爱时，人们往往用目光来传递爱慕之情，特别是初恋的男女青年，对于眼神的使用频率一般都会超过有声语言。

我们在交往中，要善于通过观察人的眼睛来认识一个人，眼睛的动作及其传达出的信息主要有：

（1）与人交谈时，视线接触对方脸部的时间在正常情况下应占全部谈话时间的 30% ~ 60%，如超过这一范围，可认为对话对谈话者本人比对谈话内容更感兴趣。比如一对情侣在讲话时总是互相凝视对方的脸部。

若低于此范围，则表示对方对谈话内容和谈话者本人都不怎么感兴趣。瞪大眼睛看着对方则是表示对对方有很大兴趣。

（2）倾听对方说话时，几乎不看对方，那是企图掩饰什么的表现。据说，海关的检查人员在检查已填好的报关表格时，他通常会再问一句："还有什么东西要呈报没有？"这时多数检查人员的眼睛不是看着报关表格或其他什么东西，而是盯着来人的眼睛，如果对方不敢坦然正视检查人员的眼睛，那就表明在某些方面有不够老实的地方。

（3）眼睛闪烁不一定是反常的举动，通常被视为用来掩饰的手段或性格上的不诚实。一个做事虚伪或者当场撒谎的人，其眼睛常常闪烁不定。

（4）在 1 秒钟之内连续眨眼几次，这是神情活跃，对某事感兴趣的表现；有时也可理解为由于个性怯懦或羞涩，不敢正眼直视而做出不停眨眼的动作。在正常情况下，一般人每分钟眨眼 5 ~ 8 次，每次眨眼不超过 1 秒钟。时间超过 1 秒钟的眨眼表示厌烦、不感兴趣，或显示自己比对方优越，有藐视对方和不屑一顾的意思。

（5）当人处于兴奋时，往往是双目生辉、炯炯有神，此时瞳孔就会放大；而消极、戒备或愤怒时，愁眉紧锁、目光无神、神情呆滞，此时瞳孔就会缩小。实验表明，瞳孔所传达的信息是无法用意志来控制的。所以，有的人为了不使对方觉察到自己瞳孔的变化，往往喜欢戴上有色眼镜。

当然眼神传递的信息远不止这些，有许多只能意会而难以言传，就需要我们在实践中用心观察、积累经验、努力把握。

表情正是其内心无言的表达

魏、蜀、吴三国鼎足而立之时，有一天，有个陌生男子前来拜见刘备，并声称有重大的事情要见他。侍卫为了安全起见，拦住了此人。不料，此人就在殿外大喊："玄德公，早就听说您是个爱才如命的人，为何不肯见我呢？"

侍卫将他推出门外，他就更大声地喊："当今三国鼎立，谁都想一统天下。

但这岂非易事，若得到我的良策便可使对方俯首称臣，玄德公！玄德公！"

这人的声音越来越大，刘备听说此人有治国的良策，就心动了，不禁走到殿外，亲自迎接他到殿内。那人先是恭维了一番，就与刘备谈论起来。两人谈论各国的英雄，谈论三国地理、人文和各自施政的得失。刘备觉得此人谈吐不凡，心中对他的喜爱之情油然而生，两人越谈越起兴，竟如多年的老朋友一般。

正当谈得十分投机的时候，诸葛亮突然走了进来，还没等诸葛亮开口，这人就神色慌张，起身说要上厕所，便匆匆地离开了。

这时刘备就向诸葛亮极力夸奖此人，说什么此人是个不可多得的人才，上知天文，下晓地理，想说服他为自己所用。

可是诸葛亮却不以为然地说："主公！我看此人并非善类，他见了臣，脸色骤变而神情紧张，连眼睛都不敢正视我，而是左顾右盼、行色不安，奸相外露。从他那慌乱不安的眼神就可以看出此人心怀不轨，要不又怎么会有如此的变化呢？我想，他一定是暗藏杀机而来，幸亏我早来一步啊！"

刘备听了，这才大吃一惊，赶忙命人前去捉拿。岂料，厕所哪有人影，那人早就翻越院墙逃之夭夭了。刘备此时才知道自己险些丧命，不由惊骇得大汗淋漓。

诸葛亮通过那人的神色变化，洞悉了其奸计，使刘备免遭一劫。

在人类的心理活动中，表情最能反映情绪的变化。表情是反映一个人态度、情绪和动机等心理因素的基本线索和外在表现形式。通过对一个人面部表情的观察和分析，可以了解其内心的欲望、意图和状态，借此即可形成对他的认知。

人类具有丰富的面部表情，它是反映人们身心状态的一种客观指标，例如"喜气洋洋"、"气势汹汹"、"愁眉苦脸"、"眉开眼笑"等都是表示人们喜怒哀乐的表情。可以说，人的面部是人体语言的"稠密区"。曾有学者估计，人脸可以做出25万多种不同的表情，这一估计似乎太过惊人，但一般心理学家都认为，人的面部表情变化会在2万种以上。

有人说面部表情是一种"世界语"，确实有一定的道理。艾克曼发现，不同部位的肌肉在表达不同情绪时各有轻重，例如眼睛对表达哀伤最重要，口部对表达快乐与厌恶最重要，前额则能较丰富地表达出惊奇。当然，要表达比较强烈的情绪往往需要这些部位的协同作用。

在几乎所有的生物中，人的表情是最丰富，也是最复杂的，一个人的表情可以流露出其在当时的情绪变化状况。在高明的观察者看来，每个人的脸上都挂着一张反映自己生理和精神状况的"海报"。狄德罗在他的《绘画论》一书中说过：
"一个人，他心灵的每一个活动都表现在他的脸上，刻画得很清晰，很明显。"

我们可以从一个人的表情来判断其当时的情绪变化，如下表。

脸语	情绪
蹙眉	表示关怀、专注、不满、愤怒、受挫
双眉上扬、双目张大	表示惊奇、惊讶
皱眉	表示不高兴、遇到麻烦、不满
嘴角拉向后方、面颊往上抬、眉毛平舒、眼睛变小	愉快

说话的过程，是他向你传达心声的过程

俗话说，"言为心声"，从一个人的言谈中，我们可以了解一个人的态度、感情和意见。一方面,言谈内容能表达人们心中所想的内容；另一方面,言谈的速度、语调能够影响人们谈话内容的效果。

也许你已经发觉，人们在试图掩饰某种意图时，往往会改变言谈的内容，这就使我们想完全从言谈内容上了解对方的真实用意变得十分困难。不过，我们不要忽视对方言谈的速度、语调以及节奏等，因为这些多会十分真实地反映对方内心的变化。人们总是会在无意中通过这些因素表现出所谓的言外之意，而我们也应该设法通过这些因素来正确了解对方的心理。

1. 说话速度

说话速度快的人多性格外向，比较有活力、朝气蓬勃，总给人一种很阳光的感觉。但是，说话速度太快的人，则会给人一种非常紧张、迫切的感觉，同时也会让人感到焦躁、混乱以及些许不安。

说话缓慢的人，会给人一种诚实、中肯、踏实的感觉，但也会显得犹豫不决、优柔寡断，甚至是悲观消极。

语速为每个人说话固有的特征，依人的性格与气质而异。不过，需要注意的是，我们如何从与平时相异的言谈方式中了解对方的心理，例如平日能言善辩的人忽然结结巴巴地说不出话来；相反地，平时木讷讲话不得要领的人，却突然滔滔不绝地高谈阔论。遇到这种情况，我们就应该小心了，其中必定是出了什么问题，应仔细观察、谨慎从事。

大体而言，当言谈速度比平常缓慢时，是表示不满对方或对对方怀有敌意；相反地，当言谈速度比平常快时，则表示说话者有短处或缺点，心里愧疚，言谈内容有虚假。

从心理学的角度看，当一个人的内心深处有不安或恐惧情绪时，言谈速度便会变快，希望通过快速讲述来掩饰隐藏于内心深处的不安与恐惧。但是，由于没有充分的时间让他冷静地反省自己，因此，所谈话题内容空洞，我们可以很容易地窥知其心理的不安状态。

柳传志就是一位通过话语速度判断他人心理的高手。在联想企业生死攸关的时候，他召开了一次董事会议。敏锐的柳传志发现他的下属在发言时，吞吞吐吐，全没有企业家应有的风度。他估计企业有军心涣散的危险，便立刻宣布散会。接着他紧急展开大规模的调查，对症下药，避免了企业发生重大的变故。

2. 说话音调

通过对说话音调的留意，一样可以了解对方的心理。

肖邦曾在一家杂志专栏中写道："当一个人想反驳对方意见时，最简单的方法就是提高嗓门——提高音调。"的确如此，人总是希望借着提高音调来壮大声势，并试图压倒对方。

研究发现，说话音调高是任性的表现形式之一。一般而言，随着年龄的增大，音调会随之相对地降低。而且，随着一个人心理的逐渐成熟，他便具备了抑制"任性"情绪的能力。但是，有些成人说话的音调却相当高，这种人的心理便是倒回到幼儿期了，因而自己无法抑制任性的表现，他们也往往无法接受别人的意见。

3. 说话的节奏

这也是了解对方心理的重要因素。

充满自信的人，谈话时多用具有决断性的说话节奏；缺乏自信或性格软弱的人，讲话时则慢吞吞的，缺乏决断性的节奏。

4. 言语表达

俗语说："言未出而意已生。"在现实生活中，常常有人会欲言又止、吞吞吐吐，在那一刻他内心的心理密码已经泄露了他的真实动机。下面我们将告诉你怎样通过言语来破译他人的心理。

在正式场合发言或演讲的人，开始时就清喉咙，多数是由于紧张或不安。

说话时不断清喉咙、改变声调的人，可能是有某种顾虑。

有的人清嗓子，则是因为他对某个问题仍迟疑不决，需要继续考虑，一般有这种行为的男人比女人多,成人比儿童多。儿童紧张时一般是结结巴巴地"嗯……啊……",也有的会下意识地反复说:"你知道……"

内心不诚实的人,说话时支支吾吾,这是心虚的表现。

卑鄙的人,心怀鬼胎,因此声调会阴阳怪气,非常刺耳。

有叛逆企图的人说话时常带有几分愧意。

内心兴奋之时,言语容易过激。

浮躁的人易喋喋不休。

心中有疑虑、思想不安定的人说话时总会模棱两可。

善良温和的人话语总是不多。

内心柔和平静的人,说话时总是如小桥流水,平缓柔和,极富亲和力。

手势指引你走进对方内心

在体态中,手势是很突出的。演讲、教学、谈判、辩论乃至日常交谈,都离不开手势,所以,行为学家曾形象地比喻说:"手势是人的第二张唇舌。"人们的种种心理通过千姿百态的手势体现出来,而且手势往往比言语更能传达说话者的心意。

确实,一双手上的信息的涵盖量是非常多的,会画画的人可能都有这样的体会,画人最难画的是手。如果不能通过手把它所包含的信息全部表现出来,那么整幅作品就可能全部失败。可见手的作用是很重要的。

1. 爱幻想:双手托腮

以手托腮的动作,是一种替代的行为。用自己的手,代替母亲或是情人的手,来拥抱自己或安慰自己。

在精神抖擞毫无烦恼的人身上,是不经常看见这样的行为,只有在心中不满、心事重重时,才会托着腮沉浸于自己的思绪中,借此填补心中的空虚与烦恼。

如果你眼前的人,正用手托腮听你说话时,那就表示他觉得话题很无聊,你的谈话内容无法吸引他,或者他正在思考自己的事,希望你听他说话。而如果你的恋人出现这样的举动,也许他正厌倦于沉闷的聊天,希望你给他一个热情的拥抱呢!

倘若平日就习惯以手托腮的话,表示此人经常心不在焉,对现实生活感到不满、空虚,期待新鲜的事物,梦想着在某处找到幸福。想抓住幸福的话,不能只是用手托着腮幻想而什么都不做。守株待兔便是对这种类型的人最佳的描写。有这种个性的人在谈恋爱时，会强烈渴望被爱，总是祈求得到更多的爱，很难得到满足，处于欲求不满的状态。从另一个角度来看，这种人因为觉得日常生活了无创意，而惯于沉浸在自己编织的世界中，偏离了现实世界，脑中净是浪漫的情怀，与之交谈，往往会有一些意想不到的有趣话题出现。这种人就像一个爱撒娇的孩子一样，随时需要呵护，但太过于溺爱也不是好事。拿捏好尺度，适当地满足他的需求才是上策。而经常做出托腮动作的人，除了要自我检讨这种行为是否是因内心空虚产生的反射动作外，也应尽量充实自己，减轻内心的痛苦，试着通过心态的调整，改善表露在外的肢体动作。

2. 称赞他人：竖大拇指

某丈夫斜着将大拇指指向妻子，侧身对其朋友说：“你知道，女人嘛，都那样！”虽然话里没有什么特别的意思，但是这个不尊重人的手势却很有可能会引起夫妻之间的一场口角，用大拇指斜着指人的动作，是会引起别人不满的，最好是不用。

倘若是真诚地赞赏和称赞他人时，应该面带微笑，将拇指上扬，才能表现谦虚乃至尊重的态度。

3. 个性十足：手势上扬

手势上扬，代表着号召、鼓舞或赞同、满意的意思，有时候也用以打招呼。朋友相见，远远地扬起手："Hi！""Hello！"演讲或说话时手势上扬，最能体现个人风格。这种人大多性格开朗、豪迈、不拘于形式。手势上扬，无形之中还给人一种振奋和积极向上的力量。

采用上扬的手势，有时还可表现一个人的幽默风格。陈毅元帅就是一个著名的典例，他幽默风趣、谈吐机敏，尤其在担任外交部长后，时常语惊四座。

1965 年 9 月 29 日，陈毅在人民大会堂举行大型记者招待会，阐述我国的内外政策，回答记者们的提问。简短的开场白后，他话锋一转，手势向上一扬，笑道："你们可要警惕，到中国来，要当心被'洗脑筋'啊！"顿时，哄堂大笑，一片活跃的气氛。

当一位记者问到我国核武器的发展情况时，陈毅回答说："中国已经爆炸了两颗原子弹，第三颗原子弹可能也要爆炸，何时爆炸，请你们看公报好了。"陈毅元帅有力地将手向上一扬，记者们也一阵大笑。

可见，手势上扬能够体现出个人性格，可以塑造出一种豪放、大度、有号召力的性格魅力。

4.挑战之意：双手叉腰

孩子与父母争吵、运动员对待自己的项目、拳击手在更衣室等待开战的锣声、两个吵红了眼的冤家……在上述情形中，经常看到的姿势是双手叉在腰间，这是表示抗议、进攻的一种常见动作。有些观察家把这种举动称之为"一切就绪"，但"挑战"才是最基本的实际含义。

这种姿势还被认为是成功者所特有的站势，它可使人想象到那些雄心勃勃、不达目的誓不罢休的人。这些人在向自己的奋斗目标进发时，都爱采用这种姿势。含有挑战、奋勇向前趋势的男士们也常常在女士面前采用这种姿势，来表现他们男性的好战，以及男子汉形象；但女人如果用这一姿势，给人的感觉则是不温柔，有河东狮吼的感觉。

在生活中，大家应该多些友爱和阳光，我们可以向困难挑战，可以向远大目标挑战，但不可以向同类挑战，不可以用双手叉腰增添剑拔弩张的气氛。

5.意见不同：十指交叉

有一些人在谈话时，常常会将双手在胸前无意识地交叉在一起，最常见的姿势是把交叉着十指的双手放在桌面上，面带微笑地看着对方。这种动作，常见于发言人，这个动作出现的时候，常常处于一种平和的氛围之中。

通常，这种姿势常常也被一些女性拿来使用。那么当一个女子摆出这种姿势的时候，如果能够了解其中所代表的意思，就可以适时而动，接近她。

女性十指交叉的方法不同所代表的不同含义：喜欢十指交叉的女性往往可能是在谈恋爱的时候曾经受过伤害，其内心对别人有一种戒备心理，以避免自己再一次受到伤害，可以说是一种很明显的本能防卫。如果一个女子用双肘支撑着交叉双手，或者把下巴放在交叉的双手上面，那就表明她是一个特别有自信的女性，或者是说她对自己的某些诱惑力相当自信。而把十指相对，将手势摆成尖塔形的女性，则是非常理性的女子，如果她们摆出这种姿势的话，一般表示她只对男子说的话感兴趣而不是对男子本身感兴趣。

6.防卫心重：双臂交叉

将双臂交叉抱于胸前，是一种防御性的姿势，是防御来自眼前人的威胁感，保护自己不产生恐惧。这是一种心理上的防卫，也说明对眼前人的排斥感。

这个动作似乎正传达着"我不赞成你的意见"、"嗯……你所说的我完全不懂"、"我就是不欣赏你这个人"。当对方将双臂交叉抱于胸前与你谈话时，即使不断点头，其内心可能对你的意见并不表示赞同。

也有一些人在思考事情时，习惯将双臂交叉抱于胸前，一般而言，有这种习惯的人，基本上是属于防卫心强的类型。在自己与他人之间画下一道防线，不习惯对别人敞开心胸，永远和对方保持适当的距离，冷漠地观察对方。

习惯于双臂交叉的人是戒备心理强的人，大多数在幼儿时期没有得到父母充分的爱，例如：母亲没有亲自喂母乳、总是被寄放在托儿所、缺乏一些温暖的身体接触。在这种环境之下长大的人，特别容易体现出此种习惯。

著名的日本演员田村正和，在电视剧中常摆出双臂交叉抱于胸前的姿势，因此他给观众的感觉，绝不是亲切坦率的邻家大哥，而是高不可攀的绅士。他不是那种会把感情投入到对方所说的话题中，陪着流泪或开怀大笑的类型。他心中似乎永远都藏有心事，在自己与别人之间筑起一道看不见的屏障。以这种形象和他人在谈恋爱时，会强烈渴望被爱，总是祈求得到更多的爱，很难得到满足，处于欲求不满的状态。

个性直率的人通常肢体语言也较为自然、放得开。当父母对孩子说"到这儿来"，想给孩子一个拥抱时，一定会张开双臂，拥他入怀。试试看对将双臂交叉抱于胸前的孩子说"到这儿来"，孩子们绝不会认为你要拥抱他，而是担心自己是否惹你生气，准备挨骂了。

观察一下对方，是习惯将双臂交叉抱于胸前，还是自然地放于两旁呢？自然放于两旁的人，较为友善易于亲近，并且可以很快地和自己成为好朋友。不过，若你有不想告诉他人的秘密，又想找人商量时，请选择习惯将双臂抱于胸前的人。因为太过直率的人守不住秘密，而习惯于双臂抱胸的人会将你的秘密守口如瓶。但是，要和这种人成为亲密的朋友，可能要花上一段很长的时间。

7. 显示威慑力：拍案而起

拍案而起，是形容一件事情重大而令人激动甚至愤怒的一个形容词。这个词现在屡屡见诸报端，一般都是形容一些领导对某些大事件、突发事件以及民愤极大又没有得到良好解决的事件的愤怒心情和行为，也体现了这些领导亲民、爱民的胆识、魄力和疾恶如仇的性格。

左宗棠曾三次拍案而起，义正词严，维护中华民族大义，在近代史上留下了重重的一笔。

左宗棠，清代"同治中兴"名臣，一生很有成就。熟悉或研究过左宗棠的人，无不对他的为人处世、为官之道而赞不绝口。他在事关中华民族利益的大是大非面前三次"拍案而起，挺身而出"的故事，尤为后人称道。

其中一次是，当他还是一个平民百姓时，林则徐在广州禁烟，得罪了洋人，洋人便使用武力相要挟。清政府害怕了，就把责任往林则徐身上推，并撤销了他的职务，启用了投降分子琦善之流。同时还与英帝国主义签订了中国历史上不平等条约，又是割地又是赔款。此时的左宗棠虽然人微言轻，但依然拍案而起，说："英夷率数十艇之众竟战胜我，我如卑辞求和，遂使西人具有轻中国之心，相率效尤而起，其将何以应之？须知夷性无厌，得一步又进一步。"他痛斥琦善"坚主和议，将恐国计遂坏伊手"，"一二庸臣一念比党阿顺之私，今天下事败至此"。他利用自己的朋友关系，四处联络，推动参劾投降派，让清政府重新启用林则徐。正是在舆论压力之下，朝廷不得不撤掉琦善，重新恢复林则徐的职位。

从上面左宗棠拍案而起，怒斥敌人的故事中，我们应该受到启发和教育。当一个人的人格和尊严受到侵犯时，不应该临阵退缩，而应该拍案而起，给敌人以迎头痛击。自从改革开放、打开国门以后，国外一些犯罪团伙以投资为名，在境内干着有损我中华民族尊严的事。对这些不法分子，我们更应该拍案而起，绝不轻饶，以维护祖国的尊严和我们作为一个中国人的人格，只有这样才会使祖国和自己的形象更加高大。

8. 力量的体现：紧握拳头

如果是在演讲或说话时，攥紧拳头向着听众说话，是在向他人表示："我是有力量的。"但如果是在有矛盾的人面前攥紧拳头，则表示："我不会怕你，要不要尝尝我拳头的滋味？"

林肯总统在一次著名的演讲中，就采用过这种手势。

"有只狮子深深地爱上了一个樵夫的女儿。这位美丽的少女让它去找自己的父亲求婚。狮子向樵夫说要娶他的女儿，樵夫说：'你的牙齿太长了。'狮子去看医生，把牙齿拔掉了。回过头来樵夫又说：'不行，你的爪子太长了。'狮子又去找医生，把爪子也拔掉了。樵夫看到狮子已经解除了'武装'，就用枪把它的脑袋打开了花。"

林肯最后说："如果别人让我怎么样我就怎么样，那我会不会也是这样的下

场呢？"

林肯说完这句话，攥紧拳头，加重语气说道："我绝不会受任何人摆布！"

林肯在这儿攥紧拳头，表现出的是一种果断、坚决、自信和力量。平时我们听人演讲见人讲话时攥紧拳头，证明这个人很自信，很有感召力。但在日常生活中，我们与人发生不愉快时，请把你的拳头藏起来，不要攥起拳头在对方面前晃动，那样做的结果，势必会引起一场打斗，这是不可取的。

9. 果断的印象：手势下劈

手势下劈，给人一种泰山压顶、不容置疑之感。使用这种手势的人，一般都高高在上，高傲自负，喜欢以自我为中心，他的观点，不会轻易容许人反驳。伴随着这个动作的意思是："就这么办"、"这事情就这样决定了"、"不行，我不同意！"等话语。

日常生活中，大家常遇到一些上司，在讲话时，为了强调自己的观点，把手势往下劈。每当这个时候，听者最好不要轻易提出相悖的观点，对方一般也是不会轻易采纳的。平常与同事或朋友三五成群地争论问题，有人为了证明自己的观点而否定别人的观点，也常用这种手势打断别人的话。善于识别这种手势语言，有助于我们为人处世采取适当的姿态。

10. 增强说服力：数拨手指

通常情况下，数拨手指，是在说明某些数字和条件时，需要特殊强调，增加其说服力和清晰度而采取的一种手势。大家先来看下面这则例子：

"七七事变"后，在全国人民一致主张停止内战、共同抗日的形势下，陈毅下山到江西大余与当地国民党政府谈判。在当时的情形下，双方气氛十分紧张，陈毅却谈笑风生、机智幽默，表现了一种大智大勇、洒脱从容的气概。他郑重地要求国民党军队给北上抗日的南方游击队让开通道，可对方却不无炫耀和暗示地说，他们的部队人多。陈毅笑着反唇相讥道："你们兵多不愿北上抗日，还要游击队陪着吗？"接着，陈毅侃侃而谈，借题发挥道："我还有个问题不满意，以前在中央苏区的时候，你们悬赏买我的头，花红由三千涨到五万。长征以后，我的头竟由五万降到二百，这不是太瞧不起人了吗？"陈毅边说，边数拨手指，配合着他所说的数字，表现了伟人视死如归的革命乐观主义精神。

陈毅在具体说明和强调某些数字时，数拨手指，以增强其清晰度和说服力。

我们平时在工作中，某领导布置工作，涉及一些数字和条款时，为了不让听者混淆，也常数拨手指；我们在汇报工作时，也常数拨着手指。这样，就显得更有条理一些，不给人一种笼统和混乱之感，从而也能使自己的说话形象更鲜明起来。

瞄一眼签名，摸清对方的大体性情

名字是一个人的身份代号。时至今日，人们的交际圈越来越大，交际活动也越来越频繁，亮出自己名字的机会也越来越多，于是签名成为人们一项重要的交际内容。

事实上，签名有美有丑，有大气也有小气，千姿百态。它如同性格的一面镜子，让别人不仅获得签名者的个人信息，还把他们的性格反映出来。

1. 名字向上的人

一般都是有雄心壮志的人。他们不畏辛劳，坚定执着地朝着自己的理想前进，积极向上，会想尽办法战胜眼前的困难。他们喜欢荣誉和鲜花，非常热衷对世间的一切享受，这也是他们不懈努力的最终结果。

2. 名字向下的人

通常都是消极的等待者或妥协者，总是一副有气无力的样子，犹如大病初愈，又好像历尽了沧桑和磨砺一样。他们自信心不足，不敢设计未来理想，见到别人取得荣誉，虽然有时也会热血沸腾，但转眼间又去随波逐流了。

3. 名字偏左的人

一般不喜欢按照常规办事，喜欢创新和追求不同凡响。如果他们喜欢某个人，就会冷酷到底；如果厌恶某个人，则会热情周到。他们喜欢表现自我，在陌生人面前直言不讳，而他们认真诚恳而又不失幽默的表现往往会获得大众的喜欢。

4. 名字偏右的人

信心十足，热情洋溢，积极向上，总是一副充满朝气、和蔼亲切的样子，在人际交往过程当中经常主动向别人靠拢，别人也会笑脸相迎，和他们愉快地交谈。但这并不是他们成为社交高手的主要原因，他们真正高明之处是"醉翁之意不在酒"，在交往的时候表面热心参与，而实际上置身事外，对全局进行缜密的观察和了解，别人的一举一动几乎都逃不过他们的眼睛，所有的发展变化都在他们的掌控当中。

5. 名字写得特别大的人

表现欲望强烈，喜欢招摇；注重表面文章，总是将非常多的精力用到穿着打扮上，给人留下良好的视觉感受，但不会让人对他们念念不忘，因为他们没有办法打动他人的内心。他们总喜欢将众多的任务揽于一身，但是他们的工作成绩表现出他们的真实面目，那就是他们能力有限，遇到困难显得软弱无能，更有甚者无法有始有终，所以他们没有成就大事的可能。

6. 名字写得特别小的人

他们的性格与签名特别大的人截然不同，不喜欢在大庭广众下抛头露面，引人注意，既不积极用特别的外表吸引别人的注意力，也不主动向别人打招呼和表示什么。他们对自己没有足够的信心，工作上的表现虽然不是十分主动，但属于自己的工作都能集中精力来完成，没有很强的功利心，喜欢平淡的生活。

所以，当你初次与别人打交道的时候，如果有机会瞄一眼对方的签名，你便可以大体摸清对方的性情，这对你下一步如何与对方进行有效交流大有帮助。正所谓"知己知彼，百战不殆"。

此外，初次见面时你还可以主动创造让对方留下签名的机会，如面试前先让面试者填表、会议前先让大家签到，等等。

从坐姿洞悉对方心理动向

坐姿是心灵的暗示。从坐的方式、坐的姿态、坐的距离中，都可以窥出一个人真实的意思，了解一个人心理的动向。在日常生活中，正确地观察每个人的坐姿，各个特色，不一而足。每一种坐的方式，似乎是无意的，而就从这貌似随意中，可以解读每种姿势透露出的不同性格和心理状态。

从科学角度，坐姿是人心理的一种反应。

坐稳后两腿张开，姿态懒散者，通常说来都比较胖。这种人由于腿部的肉过多，行动也不是十分方便，说得比较多而做得相对要少。这类人属于豪言壮语型，头脑中想的事情经常是被夸张了的。

坐下时左肩上耸，膝部紧靠，致使双腿呈 X 字形的人，一般均比较谨慎。但他的决断力比较差，也缺少男子汉的气魄，即使是一个男性，他也是比较女性化的男性。如果你对他有过多希望的话，其结果多为失望。

坐下手臂曲起，两脚向外伸的人，其决断力十分缓慢。每天他都在不断地计划些事物，但却什么也实现不了。这种人的理想与行动特别不协调，喜欢做白日梦。如果与这种人共事，相信会出现不间断的纠纷。

坐下时两脚自然外伸，给人以一种十分沉着稳重印象的人，这些人大都身体健康，对疾病的抵抗力很强。

坐下时，一只手撑着下巴，另一只手搭在撑着下巴的那只手的手肘之上，且架着"二郎腿"的人，大都不拘小节，面对失败亦能泰然自若。不过，如果你被这种人迷惑住，他会想方设法地去逃避责任，甚至对你使出各种利己而卑鄙的手段。

双肩端起，一脚架放在另一只脚之上，做出庄重堂皇之态的人，虽然志向远大，但却缺乏具体计划，致使他的志向如空中楼阁一般，无法实现。

坐在车上两脚长伸在外，阻碍通道，同时将双手插在口袋里的人，大多是贫困潦倒之人。如果其相貌长得不好，通常伴有恐吓或威胁他人的行为。对这种人，最好采取敬而远之的态度。

坐着看书时，脚尖竖起，同时眼睛不断向上翻的人，肯定是个急性子。这是一种天生的个性。即使他有很多看书的时间，但他还是显得非常繁忙，无法平心静气地看书。

在读书时，用手撑着下巴且姿势不良的人，其读书效率不高，同时此种姿态也是理解及记忆均有困难的人的象征。一个真正学习的人，是不会用这种不良姿态读书的。

同时，不同类型的坐姿还能体现人的性情及心理动向。

1. 古板型的坐姿

坐着时两腿及两脚跟并拢靠在一起，双手交叉放于大腿两侧的人为人古板，从不愿接受他人的意见，有时候明知别人说的是对的，他们仍然不肯低下自己的脑袋。

他们明显缺乏耐心，哪怕只有几分钟的短会，他们也时常显得极度厌烦，甚至反感。

这种人凡事都想做得尽善尽美，干的却又是一些可望而不可即的事情。他们爱夸夸其谈，而缺少实干的精神，所以，他们总是失败。虽然这种人为人执拗，不过他们大多具有丰富的想象力。说不定他们只是经常走错门路，如果他们在艺术领域里发挥自己的潜能，或许会做得更好。

对于爱情和婚姻，他们也都比较挑剔，人们会认为这种人考虑慎重，但事实不然。应该说是他们的性格决定了这一切，他们找对象是用自己构想的模型如郑

人买履般寻觅，这肯定是不现实的做法。而一旦谈成恋爱，则大多数都属于速战速决，因为他们的理念是中国传统型的"早结婚，早生子，早享福"。

2.悠闲型的坐姿

这种人半躺而坐，双手抱于脑后，一看就是一种怡然自得的样子。这种人性情温和，与任何人都相处得来，也善于控制自己的情绪，因此能得到大家的信赖。

他们的适应能力很强，对生活也充满朝气，干任何职业好像都能得心应手，加之他们的毅力也都非常坚强，往往都能达到某种程度的成功。这种人喜欢学习但不求甚解，可能他们要求的仅是"学习"而已。

他们的另一个特点是积极热情、挥金如土。如果让他们去买东西，很多时候他们是凭直觉的喜欢与否。对于钱财他们从来就是把它看作身外之物，"生不带来，死不带去"，以至于他们时常不得不承受因处理钱财的鲁莽和不谨慎带来的后果，尽管他们挣的钱不少。

他们的爱情生活总的来说是较快乐的，虽然时不时会被点缀上一些小小的烦恼。这种人的雄辩能力都很强，但他们并不是在任何场合都会表现自己，这完全取决于他们当时面对的对象。

3.自信型的坐姿

这种人通常将左腿交叠在右腿上，双手交叉放在腿根儿两侧。他们具有较强的自信心，特别坚信自己对某件事情的看法。如果他们与别人发生争论，可能他们并没有在意与别人争论的观点的内容。

他们天资聪明，总是能想尽一切办法并尽自己的最大努力去实现自己的梦想。虽然也有"胜不骄，败不馁"的品性，但当他们完全沉浸在幸福之中时，也会有些得意忘形。

这种人很有才气，而且协调能力很强。在他们的生活圈子里，他们总是充当着领导的角色，而他们周围的人对此也都心甘情愿。

不过这种人有一个不好的习性，喜欢见异思迁，常常是"这山看着那山高"。

4.腼腆羞怯型的坐姿

把两膝盖并在一起，小腿随着脚跟分开成一个"八"字样，两手掌相对，放于两膝盖中间的这种人特别害羞，多说一两句话就会脸红。他们害怕的就是让他们出入于社交场合。这类人感情非常细腻，但并不温柔，因此这种类型的人经常使人觉得很奇怪。

这种人可以做保守型的代表，他们的观点一般不会有太大的变化，他们对许多问题的看法或许在几十年前比较流行。在工作中他们习惯于用过去陈旧的经验做依据，这本身并不是错，但在新世纪到来的今天，因循守旧肯定是这个社会的被淘汰者。不过他们对朋友的感情是相当诚恳的，每当别人有求于他们的时候，只需打个电话他们就肯定会效劳。

他们的爱情观也常常受着传统思想的束缚，经常被家庭和社会的压力压得喘不过气来，而自己仍要遵循那传统的"东方美德"、"三从四德"等旧观念。

5. 谦逊温柔型的坐姿

温顺型的人坐着时喜欢将两腿和两脚跟紧紧地并拢，两手放于两膝盖上，端端正正。这种人一般性格内向，为人谦虚，对于自己的情感世界很封闭，哪怕与自己特别倾慕的爱人在一起，也听不到他们一句暧昧的语言，更看不到一丝亲热的举动。对于感情奔放的人来说，实在是欲拒难舍，欲舍难离。

这种坐姿的人常常喜欢替他人着想，他们的很多朋友对此总是感动不已。正因为如此，他们虽然性格内向，但他们的朋友却不少，因为大家尊重他们的为人，此所谓"你敬别人一尺，别人敬你一丈"。

在工作中，这种人虽然行动不多，但却踏实努力，他们能够埋头为实现自己的梦想而奋斗。犹如他们的坐姿一样，他们不会去花天酒地，他们很珍惜自己用辛勤劳动换来的成果，他们坚信的原则是"一分耕耘，一分收获"，也因此他们极端讨厌那种只知道夸夸其谈的人。在他们周围，想吃"白食"是不行的。

6. 坚毅果断型的坐姿

这类人喜欢将大腿分开，两脚跟并拢，两手习惯于放在肚脐部位。

这种人有勇气，也有决断力。他们一旦考虑了某件事情，就会立即去采取行动。自然在爱情方面，他们一旦对某人产生好感，就会去积极主动地说明自己的意向。不过他们的独占欲望相当强，动不动就会干涉自己恋人的生活，所以时常遭到自己恋人的白眼。

他们属于好战类的人，敢于不断追求新生事物，也敢于承担社会责任。这类人当领导的权威来自于他们的气魄。其实很多人并不是真心地尊重他们，只是被他们那种无形的力量威慑而已。从另一个角度来说，他们不会成为处理人际关系的"老手"。但是如果生活给他们带来什么压力的话，他们一定能够泰然处之。

7. 投机冷漠型的坐姿

这种人通常将右腿交叠在左腿上，两小腿靠拢，双手交叉放在腿上。

这种人看起来觉得非常温和可亲，状如菩萨，很容易让人亲近，但事实却恰恰相反，别人找他谈话或办事，一副爱答不理的举动让你不由得不反思："我是否花了眼？"你没有花眼，你的感觉很正确，他们不仅个性冷漠，而且性格中还有一种"狐狸作风"，对亲人、对朋友，他们总要向人炫耀他那自以为是的各种心计，以致周围的人不得不把他们打入心理不健全的类型。

这种人做事总是三心二意，并且还经常向人宣传他们的"一心二用"理论。

8. 放荡不羁的坐姿

放荡型的人坐着时常常将两腿分开距离较宽，两手没有固定的放处，这是一种开放的姿势。

这种人喜欢追求新意，偶尔成为引导都市消费潮流的"先驱"，他们对于普通人做的事不会满足，总是想做一些别人不能做的事，或者不如说他们喜欢标新立异更为确切。

这种人平常总是笑容可掬，最喜欢和他人接触，而他们的人缘也确实颇佳，因为他们不在乎他人对他们的批评，这是别人很难做到的。从这方面来说，他们很适合做一个社会活动家或类似的职业。

坐在椅子上的行为，也因人的不同而产生了各式各样的坐法。有的人是把全身猛然地坐下，有的人则慢慢坐下。也有些人小心翼翼地坐在椅子前部，还有些人将身体深深沉下似的坐着，等等行为，无不坦白地说出了各人的心理状态。那么，在身体语言术上，对以上行为做何解释呢？

当大家看见某人猛然坐下的行为，一定视为不拘小节的样子，其实，完全出乎你所料的情形很多。换句话说，在其所表现似乎极端随意的态度里，其实是在隐藏内心极大的不安。这是由于人具有不愿被对方识破自己真正心情的抑制心理，尤其在与他人的初次会面时，这一心理更加强烈。像此种人坐下后，往往便表现出有些不安、心不在焉的态度，因此更可立即看出其心情。当然，知心朋友之间，则不能一概而论，而视为与其态度一致的心情表现。

那么，坐下之后怎么样呢？舒适而深深地坐入椅内的人，可视为在向对方表现处于心理优势的行为。因为本来所谓坐的姿势，是人类活动上的不自然状态，坐着的人必然在潜意识中想着立即可以站起来的姿势。心理学上，称它为"觉醒水准"的高度状态，随着紧张程度的解除，该"觉醒水准"也会因而降低。因此腰部是逐渐向后拉动，变成身体靠在椅背、两脚伸出的姿势。此并非发生何事立即可以起立的姿势，这是认为跟对方不必过分紧张之人所采取的姿势。

可是，与此相对的，始终浅坐在椅子上的人，是无意识地表现着其比对方居于心理劣势，且欠缺精神上的安定感。因此，对于持这种姿势而坐的客人，如果同他谈论要事，或托办什么事，还为时过早，因为他还没有定下心来。

站姿，透视对方个性的有效途径

古人云：“坐如钟，立如松。”但是，如果我们认真观察便会发现：除了军人会被要求按军姿站立，分辨不出差别之外，采取标准站姿的人实在很少。站立这种简单的司空见惯的动作，竟然是迥然不同，几乎一个人一个样。

美国心理学家拍摄了大量影像资料，经过反复研究分析，发现通过观察一个人简单的不同站立动作，就可以窥探到他们的性格。由此可见，站姿也是窥探人的性格和心理的一扇窗子。

与坐姿类似，站姿也是人心理的一种反应。

有的人站姿是抬头、挺胸、收腹，两腿分开直立，两脚道呈正步，像一棵松树般挺拔。这种人是健康自信的人，因为自信，所以这种人做事雷厉风行，十分具有魄力；其次，这种男人有正直感、责任感，是大多女孩子追寻的对象。

而那种站立时弯弯曲曲、头部下垂、胸不挺、眼不平的人，则是缺乏自信，做事畏缩不前，不敢承担风险和责任的人；除此之外，这种人可能就是那种专做偷鸡摸狗之事的人，因为做贼心虚，所以头抬不起，胸不敢挺；还有一种人也如此，那就是一辈子与药罐子为生的人，当然，这种人不是他们不想挺直腰做人，而是因为有病毒时刻在侵扰着他们的身体。

对于那种站立姿势不倾不斜的人，则是前面两种人的一个折中。此种人遇着南风往北边倒，遇着北风往南边倒，但此类人就有大法术，那就是：不倒翁。为了不倾不斜，这种人极尽阿谀奉承、拍马钻营之能事，这种人还善于伪装，伪装得让人觉得马屁拍的声音不大，但很温柔舒服。因此，这种人一般城府很深、深藏不露，甚至于心肠歹毒、阴险狡猾，不得不小心。当然，那种做事缺乏主见、优柔寡断之人也在此列。

从站立的姿势看，一般提倡丁字步：两腿略微分开，前后略有交叉，身体的重心放在一只腿上，另一只则起平衡作用。这样不显得呆板，既便于站稳，也便于移动。站立的姿势适当，你就会觉得呼吸自然、发音畅快、全身轻松自如，特别有助于提高音量。只有好的站姿，才能使身姿、手势自由地活动，才能把自己的形象充分地表现出来。无论男性还是女性，站立姿势应给人以挺、直、高的美感。

就男性来说，站立时身体各主要部位舒展，头不下垂，颈不扭曲，肩不耸，胸不含，背不驼，髋、膝不弯，这样就能做到"挺"。站立时脊柱与地面保持垂直，在颈、胸、腰等处保持正常的生理弯曲，颈、腰、背后肌群保持一定紧张度，这样就能做到"直"。站立时身体重心提高，并且重点放在两腿中间，这样就能做到"高"。

就女性来说，站立时头部可微低，这有利于显露女性柔和之美；挺胸，这可以突出乳房，不仅能显得朝气蓬勃，而且是自信的象征；腹部宜微收，臀部放松后突，则能增加女性曲线美。

在正式场合站立，不能双手交叉、双臂抱在胸前或者两手插入口袋，不能身体东倒西歪或依靠其他物体。另外不要离人太近，因为每个人在下意识里都有一个私人空间，如果离得太近会使对方有被侵犯的感觉。所以在正式场合与人交谈时，不要与对方站得太近，而要尽量与他人保持一定的距离。

有人说："站姿是性格的一面镜子。"此话一点不假。人们只要细心观察我们周围的人，从他们站立的姿势语言去探知其性格心理，也许会有收益的。

1.思考型的站姿

思考型内向的人双脚自然站立，双手插在裤兜里，时不时取出来又插进去。

他们比较小心谨慎，凡事喜欢三思而后行，如果让他们决定做一件事，不如你先给他们一份计划。在工作中他们最缺乏主动性和灵活性，往往生硬地解决很多问题，事后又常常后悔，这不能不说是其悲哀。

他们的姿势给人的感觉是好像总有很多忙碌的事情等着他们去做，其实是因为他们经常觉得不知如何是好。这种人的伟大之处是他们把爱情看得异常神圣，从不轻易玷污，以致在西方人的眼中，总是认为不可理喻，或许，这种人只应该出生在东方。他们既不轻易喜欢上一个人，更不会轻易向人表达他们对爱情的忠贞。

他们常把自己关在一个小屋子里，冥思苦想，构筑自己梦想的殿堂。抑或正因为如此，他们大都经受不起失败的打击，在逆境中更多的是垂头丧气，正所谓：一个人希望越大，失望也越大。

2.服从型的站姿

服从型的人一般是两脚并拢或自然站立，双手背在身后。他们大多在感情上比较急躁，经常看到他们一个人猛追紧缠，也经常听到他们发誓不娶，如果让他们去经受爱情的长期考验，八九不离十，他们大多数要成为爱情的逃避者。

这种类型的人与别人相处一般都比较融洽，可能很大的原因是由于他们很少对别人说"不"。人的感情往往会受一种潜意识的控制，都愿意听到别人对自己的赞美，而这种人生来就是学这套的。

他们在工作中不会有什么开拓和创新的精神，但踏实到毫无反对意见的地步，在很多人手下也会很有用场。

他们的快乐来源于他们对生活的满足。而不愿与人争斗的个性既带给他们美好的心情，也带给他们愤怒。

3. 攻击型的站姿

攻击型的人常常将双手交叉抱于胸前，两脚平行站立。他们的叛逆性很强，时常忽略对方的存在，具有强烈的挑战和攻击意识。

在工作中，他们不会因传统的束缚而放不开手脚，即使偶尔被绑，他们也会用牙齿咬断这根绳索；如果嘴也被封住，他们会不断地用鼻孔出粗气，显露他们的存在。这种人的创造能力也就比其他类型的人发挥得更淋漓尽致，并不是因为他们比别人聪明，而是他们比他人更敢于表现自己。

4. 古怪型的站姿

古怪型的人常常将双脚自然站立，偶尔抖动一下双腿，双手十指相扣在胸前，大拇指相互来回搓动。这种人的表现欲望十分强烈，喜欢在公共场合大出风头。若什么地方要举行游行示威，走在最前面的，扛着大旗的大多是这种人。

他们喜欢争强好胜，容不下别人。如果大家都说太阳是圆的，他们一定会说是方的；若大家都说是方的，这种人肯定会问大家："太阳怎会是方的呢？"他们不是愚蠢，他们十分聪明，大家都不能把井里的月亮捞出来，他们就行，不信？他们用一个洗脸盆就办到了。

5. 抑郁型的站姿

抑郁型的人通常是两脚交叉并拢，一手托着下巴，另一只手托着这只手臂的肘关节。这种人多数为工作狂，他们对自己的事业很有自信，工作起来十分投入。废寝忘食的行为对他们来说是家常便饭，自己的另一半更是经常被冷落在家，幸亏他们的伴侣多是理解型的。

这种人更为引人注目的是他们的多愁善感，从他们丰富的面部表情就可以显示，他们是那么容易喜怒无常，甚至，在他们的言行中也表露无遗。刚才还在与你喜笑颜开，夸夸其谈，突然脸色沉了下来，一句话也不说，最多时不时地在参与你们的谈话中苦笑一下，显得很深沉的样子，谁也不知道他们是因为读小学时失恋了还是刚才在办公室走廊里被上司训了一顿，抑或昨天看电影迟到了，没有看到故事的开头。

他们对这个世界倒是很具有爱心，可以经常看到他们的奉献精神。

这种人很坚强，他们一般不会向人屈服，也不会由于重重摔了一跤，就不再继续在充满泥泞和荆棘的道路上前行。

6.社会型的站姿

社会型内向的人双脚自然站立，左脚在前，左手习惯于放在裤兜里。这种人的人际关系处理得很协调，他们从来不给别人出什么难题，为人敦厚笃实。

如果让这类人去与客户建立关系，他们时常是先站在客户的立场替客户着想，帮助他们分析利弊，这在人情味重的东方国度里，往往会收到神奇的效果。

这种人平常喜欢安静的环境，找一两个知己叙旧或者摆弄一下棋盘，给人的第一印象总是文质彬彬的，不过一旦碰上比较让人愤怒的事，他们也会暴跳如雷。

对于男女关系的问题他们有一种大彻大悟的体会，"男人不必为女人活着，女人也不必为男人活着"，他们最讨厌把感情建立在金钱上，也最不愿听到别人说他们是为了怎样怎样而与某人交往。

走姿，脚下流露的心灵语言

虽然走路这种动作与生俱来，看似平常，没有半点特点，但却最能反映出一个人的性格特征以及气质和修养。如循规蹈矩、思想保守的人的走路姿态与积极上进、勇于创新的人的走路姿态，绝对是大相径庭的。

确实，每个人都有自己独特的走路姿态，只要我们留心，一眼就能分辨出来。因此说，通过走路的习惯和步态姿势，就可以在一定程度上认识人的性格。

人们行走的姿态，即步态，是千姿百态、变化万千的，例如有节奏均匀的慢跑、大摇大摆的阔步、老态龙钟的蹒跚、偷偷摸摸的蹑行、故作姿态的扭摆、兴高采烈的蹦跳、摇摇摆摆的跛行、无精打采的漫步、急促小跑的碎步、闲庭自得时的信步、消磨时间的散步、夸张行进的正步、风驰电掣的疾奔、犹豫不决的徘徊、姿态优雅的滑行、心焦气躁的急走，等等。这些移动身体的步态，每个人在日常生活中都会用到其中某些部分。

每个人具有不同的走路姿势，能使他的熟人哪怕相隔较远也能认出来。至少有一些特征，是因为身体的结构而有所不同，但是步法、跨步的大小和姿势，似乎是随着情绪变化而改变的。如果一个人很快乐，他会走得比较快、脚步也轻快；反之，他的双肩会下垂，脚像灌了铅似的很难迈动。通常，走路快且双臂自在摆动的人，往往有坚定的目标而准备积极地加以追求；习惯双手半插在口袋中，即使天气暖和时也不例外的人，喜欢挑战而颇具神秘感。

一个自视傲慢的人走路时，他的下巴通常会抬起，手臂夸张地摆，腿是僵直的，步伐是沉重而迟缓，似是故意引起他人的注意。

一个人在郁闷时，往往拖着步子将两手插入口袋中，很少抬头注意到自己往何处走。

走起路来双手叉腰像个短跑者的人，他往往想在最快的时间内跑最短的距离，以达到自己的目标。他突然爆发的精力，常是在他计划下一步决定性的行动时看似沉静的一段时间内所产生的。

适当的步态可以表现出一个人积极向上、朝气蓬勃的精神状态，呈现出一种健美的姿态，正如古人所说的"行如风"，会给人留下良好的印象。

男子走路贵稳健、迅捷；女子走路贵婀娜、轻盈，但以自然明快为好。

法国心理学家简·布鲁西博士研究发现，人的性格与行动有着很大的关系。从一个人走路的姿势、笑的样子、说话的方式等，甚至从一个完全出于无意的小动作，都可以推断出对方当时的心理状态。这也就是说，即便是走路，也会反映出一个人的特点：沉着冷静的人走路时，步伐稳健；健步如飞的人，充满朝气。

另外，男女行走时，步态要求也不一样。男子走路时，头要端正，两眼向前平视，挺胸收腹，两肩不要晃动，步伐要稳健、有力。女子走路，头也要端正，不过目光宜温和平静，两手前后摇动幅度不要太大，步伐以飘逸、轻盈为佳。另外，不管男女，走路时，行走路线都应尽可能保持平直。不要两手插入衣袋、裤袋，也不要躬腰弯背，东张西望，边走边对他人品头论足；不要东摇西摆，有气没力，抢先或拖后，双手叉腰和倒背手；不要拖泥带水，重如打锤，砸得地板咚咚直响。

上班的路上要动作利落、抓紧时间。当领导喊你去他办公室的时候，尽管你还有没做完的工作，也要马上过去。当上司走到你的座位前时，要马上站起来。

上班走路不要慢慢悠悠，不要跑步或穿着嗒嗒作响的钉鞋，不要影响其他人的工作，要动作迅速、步伐矫健，使人感到朝气蓬勃。

与人交际的过程中，我们可以通过对方习惯的走姿来判断他的兴趣及内心动向。

1. 昂首挺胸的走姿

有些人走路时抬头挺胸，大踏步地向前，充分表现出自己的气魄和力量，当然难免给旁人一种骄傲的感觉。

这类人爱以自我为中心，淡于人际交往，不轻易投靠和求助别人，哪怕碰到自己根本就无法解决的事情时也是这样。他们思维敏捷，做事逻辑思维清晰，考虑问题比较全面。也许不是很复杂的一件事情，他们也时常为自己拟订一份计划。

他们习惯于修整仪容，衣履整洁，时刻使自己保持着美好的形象。无论是逛街还是访友，出门前他们总喜欢在镜子前端详一下自己，头发零乱否？发型完整否？衣服平整否？皮鞋光亮否？

这类人的最大弱点是羞怯和没有坚强的毅力。时常看到他们有很多伟大的计划，却很难发现他们有成功的事业，加之个性羞涩，难以主动与人交往，时常不能充分发挥自己的能力，于是他们时常有一种"黄金埋土"的感觉。这种人还极富组织力和判断力，可惜他们时常说得多做得少。"说话的巨人，行动的矮子"是这种人真实的描写。

2. 摇摆不定的走姿

这种人看似行为放荡，但对人热情诚恳，即使是女性也有一股侠义之气。处事坦荡无私，但对电视台"露脸"等情有独钟。他们乐意帮人解决各种问题和困难，而且不需要别人的感激。需提醒他们的是：切勿锋芒太露，或有轻浮之举。

3. 步伐整齐的走姿

走路如同上军操，步伐齐整，双手有规则地摆动，在人们看来非常不自然，但他们却感觉那样协调。这种人意志力很强，对自己的信念十分专注，他们选定的目标一般不会因外在环境和事物的变化而受到影响。

4. 行动急促的走姿

大部分人遇到紧急情况都会不顾一切地疾行，如果任何时候都显得来也匆匆，去也匆匆，好像屁股后面着了火似的就另当别论了。他们办事比较急躁，虽然明快而又有效率，但缺少必要的细致，有时会草率行事，缺少足够耐性；他们遇事从不推诿搪塞，勇敢正直，精力充沛，喜欢迎接各种挑战。

5. 微倾式的走姿

这类人性格内向，而且有一颗关爱之心；害羞腼腆，见到异性常会红脸；具有较好修养，为人谦虚，从不花言巧语；注重感情，一旦成为至交则情深似海、痴心不改。但这种人常常对生活感到厌烦，这是由于他们受害多，又不愿向人倾诉，独自生闷气造成的。

有的人走路时习惯于身体向前倾斜，甚至看上去像弯着腰，倒并不是因为他们走得较快需用身体来平衡，与之相反他们大多数步伐还非常平稳。

这类人的性格大多较为温柔和内向，但他们为人谦虚，一般都有良好的素质和修养。

他们从不欺骗他人，非常珍惜友谊和感情，只是平常不苟言笑，与人相处也是一副"借他米还他糠"的冷漠样，很难与人相处。但一旦成为至交则至死不渝，尤其在恋爱或婚姻出现分歧、决裂时，他们总是抱着"宁肯人负我，我绝不负人"的观念。

6. 内八字式的走姿

内八字式走路的人，表现得滑稽可笑。他们永远是副憨实厚道的样子。但这种人在厚道的外表下，并不显得沉静。他们平常留意生活中的细节，事事喜欢按部就班地进行，如果有突发事件发生就会大乱阵脚，而显得手足无措。

这种人的形象注定了他们不会创新，他们情愿跟着潮流走。当别人把一定的权力交给他们，而使其成为众人注目的焦点时，他们就会浑身不自在而烦躁不堪。因为他们只追求平淡的生活。

7. 其他的走姿者

（1）手足协调的人。

这种人对待自己十分严厉，不允许出现半点的差错和放松，希望自己的一举一动都可以成为他人的榜样；具有相当坚强的意志力和高度的组织能力，但容易走向武断独裁，让周围人产生畏惧；对生命及信念专注固执，不易为别人和外部环境所动，为实现目的会不惜一切代价。

（2）手足不协调的人。

这种人走路姿势是双足行进与双手摆动极不协调，而且步伐忽长忽短，让人看了极为不自在。这种人生性多疑，对什么事都是小心翼翼，瞻前顾后；责任感不强，做事往往有头无尾，甚至溜之大吉。

（3）双足内敛或外撇的人。

可以想象，这种人走起路来用力而且急促，但是上半身却基本维持不动。他们不喜欢交际，认为那是无聊之人才做的事情，不愿意为此浪费时间和精力；此类人头脑灵活聪明，做起事来总是不动声色，给人意外的惊喜，也有保守和虚伪的倾向，所以知心朋友并不是很多。

（4）步调混乱的人。

因为心不在焉，所以这样的人走路步调混乱，没有固定习惯而言，或是双手放进裤袋，双臂夹紧；或是双臂摆动，挺胸阔步；他们豁达大方、不拘小节，可以成为自己的朋友。

（5）落地有声的人。

这种人双足落地的时候发出清晰的响声，行进迅速，昂首挺胸，一副精神焕发的样子。他们志向远大，积极进取，精心设计和打造自己的未来和生活，期望一天比一天过得更好；是个理性成分超过感性成分的人，做事有条不紊，规规矩矩，同时注重感情，热烈似火，可以选为情人或伴侣。

（6）文质彬彬的人。

这种人走起路来不疾不缓，双手轻松摆动，富有教养。但是这种人胆小怕事，没有远大的理想，而且不思进取，喜欢平静和一成不变，所以总是原地踏步和维持现状；遇事冷静沉着，不轻易动怒。以这种姿态走路的女人多属于贤妻良母型。

（7）横冲直撞的人。

这种人走路迅疾，不管是在拥挤的人群当中，还是在人迹罕至之地，一律横冲直撞，长驱直入，而且从来不顾及他人的感受。他们性情急躁，办事风风火火；坦诚率真，喜欢结交五湖四海的朋友，讲义气，不会轻易做出对不起朋友的事。

（8）犹疑缓慢的人。

这种人走路时仿佛身处沼泽地，行进艰难。这种人大多性格较软弱，遇事容易知难而退，不喜欢张扬和出风头；遇事总是三思后而行，绝不轻易冒险迈出第一步，结果往往错失良机；憨直可爱，胸无城府，重视感情，交友谨慎小心。

（9）慢悠悠走路的人。

这类人平时总是慢慢悠悠走路，说明此人无所事事，游手好闲，不务正业。他们大多性格迟缓，对自己放任自流，凡事得过且过，顺其自然，没有过高的追求，缺乏进取心。

（10）故弄玄虚的人。

这种人走路左晃右摆，一副弱不禁风的样子。好故弄玄虚，明明一无所有却要摆出一副卓尔不凡的架势，遇到难题不是推卸转移就是不了了之；不允许别人有半点对不起他们；奸诈虚伪，善于阿谀奉承，往往导致事业、爱情和生活上的失败。

（11）连蹦带跳的人。

这种人手舞足蹈、一步三跳且喜形于色，一定是听到了某种极好的消息，或得到了意想不到的、盼望已久的东西。他们城府不深，不会隐藏自己的心思。此类人往往人际关系良好，朋友也不少。

（12）不安静的人。

这种人除了睡觉以外，没有片刻安静的时候，喜欢东窜西窜，以引起他人的注意。做事粗心大意，丢三落四，但慷慨好施，不求名利与享受，安分守己，认真经营自己所热衷的事业；喜欢凑热闹，害怕孤独；健谈，常常口若悬河，评古论今；思想单纯，喜欢户外活动，特别是徜徉在大自然当中。

从兴趣爱好掀开他的底牌

生活中，每一个人都有自己的兴趣爱好。有的人喜欢跳舞，有的人喜爱看书，有的人喜欢旅游……从心理学角度，人的兴趣爱好也是自身性格特征的一种反映。所以，当你想了解一个人的时候，可以从他的兴趣爱好来着手。

1.从音乐的爱好得出人的性格规律

音乐是一种纯感觉性的东西，听音乐的时候喜欢听哪一类型的，就表明他在这一方面的感觉比较好，而这种感觉很多时候又是与一个人的性格紧密相连的。

（1）喜欢听古典音乐的人。

喜欢听古典音乐的人，一般是一个理性成分占多数的人，他们在很多时候要比一般人懂得如何进行自我反省、自我积累，从而留下对自己非常重要的东西，将那些可有可无的，甚至是一些糟粕的东西抛弃。这样的人大多很孤独，很少有人能够真正地走入到他们的内心深处去了解和认识他们，所以音乐在一定程度上成了他们的心灵伙伴。

（2）喜欢摇滚乐的人。

喜欢摇滚乐的人，有些愤世嫉俗，他们需要依靠着以摇滚的形式来宣泄自己心中的诸多情绪。他们会常常感到迷茫和不安，需要有一个人领导着逐渐地找回已经丧失或是正在丧失的自我。他们很喜欢与一些自己志同道合的人交往，他们害怕孤单和寂寞。

（3）喜欢乡村音乐的人。

喜欢乡村音乐的人，多是十分敏感的一种类型的人。他们对一些问题常会表现出过分的关心，他们为人多较圆滑、世故、老练、沉稳，轻易不会动怒。他们的性格一般比较温和、亲切，攻击性欲望并不强。他们比较喜欢稳定和富足的生活。

（4）喜欢爵士乐的人。

喜欢爵士乐的人，其性格中感性化的成分往往要多于理性，他们做事很多时候都只是凭着自己的感觉出发，而忽略了客观的实际。他们喜欢自由自在的、无拘无束的生活，希望能够摆脱控制自己的一切。他们对生活往往是追求其丰富多彩，而讨厌一成不变的任何东西。他们的生活多是由很多不同的方面组成的，而这些方面又总是彼此互相矛盾着，从而给他们在表面笼上了一层神秘的面纱，使他们在人前永远具有十足的魅力。

（5）喜欢流行音乐的人。

简单是流行音乐的主旨，这并不是说喜欢流行音乐的人都很简单，但至少他们在追求一种相对简单和自由自在的生活方式，而让自己轻松快乐一点。

2. 从旅游偏好窥探人的性格

心理学家认为，了解一个人喜爱的旅游方式，可以推测出一个人的潜在性格。不妨拿自己进行比较，便可以探究其真实性。

（1）喜欢欣赏风景。

喜欢欣赏风景的人是不想被局限于斗室之内，呆板的工作往往令他们感到烦躁，他们是精力充沛的人，而且很有幻想，任何生活中的新责任或新体验，都会让他们大为兴奋。

（2）喜欢漫步海滩。

喜欢漫步海滩的人个性略带保守与传统，爱好孤独，有一种离群索居的欲望。不过，由于这种人对朋友和人际关系都很冷漠，所以他们会是好父母，因为他们会把所有心思都放在孩子身上。

（3）喜欢参加旅行团。

喜欢参加旅游团的人是很理性的人，做什么事情都喜欢计划得井井有条，不期待任何惊奇的意外之旅。此外，他们个性豪爽，喜欢与别人分享一切，而且，当别人懂得欣赏他们的时候，他们会格外高兴。

（4）喜欢出国旅行。

喜欢出国旅行的人是追求潮流和时尚的人，生活中的变化，会让他们觉得很刺激。此外，他们还充满幽默的个性，不容易被生活的重担压倒，总是过着自由自在、毫无拘束的生活。

（5）热衷于登山的人。

当你问一个将要去度假的人，希望从事何种消遣时，如果他以登山回答的话，那么，你就可以判断他是个内向型的人。

内向型的登山爱好者，经常组队向岩壁挑战，以攀登、征服人烟稀少、人力难及的险峻高峰为目标。他们对大自然的态度也不同于外向型的人，对于大自然的险峻、壮观以及美丽，他们又爱又恐惧，虽然敢于对它挑战，但是，始终不把它当成享乐的休闲对象，他们一向以真挚的态度对待那些他们想要征服的高山大川。

一般来说，内向型的人比较能够适应大自然严酷的环境，探险家就不用说，就是登山者也几乎都是内向型的人。真正名副其实的爱好登山之人，不仅抵制不了山峰险峻的诱惑，他们也热爱高溪流声、植物、冰河等拥有的自然景观。当他背着沉重的行囊，当被问及"你到底要爬几次才过瘾"时，他只会回答："因为那儿有我喜欢的一座山呀……"这一类人几乎毫无例外地，都属于对自己也相当苛求的内向型之人。

外向型的人说"我也喜欢大山"，这时你不妨认为——充其量，他只喜欢去那种能够吃野餐的小山丘罢了。

3. 从读书看人的性格特征

在心理学家眼里，读书不仅能增加一个人的知识和内涵，还能在某种程度上反映出一个人的性格和心理。从一个人喜爱看的书，可以分析出其性格心理如下：

（1）喜欢读言情小说的人。

他们是重感情的人。这种类型的人非常敏感，生性乐观，直觉敏锐，一般很快就能从失望中恢复过来，东山再起。

（2）喜欢看传记的人。

这类人有好奇心重、谨慎、野心勃勃的性格。他们在做出决定之前，一定会研究各种选择的利弊得失及可行性，绝对不会贸然行事。

（3）喜欢看通俗读物的人。

喜欢看诸如各类型街头小报、周刊、八卦杂志等的人，一般都富有同情心，乐观开朗，经常利用巧妙的言词带给别人欢乐。这种人总有源源不断的趣味性话题，经常成为办公室里或社交场合中颇受欢迎的人物。

（4）喜欢浏览报纸及新闻杂志的人。

大多属于意志坚强的现实主义者，且善于接受各种新生的事物。

（5）喜欢读漫画书的人。

这类人一般都喜欢玩乐，性格无拘无束，不想把生活看得太认真。

（6）喜欢读小说的人。

喜欢读侦探小说的人，勇于接受现实中的挑战，善于解决各种各样的问题，别人不敢挑战的难题，他们也愿意去应付；喜欢看恐怖小说的人，多半因为生活太沉闷，使得他们想要寻找刺激及冒险；喜欢读科幻小说的人，大多是富有丰富的幻想力和创造性的人，多为科学技术所迷惑，喜欢为未来拟订计划。

（7）喜欢读历史书籍的人。

此类人富有创造力，不喜欢胡扯、闲谈，宁愿花时间做些有建设性的工作，而不想去参加无意义的社交活动。

（8）喜欢读时尚杂志的人。

非常在意自己的外貌，十分顾及面子，在日常生活中会尽力改变自己在别人心目中的形象。

4. 酷爱不同球类运动的人

人是一种动物，其关键就在于"动"，所谓的"动"，其中就包括运动。其实运动对于人而言是一种必不可少的生活方式，而生活当中绝大多数人也都在运动。不同的人会热衷于不同的运动方式，这就是人性格方面的流露。

（1）喜欢篮球的人。

喜爱篮球的人多有较高的理想和远大的目标，他们经常对自己抱有很高的期望，希望自己能够比他人出色，站到别人前边去。为了达到这样的目标，他们可以做出很大的牺牲和努力。这其中可能避免不了要遭遇失败，但他们失败以后多不会被击倒，不会一蹶不振、灰心丧气，与之相反，他们的心理素质比较好，能够重新站起来，再接再厉。

（2）喜欢排球的人。

喜爱排球的人多是不拘小节的，他们在做一件事情的时候，对过程的重视程度往往要超出结果许多倍。

（3）喜欢打网球的人。

喜爱打网球的人，大多是具有文化素养比较高的人，因为网球运动其本身就具有贵族的气息和很高的格调，并不是所有人都可以轻而易举加入到这项运动中来的。喜爱网球运动的人从整体上来说，大多是属于文质彬彬、有涵养的那一种人，他们会在各个方面严格要求自己，使自己达到一个相对比较高的层次上，力求完美和完善。

（4）喜欢足球的人。

足球运动本身就是一项很刺激的运动方式，能让人兴奋。喜欢足球的人，应该是相当富有激情的，对生活持有非常积极的态度，有战斗的欲望，干劲十足。

（5）喜爱高尔夫球的人。

高尔夫球也是一种象征着地位、财富和身份的贵族消遣，喜爱并不一定都能玩得起，凡是能够玩得起的人，大都是具有比较强大的经济实力做支持的，而其本人也可以称得上是个成功者。他们能够成功是具备了成功者必备的素质：宽阔的胸怀，远大的理想，不达目的不罢休的精神，坚强的毅力。

·第二章·

让对方开始喜欢你的心理策略

想别人喜欢你，先去喜欢别人

维也纳一位著名的心理学家阿尔弗雷德·阿得勒，写过一本书，名叫《生活对你的意义》。在那本书里，他说："一个不关心别人，对别人不感兴趣的人，他的生活必然遭受重大的阻碍和困难，同时会替别人带来极大的损害与困扰。所有人类的失败，都是由于这些人才发生的。"

一个人如果只关心自己，他很难成为一个被人喜欢的人。要成为受人敬重的人，必须将你的注意力从自己的身上转到别人的身上去。哲学家威廉姆斯说："人性中最强烈的欲望便是希望得到他人的敬慕。"这句话对于"别人"也同样适用，他人也希望得到你的敬慕。如果你只是过度关心你自己，就没有时间及精力去关心别人。别人无法从你这里得到关心，当然也不会注意你。

伍布奇先生是一家公司的总裁，著名的销售专家，当人们问及一个成功的销售员该具备哪些基本条件时，伍布奇先生脱口而出："当然是喜欢别人。还有，一个人必须了解自己公司的产品而且对产品有信心，工作要勤奋，善于运用积极思想。但是，最重要的是他一定要喜欢他人。"

这个故事告诉我们，受人欢迎是销售员素质的某种表现形式，因为从某种程度上讲，你在推销产品的同时，也在"推销"自己。将这一点扩大到人际交往的层面上来，当一个人可以真心地喜欢他人时，他一定会招人喜欢。所以，要获得他人的喜爱，首先必须要真诚地喜欢他人。当然，这种喜欢必须是发自内心的，而非别有所图。

如果你要别人喜欢你，请对别人表现诚挚的关切。这是西奥多·罗斯福异常受欢迎的秘密之一，甚至他的仆人都喜爱他。他的那位黑人男仆詹姆斯·亚默斯，写了一本关于他的书，取名为《西奥多·罗斯福，他仆人的英雄》。在这本书中，亚默斯说了一个个富有启发性的事件：

254

"有一次，我太太问总统关于一只鹑鸟的事。她从没有见过鹑鸟，于是他详细地描述一番。没多久之后，我们小屋的电话铃响了。我太太拿起电话，原来是总统本人。他说，他打电话给她，是要告诉她，她窗口外面正好有一只鹑鸟，又说如果她往外看的话，可能看得到。他时常做出类似的小事。每次他经过我们的小屋，即使他看不到我们，我们也会听到他轻声叫出：'呜，呜，呜，安妮！'或'呜，呜，呜，詹姆斯！'这是他经过时一种友善的招呼。"

关于这一点，罗斯福本人的实例更是一个有力的证明。

有一天，罗斯福到白宫去拜访，碰巧塔夫脱总统和他太太不在。他真诚喜欢卑微身份者的情形全表现出来了，因为他向所有白宫旧仆人打招呼，都叫出名字来，甚至厨房的小妹也不例外。"当他见到厨房的亚丽丝时，"亚默斯写道，"就问她是否还烘制玉米面包，亚丽丝回答说，她有时会为仆人烘制一些，但是楼上的人都不吃。'他们的口味太差了，'罗斯福有些不平地说：'等我见到塔夫脱总统的时候，我会这样告诉他。'亚丽丝端出一块玉米面包给他，他一面走到办公室去，一面吃，同时在经过园丁和工人的身旁时，还跟他们打招呼……他对待每一个人，就同他以前一样。他们仍然彼此低语讨论这件事，而艾克胡福眼中含着泪说：'这是将近两年来我们唯一有过的快乐日子，我们中的任何人，都不愿意把这个日子跟一张百元大钞交换。'"

从现在开始，真诚、友善地去喜欢你周围的人吧，相信，这也将会让他们真诚、友善地喜欢你！

第一印象塑造好，便可在对方心中建立深刻印象

日常生活中，我们都有过这样的体验，初次与人见面时，对方的相貌、举止、言语、风度等某些方面会迅速地映在你的脑海中，形成最初感觉，即第一印象。第一印象主要源于人的直觉观察，根据直觉观察到的信息加以综合评判，然后以某种形式固定下来。

卡耐基认为，在社交活动中，第一印象很重要。它是在没有任何成见的基础上，完全凭着你的"自我表现"来判断的，因而第一印象直观、鲜明、强烈而又牢固。如果你的相貌俊美，举止端庄大方，言语机智，谈吐风趣幽默，风度翩翩，谦虚而不自卑，自信而不固执，倔强而不狂妄，你就会给人留下美好而难忘的印象。

当然，人无完人，所有的优点和美德不可能都集中在一个人身上，但你若具有其中某一方面或某一方面的某一点，再扬长避短，将其发扬光大，也同样可以获得最佳效果。

第一印象的好坏，决定着社交活动能否继续下去。第一印象好，人家就愿意和你进一步来往，通过一段时间的相识与了解，人家觉得你的确不错，你们的关系就会顺畅发展。如果对方是你的客户，你在事业上就多了一个合作伙伴；如果对方是你的同事，你在工作中就多了一个支持者；如果对方是你的邻居，你在生活里就多了一个朋友。第一印象不好，你与人家的交往便不得不就此止步了，因为人家不想再见到你。纵然你有多么美好的动机，多么宏伟的蓝图构想，也只能化成泡影了。

第一印象直接影响着对一个人的评价。一个人的言谈举止，是构成人们对他直接评价的主要因素。许多人在初次交往时，就很快被对方所接受，或奉为事业的楷模，或尊为学业上的恩师，或敬为思想上的领袖，或求为人生的伴侣。

第一印象的烙印是非常深刻的，很长时间都不容易被改变。在许多回忆录中，我们常常可以读到这样一段话："他还是老样子，像我第一次见到他的时候……"多少年以后，历史的变化更加之岁月的沧桑，一个人怎么会没有变化呢？但在作者眼里，对方还是他初次见到的模样。事实上不是对方依然如故，而是作者脑中的第一印象太深刻了，没有随着时间的流逝而改变。

中国老百姓中流传着这样一句话："到了新环境，头三脚踢开，以后就容易了。"与人交往也是同样的道理，在他人心中的第一印象塑造好了，日后才容易春风得意。

精彩地说出你的名字，给人留下深刻印象

在向陌生人做自我介绍时，首先要做的就是自报姓名，但许多人在这方面却做得不太好，在介绍时只是简单地报出自己的姓名："我姓 ×，叫 ××。"自以为介绍已经完成，然而这样的介绍肯定算不上有技巧，也许只过了三五分钟，别人已经把你的姓名忘得一干二净，这样也就无法给别人留下深刻的第一印象。

一个人的姓名，往往拥有丰富的文化积淀，或折射凝重的史实，或反映时代的乐章，或寄寓双亲对子女的殷切厚望。因此，推衍姓名能令人对你印象深刻，有时也会令人动情。

1. 利用名人式

在新生见面会上，代玉做自我介绍时说："大家都很熟悉《红楼梦》里多愁善感的林黛玉吧，那么就请记住我，我叫代玉。"

再如王琳霞："我叫王琳霞，和世界冠军王军霞只差一个字，所以，每次王军霞获得世界冠军时，我也十分激动。"

利用和名人的名字相近的方式来介绍自己的名字，关键是所选的名人是大家都知道的，否则就收不到效果。

2. 自嘲式

如刘美丽介绍自己时说："不知道父母为何给我取美丽这个名字。我没有标准的身高，也没有苗条的身材，更没有漂亮的脸蛋，这大概是父母希望我虽然外表不美丽，但不要放弃对一切美丽事物的追求吧。"

3. 自夸式

如李小华介绍自己时说："我叫李小华，木子李，大小的小，中华的华。都是几个没有任何偏旁的最简单的字，就如我本人，简简单单、快快乐乐。但简单不等于没有追求，相反，我是一个有理想并执着的人，在追求理想的路上我快乐地生活着。"

4. 联想式

如一个同学叫萧信飞，他便这样做自我介绍："我姓萧，叫萧信飞。萧何的萧，韩信的信，岳飞的飞。"绝大多数人对"萧何月下追韩信"的典故和抗金名将岳飞都很熟悉，这样一来，大家对他的名字当然印象深刻了。

5. 姓名来源式

如陈子健："我还未出生，名字就在我父亲的心目中了。因为他很喜欢这样一句古语'天行健，君子以自强不息'，于是毫不犹豫地给我取了这个名字，同时希望我像君子一样自强不息。"

6. 望文生义式

如秦国生："我是秦始皇吞并六国时出生的，我叫秦国生。"与其他方法相比，望文生义法有更大的发挥余地，如下面的几例。

夏琼——夏天的海南，风光无限。

杨帆——一帆风顺，扬帆远航。

皓波——银色的月光照在水波上。

秀惠——秀外慧中，并非虚有其表。

7. 理想式

如向红梅："我向往像红梅一样不畏严寒，坚强刚毅，在各种环境中都要努力上进，尤其是在艰苦的环境里，更要绽放出生命的美丽。"

8. 释词式

即从姓名本身进行解释。如朱红："朱是红色的意思，红也是红色的意思，合起来还是红色。红色总给人热情、上进、富有生命力的感觉，这就是我的颜色！"

9. 利用谐音式

如朱伟慧："我的名字读起来像'居委会'，正因为如此，大家尽可以把我当成居委会，有困难的时候来反映，本居委会力争为大家解决。"

10. 调换词序式

如周非："把'非洲'倒过来读就是我的名字——周非。"

11. 激励式

如展鹏在新生见面会上说："同学们，我们从五湖四海来到这里，为了什么？不就是为了好好学习，今后在社会这片广阔的天空中大鹏展翅，自由翱翔吗？"

12. 摘引式

如任丽群："大家都知道'鹤立（丽）鸡群'这个成语，我是人（任），更希望出类拔萃，所以，我叫任丽群。"

总之，自我介绍是有很大发挥空间的，我们应该想方设法把它丰富起来，不要放过任何一个吸引人注意的机会。

当然，自我介绍中光介绍名字显得有些单一，应该再加入更多的信息，这样会使你的自我介绍更加精彩，给人留下深刻的印象。你完全可以把自己的经历编成一个小小的故事，讲给听众，这样或许他们更有兴趣些。

把握好开始五分钟攀谈，以后交流自然顺畅

人们第一次相遇，需要多长时间决定他们能否成为朋友？美国伦纳得·朱尼博士在所著的一本书中说："交际的点，就在于他们相互接触的第一个五分钟。"朱尼博士认为："人们接触的第一个五分钟主要是交谈。在交谈中，你要对所接触的对象谈的任何事都感兴趣。无论他从事什么职业，讲什么语言，以什么样的方式，对他说的话都要耐心倾听。如果你这样做了，你会觉得整个世界充满无比的情趣，你将交到无数的朋友。"

而许多人同陌生人说话都会感到拘谨。建议你先考虑一个问题，为什么你跟老朋友谈话不会感到困难？很简单，因为你们相当熟悉。相互了解的人在一起，就会感到自然协调，而对陌生人却一无所知，特别是进入了充满陌生人的环境，有些人甚至怀有不自在和恐惧的心理。你要设法把陌生人变成老朋友，首先要在心目中建立一种乐于与人交朋友的愿望，心里有这种要求，才能有行动。

　　以到一个陌生人家去拜访为例：如果有条件，首先应当对要拜访的客人作些了解，探知对方一些情况，关于他的职业、兴趣、性格之类。

　　当你走进陌生人住所时，你可凭借你的观察力，看看墙上挂的是什么？国画、摄影作品、乐器……都可以推断主人的兴趣所在，甚至室内某些物品会牵引起一段故事。如果你把它当作一个线索，就可以由浅入深地了解主人心灵的某个侧面。当你抓到一些线索后，就不难找到开场白。

　　如果你不是要见一个陌生人，而是参加一个充满陌生人的聚会，观察也是必不可少的。你不妨先坐在一旁，耳听眼看，根据了解的情况，决定你可以接近的对象，一旦选定，不妨走上前去向他作自我介绍，特别对那些同你一样，在聚会中没有熟人的陌生者，你的主动行为是会受到欢迎的。

　　应当注意的是，有些人你虽然不喜欢，但必须学会与他们谈话。当然，人都有以自我兴趣为中心的习惯，如果你对自己不感兴趣的人不瞥一眼，一句话都不说，恐怕也不是件好事。别人会认为你很骄傲，甚至有些人会把这种冷落当作侮辱，从而产生隔阂。和自己不喜欢的人谈话时，第一要有礼貌；第二不要谈论有关双方私人的事，这是为了使双方自然地保持适当的距离，一旦你愿意和他结交，就要一步一步设法缩小这种距离，使双方容易接近。

　　在你决定和某个陌生人谈话时，不妨先介绍自己，给对方一个接近的线索，你不一定先介绍自己的姓名，因为这样人家可能会感到唐突。不妨先说说自己的工作单位，也可问问对方的工作单位。一般情况，你先说说自己的情况，人家也会相应告诉你他的有关情况。

　　接着，你可以问一些有关他本人的而又不属于秘密的问题。对方有一定年纪的，你可以问他子女在哪里读书，也可以问问对方单位一般的业务情况。对方谈了之后，你也应该顺便谈谈自己的相应情况，才能达到交流的目的。

　　和陌生人谈话，要比对老朋友更加留心对方的谈话，因为你对他所知有限，更应当重视已经得到的任何线索。此外，他的声调、眼神和回答问题的方式，都可以揣摩一下，以决定下一步是否能纵深发展。

有人认为见面谈谈天气是无聊的事。其实，这要具体问题具体分析。如果一个人说："这几天的雨下得真好，否则田里的稻苗就旱死了。"而另一个则说："这几天的雨下得真糟，我们的旅行计划全给泡汤了。"你不是也可以从这两句话中分析两人的兴趣、性格吗？退一步说，光是敷衍性的话，在熟人中意义不大，但对与陌生人的交往还是有作用的。

如遇到那种比你更羞怯的人，你更应该跟他先谈些无关紧要的事，让他心情放松，以激起他谈话的兴趣。和陌生人谈话的开场白结束之后，特别要注意话题的选择。那些容易引起争论的话题，要尽量避免，为此当你选择某种话题时，要特别留心对方的眼神和小动作，一发现对方厌倦、冷淡的情绪时，应立即转换话题。

在与人聚会时，常常会碰到请教姓名的事，"请问你尊姓大名"。你要牢牢记住对方的姓名，对方说出姓名之后，你应立即用这个名字来称呼他，当你碰到一个可能已经忘记了的人，你可以表示抱歉，"对不起，不知怎么称呼您？"也可以说半句"您是——""我们好像——"，意思是想请对方主动补充回答，如果对方老练，他会自然地接下去。

顺利地与陌生人开始攀谈，给人一个好印象，积累人脉资源为你所用。学会和陌生人攀谈，谁都可能成为你的朋友。

让对方喜欢你，一切应从友善开始

请先想这样一个问题：在与他人交往的过程中，如果你发起脾气，对他人说出一两句不中听的话，你会有一种发泄的快感。但对方呢？他会分享你的痛快吗？你那火药味的口气，敌视的态度，能使对方接受吗？相信答案已经不言而喻了。

"如果你握紧一双拳头来见我，"威尔逊总统说，"我想，我可以保证，我的拳头会握得比你的更紧。但是如果你来找我说：'我们坐下，好好商量，看看彼此意见相异的原因是什么。'我们就会发觉，彼此的距离并不那么大，相异的观点并不多，而且看法一致的观点反而居多。你也会发觉，只要我们有彼此沟通的耐心、诚意和愿望，我们就能沟通。"

波士顿是美国历史上的教育和文化中心，那年头波士顿的报纸充斥着江湖郎中的广告——堕胎专家和庸医的广告。表面上是给人治病，骨子里却以恐吓的词句，类似"你将失去性能力"，等等，欺骗无辜的受害者。他们的治疗方法使受害者满怀恐惧，而事实上却根本不加以治疗。他们害死了许多人，却很少被定罪。他们只要缴点罚款或利用政治关系，就可以逃脱责任。

这种情况太严重了，波士顿很多善良的民众感到很愤怒。传教士拍着讲台，痛斥报纸，祈求上帝能终止这种广告。公民团体、商界人士、妇女团体、教会、青年社团等，一致公开指责，大声疾呼，但一切都无济于事。议会掀起争论，要使这种无耻的广告不合法，但是在利益集团和政治的影响力之下，各种努力均告徒然。

华尔医师是波士顿基督联盟的善良的民众委员会主席，他的委员会用尽了一切方法，都失败了。这场抵抗医学界败类的斗争，似乎没有什么成功的希望。

有一天晚上，华尔医师试了波士顿人没有试过的一个办法。他所用的是仁慈、同情和赞美。他企图使报社自动停止那种广告。他写了一封信给《波士顿先锋报》的发行人，表示他多么仰慕该报：新闻真实，社论尤其精彩，是一份完美的家庭报纸，他一向看该报。华尔医师表示，以他的看法，它是新英格兰地区最好的报纸，也是全美国最优秀的报纸之一。"然而，"华尔医师说道，"我的一位朋友有个小女儿。他告诉我，有一天晚上，他的女儿听他高声朗读贵报上有关堕胎专家的广告，并问他那是什么意思。老实说他很尴尬，他不知道该怎么回答。贵报深入波士顿上等人家，既然这种场面发生在我的朋友家里，在别的家庭也难免会发生。如果你也有女儿，你愿意她看到这种广告吗？如果她看到了，还要你解释，你该怎么说呢？

"很遗憾，像贵报这么优秀的报纸，其他方面几乎是十全十美，却有这种广告，使得一些父母不敢让家里的女儿阅读。可能其他成千上万的订户都和我有同感吧！"

两天以后，《波士顿先锋报》的发行人，回了一封信给华尔医师，日期是1904年10月13日。华尔医师保留了这封信有1/3世纪。这封信如下：

亲爱的先生：

11日致本报编辑部来函收纳，甚为感激。贵函的正言，促使我实现本人自接掌本职后，一直有心于此但未能痛下决心的一件事。

从下周一起，本人将促使《波士顿先锋报》摒弃一切可能招致非议的广告。暂时不能完全剔除的广告，也将谨慎编撰，不使它们造成任何不快。贵函惠我良多，再度致谢，并盼继续不吝指正。

因此，当你希望别人同意你的想法时，请记住：以一种友善的方式开始。

微笑，赢得他人好感的法宝

微笑是人际交往的通行证，是打开每个心门的钥匙。在与人交流中，主动报以微笑不仅能迅速拉近彼此心与心的距离，还能赢得他人好感。

飞机起飞前，一位乘客请求空姐给他倒一杯水服药。空姐很有礼貌地说："先生，为了您的安全，请稍等片刻，等飞机进入平稳飞行状态后，我会立刻把水给您送过来，好吗？"15分钟后，飞机早已进入平稳飞行状态。突然，乘客服务铃急促地响了起来，空姐猛然意识到：糟了，由于太忙，忘记给那位乘客倒水了。空姐来到客舱，看见按响服务铃的果然是刚才那位乘客。她小心翼翼地把水送到那位乘客跟前，面带微笑地说："先生，实在对不起，由于我的疏忽，延误了您吃药的时间，我感到非常抱歉。"这位乘客抬起左手，指着手表说道："怎么回事，有你这样服务的吗？"无论她怎么解释，这位挑剔的乘客都不肯原谅她的疏忽。

在接下来的飞行途中，为了补偿自己的过失，每次去客舱为乘客服务时，空姐都会特意走到那位乘客面前，面带微笑地询问他是否需要帮助。然而，那位乘客余怒未消，摆出一副不合作的样子。

临到目的地前，那位乘客要求空姐把留言本给他送过去。很显然，他要投诉这名空姐。飞机安全降落。所有的乘客陆续离开后，空姐紧张极了，以为这下完了。没想到，她打开留言本，却惊奇地发现，那位乘客在留言本上写下的并不是投诉，相反却是一封热情洋溢的表扬信："在整个过程中，你表现出的真诚的歉意，特别是你的12次微笑，深深打动了我，使我最终决定将投诉信写成表扬信。你的服务质量很高，下次如果有机会，我还将乘坐你们这趟航班。"空姐看完信，激动得热泪盈眶。

在人际交往中，我们要赢得他人的好感，必须要学会微笑，像故事中的那位空姐一样，用自己迷人的微笑来赢得他人的好感。微笑就像温暖人们心田的太阳，没有一块冰不会被融化。要带着真心、诚心、善心、爱心、关心、平常心、宽容心等去微笑，别人就会感受到你的心意，被你这份心感动。微笑可以使你摆脱窘境，化解人们彼此的误会，可以体现你的自信和大度。

在现实生活中，微笑能化解一切冰冷的东西，容易获得他人的好感。比如朋友、同事之间的吵架、误解，家人、邻居之间的矛盾，恋人、兄弟之间的隔阂等，都可以一笑了之，一笑泯恩仇。所以，人际交往中，不管是遇到什么困难，不管遇到多么尴尬的事情，要常常告诉自己要微笑，没有什么事情不能用微笑化解的，只要你是真心的！

俗话说，"伸手不打笑脸人"，微笑能够化解矛盾和尴尬，取得意想不到的效果。微笑是人与人之间最短的距离，纵使再远的时空阻隔，只要一个微笑就能拉近彼此的心灵距离。当别人取笑你时，用微笑还击他，笑他的无知；当别人对你愤怒时，用微笑融化他，他会知道自己是在无理取闹；当彼此发生误解，争执不休时，用微笑打破僵局，你会发现事情其实并没有你们想象的那么复杂和严重。

微笑是人际交往的通行证，没有一个人不喜欢和微笑的人打交道！

适时附和，更容易讨对方欢心

我们曾提到过，多听别人说，自己才能了解得到对方更多的信息。然而，不是每个听力正常的人都懂得倾听的艺术，尤其是想讨对方欢心的时候，仅仅靠听就完全不够了，更重要的是要会适时附和对方。不信，看看下面的例子就知道了。

有人做过这样一个实验，来证明听者的态度对说者有着极大的影响。

实验者让学生表现出一副心不在焉的样子，结果上课的教授照本宣科，不看学生，无强调，无手势；让学生积极投入——倾听，并且开始使用一些身体语言，比如适当的身体动作和眼神的接触。结果教授的声调开始出现变化，并加入了必要的手势，课堂气氛生动起来。

由此看出，当学生表现出一副心不在焉的样子，教授因得不到必要的反应而变得蛮不在乎起来；当学生改变态度，用心去倾听时，其实是从一个侧面告诉教授：你的课讲得好，我们愿意听。这就是无声的赞美，并且起到了积极的效果。

从上面的例子也可以看出，倾听时加入必要的身体语言，是非常有必要的。

行动胜于语言。身体的每一部分都可以显示出激情、赞美的信息，可增强、减弱或躲避、拒绝信息的传递。精于倾听的人，是不会做一部没有生气的录音机的，他会以一种积极投入的状态，向说话者传递"你的话我很喜欢听"的信息。

录音机是没有眼睛的，俗语说，"眼睛是心灵的窗口"。适当的眼神交流可以增强听的效果。这种眼神是专注的，而不是游移不定的；是真诚的，而不是虚伪的。发自灵魂深处的眼神是动人心魄的。

录音机做不了"小动作"，而倾听者则必须做一些"小动作"。身体向对方稍微前倾，表示你对说者的尊敬；正向对方而坐，表明"我们是平等的"，这可使职位低者感到亲切，使职位高者感到轻松。自然坐立，手脚不要交叉，否则让对方认为你傲慢无礼。倾听时和说话人保持一定的距离，恰当的距离给人以安全感，使说话者觉得自然。动作跟进要合适，太多或太少的动作都会让说者分心，让他认为你厌烦了。正确的动作应该跟说话者保持同步，这样，说话者一定会把你当作"知心爱人"。

倾听并不意味着默默不语，除了做一些必要的"小动作"外，还得动一动自己的嘴。恰当的附和不但表示了你对说者观点的赞赏，而且还对他暗含鼓励之意。

当你对他的话表示赞同时，你可以说：

"你说得太好了！"

"非常正确！"

"这确实让人生气！"

这些简洁的附和让说话者为想释放的情感找到了载体，表明了你对他的理解和支持。

同时，听者还可以用一些简短的语句将说者想传达的中心话题归纳一下，能够使说者的思想得以凸显和升华，同时也能提高听者的位置。

当然，我们还可以向说话者提一些问题。这些提问既能表明你对说者话题的关注，又能使说者更愿意说出欲说无由的得意之言，也更愿意与你进一步交流。

一位老教授与门下的五名学生闲聊着自己当年读研时候的杂事，说："你们现在的生活可真丰富，校园内有体育馆，校园外有游乐园。我当年在你们这个阶段，生活的世界里只有课堂、图书馆和宿舍。"

学生们微微一笑，教授继续说道："不过，那个时候精力都用在读书上也好，搞科研嘛，基础知识不扎实根本无法谈及创新。还记得我的一个课题是关于青藏高原地质变迁的问题，当时我不仅要查自然地理方面的书，还要查很多地质演变与生物演化方面的书。当时科学根本没有现在这么发达，哪里有什么计算机、文献电子稿啊，完全依靠图书馆里纸质的资料，可比你们现在做项目难多喽！"说着，教授停顿了下来，拿起茶杯饮了两口。

这时，其中一个专心倾听的学生礼貌地问道："老师，您当年的研究方向是青藏高原的地质变迁问题，可参考资料却涉及区域内的生物演化，当时是不是很少有人将这两个角度结合考虑？"

听完，教授会心地看了看这位"好问"的学生，然后得意地说道："很多时候，没人想到的地方你想到了，才会有意外的收获，才能够创新。不信，我们来举个现在的例子，就说说你现在的课题吧！"接着，教授在得意于自己创意的同时，更为那名巧妙提问的学生进行了很有创意的课题指导，而那四名只知道倾听的学生，却没得到教授丝毫的专门指导……

不仅如此，附和地倾听本身还是一种赞美。它能使我们更好地理解别人，有助于克服彼此间判断上的倾向性，有利于改善交往关系。在入神的倾听别人谈话时，你已经把你的心呈现给对方，让对方感受到了你的真诚。我们去倾听别人的时候，也就是我们设身处地地理解他们的幸福、痛苦与欢乐的时候，使我们能够把对方的优点和缺点看得更清楚。而这些结论再通过我们有效的附和来传达到对方心里，这才能算是一次完美的交流。

入神地倾听并在适当时间附和也有利于对方更好地表达自己的思想和情感。在对方明白我们的倾听是对他的尊重以后，他同样会认真地听我们说话，这样大家彼此的交流才能产生良好的效果。

例如，对于领导来说，适时附和地倾听职员的谈话，在有助于充分了解下情的同时，说明了你对下属的体贴和关心。这种没有架子的平民领导到哪儿都会受员工欢迎的。在朋友之间，这种附和地倾听则能促进情感，加深相互间的理解，引发精神上的共鸣。

所以，与他人交谈的时候，你若想讨对方欢心，想把交流愉快地延续下去，那么，请不要只是傻傻地倾听，要学着适时地附和。

用好"您"字，会让你更受欢迎

想让你的谈话取得良好效果吗？那么，在你与人交谈时，请选择他们感兴趣的话题。什么是他们最感兴趣的话题呢？是他们自己！

当你与他们谈及他们自己时，他们就会兴致勃勃，且完全着迷，他们对你的好感会油然而生。当你与人们谈及他们自己时，你是在顺应人性；当你与人们谈论你自己时，你是在违背人性。

你真的想成为最会说话的人吗？那么，从现在起，把这几个词从你的词典中删除出去：我，我自己，我的。你要开始用另一个词，一个人类语言中最有力的词来代替它——"您"！

例如："这是给您做的"，"您会从中得到好处"，"假如您这么做，您将会从中受益无穷"，"这将会给您的家庭带来欢乐"，等等。

当你能放弃谈论自己和使用"我、我自己、我的"这几个词而产生的满足感时，你的办事效率，你的影响力、号召力将会大大提高。虽然要做到这一点是有难度的，而且需要不断地练习，但是，一经付诸实践，它给予你的回报，将会让你觉得这样做非常值得。

还有一种利用"人们关心自己"这一特点的方式是，让他们谈论他们自己。这时，你会发现，人们热衷于谈论自己胜过任何话题。要是你能够巧妙地引导人们谈论他们自己，他们将会很喜欢你。

你可以尝试这样问他们。

"您的家人好吗？"

"您的孩子近来好吗？"

"您的女儿现在住哪里？"

"您在这家公司工作很长时间了吧？"

"这是您的'全家福'吗？"

"您认为……怎么样？"

"您旅途愉快吗？"

"您与您家人一起去吗？"

"这是您的家乡吗？"

大多数人很难对别人产生影响力或号召力，是由于他们总是忙着考虑自己，忙着谈论自己，忙着表现自己。但是，请记住这样一个事实：你是否对谈话感兴趣并不重要，重要的是你的听众是否对谈话感兴趣。除非你不想成为会说话的人，除非你想把你的人际关系搞坏。所以，当你与人谈话时，更多地谈论对方，并引导对方谈论他们自己吧。

这样，你就一定能够成为一名最受欢迎的、最会说话的人。

不过，需要注意的是，有些时候"您"可以换成"你"字，具体需要视情况而用。

让对方做主角，他一定喜欢与你交流

卡耐基认为，人与人交往时，只有尊敬对方交际活动才能顺利进行。如果总是压制对方、强迫对方服从自己，对方不久就会对你产生敌对情绪，从而失去对你的信赖。因此，交际中应努力让对方感到交际的主角是他。

试着留意对方的反应，尽力使对方心情舒畅。在人际交往中，要让对方扮演主角就得准备多个"剧本"。因为不知交往会在何处受挫，所以就必须把能观测到的对方谈话内容写进"剧本"，然后自己根据"剧本"演好配角。要做到使对方成为主角，调查收集与此相关的信息就显得非常重要。如：对方有什么爱好？对方最喜欢什么？憎恶什么？对方讲话有什么特点？对方有什么个人习惯？对方的弱点有哪些？要基于这样的信息，拟写一份能使对方成为主角并能打动对方的"剧本"。

如果能够做到这一步，对方就会感到与你交往心情舒畅，因而对你产生好感。

在交际过程中，如果遇到某个人你原先准备采用"中等水平"的交际方式，但当你发觉这种方式实在无法进行下去，这时就需要修改"剧本"重新预演一下。不过在事先应该假设出交际过程中有可能会出现的各种各样的问题，并针对这些问题设想一下自己应做出怎样的调整。

另外，卡耐基还建议我们必须考虑到：对方也有针对于自己的"剧本"，如果对方提出自己预料之外的问题，那么失败的可能是自己，所以必须反复斟酌，不断改善，这样才能使对方成为主角。

·第三章·

磁铁般吸引别人的心理策略

美丽比一封介绍信更具有推荐力

虽然有些人认为外貌几乎是无法经过个人努力而改变的特征，以它作为人际吸引的因素不公道；尽管人们常说"人不可貌相，海水不可斗量"，以貌取人，贻误大事"，但是，爱美之心，人皆有之，爱美是人的天性，无论在哪种文化背景中，漂亮的人总是容易被人喜欢，总是更容易促进其人际关系的发展。所以，外貌对于人际吸引的极大影响力，已经是不言而喻了，尤其是和陌生人初次打交道更是显得重要。

亚里士多德曾经说过"美丽比一封介绍信更具有推荐力"。有研究表明，长相好看的人比相貌平平的人挣的钱更多，拥有的工作更让人羡慕，而相貌平平的人比相貌丑陋的人又会好一些。对加拿大人做的一项调查发现，好看的人比丑陋的人挣的钱要多75%。同样的背景下，对管理职位的申请，漂亮的申请者比相貌平平的申请者赢得的职位级别要高。还有一项研究发现，在西点军校，相貌英俊的学员毕业时被授予更高的军衔。

有心理学家曾做过一个实验：

让一组被试阅读附有作者照片的文章，文章有的水平高、有的水平低，作者有的漂亮、有的不漂亮；让另一组的人只看第一组看过的文章，但没有附作者的照片。看完后让两组的被试评价文章水平的高低。结果发现，第一组被试对漂亮作者的文章评价分数要高于对不漂亮作者的文章评价，但是第二组被试则是根据文章的真实水平做出了比较客观的评价。

西方学者的研究发现，法官在"执法如山"的法庭上给犯人判刑时，也很难逃脱外貌晕轮效应的影响，有时判决的结果令人震惊不安：对于罪行相同的盗窃犯，外貌漂亮的平均被判刑2.8年，不漂亮的平均被判刑5.2年。不过，对于诈骗犯判刑的情况却不是如此。似乎法官们认为，越漂亮的诈骗犯越危险，越应该重判。

上面的例子都说明，外貌对于一个人在人际交往中能否给别人好感，能否吸引别人，起了举足轻重的作用。

可见，在人际交往中，我们一定要保持良好的仪表，注意你的装扮，讲究你的衣着，这样才能增加人际吸引力。

热情友善的称赞是获得友谊的最好方式

看看你身边的人，你想过你喜欢的人通常具有哪些特征吗？你喜欢他们，是因为他们漂亮还是因为他们聪明？或者是因为他们有社会地位？

心理学的研究表明，我们通常喜欢的人，是那些也喜欢我们的人。他不一定很漂亮，或很聪明，或者有社会地位，仅仅是因为他很喜欢我们，我们也就很喜欢他们。

那么，我们为什么会喜欢那些喜欢我们的人呢？这是因为喜欢我们的人使我们体验到了愉快的情绪，一想起他们，就会想起和他们交往时所拥有的快乐，使我们看到他们时，自然就有了好心情。

而且，那些喜欢我们的人使我们受尊重的需要得到了满足。因为他人对自己的喜欢，是对自己的肯定、赏识，表明自己对他人或者对社会是有价值的。

有心理学家曾做过这样一个实验：

让被试"无意中"听到一个刚与他说过话的伙伴告诉主试喜欢或不喜欢他。接着，当这些同伴和被试在一起工作时，被试的面部表情会因他们听到的内容而异。当被试听到同伴喜欢他们时，他们会比在听到同伴不喜欢他们时在非言语表现上更积极。另外，后来的书面评定显示，被喜欢的被试比不被喜欢的被试更多地被同伴吸引。

其他的研究也证明了相似的结果：人们对那些他们认为喜欢他们的人，持更积极的态度。这就是喜欢的互逆现象。

对于喜欢的互逆现象，卡耐基很久以前就在著作《如何赢得朋友和影响他人》中提到，人们获得友谊的最好方式是"热情友善地称赞他人"。但是，在我们为赢得他人友谊而不遗余力地去赞美他人之前，我们需考虑一下情境，有时赞美并不一定能导致喜欢。

喜欢的互逆性规律也有例外发生，其中之一就是当我们怀疑他人说好话是为了他们自己时，别人的赞美并不会导致我们去喜欢他。

此外，对那些自我评价很低的人来说，喜欢的互逆性也不会发生。因为他们可能认为喜欢他的人没有眼光，并且因此而不去喜欢那些人。

在生活中，有很多这样的情况，就是两个人的相互喜欢是由一个人对另一个人单方面喜欢开始的。比如一个女孩开始时对一个追求她的男孩并没有多少好感，但是这个男孩子表现出了对她特别喜欢的态度，使这个女孩久而久之也对这个男孩动心了，最后接受了他的追求。

当然，这个规律也不是绝对的。有时我们喜欢某个并不喜欢我们的人，相反，我们不喜欢的人有时却很喜欢我们。我们只能说在其他一切方面都相同的情况下，人有一种很强的倾向，喜欢那些喜欢我们的人，即使他们的价值观、人生观都与我们不同。

"远亲不如近邻"，离他近更容易被关注

请你想一想：在你成长的过程中，谁是你最亲近的朋友。多数情况下，他们可能是和你邻近的孩子们。

相同的现象也常发生在大学生宿舍里。有研究者统计发现，许多大学生总是和最近宿舍里的人最友好，和那些被安排住得最远的人最不友好。更使人吃惊的是，类似的情况发生在更为亲密的关系中，比如婚姻。例如，一个对 20 世纪 30 年代期间一个城市的结婚申请的研究显示，有 1/3 的夫妻由双方住所相隔不超过 5 个街区的人组成，而且随着地理上距离的增大，证书的数量下降，而且这些结果还不包括有 12% 的人在婚前就有相同的地址。

上面的这些都说明，空间距离在决定友谊方面有着极大的影响。社会心理学家斯坎特、费斯汀格和巴克对住在综合楼房里的已婚大学生的友谊做了仔细、详尽的研究。他们发现了在综合楼中空间的特定结构和友谊发展的关联性。

例如，他们发现友谊和相互间公寓的邻近性有密切联系。住在一门之隔的家庭比住在两门之隔的更可能成为朋友；那些住在两门之隔的家庭比住在三门之隔的更可能成为朋友；以此类推。而且，住得离邮箱和楼梯近的人比住得离这类特色结构远一些的人在整幢楼中有更多的朋友。

也许你会感到疑惑，这个邻近性和吸引相关的事实是否是因为相互喜欢所以

选择彼此住近一些。然而，研究发现，邻近性对喜欢有同样的影响。例如，对被根据姓氏字母顺序安排教室座位和房间的受训警察的研究发现：两个受训者的姓氏在字母表上的顺序越接近，他们就越有可能成为朋友。

显然，邻近性为友谊发展提供了机会，尽管它并不确保一定会发展友谊。

为什么邻近性能产生喜欢？首先，邻近的人，低头不见抬头见，为了拥有一份美好的心情，人们不得不与邻近的人搞好关系。其次，由于邻近，由于熟悉，即使是简单的人际互动也会提高我们对他人的好感。再次，根据交换理论，人们在互动过程中，总是希望以较小的代价换取最大的报酬，而邻近性则满足了这一要求。

西方心理学家最简单的解释认为"离得近的人比离得远的人更有用"。因为离得近，接触的机会多，刺激频率高，选择朋友就比较容易。一个人和我们住得越近，我们就越能了解他，与他也就越能成为朋友。

但是邻近性是否就一定具有人际吸引力呢？事情并不那么简单。我们知道，自己所喜欢的人往往是邻近的人，而自己所厌恶的人也往往是邻近的人。所以邻近是吸引的必要条件，但不是唯一的条件，只有当邻近的人具备了相互满足需要这一条件，或者说，人们对邻近者怀有好感时，邻近性才会产生吸引力。比如，同在一个单位工作的人，有的关系非常融洽，彼此默契配合，工作效率倍增；而有的关系则相当紧张，甚至到了有你无我的程度。这些都是在邻近关系中时常发生的现象。但是，事情也是相对的，离开了具体的情境，离开了满足需要这一人际关系的基础，忽视了其他因素的作用，就会把邻近性孤立起来而犯绝对化的错误。

知道了以上内容，如果你想有目的地接近某些人，引起对方注意，不妨考虑一下先成为他的近邻。

用小错误点缀自己，你会更具吸引力

美国心理学家阿伦森通过实验发现，与十全十美的人相比，能力出众但有一些小错的人最有吸引力，是人们最喜欢交往的对象。这种现象就是"犯错误效应"。

阿伦森让被试看四个候选人的演讲录像，这四个人是：1. 几乎是一个完美的人；2. 一个犯过错误但能力超众的人；3. 一个平庸的人；4. 一个犯过错误的平庸人。看完录像后，让被试评价哪一种人最具有吸引力。

结果表明，犯过错误、能力超众的人被认为最有吸引力。几乎是完美人的人居于第二位，其次是平庸的人和犯过错误的平庸人。

这个著名的实验很好地证明了生活中常见的一些现象：有一些看起来各方面都比较完美的人，却往往不太讨人喜欢；而讨人喜欢的，却往往是那些虽然有优点，但也有一些明显缺点的人。

为什么会这样呢？这是因为，一般人与完美无缺点的人交往时，总难免因为自己不如对方而有点自卑。如果发现精明人也和自己一样有缺点，就会减轻自己的自卑，感到安全，也就更愿意与之交往。你想，谁会愿意和那些容易让自己感到自卑的人交往呢？所以，不太完美的人，更容易让人觉得可亲、可爱。

从另一个角度来看，世界上不可能存在真正完美、没有缺点的人。如果一个人总是表现得很完美，倒很容易让人怀疑其中有造假的成分。或者说，故意把自己表现得很完美，这本身恐怕就是一个不好的缺点。

而那些追求完美的人，一定活得比一般人更累，而且与他们生活在一起或合作的人，也容易因为被他们要求，而活得比较累。

有一位女青年，具有高学历，长得也很漂亮，事业上也很有成就。她在方方面面都对自己严格要求，在很多人眼里，可以说是一位相当完美的人。当然她在择偶方面的标准也相当高，稍有缺点的就看不上，觉得配不上自己。她觉得婚姻是终身大事，不能马虎，宁可等着，也不能将就。结果，抱着这样的观念，一晃四十了，还是孑然一身。她自己感到很奇怪，像她条件这样好的人，为什么就不能被好男人发现呢？

其实她不知道，也许正是她的"完美"把许多男士吓着了。每个人固然希望自己的另一半能具有较多的优点，可是如果这个人真的十全十美，却也让人受不了。首先，会怕自己配不上对方；其次，因为对方要求高，你稍有缺点，他就要求你改正，你肯定会活得很紧张、很累。

如果让人们选择是活得累而完美，还是活得轻松而有缺陷，恐怕大多数人都会选择后者。

实际上，缺点和优点也要辩证地看。人是一个有机的整体，往往是因为他有这个优点，才导致他有另一个缺点。比如一个慷慨大方的人，可能也有大大咧咧、容易粗心的毛病；一个爱干净、处处完美的人，也容易显得小气和斤斤计较。很多时候，就看你选择什么，放弃什么。往往你选择一个优点，就必须放弃另一个优点。

学会适当的用小错误点缀自己，往往能让你更具有吸引力，更能在人脉圈中左右逢源。

吸引他最直接的方法：关键时刻拉他一把

有成功，就有失败；有得意者，就有落魄者。或许你昨天还是成功的典范，是一个意气风发、春风得意的人，到了今天，你就可能由于某种原因而一贫如洗，变成一个普普通通的人，甚至是还不如普通人的落魄者……

在当今社会，这种现象并不罕见。落魄者的情况各不相同，有的是经济原因，有的是思想品德所致，还有的是工作失误的结果。不管是主观原因还是客观原因，对于落魄者来说，从天上掉到地下，其痛苦心情可以想象。在这种际遇地位剧烈变化的情况下，不少人自惭形秽，觉得没脸见人，也有的则更加自尊、敏感，对他人的态度往往异常关注。

从人生的角度来看，人不可能一帆风顺，挫折、背时是难免的。当他落难的时候，虽然自己倒霉，但也是对周围人们，特别是对朋友的考验。远离而去的可能从此成为路人，但同情、帮助其渡过难关者，将以雪中送炭般的恩惠将其直接吸引，同时，他也将感激你一辈子。正所谓莫逆之交、患难朋友，往往就是在困难时候形成的。这时形成的交情也往往最有价值，最让人珍视。

在"文革"中，有一位领导受迫害被关了牛棚，没有人敢接近他。他的心情很苦闷，一度丧失了生活信心，动了自杀的念头。这时他的一个部下，不怕受连累，主动来见他，给他送东西，并开导了他，甚至狠狠地批评他的轻生思想，鼓励他，指出他的前途是光明的。他终于坚持了下来。后来这位领导十分感谢他的这个部下，把他当成知己。这个部下得了重病，他把自己的全部积蓄拿出来给他看病，后来又把他接到自己家里照顾，可见莫逆之交感情之深。

"我不知道他那时候那么痛苦，即使知道了，我也帮不上忙啊！"许多人遗憾地说。这种人与其说他不知道朋友的痛苦，不如说他根本无意知道。

人们总是可以敏感地觉察到自己的苦处，却对别人的痛处缺乏了解。他们不了解别人的需要，更不会花功夫去了解；有的甚至知道了也佯装不知，大概是没有切身之苦、切肤之痛吧。

虽然很少有人能做到"人饥己饥，人溺己溺"的境界，但我们至少可以随时体察一下别人的需要，时刻关心朋友，帮助他们脱离困境。当朋友身患重病时，你应该多去探望，多谈谈朋友关心的或感兴趣的话题；当朋友遭到挫折而沮丧时，你应该给予鼓励："这次失败了没关系，下次再来。"当朋友愁眉苦脸、郁郁寡欢时，你应该亲切地询问他。这些适时的安慰会像阳光一样温暖受伤者的心田，带给他们希望。

从现在开始，别再漠视那些落魄的朋友了，伸出你的手，关键时刻拉他一把，你将会像磁铁一样吸住他一辈子！

让对方占点便宜，他会在心里记住你

生活中总有这样的人，他们做事时一门心思只考虑不能便宜了别人，却忽视了于自己是否有利。让别人占点便宜，是为了自己以后不吃亏，所以做事不要怕便宜了别人。

陈嚣与纪伯是邻居。某天夜里，纪伯偷偷地将隔开两家的竹篱笆向陈家移了一点，以便让自己的院子宽一点，恰好给陈嚣看到了。纪伯走后，陈嚣将篱笆又往自己这边移了一丈，使纪伯的院子更宽敞了。纪伯发现后，很是惭愧，不但还了侵占陈家的地，而且还将篱笆往自己这边移了一丈。

陈嚣的主动吃亏，让纪伯感到内疚，他产生了"以小人之心度君子之腹"的感觉，就欠了陈嚣的一个人情债。每当他想起时，他还会内疚，还是会想法报答纪伯。

不管是大亏还是小亏，对办事有帮助的，你要尽可能地吃下去，不能皱眉。尤其是大亏，有时更是一本万利的事情。

徐先生从香港到广州，投资200多万港币，在花园酒店附近，兴建了一家酒家，但生意平平，头三个月就亏了50多万元。

一天，他在同一街上看到两家时装店，一家生意兴旺，另一家却相当平淡。什么原因呢？他走进那家旺店一看，原来店里除了高档货外，还有几款特价服装。

他受到了启发，于是就创出了"海鲜美食周"的点子——每天有一款海鲜是特价的，售价远远低于同行的价格。当时，基围虾的市场价格为38元一斤，徐先生把它们降到18元。

不出所料，这一招一举成功，很多食客就冲着那一款特价海鲜，走进了他的酒家大门。

降低价格，原来是准备亏本的，但由于吃的人多，每月销出 4 吨基围虾，结果不但没亏本，反而赚了钱。

自此以后，他的酒家门庭若市，顾客络绎不绝。

饭店酒楼的经营者之所以能够成功，往往是在人的"贪便宜"、"好尝鲜"的本性上做足了文章。因为贪便宜，一看到原本 38 元一斤的基围虾跌到 18 元一斤，于是人们便蜂拥而至抢便宜货，酒楼因此也就出了名，大把的钱自然流入老板腰包。

不过，让别人占点便宜并不是要大家随时随地都去吃亏。吃亏是有学问，有讲究的。我们要学会吃亏，要吃在明处，至少你应该让对方"哑巴吃汤圆——心中有数"。这样做你才能让别人觉得欠你人情，以后你若有求于他，他才会全力以赴。

用流行语增加你的语言魅力

流行语就是那些在一定时间、一定范围里高频率地运用于人们口头交际中的鲜活新潮的词句。它和着时代的脉搏，折射着生活的灵光，为人们的日常言谈增添着魅力与色彩。

流行语并不一定是一个国家或民族的共同语、规范语，它有较强的地域特征。例如，香港人把谈恋爱称为"拍拖"；广东人逢人称"阿哥"；南京人说事情好到极点为"盖帽了"；北京人谈吃喝用"撮"……有些流行语在传播中扩大了范围，如北京人把闲谈聊天叫"侃"，现在其他不少地方也用开了："没事我们一道侃侃去。"

大多流行语往往在一定的年龄、文化水平以及职业的人群中使用。比如在商业界，"看好"、"看涨"、"看跌"、"滑坡"、"走俏"等词语运用得很普遍；在演艺圈，"走红"、"领衔"、"性感"很流行。流行语多数是现有词句的一种比喻、替代、延伸，例如，知识分子把从商称为"下海"，把改行叫作"跳槽"，把撰写文章搞创作戏称为"爬格子"。

流行语具有较强较浓的时代色彩，沉淀着一定时期内的政治色彩、文化特点与生活气息。比如,对别人称自己的妻子,旧时代是"内人"、"太太",现代则有"爱人"、"那口子"、"另一半"等说法;说一个人样子好、气质佳,以前是"眉清目秀",后来是"健壮有朝气",现在是"潇洒风流"、"有魅力"等。

在日常谈话、交往活动中,恰到好处地使用流行语可以起到多方面的作用。

流行语可丰富、更新自己的谈话色调。一个人的谈话色调既包括话题、语调、声音的选择,也包含词句的筛选与锤炼。现实生活中有些人与别人交谈时老是一种腔调,老运用一些自己重复多遍、陈旧蹩脚的词句、口头禅,毫无新鲜明朗的气息,给人的感觉是迂腐而沉闷,如鲁迅笔下的孔乙己,"之乎者也"不断,又像电视剧《编辑部的故事》中的牛大姐,官腔套话不离口。跟紧时代的步伐,注意吸收运用流行的词句,可以使自己的谈吐变得丰富多彩,永远保持谈话色调的生机、活力,使话语常讲常新。

使用流行语可沟通联系,赢得别人的好感。愉快顺利的交谈活动,往往离不开流行语的使用。比如称呼别人,以前多是"师傅"、"同志"、"××长",现在多用"女士"、"先生"、"小姐"、"老板",这样更能增强谈话双方的亲近感、尊敬感,使交谈始终处于轻松自如的状态下,不至于因过于拘谨、正儿八经而影响沟通,引起别人反感。

使用流行语可增添生活情趣。生活是五彩斑斓的万花筒,人们常在一起聊天、谈笑,少不了流行语的点缀。一位男生发现一位女生新穿了一件连衣裙,故意惊呼道:"哇!真3.14。"这3.14是圆周率 π 的值,与流行语"派"谐音,因而立刻博得大家一阵会心的大笑。

流行语是怎么来的? 其实,流行语不是哪位名人或语言学家创造发明出来的,我们每个人都可以留心于生活,留心于别人的言谈,并借鉴、发挥,推陈出新,启动灵感,随口说出。平时不妨从以下几方面去搜集、学习:

第一,从电视电影里学。当代影视与人们的生活愈来愈贴近,不少精彩对白、主持人的即兴妙语、广告语的妙趣横生令人赞叹不绝,我们可以从中借鉴。比如有人劝朋友去看一个展览:"去看看吧,不看不知道,展览真奇妙!"显然这里仿用了"正大综艺"主持人的开场语。

第二,从港台语言中学。如"真性格"、"好帅"、"当心公司炒你鱿鱼"等等,很新奇,用语优美,不妨一借。

第三,从流行歌曲中学。许多流行歌曲不但能唱出人们的真情、心声,而且唱词通俗,生活气息浓。某男士谈恋爱,刚接触对方,生怕对方看不中自己的相貌,灵机一动，说道：“我知道我很丑，可是我也很温柔。”他妙用了一首歌名，很快赢得了姑娘的好感。再如“不是我不小心”、“我的未来不是梦”、“你知道我在等你吗”等，结合讲话的场合、语境、心境，信手拈来，适时穿插，一定情趣斐然。

第四，从报刊用语里学。如某报上曾有一篇题为《检察机关浑身是眼》的文章，某位善谈者巧借活用，与人评论小偷：“他浑身是手，什么都偷。”

第五，从方言俚语中学。方言俚语表达含蓄，俗得够味，很受人们喜爱。如“磨叽”在北方方言中是费口舌之意，我们也可以拿来运用，如：“还磨叽什么？快走吧。”

当然，运用流行语还必须考虑交谈对象的年龄、知识水平以及谈话背景。

借助健康的富于生命力的流行语，你可以在搞好人际关系这方面更加如鱼得水，流行语是语言不可或缺的调味剂。

反复暗示，让他对你加深印象

心理学家指出，交际过程中，通过对一点的反复强化、暗示、刺激，对方便会以此为基础，加深对你的印象。

关于这一点，我们就以常见的“反复性的暗示”为例。这是应用了一个人如果反复接受几次相同的刺激，这种刺激就会在意识中留下某种痕迹这种心理学上的原理。但是，如果仅仅是单纯的反复，那么就犹如“米糠中钉钉”、“黑夜中打炮”——徒劳一场。所以，要把这种暗示效果用于那些有先入之见的人时，必须考虑到对方是根据个人的经历使自己的先入之见得到强化的。

大家知道，有的宣传或广告是通过引人注意的词句或特定的标志来加深我们对商品或人物的印象的，这其中的道理和暗示的作用是一样的。如果你经常听到“带有足球标志的书店”、“车站旁边的餐厅”等等，那么，久而久之，你会不知不觉地对它们产生一种亲切感。

尤其是当对方具有某种先入为主的观念时，通过突出与对方的先入之见相反的事物给他加深印象会更为有效。例如，食品厂家千方百计让你感觉到快餐食品是手工制作的；在给人留下冷冰冰印象的银行或保险公司里，贴上给人以温馨感觉的宣传标语等等，都是利用了这种方法。不仅仅是宣传、广告，在面对面地与对方交流时，如果也能这样多次重复与对方的先入之见完全不同的语言或态度，也会收到良好的效果。

有一个想当歌手的年轻人去拜访一位作曲家，作曲家将他拒之门外。但是这个年轻人就在作曲家门前静坐不起，最后作曲家终于接待了他。这种"肉搏战"看起来似乎与说服无关，但是可以说这符合"通过重复加深印象"的道理。这样，年轻人通过将自己例外化，告诉作曲家"我与其他人不同！"由此打破了作曲家的先入之见。

这种通过重复来加深印象的交流之所以奏效，是因为它在给对方心理上带来一种暗示作用的同时，对方可以建立一种对你有利的"新观念"。

美国一位语言学家说："同一个音节或语法结构的重复会给人带来强烈的感化力。"例如，林肯最有名的语言是"来自人民的为人民的人民政府"。如果只是为了表明意思，只说"人民的政府"就可以了。人们听到林肯的讲话，似乎更加强化了人民政府已经诞生的这种意识。

这种"反复重复一点的效果"在恋爱电影镜头中也常常看到。例如，认为自己算不上美人的女性被男友多次地说"你的眼睛真美！"等赞美的话之后，她便开始觉得自己很漂亮，更加倾心于这位男友。这种强化实际上也就是前面所说的给对方植入并加深"新的观念"。

客观来讲，接收到相同的资讯，会让人形成一种它们确实很重要的错觉，因而将它们储存起来。透过这种方式，对方就能对你的想法留下深刻的印象，并转化成记忆保存下来。因此，优秀的交际高手，都会不断地使用"反复性的暗示"。

"反复性的暗示"有两种不同的操作模式，一是重复相同的语句；二是换汤不换药，用不同的方式表达相同的意念。两者情况大致如下：

第一，反复使用相同的语言。一而再，再而三地运用字义相同或相近的语言。比如，你的友人患了癌，非得动手术才能存活下去。偏偏你的朋友十分怕动手术，这时你就必须说服他接受手术。为此，你得不停地重复告诉他："你想活下去，就得动手术，否则的话……还是尽快接受手术吧！"

第二，用不同的方式重复相同的意念。如果老是重复相同的语句，弄不好反而让人觉得你婆婆妈妈，不堪其扰。因此，变换方式来表达相同的意思，就能避免这种情况的发生。

我们不妨举上面的例子来做变化。"你想继续活下去，对吧！如果你放弃的话，情况只会越变越糟！目前没有比动手术更有效的方法了！你看看人家小李，手术后不是痊愈得很快吗？如果你动了手术，也会跟他一样。振作点，别再说丧气话啦！"这样是不是比上面的例子更能够表达你的心意？

"重述是修辞学上唯一的原则。"刚开始只有你自己明白，别人未必能摸得着头脑。因为理解一种新的观念，很需要一些时间，并且必须集中全部注意力。所以为使人家彻底了解，必须反复申说解释，但是不可以用一句完全相同的话，免得听众反感。最好用几种不同措辞，改换几种说法，你的听众，就不会当你重复了。

美国政治家柏修安说："如果你自己还没有明了那个问题，你绝对无法令人家来明了那个问题。反之，你对那个问题越是认识清楚，你把那个问题传达到人家心里也越是容易。"

上面第二句话，就是第一句话的重述。我们所讲的"反复性暗示"也是一种重述性的"部分刺激"。当你说到第二句的时候，对方还没有功夫来细细地辨味一下他究竟是不是重复，反而觉得这样一解释，显得格外清楚了。

把一件事情反复暗示说明，这也是把反对我们的意见和不能和我们同意的意见加以阻止而不使发生的一种方法。在18世纪与19世纪之间，爱尔兰有一位政治家欧康尼尔，他有很丰富的演说经验。他说："要使大家能够相信并且接受一种政治的真理，只讲一两次甚或是10次是不会成功的。"他又继续说："要使政治上的真理深入人心，必须要再三地申述，因为听众若是继续听那一件事，在不知不觉中就和这一个真理连在一起了。到了后来，他们把那一件事静静地安置脑海中，就像信仰宗教一样的不再去怀疑了。"

美国议员哈里曼·强生，就因为懂得这个道理，才能连任加利福尼亚州的州长达6年之久。他在任州长之前，每次的演讲，差不多总是说："朋友们，请记住一点，我要做下次的加利福尼亚州的州长，我做了州长之后，一定要命令哈林的劣政以及南太平洋铁路公司滚蛋。"

美以美学会的创始人约翰·斯烈的母亲也深懂这个道理，所以她的丈夫问她为什么老把一件事要对儿子讲上20次的时候，她就说："因为我说了19次，他还没有学会。"

美国第38任总统威尔逊，他也深明这个道理，所以他的演说常常应用这一方法。下面一段话中的末两句的措辞完全是第一句话的重述："你们知道近几年来的大学生，他们并没有受到教育；你知道我们所用的教授方法并不曾教出一个人；你知道我们所有的训导也不曾训练出来一个人。"

有一位销售部经理曾不止一次地说："我不得不把公司的规章制度强加于客户身上。许多规定他们并不喜欢，当他们坚持要我对他们例外的时候，我感到

很为难。"

举个例子，你可以说："我明白您有不满意的地方，但是我们不能给任何人例外。"或"我也想给您例外，但我不能。"如果此人还继续要求，把刚才所说的冷静地确切地再重复一遍，不要提高嗓门或者推卸责任。你会发现，当你第三次重复这句话时，对方就不会再坚持了。但是要记住：当你不能按照对方的要求去做的时候，如果可能的话，尽量提供至少两个可供选择的方案。

当通过语言解释不能起到突出化作用而且很难给人带来亲近感时，可使用这种方法。如：通过说"卖××的阿姨"等等，将推销员特定化，这样可以给人带来亲近感，容易让对方接受与他的先入之见相对立的新观念。因此，在这种情况下，主要目的不是要打破对方的先入之见，而是通过一种"缓和剂"将对方的先入之见引导到有利于自己的方向上来。

可见，你要让对方对你印象深刻，想让对方对你先入之见有客观的认识，你就可以遵循这一原则：给他人反复的暗示。

·第四章·

打开对方心扉的心理策略

巧说第一句话，陌生人也能一见如故

假如在一个严冬的夜晚，与一位现在很陌生、但希望将来能成为朋友的人见面，你想说些什么作为初次见面的开场白呢？

大多数人都认为从谈天气切入最好，如"今晚好冷啊"。可是，单纯地使用它，虽然能彼此引出一些话来，但这些话往往对你们彼此无关紧要，于是，再深一步地交谈也就出现困难了。不过，如果你这样说："哦，今晚好冷！像我这种在南方长大的人，尽管在这里住了几年，但对这种天气还是难以适应。"相信，对方若也是在南方长大的，就会引起共鸣，接着你的话头说出一些有关的事；对方若是在北方长大的，他也会因为你在寒暄中提到了自己的故乡在南方，而对你的一些情况发生兴趣，有了要进一步了解你的欲望，从而可把你们的交往引向深入。

要知道，人都是独立的个体，都具有思维能力，与陌生人打交道时，你与对方都会存有一定的戒心，这也是初次交往的一种障碍。而初次交往的成败，关键就要看你们如何冲破这道障碍。如果你用第一句话吸引对方，或是讲对方比较了解的事，那么，第一次谈话就不仅仅是形式上的客套了。如果运用得巧妙，双方会因此打成一片，变得容易接近。

实际交往过程中，有的人采用一种很自然的、叙述型的谈话开头，也能给人一种亲切感，同时还能让人想继续向他询问一些细节。

在一个街道的计划生育办公室，一名记者正在了解此地青年男女早婚早育的情况。那位主管此事的女干部没有像他想象的那样给他列举一堆的数字，而是很自然地为他讲了个故事。

"今年的元月 26 日那天，这个街区某校的一名 15 岁的高中少女，初次见到本区的一个体户青年，这个青年也不过 20 岁出头，刚刚到法定的结婚年龄。元月 29 日，也就是距他们相识不过 3 天的时间。他们就双双到当地婚姻登记机构要求登记结婚，那少女发誓说她已工作，父母远在边疆，因此无需取得父母的同意。婚姻登记机构当然不相信，一定要她出示户口本以验证她的实际年龄，但他们却不知从哪里找来一治安人员，硬是替他们作了证，领取了结婚证书。就这样新郎为新娘租了一家旅馆，两人在那里住了 3 个月有余，少女的母亲发现已为时过晚，因为少女已经怀孕，而新郎却在此后突然不知去向，并到此为止，一直再没出现过。"

听完故事后，记者非常喜欢这段自然的开头，因为那名女干部说出具体的时间，令人预感将要有一段回忆或暗示一件有趣的事情要发生，令人产生渴望要了解细节的欲望。既为其采访提供了很好的素材，同时也从侧面揭示出早婚早育的后果。

总结来说，说第一句话的原则就是亲热、贴心、消除陌生感。常见方式主要有 3 种：

1. 问候式

"您好"是向对方问候致意的常用语。如能因对象、时间的不同而使用不同的问候语，效果则更好。对德高望重的长者，宜说"您老人家好"，以示敬意；对年龄跟自己相仿者，称"老×（姓），您好"，显得亲切；对方是医生、教师，说"李医师，您好"、"王老师，您好"，有尊重意味。节日期间，说"节日好"、"新年好"，给人以祝贺之感；早晨说"您早"、"早上好"则比"您好"更得体。

2. 攀认式

赤壁之战中，鲁肃见诸葛亮的第一句话是："我，子瑜友也。"子瑜，就是诸葛亮的哥哥诸葛瑾，他是鲁肃的挚友。短短的一句话就定下了鲁肃跟诸葛亮之间的交情。其实，任何两个人，只要彼此留意，就不难发现双方有着这样或那样的"亲"、"友"关系。

例如，"你是××大学毕业生，我曾在××进修过两年。说起来，我们还是校友呢！"、"您来自苏州，我出生在无锡，两地近在咫尺，今天能遇同乡，令人欣慰！"

3. 敬慕式

对初次见面者表示敬重、仰慕，这是热情有礼的表现。用这种方式必须注意：要掌握分寸，恰到好处，不能胡乱吹捧，不说"久闻大名，如雷贯耳"之类的过头话。表示敬慕的内容也应该因时因地而异。

例如，"您的大作《教你能说会道》我读过多遍，受益匪浅。想不到今天竟能在这里一睹作者风采！"、"桂林山水甲天下。我很高兴能在这美丽的地方见到您这位著名的山水画家。"

不过，说好了第一句话，仅仅是良好的开端。要想谈得有味，谈得投机，你还得在谈话的过程中寻找新的共同感兴趣的话题，这样才能吸引对方，使谈话顺利地进行下去。

熟记名字，更容易抓住他的心

人们在日常应酬中，如果一个并不熟悉的人能叫出自己的姓名，就会产生一种亲切感和知己感；相反，如果见了几次面，对方还是叫不出你的名字，便会产生一种疏远感、陌生感，增加双方的心理隔阂。一位心理学家曾说："在人们的心目中，唯有自己的姓名是最美好、最动听的东西。"许多事实也已经证实，在公关活动中，广记人名，有助于公关活动的展开，并助其成功。

美国的前总统罗斯福在一次宴会上，看见席间坐着许多不认识的人，他找到一个熟悉的记者，从记者那里一一打听清楚了那些人的姓名和基本情况，然后主动和他们接近，叫出他们的名字。当那些人知道这位平易近人、了解自己的人竟是著名政治家罗斯福时，大为感动。以后，这些人都成了罗斯福竞选总统的支持者。

记住对方的名字，最好时而高呼出声，这不仅是起码的一种礼貌，更是交际场上值得推行的一个妙招。你想一想，对于轻易记住你的名字的人，我们怎不顿觉亲切，仿佛双方是老友相逢，这时，他来求我们什么事情，我们怎好不竭尽全力予以优先惠顾呢？

在交际场上，如果第一次见面时你留给一位姑娘一个良好的印象，可是第二次见面时，你却嗯嗯啊啊地叫不出她的名字来，这位姑娘心里会不舒服，认为自己如此不具分量。那么，即使原来想好好谈谈，或谈生意，或谈人情，这一下全变得兴味索然了。叫不出对方的名字，谈下去就没戏了，因此你或许断了一方财路，或许使一段姻缘夭折。

在对方面前，你一张口就高呼出他的名字，会让对方为之一振，对你顿生景仰之意。就是原本不利的情势，也往往会因为你的这一高呼而顿时"化险为夷"。

一位著名作家说："记住人家的名字，而且很轻易地叫出来，等于给别人一个巧妙而有效的赞美。因为我很早就发现，人们把自己的姓名看得惊人的重要。"

对自己的名字是如此重视。不少人不惜任何代价让自己的名字永垂不朽。且看两百年前，一些有钱人把钱送给作家们，请他们给自己著书立传，使自己的名

字留传后世。不言而喻，一个人对他自己的名字比对世界上所有的名字加起来还要感兴趣。

卡内基也是认识了这一点才成为钢铁大王的。小时候，他曾经抓到一窝小兔子，但是没有东西喂它们。他就想出了一个绝妙的主意。他对周围的孩子们说："你们谁能给兔子弄点吃的来，我就以你们的名字给小兔子命名。"这个方法太灵验了，卡内基一直忘不了。当卡内基为了卧车生意和乔治·普尔门竞争的时候，他又想起了这个故事。

当时，卡内基的中央交通公司正跟普尔门的公司争夺联合太平洋铁路公司的卧车生意。双方互不相让，大杀其价，使得卧车生意毫无利润可言。后来，卡内基和普尔门都到纽约去拜访联合太平洋铁路公司的董事会。有一天晚上，他们在一家饭店碰头了。卡内基说："晚安，普尔门先生，我们别争了，再争下去岂不是出自己的洋相吗？"

"这话怎么讲？"普尔门问。

于是卡内基把自己早已考虑好的决定告诉他——把他们两家公司合并起来。他把合作，而不是竞争的好处说得天花乱坠。普尔门注意地倾听着，但是他没有完全接受。最后他问："这个新公司叫什么呢？"

卡内基毫不犹豫地说："当然叫普尔门皇宫卧车公司。"

普尔门的面孔一亮，马上说："请到我的房间来，我们讨论一下。"

这次讨论翻开了一页新的工业史。

如果你不重视别人的名字，又有谁来重视你的名字呢？如果有一天你把人们的名字全忘掉了，那么，你也很快就会被人们遗忘。

记住别人的名字。对他人来说，这是所有语言中最甜蜜、最重要的声音。

如果你想让人羡慕，请不要忘记这条准则："请记住别人的名字，名字对他来说，是全部词汇中最好的词。"

熟记他人的名字吧，这会给你带来好运！

"我们"常挂嘴边，消除对方陌生感

曾经有一位心理学家，做了一个有名的实验，就是选编了三个小团体，并且分派三人饰演专制型、放任型、民主型的三位领导人，然后对这三个团体进行意识调查。结果，领导人饰演民主型的这个团体，表现了最强烈的同伴意识。而其中最有趣的，就是这个团体中的成员，大都使用"我们"一词来说话。

经常听演讲的人，大概都有这样的经验，就是演讲者说"我这么想……"，不如说"我们是否应该这样"更能使你觉得和对方的距离接近。因为"我们"这个字眼，也就是要表现"你也参与其中"的意思，所以会令对方心中产生一种参与意识，按照心理学的说法，这种情形是"卷入效果"。

小孩子在玩耍时，经常会说"这是我的东西"或"我要这样做"，是小孩子的自我和自己显示欲所造成的。但有时在成人世界中，也会出现如此说法，而这种人不仅无法令对方有好印象，可能在人际关系方面也会受阻，甚至在自己所属的团体中，形成被孤立的场面。

人心是很微妙的，同样是与人交谈，但有的说话方式会令对方产生反感，而有的说话方式却会令对方不由自主地产生好感。卡耐基因此告诉人们，若想把自己表现得更好，形成圆满的人际关系，就应善加利用这种"卷入效果"。

用细微动作可以拉近与陌生人的距离

与陌生人相处时，必须在缩短距离上下功夫，力求在短时间内了解得多些，缩短彼此的距离，力求在感情上融洽起来。孔子说："道不同，不相为谋。"志同道合，才能谈得拢。

我们在百货公司买衬衫或领带时，女店员总是会说："我替你量一下尺寸吧！"

这是因为对方要替你量尺寸时，她的身体势必会接近过来，有时还接近到只有情侣之间才可能的极近距离，使得被接近者的心中涌起一种兴奋感。

每个人对自己身体周围，都会有一种势力范围的感觉，而这种靠近身体的势力范围内，通常只能允许亲近之人接近。如果一个人允许别人进入他的身体四周，就会有种已经承认和对方有亲近关系的错觉，这一原理对任何人来说都是相同的。

本来一对陌生的男女，只要能把手放在对方的肩膀上，心理的距离就会一下子缩短，有时瞬间就成为情侣的关系。推销员就常用这种方法，他们经常一边谈话，一边很自然地移动位置，跟顾客离得很近。

因此，只要你想及早造成亲密关系，就应制造出自然接近对方身体的机会。

有一场篮球比赛，一位教练要训斥一名犯了错的球员。他首先把球员叫到跟前，紧盯着他的眼，要这位年轻小伙子注意一些问题，训完之后，教练轻轻拍了

拍球员的肩膀和屁股，把他送回到球场上。

教练这番举动，从心理学的观点来看，确实是深谙人心的高招。

第一，将球员叫到跟前。把对方摆在近距离前，两人之间的个人空间缩小，相对地增加对方的紧张感与压力。

第二，紧盯着对方的双眼。有研究表明，对孩子讲故事时紧盯着他的眼，过后孩子能把故事牢牢记住。教练盯着球员的眼睛，要他注意，用意不外乎是使对方集中精神倾听训斥。否则球员眼神闪烁、心不在焉，很可能会把教练的训斥全当成耳边风，毫不管用。

第三，轻拍球员身体，将其送回球场。实验显示，安排完全不相识的人碰面，见面时握了手和未曾握手，给人的感受大大不相同。握手的人给对方留下随和、诚恳、实在、值得信赖等良好印象，而且约有半数表示希望再见到这个人。另一方面，对于只是见面而没有肢体接触的人，则给人冷漠、专横、不诚实的负面评价。

正确接触对方身体的某些部位，是传达自己感情最贴切的沟通方式。如果教练只是责骂犯错的球员，会给对方留下"教练冷酷无情"的不快情绪。但是一经肢体接触之后，情形便可能大大改观，球员也许变得很能体谅教练的心情："教练虽然严厉，但终究是出于对我的一番好意！"

此外，与陌生人交谈，应态度谦和，有诚意，力求在缩短距离上下功夫，力求在短时间里了解得多一些。这样，感情就会渐渐融洽起来。我国有许多一见如故的美谈，许多朋友，都是由"生"变"故"和由远变近的，愿大家都多结善缘，广交朋友。善交朋友的人，会觉得四海之内皆朋友，面对任何人，都没有陌生感。

1. 适时切入

看准情势，不放过应当说话的机会，适时插入交谈，适时的"自我表现"，能让对方充分了解自己。

交谈是双边活动，光了解对方，不让对方了解自己，同样难以深谈。陌生人如能从你切入式的谈话中获取教益，双方会更亲近。适时切入，能把你的知识主动有效地献给对方，实际上符合互补原则，奠定了情投意合的基础。

2. 借用媒介

寻找自己与陌生人之间的媒介物，以此找出共同语言，缩短双方距离。如见一位陌生人手里拿着一件什么东西，可问："这是什么……看来你在这方面一定是个行家，正巧我有个问题想向你请教。"对别人的一切显出浓厚兴趣，通过媒介物引发他们表露自我，交谈也能顺利进行。

3.留有余地

留些空缺让对方接口，使对方感到双方的心是相通的，交谈是和谐的，进而缩短距离。因此，和陌生人的交谈，千万不要把话讲完，把自己的观点讲死，而应是虚怀若谷，欢迎探讨。

不同的人、不同的心情，会有不同的需要。要想打动陌生人，就得不失时机地针对不同的需要，运用能立即奏效的心理战术。通过对方的眼神、姿势等来推测其当时的心思，再有效地运用，如拍肩、握手、拥抱等非语言沟通方式来传情达意，如果你懂得运用这些技巧，便能很快地拉近与陌生人的心理距离。

别出心裁称赞他人，增进彼此好感

与人交流的过程中，尤其是有些陌生的人，适时称赞对方没被其他人赞美过的地方，不仅能让对方感到高兴，激发他的交谈积极性，而且更容易打开对方心扉，拉近彼此的好感，甚至使他变为你的挚友。

法国总统戴高乐1960年访问美国时，在一次尼克松为他举行的宴会上，尼克松夫人费了很大的劲布置了一个美观的鲜花展台：在一张马蹄形的桌子中央，鲜艳夺目的热带鲜花衬托着一个精致的喷泉。精明的戴高乐将军一眼就看出这是女主人为了欢迎他而精心设计制作的，不禁脱口称赞道："女主人为举行一次正式宴会要花很多时间来进行这么漂亮、雅致的计划和布置。"尼克松夫人听了，十分高兴。事后，她说："大多数来访的大人物要么不加注意，要么不屑为此向女主人道谢，而他总是想到和讲到别人。"在以后的岁月中，不论两国之间发生什么事，尼克松夫人始终对戴高乐将军保持着非常好的印象。

别人都没注意到的地方，戴高乐却注意到了，并直截了当地将他的欣赏表达出来，这怎能不让尼克松夫人高兴呢？因此，我们在对陌生人加以赞美时，如果能悉心挖掘那种鲜为人赞的地方，对方会非常开心，陌生人很快就会变成挚友。这一点，你完全可以向一位聪明的女人讨教，她就是因为拍了《真善美》而红遍天下的影星茱莉·安德鲁丝，她除了演技好、容貌美、歌声令人陶醉之外，还有一张伶俐的嘴。

有一天，茱莉·安德鲁丝去聆听鼎鼎大名的指挥家托斯卡尼尼的音乐会，在音乐会结束之后，她和一些政要名流一起来到后台，向大指挥家恭贺演出的成功。

大家都夸奖指挥家："指挥得实在是棒极了！"

"抓住了名曲的神韵！"

"超水准的演出！"

大指挥家一一答谢，由于疲累，而且这种话实在是听得太多了，所以脸上显出有些敷衍的表情。忽然，他听到一个高雅温柔的声音对他说："你真帅！"

抬头一看，是茉莉·安德鲁丝。

大指挥家眼睛亮了起来，精神抖擞地向这位美丽的女士道谢。

事后，托斯卡尼尼高兴地到处对人说："她没说我指挥得好，她说我很帅哩！"恐怕大指挥家还是头一回听到有人赞美他帅呢！

就这样，大指挥家把茉莉当成了挚友，时时去为她捧场。虽然只是一次见面，大指挥家就时常抱怨与她"相见太晚"。

人人都有自己的长处，也都有短处。人们一般都希望别人多谈自己的长处，不希望别人多谈自己的短处，这是人之常情。跟初谈者交谈时，如果以特有的方式赞扬对方的长处作为开场白，就更能使对方感到高兴，对你产生好感，交谈的积极性也就得到了激发。

所以，赞美要具体化，正如伏尔泰所说："言而无物，其言必拙。"赞美用语越具体，越说明你对他的了解，这不失为一种特殊的赞美方式。

适当"自我暴露"能加深亲密度

小敏是同宿舍中最擅长交际的一个，并且人也长得漂亮。但同宿舍甚至同班的其他女孩都找到了自己的男朋友，唯独漂亮、擅长交际的小敏仍是独自一人。

为什么呢？她身边的同学都表示，她太神秘，别人很难了解她。和她有过接触的男同学也说，刚开始和她交往时，感觉她是个活泼开朗的女孩，但时间一长，就发现她很自私。

原来，小敏一直对自己的私生活讳莫如深，也从不和别人谈论自己，每当别人问起时，她就把话题岔开，怪不得同学们都觉得她神秘呢！

生活中有一些人是相当封闭的，当对方向他们说出心事时，他们却总是对自己的事情闭口不谈。但这种人不一定都是内向的人，有的人话虽然不少，但是从不触及自己的私生活，不谈自己内心的感受。

有些人社交能力很强，他们可以饶有兴趣地与你谈论国际时事、体育新闻、家长里短，可是从来不会表明自己的态度。而一旦你将话题引入略带私密性的问题时，他就会插科打诨，转移话题。可见，一个健谈的人，也可能对自身的敏感问题有相当强的抵触心理。相反，有一些人虽不善言辞，却总希望能向对方袒露心声，反而能很快和别人拉近距离。

人之相识，贵在相知；人之相知，贵在知心。要想与别人成为知心朋友，就必须表露自己的真实感情和真实想法，向别人讲心里话，坦率地表白自己、陈述自己、推销自己，这就是自我暴露。

当自己处于明处，对方处于暗处，你一定不会感到舒服。自己表露情感，对方却讳莫如深，不和你交心，你一定不会对他产生亲切感和信赖感。当一个人向你表白内心深处的感受，你可以感到对方信任你，想和你达到情感的沟通，这就会一下子拉近你们的距离。

在生活中，有的人知心朋友比较多，虽然他看起来不是很擅长社交。如果你仔细观察，会发现这样的人一般都有一个特点，就是为人真诚，渴望情感沟通。他们说的话也许不多，但都是真诚的。他们有困难的时候，总会有人来帮助，而且很慷慨。而有的人，虽然很擅长社交，甚至在交际场合中如鱼得水，但是他们却少有知心朋友。因为他们习惯于说场面话，做表面功夫，交朋友又多又快，感情却都不是很深。因为他们虽然说很多话，却很少暴露自己的真实感情。

实际上，人和人在情感上总会有相通之处。如果你愿意向对方适度袒露，总会发现相互的共同之处，从而和对方建立某种感情的联系。向可以信任的人吐露秘密，有时会一下子赢得对方的心，赢得一生的友谊。

小鱼是某大学的研究生，刚入学不久，她就把同班同学给震了。一天早上上课，课间，坐在前排的她转过身和一位同学借笔记，还回来时笔记里竟然夹了一张男生的照片，于是小鱼打开了话匣子，跟后面的同学聊了起来，说那是她在火车上认识的新男友，正热恋。她从她和男友在哪儿租了房子、昨天买了什么菜、谁做的晚饭，说到她如何如何幸福，甚至说到二人世界里亲密的小细节……

这样的事情有很多，而且她经常不分时间场合随便就跟别人讲自己的一些私事。到后来，同学们一见到她就躲开了，大家都受不了她了。

由上面的这个例子我们可以看出，在人际交往的过程中，自我暴露要有一个

度，过度的自我暴露反而会惹人厌。

在人际交往中，自我暴露应注意以下几个问题：

（1）自我暴露应遵循对等原则，即当一个人的自我暴露与对方相当时，才能使对方产生好感。比对方暴露得多，则给对方以很大的威胁和压力，对方会采取避而远之的防卫态度；比对方暴露得少，又显得缺乏交流的诚意，交不到知心朋友。

（2）自我暴露应循序渐进。自我暴露必须缓慢到相当温和的程度，缓慢到足以使双方都不感到惊讶的速度。如果过早地涉及太多的个人亲密关系，反而会引起对方的忧虑和不信任感，认为你不稳重、不敢托付，从而拉大了双方之间的心理距离。

真正的亲密关系是建立得很慢的，它的建立要靠信任和与别人相处的不断体验。因而，你的"自我暴露"必须以逐步深入为基本原则，这样，你才会讨人喜欢，才能交到知心朋友。

幽默，让对方更加向你靠近

幽默使生活充满了情趣，哪里有幽默，哪里就有活跃的氛围。

在人际交往中，幽默是心灵与心灵之间快乐的天使，拥有幽默就拥有爱和友谊。

一个秃头者，当别人称他"理发不花钱，洗头不费水"时，他当场变了脸，使原本比较轻松的环境变得紧张起来。一位演讲的教授，也是一个秃头，他在自我介绍时说："一位朋友称我聪明透顶，我含笑地回答：'你小看我了，我早就聪明绝顶了。'"然后他指了指自己的头说，"我今天演讲的题目是外表美是心灵美的反映。"教授就这样开始了自己的演讲，整个会场充满了活跃的气氛。

同样是秃头，同样容易受到别人的揶揄和嘲谑，为什么不同的人得到的却是别人不同的认可，其间的缘故就是没有幽默感。

由此可见，幽默不仅反映出一个人随和的个性，还显示了一个人的聪明、智慧以及随机应变的能力。但需要注意的是，幽默既不是毫无意义的插科打诨，也不是没有分寸的卖关子、耍嘴皮。幽默要在入情入理之中，引人发笑，给人启迪。

生活中应用幽默，可缓解矛盾，调节情绪，促使心理处于相对平衡状态。著名的喜剧大师卓别林曾说：“通过幽默，我们在貌似正常的现象中看不出不正常的现象，在貌似重要的事物中看不出不重要的事物。”

幽默并非天生就有，而是需要自己用心培养。那么，怎样培养幽默感呢？

1. 首先要领会幽默的真正含义

幽默不是油腔滑调，也非嘲笑或讽刺。正如有位名人所言：“浮躁难以幽默，装腔作势难以幽默，钻牛角尖难以幽默，捉襟见肘难以幽默，迟钝笨拙难以幽默，只有从容、平等待人、超脱、游刃有余、聪明透彻，才能幽默。”

2. 扩大知识面

幽默是一种智慧的表现，它必须建立在丰富的知识基础上。一个人只有具有审时度势的能力、广博的知识，才能做到谈资丰富，妙言成趣，从而做出恰当的比喻。因此，要培养幽默感，必须广泛涉猎，充实自我，不断从浩如烟海的书籍中收集幽默的浪花，从名人趣事的精华中撷取幽默的宝石。

3. 陶冶情操

幽默是一种宽容精神的体现，要使自己学会幽默，就要学会宽容大度，克服斤斤计较，同时还要乐观。乐观与幽默是亲密的朋友，生活中如果多一点趣味和轻松，多一点笑容和游戏，多一份乐观与幽默，那么就没有克服不了的困难，也不会出现整天愁眉苦脸、忧心忡忡的痛苦者。

4. 培养敏锐的洞察力

提高观察事物的能力，培养机智、敏捷的能力，是提高幽默的一个重要方面。只有迅速地捕捉事物的本质，以诙谐的语言做出恰当的比喻，才能使人们产生轻松的感觉。

当然，在幽默的同时还应注意，重大的原则总是不能马虎，不同问题要不同对待，在处理问题时要极具灵活性，做到幽默而不俗套，使幽默为人们的精神生活提供真正的养料。

运用认同术是达成共识的有效方法

在交际中寻找共同点的说话术，俗称“套交情”，也叫“认同术”。这种认同是交际中与陌生人、朋友、尊长、上司等沟通情感的有效方式。它是要在交际双方的经历、志趣、追求、爱好等等方面寻找共同点，诱发共同语言，为交际创造一个良好的氛围，进而赢得对方的支持与合作。

例如，对待朋友，应该尽量抓准每一个机会增进交往，和朋友达成共识。你可以及时地给予对方雪中送炭式的帮助，从而拉近你和朋友的距离，使朋友对你更加忠诚。当朋友获得成功时，及时地、由衷地祝福朋友，分享朋友的喜悦，会使朋友更加快乐，并会感激你对他的祝贺。当朋友有困难时，应帮助他渡过难关，真正地体现有福同享、有难同当的精神。

如果朋友对你的某些行为流露出不满甚至批评时，应该弄清朋友不满是什么原因造成的。有时可能是朋友误会了你的意思，而有时或许是由于你的粗心没能照顾到对方的情绪，使对方产生不满，无论何种原因，你都应该谅解朋友，坦诚地向对方解释自己的行为，甚至赔礼道歉，以化解对方的不满，求得对方的原谅。

与朋友交往时应多强调精神因素，淡化物质上的交往。交朋友时以对方的道德品质、脾气和性格是否与自己相投作为择友标准，不要以贫富贵贱作为择友标准。与朋友交谈或来往时应强调精神上的交流，如聊一聊最近的生活感触，互相给予鼓励和支持等，不要一味地谈钱、谈物质，这样会给对方很不好的印象。当对方遇到物质方面的困难时，应慷慨给予对方物质帮助，不要吝啬，这样会使朋友觉得你是一个真正的朋友，所交的朋友一般是在年龄相仿的人之间。但如果与跟自己年龄相差很大的人交朋友，也会有意想不到的效果。老年人遇事经验丰富，年轻人遇事热情有冲劲，两者的交往可以取长补短，所以社会上也不乏"忘年之交"。

人与人交往的最好结果是心与心的相通、志与志的相合、心理与心理的相容和分寸适度的距离感。无论哪方面，都应该力求达到一种"求同存异"的效果。

在现实生活中，由于每个人所处的环境不同，因此在经历、教育程度、道德修养和性格等方面也各不相同，这些方面的差距不应成为友谊的障碍。友谊的长久维持应该是正确对待这类差距的结果。应该承认自己和朋友在对待事物方面的差距，承认这种差距，适应这种差距，双方可以有争论、有辩解，从争论中寻找两人的契合点，求同存异。在涉及精神信仰的因素中应尊重对方，在涉及认识水平的问题上应通过暗示、影响等方面使对方认识到你们之间的差距。总之，有时保持这种差距，比强迫对方或自己改变以缩短差距要可行得多。

当然，朋友之间在兴趣爱好上有距离是司空见惯的事，如何才能使朋友之间的爱好协调起来呢？一般来说，朋友之间的兴趣爱好是相近的，但有时又是截然不同的。在这种情况下，应该尊重彼此的兴趣爱好，互相取长补短，如此不仅可以拓宽自己的知识面，还能使友谊更上一层楼。在交朋友时，应注意多结交一些与自己兴趣爱好相差甚远的朋友，这样可以使自己见闻更广阔，思想更活跃。

我们常说："距离产生美。"朋友之情再深，也没必要天天黏在一起，因为相距越近，越容易挑剔对方的缺点和不足，忽视对方的优点和长处，长期下去，会导致矛盾摩擦甚至断交。如果朋友之间保持一定的距离，可以使朋友彼此忽视缺点，而发现的是对方的优点和长处，并对对方有所牵挂，这样友谊就易于维持下去。

总之，不管怎么样，对他人要善于运用认同术，着力达到"求同存异"的境界是最主要的。这样才能维持长久的交情，经营完善自己的关系网络。

·第五章·

获取对方信任的心理策略

层层释疑，让对方放下心理包袱

无论是求人办事，还是想进一步发展彼此的交情，赢得他人信任是成功交际必不可少的基本条件。因为人的思想是复杂的，有时会对某些事情感觉不是很有把握，或对某一事物不理解、想不通，于是疑虑重重，这些往往是不可避免的。

想从根本上解决这一问题，就要求我们要善于以情定疑，把道理说透。一旦消除了这些疑虑，自然就能够赢得对方的信任。不过，消除别人的疑虑并不是一件很容易的事情，而需要一点一点的、层层递进，穷追不舍，把道理讲明白、讲透彻，这就是层层释疑的方法。

1921 年，美国百万富翁哈默听说苏联实行新经济政策，鼓励吸收外资，就打算去苏联做粮食生意，当时苏联正缺粮食，恰巧美国粮食大丰收。此外，苏联有的是美国需要的毛皮、白金、绿宝石，如果双方交换，是一笔不错的交易。哈默打定了主意，来到了苏联。

哈默到达莫斯科的第二天早晨，就被召到了列宁的办公室，列宁和他进行了亲切的交谈。粮食问题谈完以后，列宁对哈默说，希望他在苏联投资，经营企业。西方对苏联实行新经济政策抱有很深的偏见，搞了许多怀有恶意的宣传。哈默听了，心存疑虑，默默不语。

聪明的列宁当然看透了哈默的心事，于是耐心地对哈默讲了实行新经济政策的目的，并且告诉哈默："新经济政策要求重新发展我们的经济潜能。我们希望建立一种给外国人以工商业承租权的制度来加速我们的经济发展。"

经过一番交谈，哈默弄清了苏维埃政权的性质和苏联吸引外资企业的平等互利原则，于是很想大干一番。但是不一会儿，他又动摇起来，想打退堂鼓。为什么？因为哈默又听说苏维埃政府机构，人浮于事，手续繁多，尤其是机关人员办事儿拖拉的作风，令人吃不消。

当列宁听完哈默的担心时，立即又安慰他道："官僚主义，这是我们最大的祸害之一。我打算指定一两个人组成特别委员会，全权处理这件事，他们会向你提供你所需要的帮助。"

除此之外，哈默又担心在苏联投资办企业，苏联只顾发展自己的经济潜能，而不注意保证外商的利益，以致外商在苏联办企业得不到什么实惠。

当列宁从哈默的谈吐中听出这种忧虑，马上又把话说得一清二楚："我们明白，我们必须确定一些条件，保证承租的人有利可图。商人不都是慈善家，除非觉得可以赚钱，不然只有傻瓜才会在苏联投资。"

列宁对哈默的一连串的疑虑，逐一进行释疑，一样一样地都给他说清楚，并且斩钉截铁，干脆利落，毫不含糊，把政策交代得明明白白，使得哈默的心好像一块石头落了地。没过多久，哈默就成了第一个在苏联租办企业的美国人。

假如当初列宁不是很巧妙地解开哈默的疑问，那么哈默很有可能就不会在苏联投资了，那样无论对哪一方都将会是一种损失。

因此，在交际中当对方心存疑虑时，你若是想赢得对方的信任，最好采用层层释疑的方法，巧妙解开对方的疑团，让对方放下心理包袱，那么彼此间的交往就会变得顺畅多了。

赢得信任，设身处地为对方着想

会打棒球的人都知道，当我们要接球时，应顺着球势慢慢后退，这样做的话，球劲儿便会减弱。与此相似，当我们在与他人交往的时候，若能运用接棒球的那一套方法，使对方充分说出他的意见，认真倾听，并随时保持询问对方意见的风度，会很容易赢得对方信任，避免许多不必要的冲突。

杰克·凯维是加利福尼亚州一家电气公司的一位科长，他一向知人善任，并且每当推行一个计划时，总是不遗余力地率先做榜样，将最困难的工作承揽在自己的身上，等到一切都上了轨道之后，他才将工作交给下属，而自己退身幕后。虽然，他这种处理事情的方法是很好的，但他太喜欢为人表率，所以常常让人觉得他似乎太骄傲了。

最近不知怎么搞的，一向神采奕奕的凯维却显得无精打采。原来最近的经济极不景气，资金方面周转不灵，再加上预算又被削减，使得科里的业务差点停顿。凯维看这种情形若继续下去，后果一定不可收拾。于是他实施了一套新方案，并且鼓励员工："好好干吧！成功之后一定不会亏待你们的。"但没想到眼看就要达到目标，结果还是功亏一篑，也难怪他会意志消沉了。平日对凯维就极为照顾的经理看了这些情形后，便对他说："你最近看起来总是无精打采的，失败的挫折感我当然能够了解，但是我觉得你之所以会失败，是因为你只是一味地注意该如何实现目标，却忽略了人际关系这个软体的工程，如果你能多方考虑，并多为他人着想，这种问题一定能够迎刃而解。"经理停顿了一下，又接着说："大丈夫要能屈能伸，才是一个好的管理人员。我觉得你就是进取心太急切了，又总喜欢为员工作表率，而完全不考虑他们的立场，认为他们一定能如你所愿地完成工作，结果倒给了员工极大的心理压力。大概也就是因为这个缘故，大家都说你虽能干，但你的部属却很难为。每个人当然都知道工作的重要性，所以你实在大可不必再给他们施加压力。你好好休息几天，让精神恢复过来，至于工作方面，我会帮助你的。"

看了杰克·凯维的这一段亲身经历后，你一定也有相同的感触，那就是，要想在这个社会上生存，并不是只靠热情与诚意便可取得成功的。或许你原本对自己的能力极有信心，但往往会因过分能干或热心，反而给别人带来跟不上的感觉，而自己也会有挫折感，这一切都是因为你不曾站在他人的立场，为他人着想之故。只要你能奉"设身处地为对方着想"为圭臬，便可减少许多原可避免的困扰。

一些人只为了与知心的朋友共聚一堂，作一次彻夜长谈，可以不远千里跋涉。但是，很不幸的是有许多人却认为自己没有谈话的对象，没有诉苦的对象，也没有可以依赖的朋友，而在这孤独的想法的背后，往往是有事实根据的。相反，这世界上也有许多并不孤独的人，但是他们喜欢替别人乱出主意，或一开口便牢骚满腹，甚至喜欢改变别人，好管闲事。其实这两种人都并非人们所需要的人，一般人所需要的是可以理解他、了解他、安慰他、喜欢他的人。

"我理解你"这短短四个字，就是你能向他人说出的最体贴、最温柔的一句话。换句话说，就是对方最乐于听到的一句话。

"我理解你"当你对别人说出这句话时，表示你能体会他的心情及他说话的意思，而对他来说，你便具有强大的魔力，而且非常值得信任。

用好态度打消对方疑心，让他知道你可信

在消除对方疑虑取得信任的过程中，好态度是一个不容忽视的重要因素。下面，我们一起来看看卡耐基在这方面的亲身经历。

有一次，卡耐基受一家公司委托，请求某位学者帮忙。起初工作进展得好像很顺利，但是不久之后，公司的负责人给他打来了一个令人不解的电话，说不知道为什么，学者的态度突然变了，弄不好会拒绝工作。卡耐基对他采取了各种方法，仍无济于事。即使是允诺改善工作报酬、放宽日期也未能打动他的心。

卡耐基想总得见他一面，听听情况。于是，当天晚上，他陪公司负责人拜访了那位学者。在学者家里，卡耐基听到学者说的话之后感到非常意外，他提到担心公司方面是否能履行有关合同，和公司配合得不够默契，等等。

卡耐基知道在这种情况下说服也是不起作用的，因此在回家的途中，他向与他同路的公司负责人建议说："我不知道究竟是什么原因造成了这样的结果，也许是一些不重要的小事引起了他对公司的不信任，现在说服他是没有用的。为了打破僵局，你应该尽快向对方表示出公司的诚意和热情。"

第二天早上天刚亮，公司负责人就兴高采烈地给卡耐基打电话说："先生，他又愿意接受工作了。"原来，那天夜里他们分手以后，他又回到学者家附近，在那里拦了一辆出租车，等待着次日要搭第一趟火车去旅行的学者，并把他送到了火车站。他又说："我一直祈祷着学者能乘坐我准备好的出租车，因为他坐不坐这辆车是事情能否成功的关键。"听他这么一说，卡耐基认为那位学者的不信任感也该冰消瓦解了。

这件事只不过是卡耐基的一点点经历，相信很多读者也可能被对方这样拒绝过。不难看出，卡耐基之所以会感到那位学者拒绝工作的原因可能来自对公司的不信任感，也可能是从他的言行中发现了具有不信任感的人所具有的特征。

如果对人不信任，通常就会产生强烈的疑心。因此，一般人不认为是什么大问题的事情他却会觉得非常严重。例如，反复叮咛对方要守约、保守秘密、互相尊重人格等这些做人最基本的原则，或是将互相信任的人之间用来开玩笑的事情，视为了不得的大问题。

同时，若是担心自己不知何时被不信任的对方所"出卖"，也是会表现出拒

绝对方接近的态度。例如，说话带刺，或是你说一句，他却反驳两三句。不过，这些表现尚属初期的症状，一个怀有根深蒂固的不信任感的人，或认为反驳对方也无济于事的人，往往会采取没有反应、装作没听见或爱理不理的拒绝方式。尽管他与你对面而坐，往往表示出与所谓敞开胸襟的态度完全相反的别扭态度。有时虽然自己不开口，却想窥测你心中的细微变化。因此，眼神中会充满冷漠的寒光或将视线移向别处。

还需要注意的是，如果发现对方持有不信任感，对他使用了不适应他心理的交流方法，反而会加厚对方的心理屏障。因此，首先要搞清楚对方产生不信任感的原因，然后再根据它将会怎样发展下去这种心理结构，进行进一步的交流往来。

把"他应该知道"的事详细告诉他，消除不信任感

一般情况下，不信任感容易产生在我们未给予对方充分的信息，让对方怀疑你对他隐瞒了什么时。因为双方掌握的信息量有出入，对方会担心自己处于不利的状态。如果不消除对方这种心理状态，就想让他做什么事情，他会担心你在利用他的无知，因此就会对你产生不信任感。

在这种情况下，有两点必须引起我们的注意。

首先，不要认为对方可能已经知道了某件事情，就不再告诉他。这时"因为他没问，所以我没说"这种说法是行不通的。缺乏信息的对方往往会因为以下两种原因而不去主动询问：第一，不知道自己的不明之处，也就是说，不知道自己在哪方面缺乏信息；第二，因为不知道，所以担心对方知道自己不知道。所以，为了防止因信息量的差距而产生不信任感，或是已经产生了不信任感想加以消除，你首先应该把你认为"他应该知道"的事情详细告诉对方，以缩小这种信息量的差距。

其次，必须注意的是，在给予对方信息时，如果都是你这一方的信息，反而会招致对方对你的不信任。因此，你应该自然地说明对方自己可以确认那些信息是否可靠的办法。例如，你可以对他说："你去问某某，就更清楚了。"另外，运用在说服的同时讲明消极信息的做法也是消除不信任感的好方法。

我们平时在日常生活中，不要老是向有求于自己的人说"不"。在可能的情况下，为了以后有求于别人，应尽可能地说"是"，这样等有朝一日换你想说服他时就会轻松许多。正如卡耐基所指出，要想成功地搭建沟通的桥梁，首先应让对方感觉你是可信的。

学会推销自己，让他知道你重要

交际中，想要赢得他人的信任，首先需要让对方对你有所了解，那么，自我推销就显得非常重要。尤其在初次见面时，如果能让人对你留下深刻的印象，那将是非常重要的。

为了做好自我推销，你首先要做好自我介绍。

当你们见面，目光相对，互露微笑之后，接下去就是"我叫……"的自我介绍，这种介绍的要点就是要讲清楚自己的名字和身份。如果对方因没有搞清你的名字而叫错你，彼此一定会觉得很尴尬，很容易造成不愉快的场面。因此，自我介绍时，除了要讲清楚自己的名字和身份外，最好附带一句能给别人留下深刻印象的解释，比如说："我姓张，弓长张。"这样不但不会使对方发生误解，还可以加深对方的印象。

非常重要的一点是必须记牢对方的名字，最好的办法就是找机会说出对方的名字，帮助记忆，在讲话中时常提到对方的名字，这样对方会觉得你很重视他，而感到愉快，促进感情交流。

接下来，你就可以向别人推销你的优点了，当然在自我推销时，你必须抓住时机。在中国历史上关于推销自己的故事就很多，毛遂自荐便是最著名的一个例子。

当时，赵国被秦国打得节节败退，公子平原君计划向楚国求救，打算从门下食客当中挑出 20 名文武兼备的人物与他随行，结果精选出 19 位，还差一位无法选出，平原君伤透了脑筋，这时有个叫毛遂的人自我推荐，要求加入。

平原君大为惊讶，就对毛遂说："凡人在世，如同锥子在袋子里面，若是锐利的话，尖端很快就会戳穿袋子，露在外面，而人会出人头地。可是，你在我门下三年，一向默默无闻，你没有崭露锋芒。"

毛遂回答说："我之所以默默无闻，就是因为我一直没有机会，如果把我放在袋子里面，不仅尖端，甚至连柄都会露在外面。"

平原君听完后，就决定让他加入行列，凑足了 20 人，前往楚国求救。到了楚国后，毛遂大露锋芒，协助平原君成功地完成了任务。其余 19 人都望尘莫及，自愧不如。

无论与什么人打交道，请记住，只有你真正向别人推销出你的才能时，别人才会信任你，你们的交往才会顺利进行，你的事情自然也会更好办。

恪守信用能赢得对方长久信赖

信用是长时间积累的信任和诚信度，它是我们与人竞争和与人共处时最重要的素质和资本。一个有交际能力的人应该是一个恪守信用的人，以诚信去处理人际关系才会赢得别人的信任与尊重，赢得更多的朋友，有时甚至可以决定你的生存质量和命运走向。

一个顾客走进一家汽车维修店，自称是某运输公司的汽车司机。"在我的账单上多写点零件，我回公司报销后，有你一份好处。"他对店主说。

但店主拒绝了这样的要求。

顾客纠缠说："我的生意不算小，会常来的，你肯定能赚很多钱！"

店主告诉他，这事他无论如何也不会做。

顾客气急败坏地嚷道："谁都会这么干的，我看你是太傻了。"

店主火了，他要那个顾客马上离开，到别处谈这种生意去。

这时顾客露出微笑并满怀敬佩地握住店主的手："我就是那家运输公司的老板，我一直在寻找一个固定的、信得过的维修店，你还让我到哪里去谈这笔生意呢？"

面对诱惑，店主没有心动，不为其所惑，坚守诚信，因此他赢得了顾客的信任。诚信是为人之本，立业之基，是打开你人际关系的"万能钥匙"。

如今，社会复杂，世事难料，人心叵测，每一个人都带着厚厚的眼镜看世界，裹着厚厚的棉被与人交往，彼此之间小心翼翼，思前顾后，人与人之间总有一层隔膜或一道难以逾越的鸿沟，最终只能导致彼此之间逐渐疏远和冷漠。我们需要的是信任、信赖和相互扶持，这就需要我们敞开心扉，用真诚和诚实对待别人，用诚信之心面对周围的人和事物，因为只有诚信才能征服别人，赢得尊重。

尼泊尔的喜马拉雅山南麓是风靡世界的旅游胜地，但是，谁能想象到这样一块胜地早年却是无人问津、无人涉足的地方，而它的美貌乍现于天下却源于一位少年的诚信。

起初，有很多日本人到这里来观光旅游，他们想亲眼目睹喜马拉雅山的壮观和伟岸。由于不熟悉当地环境和方言，有一天，几位日本摄影师不得不请当地一位少年代买啤酒，结果，这位少年为之跑了3个多小时买回了啤酒。第二天，那个少年又自告奋勇地再替他们买啤酒。这次摄影师们给了他很多钱，但直到第三天下午那个少年还没回来。于是，摄影师们议论纷纷，都认为那个少年把钱骗走了。但令人意想不到的是，第三天夜里，那个少年却敲开了摄影师的门。原来，他只购得 4 瓶啤酒，为了购买另外的 6 瓶，他又翻了一座山，趟过一条河才购得，然而，小男孩返回时却因绊倒摔坏了 3 瓶。他哭着拿着碎玻璃片，向摄影师交回零钱，在场的人无不动容。这个故事使许多外国人深受感动。后来，到这儿的游客就越来越多了……

不要以为进入市场经济了，就可以抛弃一切陈规老套，认为那套东西对当代人早已过时了，不适用了，我们应该耍小聪明的时候就要耍了……如果你这么想，那你就大错特错了。其实，很多老祖宗留下的东西都是"宝贝"，弃之不用，你只会在无数摸爬滚打中"栽跟头"，在无数挫折困难中验证它的真理性。

譬如诚信，"无信者不足以立于天下"，也许一个背信弃义的人在人际交往中可能取得暂时的利益，能暂时得意，也不会有羞辱之感，但是时间会碾碎他，时间会抛弃他，时间会让他曾经"购买"的"股票"全部贬值，而且贬得一文不值。

在这个世界上有些东西是具有永久的"储藏"价值的，诚信便是，"储存"诚信能让你赢得别人的信赖和信任，更能征服别人，让你的腰板更直，是助你的学业或者事业取得成功的重要砝码。

泄露自己的秘密是赢得信任的绝佳技巧

要赢得对方的信任，进而说服对方的方法是很多的，但其中很重要的一方面就是说话必须要有效果，要懂得说话的技巧和方法。

爱默生认为，不管一个人的地位如何低，都可以向他学习某些东西，因此每一个人跟他说话时，他都会侧耳聆听。只要是愿意说出个人体验的人，就算他所得到的人生教训微不足道，卡耐基仍然能够听得津津有味，始终不曾感到乏味。

有一次，有人请卡耐基训练班的教师在小纸条上写下他们认为初学演说者所碰到的最大问题。经过统计之后发现，"引导初学者选择适当的题目演说"这是卡耐基训练班上课初期最常碰到的问题。

什么才是适当的题目呢？假使你曾经具有这种生活经历和体验，经由经验和省思而使之成为你的思想，你便可以确定这个题目适合于你。怎样去寻找题目呢？

深入自己的记忆里，从自己的背景中去搜寻生命中那些有意义并给你留下鲜明印象的事情。

多年前，卡耐基根据能够吸引听众注意的题目做了一番调查，发现最为听众欣赏的题目都与某些特定的个人背景有关，例如：

早年成长的历程：与家庭、童年回忆、学校生活有关的题目，一定会吸引他人的注意。因为别人在成长的环境里如何面对并克服阻碍的经过，最能引起听众的兴趣。

你的嗜好和娱乐：这方面的题目依各人所好而定，因此也是能引人注意的题材。说一件纯因自己喜欢才去做的事，是不可能会出差错的。你对某一特别嗜好发自内心的热忱，能使你把这个题目清楚地交代给听众。

幼年时代与奋斗的经过：像有关家庭生活、童年时的回忆、学生时代的话题，以及奋斗的经过，几乎都能赢得听众的注意，因为几乎所有的人，都很关心其他的人在各自不同的环境中，如何碰到障碍，以及如何克服它。

年轻时代的力争上游：这种领域的话题，亦颇富于人情味以及趣味的。为了争口气，在社会上扬眉吐气，这种力争上游的经过，必能牢牢地抓住听众的心，你如何争取到现在的工作？你如何创办目前的事业？是什么动机促成你今日的成就？这些都是受到欢迎的好题材。

特殊的知识领域：在某一领域工作多年，你一定可以成为这方面的专家。即使根据多年的经验或研究来讨论有关自己工作或职业方面的事情，也可以获得听众的注意与尊敬。

不同寻常的经历：你碰到过伟人吗？战争中曾经受过炮火的洗礼吗？经历过精神方面的危机吗？诸如这些经验，都能够成为很好的谈话题材。

因此，你可以用下面的方法赢得听众的信任。

1. 说自己经历或考虑过的事情

若干年前，卡耐基训练班的教师们在芝加哥的希尔顿饭店开会。会中，一位学员这样开头："自由、平等、博爱，这些是人类字典中最伟大的思想。没有自由，生命便无法存活。试想，如果人的行动自由处处受到限制，那会是怎样的一种生活？"

一说到这儿，他的老师便明智地请他停止，并问他何以相信自己所言。老师问他是否有什么证明或亲身经历可以支持他刚才所说的内容。于是他告诉了我们一个真实感人的故事。

他曾是一名法国的地下斗士。他告诉我们他与家人在纳粹统治下所遭受的屈辱。他以鲜明、生动的词语描述了自己和家人是如何逃过秘密警察并最后来到美国的。他是这样结束自己的讲话的："今天，我走过密歇根街来到这家饭店，我能随意地自由来去。我经过一位警察的身边，他也并不注意我。我走进饭店，也无须出示身份证。等会议结束后，我可以按照自己的选择前往芝加哥任何地方。因此请相信，自由值得我们每个人为之奋斗。"

全场观众起立为他热烈地鼓掌。

2. 讲述生命对自己的启示

诉说生命启示的演说者，绝不会吸引不到听众。卡耐基从经验中得知，很不容易让演说者接受这个观点——他们避免使用个人经验，以为这样太琐碎、太有局限性。他们宁愿上天下地去扯些一般性的概念及哲学原理。可悲的是，很少有人去关注这些。人们都会关注生命，关注自我，因此当你去诉说生命对你的启示时，他人自然会成为你的忠实听众。

3. 真切显露你的诚意

这里有个问题，即你以为合适的题目，是否适合当众讨论。假设有人站起来直言反对你的观点，你是否会信心十足、热烈激昂地为自己辩护？如果你会，你的题目就对了。

·第六章·

令对方赞同的心理策略

抓住对方的心理，把话说到点子上

要想让对方接受你的劝说，首先要了解对方的心理，再通过对方感觉不到的小小的压力渐渐地使他消除戒备心理，这是很奏效的。

与人交谈时，话题的展开如果能迎合对方的心理，就能以更加牢固的纽带来连接双方心理上的"齿轮"，增进彼此的情感交流。我们往往都认为，只要说得有理对方就一定能接受，但是，要使对方真正理解并能彻底接受，就应该将沟通渠道建立在这种理论对话下的心理上。

小吴大学毕业以后决心自谋职业。一次，他在一家报纸的广告里看到某公司征聘一位具有特殊才能和经验的专业人员。小吴没有盲目地去应聘，而是花费很多精力，广泛收集该公司经理的有关信息，详细了解这位经理的奋斗史。那天见面之后，小吴这样开口：

"我很愿意到贵公司工作，我觉得能在您手下做事，是最大的光荣。因为您是一位依靠奋斗取得事业成功的人物。我知道您28年前创办公司时，只有一张桌子、一位职员和一部电话机，经过您的艰苦奋斗，才有了今天的事业。您这种精神令我钦佩，我正是奔着这种精神才前来接受您的挑选的。"

所有事业有成的人，差不多都乐于回忆当年奋斗的经历，这位经理也不例外。小吴一下子就抓住了经理的心，这番话引起了经理的共鸣。因此，经理乘兴谈论起他自己的成功经历。小吴始终在旁洗耳恭听，以点头来表示钦佩。最后，经理向小吴很简单地问了一些情况，终于拍板："你就是我们所需要的人。"

要想把话说到点子上，就必须抓住对方的心理。如果不知对方心理所想所需，是无法说到点子上的。就像一个神枪手，如果蒙上他的眼睛，再让他去找一个目标，那么，他只能凭感觉去打，这是难以击中目标的。

所以，与人说话时，必须要洞察、迎合对方的心理，才能说到点子上。

利用人们的逆反心理来说话

"请不要阅读第七章第七节的内容。"这是一个作家写在其著作扉页上的一句饶有趣味的话。后来，这个作家做了一个调查，不由得笑了，因为他发现绝大部分的读者都是从第七章第七节开始读他的著作的，而这就是他写那句话的真正目的。

当别人告诉你"不准看"时，你就偏偏要看，这就是一种"逆反心理"。这种欲望被禁止的程度愈强烈，它所产生的抗拒心理也就愈大。所以如果能善于利用这种心理倾向，不仅可以将顽固的反对者软化，使其固执的态度发生 180 度的大转变；而且可以打破对手原有的意念，让他按你的意思去办。

某建筑公司的李工程师，有一次说服了一个刚愎自用的人。一个工头，他常常坚持反对一切改进的计划。李工程师想换装一个新式的指数表，但他想到那个工头必定要反对，于是李工程师去找他，腋下挟着一个新式的指数表，手里拿着一些要征求他的意见的文件。当大家讨论着关于这些文件中的事情的时候，李工程师把那指数表从左腋下移动了好几次，工头终于先开口了："你拿着什么东西？"李工程师漠然地说："哦！这个吗？这不过是一个指数表。"工头说："让我看一看。"李工程师说："哦！你不要看了。"并假装要走的样子，并说，"这是给别的部门用的，你们部门用不到这东西。"但是，工头又说："我很想看一看。"当他审视的时候，李工程师就随便但又非常详尽地把这东西的效用讲给他听。他终于喊起来："我们部门用不到这东西吗？它正是我想要的东西呢！"李工程师故意这样做，果然很巧妙地把工头说动了。

逆反心理并不是只有在那种顽固的人身上才有，其实每个人身上都长着一根"反骨"。

某报曾连载过一篇以父子关系为主题的记事文章《我家的教育法》，叙述了某社会名人的孩子在学校挨了顿骂后便非常怨恨他的老师，甚至想"给他一点颜色瞧瞧"，他父亲听了也附和道："既然如此，不妨就给他点颜色看，"但接着又说，"纵使你达到报复的目的，但你却因此而触犯了法律，还是得三思才是。"听父亲这样一说，儿子便打消了报复的念头。

如果有一个人站在高楼顶上欲跳楼自杀，而旁人也在拼命说些"不要跳"或"不要做傻事"之类的话，更是助长了他跳楼的意念；相反，若你说："如果你真想跳的话，那就跳吧！反正你死了之后问题也是没有解决。"他必定会感到很泄气，没料到旁人竟不予阻止，反而鼓励他跳下，这完全背离了他原先的期待，这种对于劝阻的期待，一旦为他人所背离，反会失去原有的意念。

据说明朝时，四川的杨升庵才学出众，中过状元。因嘲讽过皇帝，所以皇帝要把他发配到很远的地方去。朝中的那些奸臣更是趁机公报私仇，向皇帝说，把杨升庵发配海外，或是玉门关外。

杨升庵想：发配还是离家乡近一些好。于是就对皇帝说："皇上要把我发配，我也没话说。不过，我有一个要求。"

"什么要求？"

"宁去国外三千里，不去云南碧鸡关。"

"为什么？"

"皇上不知，碧鸡关呀，蚊子有四两，跳蚤有半斤！切莫把我发配到碧鸡关呀！"

"唔……"

皇帝不再说话，心想：哼！你怕到碧鸡关，我偏要叫你去碧鸡关！杨升庵刚出皇宫，皇上马上下旨：杨升庵发配云南！

杨升庵利用"对着干"的心理，粉碎了奸臣的打算，达到了自己要去云南的目的。

可见，无论男性女性，长者幼儿，他们内心多多少少都带有一些逆反心理，只要我们善于抓住那一根"反骨"，轻轻一扭，就连"皇帝"也会按照你的意思去办。这的确不失为一种省心省力又奏效的说服方法。

用富有热情和感染力的语言影响对方

你的目标如果是说服，请记住动之以情比晓之以理效果更大。因为，演讲者以充满感情和富有感染力的热情来表达自己的思想时，听众很少会产生相反的意念。

要激起情感，自己必须先热情如火。不管一个人能够编造出多么精妙的词句，不管他能搜集多少例证，不管他的声音多美妙，手势多优雅，倘若不能真诚讲述，这些都只是耀眼的装饰罢了。

要使听众印象深刻，先得自己有深刻印象。你的精神由于你的双眼而闪亮发光，由于你的声音而辐射四方，并由于你的态度而自我焕发，它便会与听众产生沟通。

每次演讲时，特别是在自认为目的是要说服听众时，你的一举一动总是决定着听众的态度。你如果缺乏热情，他们也会冷淡。"当听众们昏昏欲睡时，"亨利·华德·毕丘这么写道："只有一件事可做，给招待员一根尖棒，让他去狠刺演讲者。"

一次，在哥伦比亚大学，卡耐基是三位被请上台去颁发"寇蒂斯奖章"的裁判之一。有六位毕业生，全都经过精心准备，全都急于好好表现自己。他们绞尽脑汁只为获得奖章，而少有或根本没有说服的欲望。

他们选择题目的唯一标准，是这些题目容易在演讲中发挥。没有人对他们的演讲感兴趣，他们一连串的演讲仅是一种艺术表演而已。

唯一的例外是一位来自非洲的王子。他选的题目是"非洲对现代文明的贡献"。他所吐露的每个字里都包含着强烈的情感。他的演讲是出于信念和热情的活生生的东西，而不仅仅是表演。他演讲时如同他是祖国的代表，是他那片大陆的代表——充满智慧、品格高尚、满腔善意。他带给人们一种信息，就是他的人民的希望；他也同时带来一项请求，即渴望听众的了解。

虽然在演讲技巧方面他可能不比竞争者中的另外几位表现更佳，裁判们还是把奖章颁给了他。

这位非洲王子在这里以自己的方式学到了一课：仅运用理智是不能在演讲中把自己的个性投射于别人身上的，必须展现出你对于自己所讲的内容有多么深挚的信念。

避免争论，绕过矛盾

卡耐基说："我们绝不可能对任何人——无论其智力的高低——用口头的争斗改变他的思想。"

一个过于争强好胜的人面临着两种选择：要么是暂时的、表演式的、口头的胜利；要么是他人对你的长期好感。很少有两者兼得的情况。而我们有些人总是喜欢与人舌战不休，与人拍桌打椅，争得面红耳赤，嗓音嘶哑，而最后的结果只有一个：徒劳无益。因为即使他争赢了，但这种表面的胜利实无大益；而且会损伤对方的自尊，影响对方的情绪。若是争输了，当然自己也不会觉得光彩。所以，最好的策略就是避免与人争论。

卡耐基在人际关系上也有过失误，第二次世界大战刚结束的某一天晚上，他在伦敦参加一场宴会。宴席中，坐在他右边的一位先生讲了一段幽默故事，并引用了一句名言。那位健谈的先生说，他所引用的那句话出自《圣经》。

"他错了，"卡耐基回忆说，"我很肯定地知道出处。为了表现优越感，我很多事，很讨厌地纠正他。"他立刻反唇相讥："什么？出自莎士比亚？不可能！绝对不可能！那句话出自《圣经》。"

我的老朋友法兰克·格孟坐在我左边。他研究莎士比亚的著作已有多年，于是我俩都同意向他请教。格孟听了，在桌下踢了我一下，然后说："戴尔，你错了，这位先生是对的。这句话出自《圣经》。"

那晚回家的路上，我对格孟说："法兰克，你明明知道那句话出自莎士比亚。""是的，当然，"他回答，"哈姆雷特第五幕第二场。可是亲爱的戴尔，我们是宴会上的客人。为什么要证明他错了？那样会使他喜欢你吗？为什么不给他面子？他并没问你的意见啊。他不需要你的意见。为什么要跟他抬杠？永远避免跟人家正面冲突。"

"永远避免跟人家正面冲突。"卡耐基谨记了这个教训。

小时候，卡耐基是个积重难返的杠子头，他和哥哥曾为天底下任何事物而抬杠。进入大学，他又选修逻辑学和辩论术，也经常参加辩论比赛。他曾一度想写一本这方面的书，他听过、看过、参加过，也批评过数千次的争论。这一切的结果，使他得到一个结论：天底下只有一种能在争论中获胜的方式，就是避免争论，要像躲避响尾蛇那样避免争论。

十之八九，争论的结果会使双方比以前更相信自己的正确性。你赢不了争论。要是输了，当然你就输了；如果赢了，还是输了。为什么？因为"一个人即使口服，但心里并不服"。

你不能辩得胜。你不能，因为如果你辩论失败，那你当然失败了；如果你获胜了，你还是失败的。为什么？假定你胜过对方，将他的理由击得漏洞百出，并证明他是神经错乱，那又怎样？你觉得很好，但他怎样？你使他觉得脆弱无援，你伤了他的自尊，他要反对你的胜利。

波恩互助人寿保险公司为他们的推销员定了一个规则："不要辩论！"真正的推销术，不是辩论，也不要类似于辩论。人类的思想不是通过辩论就可以改变的。

可能有人会说，真理只有一个，如果牺牲自己的正确主张而去同意对方的主张，那不是牺牲真理而去服从谬误了吗？其实不然，我们当然要拥护真理，我们当然不可以牺牲真理去服从那些不合理的主张。然而，在某种场所，虽然表面上你是牺牲真理而去迁就对方，实际上真理并不会因此而动摇。

事实上，避免争论可以节省你的大量时间和精力，使你投入到完善你的观点和实践你的观点的工作中去。完全没有必要浪费太多的精力去干那种没有结果也毫无意义的事情。少去了面红耳赤的争论，只会使双方相互尊重，从而增进友谊，有利于思想交流和意见的交换。

通常，我们可以从以下几方面来避免与人争论：

1. 欢迎不同的意见

当你与别人的意见始终不能统一的时候，这时就要求舍弃其中之一。人的脑力是有限的，有些方面不可能完全想到，因而别人的意见是从另外一个人的角度提出的，总有些可取之处，或者比自己的更好。这时你就应该冷静地思考，或两者互补，或择其善者。如果采取了别人的意见，就应该衷心感谢对方，因为有可能此意见使你避开了一个重大的错误，甚至奠定了你一生成功的基础。

2. 不要相信直觉

每个人都不愿意听到与自己不同的声音。每当别人提出与你不同的意见时，你的第一个反应是要自卫，为自己的意见进行辩护并竭力地去寻找根据。这完全没有必要，这时你要平心静气地、公平、谨慎地对待两种观点（包括你自己的），并时刻提防你的直觉（自卫意识）对你做出正确抉择的影响。值得一提的是，有的人脾气不大好，听不得反对意见，一听见就会暴躁起来。这时就应控制你的脾气，让别人陈述自己的观点，不然，就未免气量太小了。

3. 耐心把话听完

每次对方提出一个不同的观点，不能只听一点就开始发作。要让别人有说话的机会。这样一是尊重对方，二是让自己更多地了解对方的观点，好判断此观点是否可取，努力建立了解的桥梁，使双方都完全知道对方的意思，不要弄巧成拙；否则的话，只会增加彼此沟通的障碍和困难，加深双方的误解。

4. 仔细考虑反对者的意见

在听完对方的话后，首先想的就是去找你同意的意见，看是否有相同之处。

如果对方提出的观点是正确的，应放弃自己的观点，而考虑采取他们的意见。一味地坚持己见，只会使自己处于尴尬境地。因为照此下去，你只会做错。而到那时，给你提意见的人会对你说："早已给你说了，还那么固执，知道谁是对的了吧！"这时，自己怎么下台？所以为避免出现这种情况，最好是给对方一点时间，把问题考虑清楚，而不要诉诸争论。建议当天稍后或第二天再交换意见。这使双方都有时间，把所有事实都考虑进去，以找出最好的方案。

这时就应进行一下反思："反对者的意见，是完全对的，还是有部分是对的？他们的立场或理由是不是有道理？我的反应到底是有益于解决问题还是仅仅会减轻一些挫折感？我的反应会使我的反对者远离我还是亲近我？我的反应会不会提高别人对我的评价？我将会胜利还是失败？如果我胜利了，我将要付出什么样的代价？如果我不说话，不同的意见就会消失了吗？这个难题会不会是我的一次机会？"

5.真诚对待他人

如果对方的观点是正确的，就应该积极地采纳，并主动指出自己观点的不足和错误的地方。这样做了，有助于解除反对者的武装，减少他们的防卫，同时也缓和了气氛。同时要明白，对方既然表达了不同的意见，表明他对这件事情与你一样的关心。因而不要把他们当作防卫的对象，不能因为提出了不同的意见就把他们当作敌人，反而应该感谢他们的关心和帮助。这样，本来也许是反对你的人也会变成你的朋友。

所以，你要说服对方，就请遵循说服的第一个原则：唯一能从争辩中获得好处的办法是避免争辩。

顺言逆意归谬法，让强势的他也点头

实践已使许多人懂得，当我们面对强势、恶势的人，或者固执己见的人时，直接反驳其错误会有诸多的不便，而最有效、最巧妙的方法当属归谬说服方式了。

所谓归谬说服，与直接反驳对方的错误观点大相径庭，而是先假设对方的观点言之有理，然后据此引申出一个连对方也不得不承认其荒谬的结论，从而心甘情愿地放弃原有的错误观点和主张，无条件地接受说服者输出的思想信息。

优孟是楚国的艺人，身高八尺，喜欢辩论，常常用诙谐的语言婉转地进行劝谏。

楚庄王有一匹心爱的马，给它穿上锦绣做的衣服，让它住在华丽的房子里，用挂着帷帐的床给它做卧席，用蜜渍的枣干喂养它。结果马得肥胖病死了，于是庄王让臣子们给马治丧，要求用棺椁殡殓，按照安葬大夫的礼仪安葬它。群臣纷纷劝阻，认为不能这样做。庄王急了，下令说："有谁敢因葬马的事谏诤的，立即处死。"

优孟听到这件事，走进宫门，仰天大哭。庄王吃了一惊，问他为何而哭。优孟说："这马是大王所心爱的，堂堂的楚国，只按照大夫的礼仪安葬它，太寒碜了，请用安葬国君的礼仪安葬它吧。"庄王问："怎么葬法？"优孟回答说："我建议用雕花的玉石和花纹精美的樟木分别做内、外层棺材，发动士兵给它挖掘墓穴，让年老体弱的人背土筑坟，请齐国、赵国的代表在前面陪祭，请韩国、魏国的代表在后头守卫，要盖一所庙宇用牛羊猪祭供它，还要拨个万户的大县长年管祭祀之事。我想各国听到这件事，就都知道大王轻视人而重视马了。"庄王说："我的过错竟然到了这个地步吗？现在该怎么办呢？"优孟说："让我替大王用对待六畜的办法来安葬它。堆个土灶做外椁，用口铜锅当棺材，调配好姜枣，再加点木兰，用稻米作祭品，用火光做衣服，把它安葬在人们的肚肠里吧！"庄王当即就派人把死马交给太官，以免天下人张扬这件事。

在说服他人的过程中，抓住对方观点中隐蔽的荒谬点，加以推衍，或由此及彼，或由小到大，或由隐到显，最后得出一个荒谬可笑的结论，从而攻破对方错误的论点。这种说服方法用在对待某些恶人时，会达到一种辛辣讽刺的效果，使其知难而退，从而达到软性说服的目的。

说服可以说是无处不在的，面对朋友、家人、同事，甚至陌生人时，说服都有可能发生。而当我们面对强势或恶势的时候，说服尤为困难，在这两者面前，说服最适宜采用引申归谬的方法。

用商量的口吻向对方提建议，柔中取胜

任何人都是有自尊、讲面子的，所以，在说服他人的过程中，多用与他商量的口气给他提建议，少下命令，这样不但能避免伤害别人的自尊，而且会使他们觉得你平易近人，进而乐于接受你的建议，与你友好地合作。

张先生在工商界是赫赫有名的，他很懂得这个道理。据说他从不用命令式

的口吻去说服别人，他要别人遵照他的意思去工作时，总是用商量的口气去说。譬如有人会说："我叫你这么做，你就这么做。"他从不这么说，而是用商量的口气说："你看这样做好不好呢？"假如他要秘书写一封信，他把大意和要点讲了之后，再问一下秘书："你看这样写是不是妥当？"等秘书写好请他过目，他看后觉得还有要修改的地方，又会说："如果这样写，你看是不是更好一些？"他虽然处于发号施令的地位，可是却懂得别人是不爱听命令的，所以不用命令的口气。

张先生的这种做法，使得每个人都愿意和他相处，并乐于按他的意愿做事。所以，当我们要说服某个人时，最好也多用建议的口吻。

肖恩是一所职业学校的老师，他有一个学生因故迟到了，肖恩以非常严厉的口吻问道："你怎么能浪费大家的时间？不知道大家都在等你吗？"

当学生回答时，他又吼道："你回去吧，既然不想听我的课，以后也不用来了。"

这位学生是错了，不应该不先打个招呼，耽误了其他同学上课。但从那天起，不只这位学生对肖恩的举止感到不满，全班的学生都与他过不去。

他原本完全可以用不同的方式处理这件事，假如他友善地问："你有什么事情要处理吗？问题解决了吗？"并说，"如果你这样有事情不事先通知，大家的课程也都耽误了。"这位学生一定很乐意接受，而且其他的同学也不会那么生气了。

所以，要说服他人最好别用命令的口吻，不然，不但达不到你想要的说服效果，还可能使事情越弄越糟。多使用建议的口吻，通过这种方法，人们便会很愿意改正他们的错误，而且维持了对方的自尊，使他们认为自己很重要，并配合你的工作，而不是反抗你。

正话反说，指桑骂槐

所谓指桑骂槐，还有一个漂亮的别名叫"春秋笔法"，即明明对某人某事不满，但并不直接进行攻击，而是采用迂回的方式表露自己的意愿。

有个人在朋友家做客，天天喝酒，住了很久还没有启程之意，主人实在感到讨厌，但又不好当面驱逐。

一次两人面对面坐着喝酒，主人讲了这么一个故事："在偏僻的路上，常有老虎出来伤人。有个商人贩卖瓷器，忽然遇见一只猛虎，张着血盆大口，扑了过来。说时迟，那时快，商人慌忙拿起一个瓷瓶投了过去，老虎不离开，又拿一瓶投了过去，老虎依然不动。一担瓷瓶快投完了，只留下最后一瓶，于是他手指老虎高声骂道：'畜生畜生！你走也只有这一瓶，你不走也只有这一瓶！'"

客人一听，拔腿就走了。

主人明说老虎暗指客人，这种暗示性的警告达到了逐客的效果，避免了主客的正面交锋。

对于某些人的愚蠢行为，通常应该直言不讳，立马制止，然而，在某种特殊情况下对某些特殊人物，直接进行口舌交锋，往往达不到你要的效果。此时，指桑骂槐的说服手法就派上用场了。

当一个上司要责备属下时，也可以使用这种技巧。譬如，虽然你明明是要责备乙的不是，但你并不正面指责，而以指桑骂槐的方式来责备甲，因为此时你若是责备乙，乙的心里必感到难受，对日后的改进不见得就会有效，何况你们二人之间尚有一段距离。

但是为何又要责备甲呢？因平时你与甲之间已不存在隔阂，即使甲也犯了同样的过错而受到上司的指责，也不会感到十分在意。但是，因为当时乙也在场，他听后心里会想"原来这样的过错我也犯过"，于是乎你的目的便已达到。

而此时的乙也绝不会认为"反正这是别人的错，不关己事"，反而会因为"原来上司是在说我，但他并不责骂我，反而责骂他人来顾全我的脸面"而感激不尽。

可见，指桑骂槐的好处，在于不直接针对具体对象，然而通过故事的情境性，又能转换出受众对强调之物的感受性——所谓说的是那里的闲话，指的其实是这里的事情。当你对他人的做法感到厌恶，但又不好当面说明；或对某些特殊的大人物，不能直接指出他的错误时，尤为适用。

不过，我们要特别注意，指桑骂槐术不是一种常用的方法，只是在某些特殊的、偶然的场合。如果滥用此术去攻击同事和朋友，只能导致众叛亲离的恶劣后果。

·第七章·

操纵他人行为的心理策略

"乐道人之善"，悦纳他人的第一步

在日常的人际交往中，不知你是否遇到过这样的情况：一名新来的同事也没招你惹你，但你就是看他不顺眼，一旦他有什么过错，你就会毫不留情地指责他；而你的朋友最近因为儿子的事情烦恼不堪，找你请你爸爸帮忙让他儿子进某所重点中学，鉴于多年的友谊，你很快就答应了，并在很短的时间就帮他办成了……类似的事例很多。为什么你对同事和朋友有截然相反的态度呢？

社会是由各种各样的人组成的，这些人会有不同的思想性格、兴趣爱好与生活习惯。有的人热情开朗，有的人沉静稳重，有的人性子急躁，有的人心胸狭窄……面对这么多不同性格的人，我们应该怎样使他们乐于按照你的意愿行事呢？

要想改变他人的行为，首先应该悦纳他人。悦纳他人，就要满怀热忱地和他们相处，容忍并且诚心地尊重别人与自己不同的性格、兴趣和生活方式，还要主动地了解他们的性格特征，熟悉他们的生活习惯，在这个基础上创造和谐融洽的人际环境。

有人同事关系紧张常常是因为不喜欢同事的个性而产生一些恩怨纠纷，在工作上不能很好地合作，甚至互相为难。反之，对于跟自己合得来的人，则不惜牺牲原则，给予种种方便。如果采取的是这种方法，当然会招致不良的后果。正确的态度应该是抛弃个人的成见，即使对某位同事有不好的看法，不喜欢与他私下相处，也应该在工作上保持合作，绝不故意为难。最好还要在工作上多关心他，帮助他解决困难，同心协力做好工作。另外，对私下交情好的同事和朋友，也不能放弃原则，姑息迁就他们的缺点与错误。这既是对朋友负责，也是对自己负责。倘若我们能够这样做，日久天长，就必定可以得到别人的信任，并确立自己的威信，建立良好的人际关系，使他乐于听从自己的意见。

悦纳他人还应该做到"乐道人之善"。"金无足赤，人无完人。"对待同事、朋友，要多看他们的长处，多学他们的优点，不能看自己是"一朵花"，看别人就是"满身疮"。我们经常会见到这样一种人：他对自己所做的工作一点一滴都记在心头、挂在嘴上，挑别人的毛病也绝无遗漏，而对自己的毛病、别人的长处，则一概缄口不语。这种人往往为人们所不齿，被称为"不团结因子"。乐道人之善，一方面要注意不能因为自己比别人做的工作多一点或能力强一点，就沾沾自喜，瞧不起别人；另一方面还要善于发现别人的优点、长处，对他人的工作成绩多加褒扬。这样，不仅显示出了自己虚怀若谷的风度，有益于团结，而且对自己的成长与进步也会大有好处。当然，对别人应该实事求是、恰如其分，如果不顾事实或夸大事实，效果就可能适得其反。

互惠，让他知道这样做对自己也有利

一位心理学教授做过这样一个小小的实验。

他在一群素不相识的人中随机抽样，给挑选出来的人寄去了圣诞卡片。虽然他也估计会有一些回音，但却没有想到大部分收到卡片的人，都给他回了一张。而实际上他们都不认识他啊！

给他回赠卡片的人，根本就没有想到过打听一下这个陌生的教授到底是谁，他们收到卡片，自动就回赠了一张。也许他们想，可能自己忘了这个教授是谁了，或者这个教授有什么原因才给自己寄卡片。不管怎样，自己不能欠人家的情，给人家回寄一张，总是没有错的。

这个实验虽小，却证明了互惠在心理学中的作用。它是人类社会永恒的法则，是各种交易和交往得以存在的基础，我们应该尽量以相同的方式回报他人为我们所做的一切。

如果一个人帮了我们一次忙，我们也应该帮他一次；如果一个人送了我们一件生日礼物，我们也应该记住他的生日，届时也给他买一件礼品；如果一对夫妇邀请我们参加了一个聚会，我们也一定要记得邀请他们到我们的一个聚会上来。

由于互惠的影响，我们感到自己有义务在将来回报我们收到的恩惠、礼物、邀请等。人与人之间的互动，就如坐跷跷板一样，不能永远固定某一端高、另一端低，就是要高低交替。一个永远不肯吃亏、不肯让步、不与别人互惠的人，即使真正赢了，讨到了不少好处，从长远来看，他也一定是输家，因为没有人愿意和他交往下去了。

中国古代讲究礼尚往来，也是互惠的表现。这似乎成了人类行为不成文的规则。

一个人向朋友请教一件事，两人聚会吃饭，那么账单就理所当然应由请教人的这个人付，因为他是有求于人的一方。如果他不懂这个道理，反而让对方付，就很不得体。

在不是很熟悉的朋友之间，你求别人办事，如果没有及时地回报，下一次又求人家，就显得不太自然。因为人家会怀疑你是否有回报的意识，是否感激他对你的付出。及时地回报，可以表明自己是知恩图报的人，有利于相互之间继续交往。

而且如果不及时回报，会给你带来一些麻烦。你一直欠着这个情，如果对方突然有一件事反过来求你，而你又觉得不太好办的话，就很难拒绝了。俗话说："受人一饭，听人使唤。"可以说，为了保持一定的自由，你最好不要欠人情债。

当然，在关系很亲密的朋友之间，就不一定要马上回报，那样可能反而显得生疏。但也不等于不回报，只是时间可能拖得长一些，或有了机会再回报。

朋友间维护友谊遵循着互惠定律，爱情之间也是如此。爱情也是讲求互惠互利的，双方需要保持一个利益的平衡。如果平衡被严重打破，就可能导致关系破裂。

正如上面所述，人与人之间的互动就像坐跷跷板一样，要高低交替。一个永远不肯吃亏、不肯让步的人，即使真正得到好处，也是暂时的，他迟早要被别人讨厌和疏远。

从思路开始，让别人追随你的思想

很多时候，无论是演讲、宣传，还是竞选、谈判，我们总希望别人能跟着自己的思路走。可是，每个人都有独立的思维，想要改变他人的想法，让对方按照你的思路来思考问题，是何等的不容易！

不过，要解决这个难题，靠强制性命令来实现是不太可能的，而是需要一些有效的心理技巧来一步步地影响他们。下面有几种方法值得参考。

1. "6+1" 法则

在沟通心理学上有一个重要的 "6+1" 法则，用来说明这样一种现象：一个人在被连续问到 6 个做肯定回答的问题之后，那么第 7 个问题他也会习惯性地做肯定回答；而如果前面 6 个问题都做否定回答，第 7 个问题也会习惯性地做否定回答，这是人脑的思维习惯。利用这个法则，你如果需要引导对方的思路，希望对方顺从你的想法，你可以预先设计好 6 个非常简单、容易让对方点头说"是"的问题，先问这 6 个问题作为铺垫，最后再问一个最重要和关键的问题，这样对方往往会自然地点头说"是"。

2. 问封闭式问题

封闭式问题是与开放式问题相对的一类问题，这类问题的答案往往是"是"或"不是"，"有"或"没有"，等等，答案只是有限的几个选择。封闭式问题与开放式问题有不一样的作用，封闭式问题可以用来得到你预先设想的答案，例如，你问对方："你有没有结婚？"对方的回答可能是"有"或"没有"，这两个答案都是你事先可以预见的，你可以事先就想好如果他回答"有"，你如何继续提问；如果他回答的是"没有"，你又该怎么继续提问。预先设计好的一系列的封闭式问题，可以非常有效地引导对方的思路。

3. 提示引导

提示引导是一种语言模式，用来影响对方的潜意识，使对方不知不觉地转移思路。这种语言模式的基本思路是：先用语言描述对方的身心状态，然后用语言引导对方的思考或是生理状态。例如，你可以说"当你开始听我介绍这个房子的时候，你就会觉得住在这个房间里会很舒服"、"当你考虑买这辆车的时候，你就会想到带着你的太太和孩子开这辆车兜风是多么开心的事情"，等等，这些都是提示引导的语言模式，其中"当……你就会……"是标准的句式，"当"后面是描述对方的身心状态，"你就会"后面是你引导对方进入的状态或思路。

4. 目的架构

目的架构式谈话就是在一开始就与对方明确这次谈话双方共同的目的，这会很快地将对方的思路引向真正有价值、有利于解决问题的地方。例如，两辆车发生追尾事故，车子都有了破损，两辆车的司机都很气愤，往往一下车就吵架。如果其中一位能使用目的架构，问对方："这位先生，你觉得我们现在最重要的是解决问题呢，还是要吵架呢？"这个问题指出了两名司机重要的不是要吵架，而是要解决问题，然后继续各自的行程。那么双方的争吵可能会立即终止，因为目的架构将对方的思路完全从争吵的状态引到了解决问题上面来。

知道了这些技巧，我们就没必要再纸上谈兵了。你不妨在今后的实际生活中应用一下这些巧妙的方法，让对方顺从你的思路，从而达到你的目的。

改变他，先迎合他的自尊心

心理学家认为，尊重是每一个人的心理需要。不管先天条件如何，财富的多少，地位的高低，任何人都需要得到别人的尊重。因而，要想使他人乐于改变，最重要的就是迎合他人的自尊心。

美国心理学家曾做过一个实验，证明了尊重对人产生的巨大影响。

为了调查研究各种工作条件对生产效率的影响，美国西方电器公司霍桑工厂一个大车间的六名女工被选为实验的被试。实验持续了一年多，这些女工的工作是装配电话机。

第一个时期，让她们在一个一般的车间里工作两星期，测出她们的正常生产效率。

第二个时期，把她们安排到一个特殊的测量室工作五星期，这里除了可以测量每个女工的生产情况外，其他条件都与一般车间相同，即工作条件没有变化。

接着进入第三个时期，改变了女工们工资的计算方法。以前女工的薪水依赖于整个车间工人的生产量，现在只依赖于她们六个人的生产量。

第四个时期，在工作中安排女工上午、下午各一次 5 分钟的工间休息。

第五个时期，把工间休息延长为 10 分钟。

第六个时期，建立了六个 5 分钟休息时间制度。

第七个时期，公司为女工提供一顿简单的午餐。

在随后的三个时期每天让女工提前半小时下班。

第十一个时期，建立了每周工作五天的制度。

最后一个时期，原来的一切工作条件全恢复了，重新回到第一个时期。

心理学家是想通过这一实验来寻找一种提高工人们生产效率的生产方式。的确，工作效率会受到工作条件的影响，然而，出乎意料的是，不管条件怎么改变，如增加或减少工间休息，延长或缩短工作日，每一个实验时期的生产效率都比前一个时期要高，女工们的工作越来越努力，效率越来越高，根本就没关注过生产条件的变化。

想必你一定在好奇，这是为什么呢？

之所以会这样，一个重要的原因就是女工们感到自己是特殊人物，受到了尊重，引起了人们极大的关注，因而感到愉快，便遵照老板想要她们做的那样去做。正是因为受到了重视和尊重，所以，她们工作越来越努力，每一次的改变都刺激着她们去提高生产效率。

尊重的需要是人的一种高级需要。人与人有差异，人与人在财富、地位、学识、能力、肤色、性别等许多方面各有不同，但在人格上是平等的。维护自己的自尊是人类心中最强烈的愿望，因此，满足尊重的需要对人来说十分重要。很多时候，人们为了获得尊重，会通过追求流行、讲究时髦、用高档商品、买名牌服装等手段来体现自己的价值。

拿破仑当年创建了法国荣誉军团勋章，为士兵发放了 15000 枚十字勋章，给 18 位将军授予了"法国元帅"的称号，并将自己的军队称为"宏伟之师"。人们批评他在给身经百战的军人颁发"玩具"，拿破仑答道："人类就是被这种玩具统治着的。"

拿破仑使用了授予他人头衔和权威的技巧，即是尊重他人，迎合他人的自尊心，这种方法在你身上也能发挥作用。

从对方立场考虑问题，让他自然改变

有人说："当你处理自己的事，有谨慎的反应，暂且停下一会儿，把你对别人的一点关怀，作一个小小的比较，你将会明了人与人的关系。"换句话说，若要使他人乐于按照你的意愿去行事，就应该从他人的立场出发考虑问题。

美国著名人际关系大师戴尔·卡耐基描述了这样一段他自己的经历。

我常常在家附近的一座公园内散步，作为消遣。因此我渐渐对花木起了爱护之心，每当有火烧树林的消息传来，我的心里便会感到十分难过。

树林起火大多是孩子们在林间生火做饭造成的。有时火烧得相当大，非得借助消防队才可扑灭。虽然这座公园内立着一块警告牌，上面明确写着纵火者所将受到的处罚，但是因地处偏僻，警察又疏于管理，以至于公园内火灾频繁。

记得有一次，我匆匆地跑去告诉警察，公园内有火星在扩散，请他立即通知消防队前来扑灭。可是他却摆出一副漠不关心的态度——他说那不是他负责的管区，不关他的事。

自从那次后，我便常常骑着马，由自己来担任维护公共财产的职责。最初，我一看到孩子们在树下生火野餐时，就会立即跑过去，用严厉的口吻恐吓他们：

在树下生火将会被拘捕禁闭，要他们马上将火熄灭。其实，我不该这样做的，因为我这样做只是宣泄了内心里的情感，而却丝毫没有考虑孩子们的感受。他们虽然照着我的话做了，但心里却很不是滋味，所以，我一离开，他们又把火点了起来。

几年后，我开始觉察到该向别人多学学怎样以他人的观点去批判、观看一件事物，于是我不再去命令别人。在公园里再遇到玩火的孩子，我就对他们说："嗨！小伙子们，你们玩得还高兴吗？你们要拿什么做野餐呢？我小的时候，也和你们一样，喜欢在野外生火做饭，现在回想起来还是挺有意思的。但是你们可别忘了，在公园内生火是很危险的，我知道你们不会惹麻烦，因为你们都是好孩子，而其他的孩子们，看到你们在生火，必然也会跟着玩起火来，回家的时候如果不把火熄灭，树叶、树枝将会被火星引燃，从而导致火灾发生。要知道，若我们不好好爱护花草树木，这公园内会没有树木了。你们大概不知道，在公园内玩火是会坐牢的。我不打算干涉你们，只希望你们别把火靠近干树叶，并且在回家时，别忘了将火熄灭。假如你们下回还想玩时，我建议你们去那边沙滩上玩，在那里就不会有什么危险，谢谢你们的合作，祝你们玩得愉快。"

这样说，效果真的很惊人，孩子们都很乐意跟我合作。他们不但没有埋怨及反感，也不会感到被人强迫服从命令，而认为他们保全了面子与自尊。不但我觉得满意，他们也觉得高兴，那是因为我考虑到了他们的立场。

我们假如期望别人去完成一件事，不妨以对方的观点来想一想，默问自己："他这样做的用意何在呢？"虽然那是很耗时也很麻烦的，但那样做的话将会减少很多摩擦和不愉快，因而获得更多的友谊。能处处为人设想，并以对方的观点，去对待事情，这将会影响到你往后的社会交往及事业成就。

因此，若想让别人乐意顺着你的意思去改变自己，你就必须做到从他人立场出发去考虑问题，处理事件。

布下"最后通牒"的陷阱，让他不得不屈服

在谈判中，有些谈判者支出架子准备进行艰难的拉锯战，而且他们也完全抛开了谈判的截止期。此时，你的最佳防守兼进攻策略就是出其不意，发出最后通牒并提出时间限制。这一策略的主要内容是：

在谈判桌上给对方一个突然袭击，改变态度，使对手在毫无准备且无法预料

的形势下不知所措。

对方本来认为时间挺宽裕，但突然听到一个要终止谈判的最后期限，而这个谈判成功与否又与自己关系重大，不可能不感到手足无措。由于他们很可能在资料、条件、精力、思想、时间上都没有充分准备，在经济利益和时间限制的双重驱动下，会不得不屈服，在协议上签字。

美国汽车王亚科卡在接管濒临倒闭的克莱斯勒公司后，觉得第一步必须先压低工人工资。他首先降低了高级职员的工资 10%，自己也从年薪 36 万美元减为 10 万美元。随后他对工会领导人讲："17 元每小时的活儿有的是，20 元每小时的活儿一件也没有。"

这种强制威吓且毫无策略的话语当然不会奏效，工会当即拒绝了他的要求。双方僵持了一年，始终没有进展。后来亚科卡心生一计，一日他突然对工会代表们说："你们这种间断性罢工，使公司无法正常运转。我已跟劳工输出中心通过电话，如果明天上午 8 点你们还未开工的话，将会有一批人顶替你们。"

工会谈判代表一下傻眼了，他们本想通过再次谈判，从而在工薪问题上取得新的进展，因此他们也只在这方面做了资料和思想上的准备。没曾料到，亚科卡竟会来这么一招！被解聘，意味着他们将失业，这可不是闹着玩的。工会经过短暂的讨论之后，基本上完全接受了亚科卡的要求。

亚科卡经过一年旷日持久的拖延战都未打赢工会，而出其不意的一招竟然奏效了，而且解决得干净利落。

所谓"最后通牒"，常常是在谈判双方争执不下、陷入僵持阶段，对方不愿屈服以接受交易条件时所采用的一种策略。实践证明，如果一方根据谈判内容限定了时间，发出了最后通牒，另一方就必须考虑是否准备放弃机会，牺牲前面已投入的巨大谈判成本。

美国底特律汽车制造公司与德国谈判汽车生意时，就是运用了最后通牒策略而达到了谈判目标。当时，由于双方意见不一致，谈判近一个多月没有结果，同时，别国的订货单又源源不断。这时，美国底特律汽车制造公司总经理下了最后通牒，他说："如果你还迟迟不下定决心的话，5 天之后就没有这批货了。"眼看所需之物抢购殆尽，德方不由得焦急起来，立刻就接受了谈判条件，于是，一场持久的谈判才告结束。美国这家公司使用的就是最后通牒法，迫使对方最终屈服。

可见，在某些关键时刻，最后通牒法还是大有裨益的。但是，该方法并非屡

试不爽，一旦被对方识破机关，最后通牒的威力可能会反作用到自己身上来。这里有一个范例。

美国通用电气公司与工会的谈判中采用"提出时间限制"的谈判术长达20年。这家大公司在谈判开始的时候，使用这一方法屡屡奏效。但到1969年，电气工人的挫败感终于爆发。他们料到谈判的最后结果肯定又是故技重演，提出时间限制相要挟，在做了应变准备之后，他们放弃了妥协，促成了一场超越经济利益的罢工。

发"通牒"一定要注意一些语言上的技巧，要把话说到点子上。

第一，出其不意，提出最后期限，对谈判者提出要求时必须语气坚定，不容通融。

运用此道，在谈判中首先要语气舒缓，不露声色，在提出最后通牒时要语气坚定，不可使用模棱两可的话语，使对方存有希望，以致不愿签约。因为谈判者一旦对未来存有希望，想象将来可能会给自己带来更大的利益时，最后就不肯签约。故而，坚定有力、不容通融的语气会替他们下定最后的决心。

第二，提出时间限制时，所提时间一定要明确、具体。

在关键时刻，不可说"明天上午"或"后天下午"之类的话，而应是"明天上午8点钟"或"后天晚上9点钟"等更具体的时间。这样的话会使对方有一种时间逼近的感觉，使之没有心存侥幸的余地。

第三，发出最后通牒言辞要委婉。

必须尽可能委婉地发出最后通牒。最后通牒本身就具有很强的攻击性，如果谈判者言辞激烈，极度伤害了对方的感情，对方很可能由于一时冲动铤而走险，一下子退出谈判，这对双方均不利。

用"我错了"，让他人心悦诚服接受批评

法国著名作家拉罗什富科曾说过："没有什么人比那些不能容忍别人错误的人更经常犯错误的。"确实，我们在生活中，总会发现周围的人犯这样或那样的错误。于是，如何做到批评但又不伤害他人，成了与人交往中很重要的一门学问。

也许你会说，"批评还不容易，直接告诉他'你错了'或'你某些地方做得不对'，很简单嘛。"然而，我们都知道，人是有自尊的动物，很少有人不会主动去维护自己的意见和看法。因此，几乎没有谁在听见"你错了"三个字时内心仍

能非常平静。大家往往会为来自他人的批评指责闷闷不乐，冲动的人甚至可能当即暴跳如雷、反唇相讥。

千万不要小看"你错了"这样直截了当的三个字，在人际交往中，破坏力最强的莫过于这三个字了。它不会带来任何好的效果，只会造成一场不快、一场争吵，甚至会使朋友变成对手，使情人变成怨偶。在我们肆无忌惮地用它指责别人错误的同时，几乎意识不到，这样做是会给别人的心中留下疤痕的。

从人性角度来说，做错事的人只会责怪别人，而不会责怪自己——我们都是如此。这不是度量的问题，而是人性的问题，只有极少数人能够克服人性的弱点而使度量大到能接受批评的程度。

那么，想批评别人的时候，我们采用什么方式好呢？被誉为"20世纪最伟大的心灵师长"戴尔·卡耐基曾指出，想对他人表达"你错了"的批评意图，不妨先承认"我错了"，这对疏通关系和解决问题更有好处。

有一位著名的作家用主动认错的方式赢得了读者的尊重。

在长达20年社会纪实体裁小说写作之后，他尝试着变换风格，推出了一部侦破类新作，这让许多读者无法接受。

一名愤怒的读者甚至写信给他，言辞非常激烈，指责他根本不该转型。其中很多语句有失偏颇，看得出这位读者对小说艺术的理解并不深入。但这位作家并没有恼羞成怒，而是非常认真地写了一封回信，在信中，他只字不提这位读者的不礼貌和认识上的浅薄，只是很诚恳地承认自己并不适合悬疑推理题材的写作，他很感谢读者的意见，希望以后能够经常互相交流看法。

这个故事让我们深刻体味到"你错了"会为你树立新的敌人，而"我错了"却可能帮你赢得新的朋友。可以想象，那名激动的读者看到回信后，一定会心生惭愧——为自己的粗鲁无礼，为作家的谦逊大度。在一个胸襟宽广、能够认识自己的错误、敢于向别人承认错误的人面前，任何问题都将迎刃而解，任何矛盾都将烟消云散。

现实往往就是如此，当我们说对方错了时，他的反应常让我们头疼，而当我们承认自己也许错了时，就绝不会有这样的麻烦。这样做，不但会避免所有的争执，而且可以使对方跟你一样宽宏大度，承认他也可能弄错。

指出对方错误时，他也许并不明白你的用意——是为了贬低他、抬高你自己，还是为了他好？因此，你应该尽量让他明白批评他是你的好意。讲话时态度一定

要谦和诚恳，用语不能激烈，否则对方就会以为你在教训他；也不必过于委婉，否则他会认为你惺惺作态。

此外，指正别人还要选择适当的场合和时机。原则上讲，要在对方情绪比较稳定时指出他的不足之处。人在情绪不正常时，可能什么也听不进去。最好避开第三者，以一对一的方式进行，以免让他产生当众出丑的感觉。在大庭广众下指出别人的错误，除了会为自己多树立一个敌人外，别无任何作用。

多用"所以"少用"但是"，对方易接受你的谈判

为了使讲话的内容充分展开，首先要给对方留下这样的印象，即谈判的对手和自己谈论的是同一个内容。双方在发言中多少有点矛盾时，也应这样对人家说："我们之间只是表达方式和所处的地位不同，其实说的都是一回事。"把话引导到双方共同的目标上来，共同努力寻找到达这一目的的最短路线。

相反，彼此耿耿于怀，各朝各的方向发表议论，双方在心情上都会有一种蒙受了损失的感觉，于是相互抱怨自己损失的那一部分让对方赚去了。我们并不希望这样，因此必须给对方留下双方是为了共同的利益而坐在一起的印象，本着"我赚，你也赚"的精神进行商谈。

故此，对话中应该尽量避免使用转折连词，这种词使用过多，无论你怎么解释也会形成一种相互对立的氛围。即使对方反驳自己，也不能用"但是"来接受。不管人家说些什么，一定要用"所以"、"正因为如此"等顺接连词来对付。

人际关系的发展不见得那么规范，那么完善。有些表达写进文章里显得文理不通，但在口头对话中往往没有什么异样的感觉。比如有两个女高中生在谈话，你站在客观的立场上听起来有些驴唇不对马嘴，可她们在那么一种特定的气氛里却能一直聊下去。两者之间的谈话不必100%吻合，其中有30%对不上，关系也能够融洽起来。所以，在理论上应当使用转折连词的地方，即使你用了顺接连词，谈话仍然可以继续，内容也没有意外地发生变化。比如对方在指出缺点时问道："这种场合，你们应当如何处理？"这时可以回答："没什么，正在考虑对策。"也可以回答："所以，正在考虑对策。"两者的意思都讲得通，但以后者为好，因为它给人留下的印象是我们双方都在朝着同一个目标努力。

不想心甘情愿地接受对方的意见时也用"所以"开头把自己的意见坚持讲下去的人，应该说是智者。如果讲话过程中，无论受到怎样的攻击也不改变自己的

论点，用转折连词来迎接对方的挑战，那么，谈判就在不知不觉之中误入了歧途。

要知道，谈判的最高境界就是让谈判双方走向双赢，谈判就像分蛋糕，自己分得一定利益，同时要让对方知道他也能分得一块，这样蛋糕才能越做越大，谈判方向上你才能一直占据主导地位。

发挥"独立性"魅力，让别人永远依赖你

我们先来看一个著名的故事。

美国石油大亨老洛克菲勒是这样教育孩子的：有一天，他把孩子抱上一张桌子，鼓励他跳下来，孩子以为有爸爸的保护，就放心地往下跳。谁知往下跳的时候，爸爸却走开了，小洛克菲勒摔得很重，坐在地上大哭起来。这时，老洛克菲勒语重心长地对儿子说："孩子，不要哭了，以后要记住，凡事要靠自己，不要指望别人，有时连爸爸也是靠不住的！从现在就开始学会独立地生活吧！"

洛克菲勒家族中的孩子，从小就不准乱花钱，每一个孩子可支配的少量零花钱也要记账。在学校读书时，一律在学校住宿，大学毕业后，都是自己去找工作。直到他们在社会中锻炼到能经得起风浪以后，上一辈人才把家产逐步交给他们。

正是因为洛克菲勒家族注重培养孩子的独立生活能力，才使孩子养成独立、自强的习惯。所以洛克菲勒家族历经几个世纪而依然繁盛如初。

要知道，依赖别人会产生不少危害。诸如，想办一件事不敢独立去做，总是想跟他人一块去做；遇事没有主见，总是等待别人做出决定；不相信自己，不敢讲出自己的见解，怕得不到人们的认可；对领导唯命是从，让干啥就干啥，只求生活平稳、少烦恼，等等。

可反过来想，如果减少对别人的依赖，而让别人依赖你，这是一种制胜的智慧。当人们习惯于依赖你的时候，他们依靠你去获得他们想要的幸福和财富，便会对你毕恭毕敬，彬彬有礼。他们对你的依赖性越大，你的自由空间也就会越大。

至于如何培养自己的独立性，并表现得既不夸张，也不张扬，同样是一种技术。

平时，你要树立独立的人格，培养自主的行为习惯。要用坚强的意志来约束自己，无论做什么事都有意识地不依赖父母或其他人，同时自己要客观看待自己，不断开动脑筋，把要做的事的得失利弊考虑清楚，心里就有了处理事情的主心骨，也就能妥善、独立地处理事情了。

要注意树立人生的使命感和责任感。一些没有使命感和责任感的人，生活懒散，消极被动，常常跌入依赖的泥潭。而具有使命感和责任感的人，都有一种实现抱负的雄心壮志。他们严格要求自己，做事认真，不敷衍了事、马虎草率，具有一种主人翁的精神。这种精神是与依赖心理相悖逆的。所以，你要学会选择这种精神，从而树立自我的主体意识。

当然，你也可单独地或与不熟悉的人办一些事或做短期外出旅游，这样做是为了锻炼独立处事能力。自己单独地办一件事，完全不依赖别人，无论办成或办不成，对你都是一种人格的锻炼。与不熟悉的人外出旅游，是由于不熟悉，出于自尊心和虚荣心，你不会依赖他人，事事都得自己筹划，这无形之中就抑制了你的依赖心理，促使你选择自力更生，有利于你独立的人生品格培养。

培养了自己的独立性，无论在生活中、学习中，还是在工作中、创业中，你都可以用你的独立表现出你的能力，从而让他人需要你、依赖你。

·第八章·

让对方心甘情愿帮忙的心理策略

外表是打动对方最直观的方式

我们在看到别人的第一眼时，都希望别人能够打动自己；同样的，我们更希望自己也能打动别人，这点对求人办事是很重要的。如果我们能够打动别人，那么对方很自然地就会帮助我们。反之，如果让别人看我们第一眼就不想看第二眼，那事情很难再有指望了。

俗话说："相由心生。"这句话的意思是说我们的容貌是在爹妈给的基础上自己塑造的，难怪林肯说："一个男子40岁后就必须为自己的脸负责了。"

人人都希望看到也希望拥有动人的容貌，从古至今都是如此。人们往往都是很重外表形象的，殊不知很多人都会下意识地把一些正面的品质加到外表漂亮的人身上，像聪明、善良、诚实、机智等等。更有甚者，当我们做出这些判断时，我们一点也没有觉察到外表在这个过程中所起到的作用。这种趋势可能导致的后果是非常令人不安的。

例如，有人曾对1974年加拿大联邦政府选举的结果进行研究，后来他们发现，外表有吸引力的候选人得到的选票是外表没有吸引力的候选人的两倍还多。而尽管有明显的证据表明英俊的政治家有很多优势，一个随后的研究却表明投票人并没有意识到自己的偏见。事实上，有73%的加拿大选民都强烈否认他们的投票决定受到了外表的影响，只有14%的人承认也许有这个可能性。但不管投票人怎么不承认外表的吸引力对选举结果的影响，却有源源不断的证据表明，这种令人担忧的倾向的确是一直存在的。

再比如，1960年，尼克松与肯尼迪之争中，年轻、英俊、风流倜傥的肯尼迪浑身散发着领袖的魅力，他看起来坚定、自信、沉着，不仅能够主宰美国的政坛，而且能平衡世界的局面。当他提出"不要问国家能为你做什么，问一问你能为国家做什么"的口号时，就在以"自我"为中心的国度里激起了美国人民上下一片的爱国热潮。他不仅满足了美国人梦中理想的领袖形象，而且创立了领袖形象的最高标准。

同样的，1980年与里根竞选总统的杜卡基斯，无论是外表还是声音，无论演讲还是表演，在英俊、高大、富有感召魅力的里根的衬托下，越发显得"不像个领袖"，因而落选。而演员出身的里根用自己的微笑、声音、手势、服装及高超的演技，表现出具有一个迷人魅力的领袖形象，从而掩盖了他在知识和智力上的不足。

几十年过去了，肯尼迪的形象一直让人难以忘怀，使很多政治家黯然失色。30年后，克林顿再度让美国人民旧梦重温。受到肯尼迪的影响，克林顿从小立志从政，他以肯尼迪为榜样，仪态、举止处处满足美国人渴望的总统形象，他终于成为美国总统。在克林顿身上，正反两面，都有肯尼迪的影子。尽管他是位创造了美国历史上丑闻最多的总统，但他每次都能安然渡过难关，使人们一次次原谅他的不检点。相比之下，尼克松一次"水门事件"就被迫离开了白宫。

可见，形象就是一种魅力，运用形象的魅力是杰出领袖的智慧之一。形象所产生的巨大领导力和影响力使世界上成功的巨人们无不在乎自己的形象。

在求人办事时，形象同样具有重大的作用。有一个例子就很能说明问题。1999年，在中国网络腾飞时代，一位华裔英国投资商到了北京的中关村，和一位电脑才子会谈投资。事后，他说："我怎么也不能相信头发如干草，说话结巴的人会向我要500万美元的投资，他的形象和个人素养都不能让我信服他是一个懂得如何处理商务的领导人。"当然，谈判结果就可想而知了。

所以在办事前先把自己的仪表、形象修饰好。"欲把西湖比西子，浓妆淡抹总相宜。"只有掌握了修饰美的"修饰即人"的指导思想及"浓淡相宜"的美学原则，才能使美的修饰映照出一个人蓬勃向上的精神风貌，才能帮助我们提高办事能力。

"修饰即人"是说修饰美能反映一个人的追求及情趣。《小二黑结婚》里的三仙姑，醉心于"老来俏"，可是"宫粉涂不平脸上的皱纹，看起来好像驴粪蛋上下了霜"。这样的打扮如果说是跟她的年龄、身份不符的话，那么这和她这个人物的那种虚荣、轻浮和愚昧的人格倒是挺相称的。美的修饰要考虑被修饰者的年龄、身份、职业等，教师、医生就不宜打扮得过艳，学生应当讲究整洁。

"浓淡相宜"是说修饰不能片面追求某一局部的奇特变化，而应注意统一协调，否则会失去比例平衡，以致俗不可耐，弄美为丑。一个人如果想受人尊敬，首先必须注意的是衣着的整齐清洁，让人觉得自己为人端庄、生活严谨。况且化妆的本意是为了掩饰缺点以表现优点，所以，如果为了掩饰缺点而化妆过浓时，优点反而被破坏无遗。因此，欲将良好的风度、气质呈现在众人面前，应持淡雅宜人的化妆，不可把脸当作调色盘，不可把身体当作时装架，这也就是所谓有个性的妆饰，它是在表现本身的修养，同时也表现人格，因此必须使看的人感到清爽和产生好感才行。

然后，你再去找人办事时，自然就会留给别人一个深刻的、难以磨灭的印象。这会为你的成功办事增色不少。

让你的眼神温柔起来，给他一种美好感觉

一对恋人在一起，双双一言不发，仅靠含情脉脉的眼神就能表达双方爱慕之意。在办事时，你的眼睛也可以发挥很大的作用。

例如，直觉敏锐的客户初次与推销人员接触时往往仅看一下对方的眼睛就能判断出"这个人可信"或"要当心这小子会耍花样"，有的人甚至可以透过对方的眼神来判断他的工作能力强否。

找他人办事时，能否博得对方好感，眼神可以起主要的作用。还拿推销人员为例吧，言行态度不太成熟的推销员，只要他的眼神好，有生气，即可一优遮百丑；反之，即使能说会道，如果眼睛不发光或眼神不好，也不能博得客户的青睐，反而会落得"光会耍嘴皮子"的下场。不少推销人员在聊天时眼神柔顺，但在商谈时却毛病百出，尤其在客户怀疑商品品质或进行价格交涉时，往往一反常态与之争吵起来。

一本正经的脸色和眼神有时虽也能证明他不是在撒谎，但是，这种情况仅在客户争相购买的时候才会起好的作用。在一般情况下，一本正经往往容易伤害对方的感情而导致商谈失败。作为一位推销人员不论如何强烈地反驳对方都必须笑容满面，如果不笑就无法保持温柔的眼神。在推销员的词典里，没有嘲笑的眼神、怜悯的眼神、狰狞的眼神或愤怒的眼神等字眼。下面这些都是遭人反感的不当眼神，你一定要注意在实际工作中尽量避免掉，以免不必要的麻烦：

1. 不正眼看人

不敢正眼看人可分为不正视对方的脸，不断地改变视线以离开对方的视线，低着头说话，眼睛盯着天花板或墙壁等没有人的地方说话，斜着眼睛看一眼对方后立刻转移视线，直愣愣地看着对方，当与对方的视线相交时，立刻慌慌张张地

转移视线，等等。

大家都知道，怯懦的人、害羞的人或神经过敏的人是很难成事的。

2. 贼溜溜的眼神

当你找人办事时，要是有一双贼溜溜的眼睛可就麻烦了。有的人在找别人办事时常有目的地带着一副柔和的眼神，可是一旦紧张或认真起来则原形毕露，瞪着一副可怕的贼眼，反而吓别人一大跳。

这种人必须时时刻刻注意自己平时的日常生活，养成使自己的眼神温和的习惯。此外，对一切宽宏大量，是治疗贼溜溜眼神的最佳办法。

3. 冷眼看人

有一颗冷酷无情的心，那么眼睛也会给人一种冷冰冰的感觉。有的人心眼虽然很好可是两眼看起来却冷若冰霜，例如理智胜过感情的人、缺乏表情变化的人、自尊心过强的人或性格刚强的人等往往有上述现象。这种人很容易被人误解，因而被人所嫌弃，这是十分不利于工作和生活的。

这些人完全可以对着镜子，琢磨一下如何才能使自己的眼神变得柔和亲切及惹人喜欢，同时也要研究一下心理学。如果对自己的矫正还不太放心，可请教一下朋友。

4. 混浊的眼睛

上了年纪的人眼睛混浊是正常现象。但是有的人年纪轻轻却也眼睛混浊充满血丝，这样的人会给别人带来一种不清洁的感觉，甚至被误认为此人的人格也是卑下的。

只要不是眼病，年轻人的眼睛本不会混浊。眼睛混浊的年轻人往往是由于睡眠不足和不注意眼睛卫生所引起的，因此，要注意睡眠和眼睛卫生。

5. 直愣愣的眼神

找别人办事时，环顾四周是件非常重要的事。如果你目不斜视直愣愣地朝着对方的办公桌走去，那就是没有经验的表现。应该怎么办呢？首先，要环顾一下四周，视线能及的人（不要慌慌张张地瞪着大眼睛像找什么东西似的东张西望，而要用柔和亲切的眼神自然地环视四周），近的就走上前去打个招呼，远的就礼貌地行个注目礼。

对待任何人，即使与你的业务并无直接关系，也要诚心诚意地和他们打招呼，这样不但可以提高你的声望，而且在某些情况下他们还会给你意想不到的帮助。

另外，和很多人说话时行注目礼也是很重要的事，要一边移动视线交互看着全体人员的脸，一边说话。一般来说大家比较注意发言多的人，而往往忽视了不发言的人，这就有点失礼了。对一言不发的人也要注意到，这样一来气氛就大不一样了。

总之，你要尽可能想一切办法克服上述那些不利于办事的眼神。平时你也可以将自己所喜爱的，认为极富魅力的明星照片放在随时可以看到的地方，并对他们经常观察。坐到镜子前，看看你眼睛的形状和光亮度，做各种媚眼、平视、瞪眼、斜眼等动作，找到令你感觉最好的媚眼、平视、瞪眼等动作的神态并加以训练，等你习惯以后就会不自觉地运用它们。一些忧心忡忡的人们或许会认为对明星神态的模仿只会出现一个复制品，这种看似不乏说服力的担忧实际上是杞人忧天。由于每个人所处的环境和社会经历不同，无法造就两种完全相同的气质。在你完全熟练把握某种神情时，正是出自自己的感觉而不是玛丽莲·梦露或周润发的感觉，因为这种感觉的差异，使你神情的发挥和把握显示出某种不同的个性来。

只要你加以练习，就会让自己的眼神看起来更加温柔，给人留下美好的感觉。这样就会有利于我们找别人办事。

满足对方心理是最好的铺垫

中国有句俗话，叫"篱笆立靠桩，人立要靠帮"。一个人要想一生有所成就，就必须有求人办事的能力。这个话题，说起来很简单，可真正实施起来，又有多少人能轻松得手呢？

难道我们就不能让人家心甘情愿地帮忙吗？当然不是了。有求于人，你必须明确，要对方帮你，唯一有效的、事半功倍的方法就是使他自己情愿。那么，我们怎样才能让他人心甘情愿地"为我所用"呢？这就需要心理技巧了。

人的需要是各不相同的，每个人都有各自的癖好与偏爱。你首先应当将自己的计划去满足别人的心理，然后你的计划才有实现的可能。

例如，说服别人最基本的要点之一，就是巧妙地诱导对方的心理或感情。如果你特别强调自己的优点，企图使自己占上风，对方反而会加强防范心。所以，应该注意先点破自己的缺点或错误，使对方产生优越感。

关于这一点，曾有一个非常有趣的故事。

有一位年轻人是美国有名的矿冶工程师，毕业于美国的耶鲁大学，又在德国的佛莱堡大学拿到了硕士学位。可是当年轻人带齐了所有的文凭去找美国西部的一位大矿主求职的时候，却遇到了麻烦。原来那位大矿主是个脾气古怪又很固执的人，他自己没有文凭，所以就不相信有文凭的人，更不喜欢那些文质彬彬又专爱讲理论的工程师。当年轻人前去应聘递上文凭时，满以为老板会乐不可支，没想到大矿主很不礼貌地对年轻人说："我之所以不想用你就是因为你曾经是德国佛莱堡大学的硕士，你的脑子里装满了一大堆没有用的理论，我可不需要什么文绉绉的工程师。"聪明的年轻人听了不但没有生气，反而心平气和地回答说："假如你答应不告诉我父亲的话，我要告诉你一个秘密。"大矿主表示同意，于是年轻人对大矿主小声说："其实我在德国的佛莱堡并没有学到什么，那三年就好像是稀里糊涂地混过来一样。"想不到大矿主听了却笑嘻嘻地说："好，那明天你就来上班吧。"就这样，年轻人在一个非常顽固的人面前通过了面试。

或许你觉得那个大矿主心理有问题，观念比较偏激、夸张，甚至有些滑稽，可年轻的工程师若不让矿主的"问题心理"得到满足，又怎么能让他聘请自己呢？

美国著名政治家帕金斯30岁那年就任芝加哥大学校长，有人怀疑他那么年轻是否能胜任大学校长的职位，他知道后只说了一句："一个30岁的人所知道的是那么少，需要依赖他的助手兼代理校长的地方是那么的多。"就这短短一句话，使那些原来怀疑他的人一下子就放心了。人们遇到了这样的情况，往往喜欢尽量表现出自己比别人强，或者努力地证明自己是有特殊才干的人，然而一个真正有能力的领袖是不会自吹自擂的，所谓"自谦则人必服，自夸则人必疑"就是这个道理。

在办事过程中，你要努力做到这点——先在心理上满足对方，这样事情就会变得简单、顺利多了。

如何让人感觉为你办事踏实

办事时，如果你要想让别人重视自己，你就要有一些让人信任的表现。

1. 你要显得充满信心

为了使你显得出类拔萃，你可以常用肯定的表情，常微笑而不常皱眉，常开怀大笑而不常阴险冷笑。说话时不要吞吞吐吐，因为这让人觉得你不够坦率，欠缺潇洒。要常提对方的姓名，给人亲切感。让别人多谈自己，这是人们最喜欢的话题，对方也会因此而喜欢你。要学会尊重别人，要同情别人的困境，使别人不要难堪。要学会不嫉妒别人，显示你有宽阔的胸怀。会调侃自己是对自己有信心的表现。平常要多运动，使你精神饱满，头脑灵活。你还要相信自己一定会成功，这样不会甘心一辈子只当个小角色。要注意服饰，例如配上鲜艳的领带，配点小装饰，都让人觉得你很醒目。要让自己身上散发似有似无的某种清香，例如刮完胡子后，擦点润肤水。人的嗅觉是很灵敏的，而且对人的感觉影响比较大，所以你身上若散发出某种清香，可给人留下深刻印象。走路时要抬头挺胸，显得很自信。讲问题时可以卖卖关子，别一下捅破，让别人来问你。有条件的话学一门专长，如精通某一段历史、会演奏某种乐器等都是出众的本钱。最起码你要说话清楚，别让人觉得你老是喃喃自语，也别常带口头语。

2. 要诚恳地对待别人

你要知道，实话也会伤人。所以说实话也要讲究技巧。要信守诺言，尽量不言而无信。前提是许诺要慎重，不轻易放弃原则。要有自己的见解，若人云亦云，别人不会认为你很真诚。要平等待人，无论是谁都要给予尊重，如果你对上司巴结奉迎，对下属却摆出一副冷面孔，人家会怎么看你？不要装模作样，这很容易被人看穿。要以本色示人，不要怕承认缺点，敢于面对自己的弱点，最易赢得别人的信赖。

3. 不要让人觉得你正处在紧张的状态中

要克服紧张，首先要弄清自己在什么场合容易紧张，例如走进正在开会的房间，在上司面前等。你可以故意多到这种场合去，习以为常则见怪不怪了。或者练一套放松体操，坚持每天上床前练习，必有收效。也可以在手腕上套一根橡皮圈，感到自己又要紧张了，悄悄拉几下。

如果要克服紧张时的习惯动作，先要知道自己的习惯动作是什么。习惯动作都是无意识的，不知不觉中做出来的，所以必须留意才能察觉。还要弄清在什么情况下容易出现这种动作。然后再有意识地克服这种习惯性动作。同时克服自己的习惯性动作要有毅力，别指望长期养成的习惯一朝一夕就可以改掉。

4. 注意细节修饰

如果一套笔挺的西装，里边却有一个肮脏的衣领，对方一定不会感到舒服。袜子也是一样，你坐着与人谈话时，脚会不自觉地伸出去或跷上来，袜子也就会暴露在人前，如果不干净、不整洁就会让人反感。

头发、牙齿、胡子也是应该经常修饰的部分。头发一定不要过长，否则就容易乱，容易脏，要按时理发，使自己的头发保持一个精神的式样。胡子要经常刮，牙齿要经常刷，口中不要有异味，尤其在出去谈判时一定不要吃有异味的食物。这么认真苛刻地对待自己的外表，也是你对对方的一种尊重。

如果你与对方谈判或请对方为你办某件事情的时候，衣衫不整、头发蓬乱，对方会感到不舒服，瞧不起你。对于自己的细节要时时注意，因为这些细节蕴含着丰富的内容。比如，像公文包、钢笔、笔记本、名片夹、手表、打火机等最好都要讲究些。

总之，尽可能地采取一些措施，让自己看起来精神饱满，然后你再同别人办事时，就有了很大的把握和胜算。

以礼相待，多用敬语好求人

谈话时，无论双方的地位高低，年纪大小，长辈晚辈，在人格上都是平等的。所以，切不可盛气凌人、自以为是、唯我独尊。要把对方作为平等的交流对象，在心理上、用词上、语调上，体现出对对方的尊重。尽量使用礼貌语，谈到自己时要谦虚，谈到对方时要尊重。恰当地运用敬语和自谦语，不仅可以显示你的个人修养、风度和礼貌，而且有助于你把事情办成。

例如，在外出办事时，如果双方约定见面又有其他人在场，主人为你介绍时，你应当如何表示才算合乎礼节呢？一般说来，介绍时彼此微微点头，互道一声：某某先生（或小姐）您好！或称呼之后再加一句"久仰"便可以了。介绍时你还应该注意，如果你是坐着的，那你就应该站起来，互相握手。但如果相隔太远不方便握手，互相点头示意即可。随身带有名片的此时也可交换，交换时应双手奉上，并顺便说一声"请多多指教"之类的客套话。接名片时也应用双手，并礼貌地说一声"不敢当"等，自己若带着也应随后立刻递给对方。如果你是介绍人，介绍时就务必要做到清楚明确，不要含糊其辞。比如，介绍李先生时最好能补上一句"木子李"或介绍张先生时补一句"弓长张"，等等，这样使对方听起来更明确，不容易发生误会。如果被介绍的一方或双方有一定的职务时，最好能连同单位、职务一起简单介绍。像"这位是某某公司的业务经理某某同志"，这样可使对方加深印象，也可以使被介绍者感到满意。

还有，如果你外出、旅游或者初到一个陌生的地方，可能会有地址不清或对当地的风俗习惯不了解，这就需要询问别人。要想使询问得到满意的答复，就要做到这样两点：

一是要找对知情人，主要是指找当地熟悉情况的人。比如，问路可以找民警、司机、邮递员、老年人等。

二是要注意询问的礼节，要针对不同的被询问者和所问问题区别对待。比如，询问老年人的年龄时可适当地说得年轻一些，而询问孩子的年龄时则应当大一些；询问文化程度时最好用"你是哪里毕业的"、"你是什么时候毕业的"等较模糊的问句等。注意询问时不要用命令性的语气，当对方不愿回答时就不要追根问底，以免引起对方不快。

此外，请求别人的帮助时，应当语气恳切。向别人提出请求，虽无须低声下气，但也绝不能居高临下，态度傲慢。无论请求别人干什么，都应当"请"字当头，即使是在自己家里，当你需要家人为你做什么事时，也应当多用"请"字。向别人提出较重大的请求时，还应当把握恰当的时机。比如，对方正在聚精会神地思考问题或操作实验，对方正遇到麻烦或心情比较沉重时，最好不要去打扰他。如果，你的请求一旦遭到别人的拒绝，也应当表示理解，而不能强人所难，更不能给人脸色看，不能让人觉得自己无礼。

不吝惜恭维的话，让对方不忍不帮忙

有人说："人性的弱点决定了人是最禁不住恭维的动物。"对任何人来说都是如此，你求他帮助办事，恭维他是理所当然的。你恭维了他，他也反过来重视你，另外，得到恭维的人是不忍心放着对方的难题不管的。

因此，在这个社会上，会说恭维话的人，肯定比较吃香，办事儿顺利也顺理成章了。当一个人听到别人对自己所说的恭维话时，心中总是非常高兴，脸上堆满笑容，口里连说："哪里，我没那么好""你真是很会讲话！"即使事后冷静地回想，明知对方所讲的是恭维话，却还是没法抹去心中的那份喜悦。

因为，爱听恭维话是人的天性，虚荣心是人性的弱点。当你听到对方的吹捧和赞扬时，心中会产生一种莫大的优越感和满足感，自然也就会高高兴兴地听从对方的建议。

相信你也到私人商摊处买过衣服，在你试衣时，卖主肯定就来话了："啊！真漂亮！穿起来非常合身，朴素、大方、有风度。你比以前年轻了几岁。"

本来你是不想买那件衣服的，却买回来了。

第二天，你神气起来，可是穿了不到两小时，某条缝线断了，裂开了一个大洞。

此时，你才骂他是个"骗子"。然而，又有何作用呢？

要想在办事儿时求人顺利，首先要摒弃一些主观意识，学会恭维别人，当你自觉地去恭维别人时，你的办事能力就会相应提高。

恭维别人主要体现在求别人办事方面。要想求别人办事，就必须掌握会说恭维话这一条。说话同办事是相辅相成的。话说得好听，说得到位，别人便易于接受你提出的条件和要求，否则即便是一件简单的事情，也会容易办砸，所以要学会说恭维的话，就必须学会顺情说好话。要想把事情办成功，总得选对方爱听的话说，才有利于解决事情。所以，要学会说恭维的话。

几乎所有人都爱好虚荣，其特点往往是在他们觉得做没有多大把握的事情时，极乐意看到自己在这些没什么把握的事情上表现不凡，获得别人的称赞。当你对他们这些没把握的事情中任何一点加以恭维时，就会发生你所期望的功效。

恭维一个人的某个特点，意味着肯定这个特点。只要是优点、长处，对集体有利，你可以毫无顾忌地加以恭维。一个人也需要从别人的评价中，了解自己的成就以及在别人心目中的地位，当别人恭维他时，他的自尊心会得到极大的满足，并对恭维者产生好感。于是，这位恭维者找这个人办起事来就会特别顺利。

适当转移话题，调动对方的谈兴

适当转移话题，调动对方的谈兴，也是求人办事过程中常用的一种方法。

比如，有些事通过直言争取对方的应允已告失败，或在自己未争取之前就已经明确了对方不肯允诺的态度，在这种情况下，就应该采取委屈隐晦、转移话题的办法了。"委屈"就是不直接出面或不直取目的，绕开对方不应允的事情，通过另外一个临时拟定的虚假目的做幌子，让对方接受下来，当对方进入自己设定的圈套之后，自己的真实目的也就达到了。所谓"隐晦"就是掩盖自己的真实目的，以虚掩实，让对方无从察觉。表面上好像自己没有什么企图，或者让对方感到某种企图并非始于自己，而是另外一个人。这样，对方可能就不再有戒备和有所顾虑，要办的事情处在这种无戒备和无顾虑的状态中显然要好办得多了。

委屈隐晦的最大特点就是含而不露或露而不显，在具体运用时有些小窍门需要认真领悟。

在运用这种技巧时，说话者首先要了解听者的心理和情感，这是说者必须掌握的说话技巧的基础。我们也只有在了解听者的心理和情感的基础上，才能正确地选择某个场合该讲什么，不该讲什么，哪些话题能够打动听众的心坎，能使听众产生共鸣。

人的情感是一种内心世界的东西，一般是捉摸不定，较难把握的。但是，在有些场合，人的内心的东西又常通过各种方式而外露。如果我们善于观察听者的一举一动，并能据此加以分析和推测，那么，我们是基本上可以掌握听者的心理和情感的。

某中学老师悉心钻研中国古典文学，出版了一本近20万字的有关诗歌的书籍。该校的文学社小记者得到情况后就到这位老师家采访。让老师介绍写书经验，只见那位老师面带难色，认为只是一个专题学习，谈不上什么经验。

小记者抬头望着墙上的隶书说："老师，这隶书是您写的吧？"

老师："是的！"

小记者："那么请您谈谈隶书的特点，好吗？"

这正是老师感兴趣和愿意谈的话题，师生之间的感情逐渐变得融洽起来。

这时，小记者不失时机地说："老师，您对隶书很有研究，我们以后还要请您多加指导。不过，我们现在十分想听听您是怎样写成《中国诗歌发展史》这一书的。"此刻，老师深感盛情难却，也就只好加以介绍了。

由此可见，当某个话题引不起对方的兴趣时，要有针对、有选择地挑选新的话题，以激起对方的谈兴。如同运动员谈心理与竞技的关系，同外交人员谈公共关系学，两人肯定会一拍即合，谈兴大发。

值得注意的是，换题以后，劝说者还要注意在适当时机及时将话头引入正题。因为换题只是为了给谈正题打下感情基础，而非交谈的真正目的，所以，当所换之题谈兴正浓，双方感情沟通到一定程度时，劝说者就要适可而止，将话锋转入正题。

20世纪80年代，广东省某玻璃厂就玻璃生产的有关事项同国外某玻璃公司进行谈判。在谈判过程中，双方在全套设备同时引进还是部分引进的问题上发生分歧，各执一端，互不相让，使谈判陷入僵局。在这种情况下，我方玻璃厂的首席代表为了使谈判达到预定的目标，决定主动打破这个僵局。可是怎么才能使谈判出现转机呢？谈判代表思索了一会儿，带着微笑，换上一种轻松的语气，避开争执的问题，向对方说："你们公司的技术、设备和工程师都是一流的。用一流的技术、设备与我们合作，我们能够成为全国第一。这不单对我们有利，而且对你们也有利。"

对方公司的首席代表是位高级工程师，一听到称赞自己公司的技术、设备和工程技术人员，十分高兴，谈判的气氛一下子就轻松活跃起来了。我方代表看到对方表示出兴趣，则趁势将话题又一转，说道："但是，我们厂的外汇的确有限，不能将贵公司的设备全部引进。现在，我们知道，法国、比利时和日本都在跟我们北方的厂家搞合作，如果你们不尽快跟我们达成协议，不投入最先进的技术和设备，那么你们就可能失去中国的市场，人家也会笑你们公司无能。"

由于我方代表成功地奏出投其所好、开诚布公、国际竞争扭转局面的三部曲，使双方的僵持局面完全被打破，在和谐的气氛中，双方在一个新的起点上进一步讨论，最后终于达成了对我方有利的协议。

因此，当你与别人办事进入某种僵局时，你最好采取适当转移话题的办法，从另一个角度同对方谈话，以此调动对方的谈兴。在不知不觉中，你再把话题拉回来，顺利办成你想办之事。

反复催问，不给对方拖延之机

求人办事者，总是想尽快解决问题，可实际上，事情往往难以如愿。显然，被动等待是不行的，还须一次又一次地向对方催问。

因此，要求你说话办事要有良好的心理素质，要做到遇硬不怕，逢险不惊，要学会控制自己的感情，喜怒不形于色才行。

有一位朋友，去找别人办事，拿出烟来递给对方，对方拒绝了，他便一下子失去了托他办事的信心。这样是不行的，这样的心态什么事也办不成。俗话说，张口三分利，不给也够本，见硬就退是求人办事的大忌。有道是，人在屋檐下，不得不低头，想当乞丐又不想张口，有谁会愿意主动地把好处让给你？要是真有那样的事倒要好好地研究一下他的动机了。所以我们说，要想求人应该有张厚脸皮。如上例所说，对方不要你的烟，可能是因为怕你找他去办事，所以才拒绝的。但话说回来，你应该这样想才对，对方不要你的烟，并不等于你不找他去办事，尽管他用这种办法给你求他的念头降了温，但俗话说，让到是礼，你同他一直是处在同一个高度上讲话。如果你决定求人，对方一时不能合作，你不妨一而再，再而三，反复申请，反复渲染，反复强调，那么就一定会精诚所至，金石为开的。

宋朝赵普曾做过太祖、太宗两朝皇帝的宰相，他是个性格坚韧的人。在辅佐朝政时自己认定的事情，就是与皇帝意见相悖，也敢于反复地坚持。

有一次赵普向宋太祖推荐一位官吏，太祖没有允诺。赵普没有灰心，第二天上朝又向太祖提起这件事情，请太祖裁定，太祖还是没有答应。

赵普仍不死心，第三天又提出来。

赵普三天接连三次反复地提，同僚也都吃惊了，太祖这次动了气，将奏折当场撕碎扔在了地上。

但令人吃惊的是，赵普又默默无言地将那些撕碎的纸片一一拾起，回家后再仔细粘好。第四天上朝，话也不说，将粘好的奏折举过头顶立在太祖面前不动。

太祖为其所感动，长叹一声，只好准奏。

平常说话办事就是不管对方答应不答应，采取不软不硬的方法，反复催问，不达目的誓不罢休。即不怕对方不高兴，在保证对方不发怒的前提下，让对方在无可奈何中答应你的要求。但使用这种方法要适度，也就是说这种方法不是让你消极地耗时间，也不是硬和人家耍无赖，而是要善于采取积极的行动影响对方，感化对方，使事态向好的方向转化。

某工地急需一批钢筋，采购员小王接到命令后到物资部门去领，但负责此事的马处长推说工作忙，要等一个月才能提货，小王非常着急，那边工程马上就要开工了，他怎么能等一个月呢？后来他从仓库保管员那里了解到有现货，马处长之所以没有让他提货，是因为他没有"进贡"。得知这个消息，他简直气愤至极，真恨不得马上找到那个厚脸皮的马处长理论一番。

但他竭力控制自己的情绪，思考解决问题的办法。自己手头一无钱二无物，为那位马处长"进贡"是不可能了。可是工期拖延不得，他急得像热锅上的蚂蚁，最后他决心和那位处长大人软缠硬磨。

从第二天起他天天到处长办公室来，耐心地向处长恳求诉说。处长感到烦，根本就不理睬他。他就坐在一边等，一有机会就张口，面带微笑，心平气和，不吵不闹。处长急不得、火不得，劝不走也赶不跑。小王一副"坚决要把牢底坐穿"的样子，就这样一直耗着。等到"泡"到第五天，处长就坐不住了，他长吁一声："唉，我算是服你了。就照顾你这一次，提前批给你吧。"小王终于如愿以偿，高高兴兴地回去交差了。

上面的例子中，采购员小王通过反复催问马处长，直问得那位处长心烦意乱，招架不住，不得不让他提货。表面看来，小王是耗费了四五天的时间，但与一个月的等待时间相比，他还是争取到了更多的时间。试想，对于马处长这样的人，如果小王与他坐下来理论一番，甚至一脸怒气地去质问他，那么事情肯定会变得更糟。小王知道工期不能耽搁，也知道马处长"做贼心虚"，在这种情况下，反复催问也许是最有效的办法。

因此，求人办事也要掌握反复催问的方法，不给别人拖延之机，让你的事情早日办成。

"理直气壮"的理由对方更容易接受

求人办事也要名正言顺，要有个理由，有个说法，给个交代，做个解释。在求人的理由上做文章，实际上就是为自己的求人办事寻找个好理由。

人类是理性的动物，不论什么事情，希望能给别人个说法。即使是个无赖之人，也不愿让人说自己无理取闹，他们总会有自己的"歪理"；皇帝杀臣下、除异己，也得给文武大臣有个解释，真是"欲加之罪，何患无辞"。

有一个很有趣的故事：说是有一个人因偷窃被当场捉到。不料，小偷一点儿也没有畏缩，反而理直气壮地说："如果我拿了东西又逃走，那才算是偷，但我现在只是拿到东西而已，大不了把东西还给你罢了。"说完就大摇大摆地溜走了。

对错且不论，小偷确实是寻找借口的高手，在我们看来，这个小偷本应该是理屈词穷，不会想到他还有什么可以诡辩的了。但他却还能理直气壮，并说出一定的逻辑，这确实不简单。

当然，这里并不是鼓励大家采取拒绝承认错误的态度或学习颠倒黑白的行为。这里强调的是，有些人面对初次见面的人，就以理亏的口吻说话，这种无谓的谦卑，反而会使自己站不住脚，并无益处。

尽管找人办事总是要找一定理由的，但具体应该怎样找理由就应该多下一番功夫了。

以广告人为例，他们可以说个个都是找借口的高手，当速溶咖啡在美国首度推出时，曾有这样一段故事。公司方面本来预测这种咖啡的"简单"、"方便"会大受家庭主妇的欢迎。没想到事与愿违，其销售并无惊人之处。姑且不论味道问题，大概是因为"偷工减料"的印象太强的关系。因为在美国，到那时为止，咖啡一直都是必须在家里从磨豆子开始做起的饮料，只要注入热水就能冲出一大杯咖啡来，怎么看都太过便宜了。

所以，厂商便从"简单"、"方便"的正面直接宣传，改为强调"可以有效利用节省下来的时间"的广告战略——"请把节省下来的时间，用在丈夫、孩子的身上。"

这种改变形象的做法，去除了身为使用者的主妇们所谓"对省事的东西趋之若鹜"的内疚。因为"我使用速成食品，一点也不是为了自己的享乐，而是因为可以把节省下来的时间用到家人身上"。此后，销售量年年急速上升，自是不在话下。

人都是这样，办事情讲究名正言顺，你给他一个名，他是很乐于接受你的请求的。实际上，嗜酒者从不主动要求喝酒，却以"只有你想喝，我陪你喝"，或者"我奉陪到底"、"舍命陪君子"这类借口来达到心愿，表面上既不积极，也不干脆。

如果你想在交际中如鱼得水，就一定要擅长这方面，即在办某件事时总要找个理由作为依托，这样才算圆满。而且在这种理由的掩盖下，即使他知道自己的责任，也会一味推卸。利用人们的这种心理，先替对方准备好借口，对方就不会再推辞。比如，送礼物给人时，先要说："你对我太照顾了，不知如何感激，这是我一点小意思，请您接受。"由于有了借口，所以对方减少了内疚意识，定会欣然接受礼物。

总之，在求人办事时，先在理由上做足文章，为办事找个台阶。

·第九章·

让他人欣然接受"拒绝"的心理策略

拖延、淡化，不伤其自尊地将其拒绝

一般人都不太好意思拒绝别人，但在很多情况下，我们为了避免多余的困扰，对一些不合理或不合自己心意的事有必要拒绝，但怎样既不伤害对方自尊心又能达到拒绝的目的呢？当对方提出请求后，不必当场拒绝，你可以说："让我再考虑一下，明天答复你。"这样，既使你赢得了考虑如何答复的时间，也会使对方认为你是很认真对待这个请求的。

某单位一名职工找到上级要求调换工种。领导心里明白调不了，但他没有马上回答说"不可能"，而是说："这个问题涉及好几个人，我个人决定不了。我把你的要求带上去，让厂部讨论一下，过几天答复你，好吗？"

这样回答可让对方明白调工种不是件简单的事，这其中存在着两种可能，也使对方思想有所准备，比当场回绝效果要好得多。

一家汽车公司的销售主管在跟一个大买主谈生意时，这位买主突然要求看该汽车公司的成本分析数字，但这些数据是公司的绝密资料，是不能给外人看的。可如果不给这位大买主看，势必会影响两家和气，甚至会失掉这位大买主。这位销售主管并没有说"不,这不可能"之类的话,但他的话中婉转地说出了"不"。"这个……好吧,下次有机会我给你带来吧。"知趣的买主听过后便不会再来纠缠他了。

某位作家接到老朋友打来的电话，邀请他到某大学演讲，作家如此答复："我非常高兴你能想到我，我将查看一下我的日程安排，我会回电话给你的。"

这样，即使作家表示不能到场的话，他也就有了充裕时间去化解某些可能的内疚感，并使对方轻松、自在地接受。

陈涛夫妻俩下岗后，自谋职业，利用政府的优惠贷款开了一家日用品商店，两人起早贪黑把这个商店办得红红火火，收入颇丰，生活自然有了起色。

陈涛的舅舅是个游手好闲的赌棍，经常把钱扔在麻将桌上，这段时间，手气不好又输了，他不服气，还想捞回本钱，又苦于没钱了，就把眼睛瞄准了外甥的店铺。一日，这位舅舅来到了店里对陈涛说："我最近想买辆摩托车，手头尚缺五千块钱，想在你这借点周转，过段时间就还。"——他也知道用模糊语言。

陈涛了解舅舅的嗜好，借给他钱，无疑是肉包子打狗。何况店里用钱也紧，就敷衍着说："好！再过一段时间，等我有钱把银行到期的贷款支付了，就给你，银行的钱可是拖不起的。"

舅舅听外甥这么说，没有办法，知趣地走了。

陈涛不说不借，也不说马上就借，而是说过一段时间，等支付银行贷款后再借。这话含多层意思：一是目前没有，现在不能借；二是我也不富有；三是"过段时间"不是确指，到时借不借再说。舅舅听后已经很明白了，但他并不心生怨恨，因为陈涛并没有说不借给他，只是过一段时间再说而已，给了他希望。

因此，处理事情时，巧妙地一带而过比正面拒绝有效，且不伤和气。

先承后转，让对方在宽慰中接受拒绝

日常中，我们经常会遇到这样的情况，对方提出的要求并不是不合理，但因条件的限制无法予以满足。在这种情况下，拒绝的言辞可采用"先承后转"的形式，使其精神上得到一些宽慰，以减少因遭拒绝而产生的不愉快。

李刚和王静是大学同学，李刚这几年做生意虽说挣了些钱，但也有不少的外债。两人毕业后一直没有来往，一天，王静突然向李刚提出借钱的请求，李刚很犯难，借吧，怕担风险，不借吧，同学一场，又不好张口。思忖再三，最后李刚说："你在困难时找到我，是信任我、瞧得起我，但不巧的是我刚刚买了房子，手头一时没有积蓄，你先等几天，等我过几天账结回来，一定借给你。"

有的时候对方可能会因急于事成而相求，但是你确实又没有时间，没有办法帮助他的时候，一定要考虑到对方的实际情况和他当时的心情，一定要避免使对方恼羞成怒，以免造成误会。

拒绝还可以从感情上先表示同情，然后再表明无能为力。

黄女士在民航售票处担任售票工作，由于经济的发展，乘坐飞机的旅客与日俱增，黄女士时常要拒绝很多旅客的订票要求，黄女士每每总是带着非常同情的心情对旅客说："我知道你们非常需要坐飞机，从感情上说我也十分愿意为你们效劳，使你们如愿以偿，但票已订完了，实在无能为力。欢迎你们下次再来乘坐我们的飞机。"黄女士的一番话，叫旅客再也提不出意见来。

先扬后抑这种方法也可以说成是一种"先承后转"的方法，这也是一种力求避免正面表述，而采用间接拒绝他人的方法。先用肯定的口气去赞赏别人的一些想法和要求，然后再来表达你需要拒绝的原因，这样你就不会直接地去伤害对方的感情和积极性了，而且还能够使对方更容易接受你，同时也为自己留下一条退路。

一般情况来说，你还可以采用下面一些话来表达你的意见：

"这真的是一个好主意，只可惜由于……我们不能马上采用它，等情况好了再说吧！"

"这个主意太好了，但是如果只从眼下的这些条件来看，我们必须要放弃它，我想我们以后肯定是能够用到它的。"

"我知道你是一个体谅朋友的人，你如果对我不十分信任，认为我没有能力做好这件事，那么你是不会找我的，但是我实在忙不过来了，下次如果有什么事情我一定会尽我的全力来支持你。"

……

友善地说"不"，和和气气将其拒绝

业务员的销售技巧里有这么一招：从一开始就让顾客回答"是"，在回答几个肯定的问题之后，你再提出购买要求就比较容易成功。同理，当你一开始对自己说"我做不到"或"我不行"的时候，自己就陷入了否定自我的危机，然后就会因拒绝任何的挑战而失去信心。

当然，我们必须努力去做一个绝不说"不"的人，可是，当遇到别人不合理的请求时，我们是否也要委曲求全答应对方呢？

这个时候，你千万不要因为不能说"不"而轻易地答应任何事情，而应该视自己能力所及的范围，尽可能不要明明做不到，却不说，结果既造成了对方的困扰，又失去了别人对你的信任。

30岁出头就当上了20世纪福斯电影公司董事长的雪莉·茜，是好莱坞第一位主持一家大制片公司的女士。为什么她有如此能耐呢？主要原因是，她言出必行，办事果断，经常是在握手言谈之间就拍板定案了。

好莱坞经理人欧文·保罗·拉札谈到雪莉时，认为与她一起工作过的人，都非常地敬佩她。欧文表示，每当她请雪莉看一个电影脚本时，她总是马上就看，很快就给答复。不过好莱坞有很多人，给他看个脚本就不这样了，若是他不喜欢的话，根本就不回话，而让你傻等。

通常一般人十之八九都是以沉默来回答，但是雪莉看了给她送去的脚本，都会有一个明确的回答，即使是她说"不"的时候，也还是把你当成朋友来对待。这么多年以来，好莱坞作家最喜欢的人就是她。

拒绝别人不是一件什么罪大恶极的事情，也不要把说"不"当成是要与人决裂。是否把"不"说出口，应该是在衡量了自己的能力之后，做出的明确回应。虽然说"不"难免会让对方生气，但与其答应了对方却做不到，还不如表明自己拒绝的原因，相信对方也会体谅你的立场。

不过，当你拒绝对方的请求时，切记不要咬牙切齿、绷着一张脸，而应该带着友善的表情来说"不"，才不会伤了彼此的和气。除了对别人该说"不"时就说"不"，同时对自己也要勇敢地说"不"。

很典型的就是美国电话及电报公司的创办者塞奥德·维尔，他经历过无数次失败之后，才学会了说"不"。

年轻时的他，无论做什么事都缺乏计划，一事无成地虚晃日子，连他的父母也对他感到失望，而他自己也陷入了绝望之中。

20岁那年，他离家独自谋生时，给自己写了一封信："夜晚迟迟不睡，而撞球或者喝酒，这些事是年轻人不该做的，所以我决定戒除。但是对这决定我应该说什么呢？是不是还照旧说'只这一次，下不为例'呢？还是'从此绝不'了呢？以前已经反复过好几次了。"

维尔最大的野心是买皮毛衣及玛瑙戒指，虽然在当时不能说是太大的奢望，但对他来说是很难买的。于是他无时不克制自己，以求事事三思而后行。这种坚决的克制态度，使得他由默默无闻的员工调升到铁路公司的总经理。

他向别人说"不"的同时，也要向自己说"不"，尤其是创立电话电报这样巨大组织的时候，他时时刻刻地说"不"。正因为这样，他才能避免因采用一时冲动的手段而误了大事。

说"不"没什么开不了口的，只要站得住立场和对自己有益的，就请勇敢地向别人和自己说"不"吧。

通过暗示，巧妙说"不"

很多时候，我们不得不拒绝别人，但是怎样将这个难说的"不"说出口呢？暗示，是一种不错的选择。

美国出版家赫斯托在旧金山办第一张报纸时，著名漫画大师纳斯特为该报创作了一幅漫画，内容是唤起公众来迫使电车公司在电车前面装上保险栏杆，防止意外伤人。然而，纳斯特的这幅漫画完全是失败之作。发表这幅漫画，有损报纸质量，但不刊这幅画，怎么向纳斯特开口呢？

当天晚上，赫斯托邀请纳斯特共进晚餐，先对这幅漫画大加赞赏，然后一边喝酒，一边唠叨不休地自言自语："唉，这里的电车已经伤了好多孩子，多可怜的孩子，这些电车，这些司机简直不像话……这些司机真像魔鬼，瞪着大眼睛，专门搜索着在街上玩的孩子，一见到孩子们就不顾一切地冲上去……"听到这里，纳斯特从坐椅上弹跳起来，大声喊道："我的上帝，赫斯托先生，这才是一幅出色的漫画！我原来寄给你的那幅漫画，请扔入纸篓。"

赫斯托就是通过自言自语的方式，暗示纳斯特的漫画不能发表，让纳斯特欣然地接受了意见。

另外，通过身体动作也可以把自己拒绝的意图传递给对方。当一个人想拒绝对方继续交谈时，可以做转动脖子、用手帕拭眼睛、按太阳穴以及按眉毛下部等漫不经心的小动作。这些动作意味着一种信号：我较为疲劳、身体不适，希望早一点停止谈话。显然，这是一种暗示拒绝的方法。此外，微笑的中断、较长时间的沉默、目光旁视等也可表示对谈话不感兴趣、内心为难等心理。

例如，一天，为了配合下午的访问行程，小王想把甲公司的访问在中午以前结束，然后依计划，下午第一个目标要到乙公司拜访。但是，甲公司的科长提出了邀请：

"你看，到中午了，一起吃中午饭吧？"

小王与甲公司这位科长平常交情不错，又是非常重要的客户，不能轻易地拒绝。但是，和这位爱聊天的科长一起吃中午饭，最快也要磨蹭到下午一点才能走。

小王怎样才能不伤和气地拒绝呢?

答案就是在对方表示"要不要一起吃饭"之前,小王就不经意地用身体语言表示出匆忙的样子,如说话语速加快或自然地看看表等。但记住:这种时候千万不要提早露出坐立不安的神情,急得让人怀疑你合作的诚心。

巧妙地学会用暗示的方法拒绝别人,让对方明白你在说"不",不仅能把事情办妥,而且不伤和气。

先说让对方高兴的话题,再过渡到拒绝

对于他人的话,人们总是会表现出情感反应。如果先说让人高兴的话,即使马上接着说些使人生气的话,对方也能以欣然的表情继续听。利用这种方法,可以拒绝不受喜欢的对象。

有一个乐师,被熟人邀请到某夜总会乐队工作。乐师嫌薪水低,打算立即拒绝。但想起以往受过对方照顾,他不便断然拒绝。他心生一计,先说些笑话,然后一本正经地说:"如果能使夜总会生意兴隆,即使奉献生命,在下也在所不辞。"

此时夜总会老板自然还是一副笑脸,乐师抓住机会立刻板起面孔说:"你觉得什么地方好笑?我知道你笑我。你看扁我,不尊重我,这次协议不用再提,再见!"

这样,乐师假装生气,转身便走。老板却不知该如何待他,虽生悔意,但为时已晚。

因此,面对不喜欢的对象,要出其不意地敲他一下,以便拒绝对方。若缺乏机会,不妨参照上例,制造机会,先使对方兴高采烈,然后趁对方缺乏心理准备,脸上仍在笑嘻嘻时,找到借口及时退出,达到拒绝的目的。

一位名叫金六郎的青年去拜访本田宗一郎,想将一块地产卖给他。

本田宗一郎很认真地听着金六郎的讲话,只是暂时没有发言。

本田宗一郎听完金六郎的陈述后,并没有做出"买"或者"不买"的直接回答,而是在桌子上拿起一些类似纤维的东西给金六郎看,并说:"你知道这是什么东西吗?"

"不知道。"金六郎回答。

"这是一种新发现的材料,我想用它来做本田宗一郎汽车的外壳。"本田宗

一郎详详细细地向金六郎讲述了一遍。

本田宗一郎共讲了 15 分钟之多。谈论了这种新型汽车制造材料的来历和好处，又诚诚恳恳地讲了他明年拟采取何种新的计划。这些内容使得金六郎摸不着头脑，但感到十分愉快。在本田宗一郎送走金六郎时，才顺便说了一句，他不想买他的那块地。

如果本田宗一郎一开始就将自己的想法告诉金六郎，金六郎一定会问个究竟，并想方设法劝说本田宗一郎，让他买下这块地。本田宗一郎不直接言明的理由正是如此，他不想与金六郎为此争辩什么。

拒绝对方的提议时，必须采用毫不触及话题具体内容的抽象说法。

日本成功学大师多湖辉说的这个故事发生在 20 世纪 60 年代末的学生运动中。某大学的教室里正在上课时，一群学生运动积极分子闯了进来，使上课的教授手足无措。当着班上学生的面，教授想显示一点宽容和善解人意的风度，就决定先听一下学生讲些什么之后再去说服他们。

结果与他的善良想法完全相反，学生们乘势向他提出许许多多的问题，把课堂搅得一团糟，再也上不成课了。并且这之后只要他上课就有激进派的学生出现在课堂上，就这样毫无宁日地持续了一年。

从这一教训中，教授悟到一条法则，即若无意接受对方，最好别想去说服他，对方一开口就应该阻止他："你们这是妨碍教学，赶快从教室里出去，与课堂无关的事，让我们课后再说！"

假如再发生一次同样的事，教授能否应付？就算他显示出了拒绝的态度，学生也会毫不理会地攻击他吧！如果一点也不去听学生的质问，一开始就踩住话头，至少不会给对方可乘之机，也不致弄得一年时间都上不好课！

可见，拒绝之前先说点与拒绝无关的话，这种欲抑先扬的方式，可以给人心里一个缓冲和铺垫，不至于让拒绝进行得很直接、僵硬。

艺术地下逐客令，让其自动退门而归

有朋来访，促膝长谈，交流思想，增进友情是生活中的一大乐事，也是人生道路上的一大益事。宋朝著名词人张孝祥在跟友人夜谈后，忍不住发出了"谁知对床语，胜读十年书"的感叹。然而，现实中也会有与此截然相反的情形。下班后吃过饭，你希望静下心来读点书或做点事，那些不请自来的"好聊"分子又要扰得你心烦意乱了。他唠唠叨叨，没完没了，一再重复你毫无兴趣的话题，还越说越来劲。你勉强敷衍，焦急万分，极想对其下逐客令但又怕伤了感情，故而难以启齿。

但是，若你"舍命陪君子"，就将一事无成，因为你最宝贵的时间，正在白白地被别人占有着。鲁迅先生说："无端地空耗别人的时间，无异于谋财害命。"任何一个珍惜时间的人都不甘任人"谋财害命"。

那要怎样对付这种说起来没完没了的常客呢？最好的对付办法是：运用高超的语言技巧，把逐客令说得美妙动听，做到两全其美；既不挫伤好话者的自尊心，又使其变得知趣。要将逐客令下得有人情味，可以参考以下方法：

1. 以婉代直

用婉言柔语来提醒、暗示滔滔不绝的客人：主人并没有多余的时间跟他闲聊胡扯。与冷酷无情的逐客令相比，这种方法容易被对方接受。

例一："今天晚上我有空，咱们可以好好畅谈一番。不过，从明天开始我就要全力以赴写职评小结，争取这次能评上工程师了。"这句话的含意是：请您从明天起就别再打扰我了。

例二："最近我妻子身体不好，吃过晚饭后就想睡觉。咱们是不是说话时轻一点？"这句话用商量的口气，却传递着十分明确的信息：你的高谈阔论有碍女主人的休息，还是请你少来光临为妙吧。

2. 以写代说

有些"嘴贫"（方言，指爱乱侃）的人对婉转的逐客令可能会意识不到。对这种人，可以用张贴字样的方法代替语言，让人一看就明白。有一位著名的科学家，在自家客厅里的墙上贴上了"闲谈不得超过三分钟"的字样，以提醒来客：主人正在争分夺秒搞科研，请闲聊者自重。看到这张字样，纯属"闲谈"的人，谁还会好意思喋喋不休地说下去呢？

根据具体实际情况，我们可以贴一些诸如"我家孩子即将参加高考，请勿大声喧哗"、"主人正在自学英语，请客人多加关照"等字样，制造出一种惜时如金的氛围，使爱闲聊者理解和注意。一般，字样是写给所有来客看的，并非针对某一位，所以不会令某位来客有多少难堪。

3. 以热代冷

用热情的语言、周到的招待代替冷若冰霜的表情，使好闲聊者在"非常热情"的主人面前感到今后不好意思多登门。爱闲聊者一到，你就笑脸相迎，沏好香茗

一杯，捧出瓜子、糖果、水果，很有可能把他吓得下次不敢贸然再来。你要用接待贵宾的高规格，他一般也不敢老是以"贵客"自居。

过分热情的实质无异于冷待，这就是生活辩证法。但以热代冷，既不失礼貌，又能达到逐客的目的，效果之佳，不言自明。

4. 以攻代守

用主动出击的姿态堵住好闲聊者登门来访之路。先了解对方一般每天几点到你家，然后你不妨在他来访前的一刻钟先"杀"上他家门去。于是，你由主人变成了客人，他则由客人变成了主人。你从而掌握交谈时间的主动权，想何时回家，都由你自己安排了。你杀上门去的次数一多，他就会让你给黏在自己家里，原先每晚必上你家的习惯很快会改变。一段时间后，他很可能不再"重蹈旧辙"。以攻代守，先发制人，是一种特殊形式的逐客令。

5. 以疏代堵

闲聊者用如此无聊的嚼舌消磨时间，原因是他们既无大志又无高雅的兴趣爱好。如果改用疏导之法，使他有计划要完成，有感兴趣的事可做，他就无暇光顾你家了。显然，以疏代堵能从根本上解除闲聊者上门干扰之苦。

那么，我们该怎样进行疏导呢？如果他是青年，你可以激励他："人生一世，多学点东西总是好的，有真才实学更能过上好生活，我们可以多学习学习，充实充实自己。"如果他是中老年，可以根据他的具体条件，诱导他培养某种兴趣爱好，或种花，或读书，或练书法，或跳迪斯科。"老张，您的毛笔字可真有功底，如果再上一层楼，完全可以在全县书法大奖赛中获奖！"这话一定会令他欣喜万分，跃跃欲试。一旦有了兴趣爱好，你请他来做客也不一定能请到呢！

巧踢"回旋球"，利用对方的话来拒绝他

拒绝不一定非要表明自己的意思，许多时候，利用对方的话来拒绝他，是更聪明的选择。只要合理地从对方的话语里引出一个合乎逻辑的相同问题，巧踢"回旋球"，让对方"哑巴吃黄连——有苦说不出"。

小李从旅游局一个朋友那里借了一架照相机，他一边走一边摆弄着，这时刚好小赵迎面走来了。他也知道小赵有个毛病：见了熟人有好玩的东西，非得借去玩几天不可。这次看见了他手中的照相机又非借不可了。尽管小李百般说明情况，小赵依然不肯放过。

小李灵机一动，故作姿态地说："好吧，我可以借给你，不过我要你不要借给别人，你做得到吗？"

小赵一听，正合自己的意思。他连忙说："当然，当然。我一定做到的。"

"绝不失信。"小李还追加一句说。

"绝不失信，失信还能叫作人？"

小李斩钉截铁地说："我也不能失信，因为我也答应过别人，这个照相机绝不外借。"

听到这，小赵也目瞪口呆了，这件事也只有这样算了。

在现实生活中，关于拒绝他人，我们还要注意以下问题：

第一，在日常生活中，我们就应该真诚地对待朋友和同学，积极地帮助他们。每个人都应该明白一个简单的道理"平时帮人，拒人才不难"，这种方法主要应用于那些的确违背我们意愿的事情。

第二，如果是由于自己能力或客观原因，我们应该坦诚相对，说明自己的实际情况，同时，要积极帮对方想办法。

第三，对于某些情况，直接说"不"的效果更好，特别是对于那些违法乱纪的事情，应持坚决的态度来拒绝。对于那些可能引起误解的事情，也应该明确自己的态度，否则会"当断不断，反受其乱"。此外，由于拒绝不明可能会影响对方，也影响事情发展方向，也应该直截了当地拒绝它。

第四，即使我们掌握了一些比较好的方法，在一般的拒绝中，我们也应该语气委婉，最好还能面带微笑，这样既达到自己拒绝他人的目的，又消除由于拒绝给对方带来的不快。

顾及对方尊严，让他有面子地被拒绝

自尊之心，人皆有之。因此在拒绝别人时，要顾及对方的尊严。人们一旦投入社交，无论他的地位、职务多高，成就多大，他们无一例外地都关心外界对自己的评价。由于来自外界评价的性质、强度和方式不同，人们会相应的作出不同反应，并对交际过程及其结果产生积极或消极的影响。通常的规律是：尊之则悦，不尊则哀。也就是说，当得到肯定的评价时，人们的自尊心理得到满足，便会产生一种成功的情绪体验，表现出欢愉乐观和兴奋激动的心情，进而"投桃报李"，对满足自己自尊欲望的人产生好感和亲近力，采取积极的合作态度，交际随之向成功的方向发展。反之，当人们不受尊重、受到不公正的评价时，便会产生失落感、不满和愤怒情绪，进而出现对抗姿态，使交际陷入危机。

顾及对方的尊严是拒绝别人时必不可少的注意事项，有这样一个例子：

某校在评定职称时，由于高级职称的名额有限，一位年龄较大的教师未能评上。他听说了这一消息后就向一位负责职称评定的副校长打听情况。副校长考虑到工作迟早要做，便和这位老教师促膝交谈：

校长："哟：老×，什么风把你给吹来了！"

老师："校长，我想知道这次评高职我有希望吗？"

校长："老×，先喝杯茶，抽支烟。我们慢慢聊，最近身体怎么样？"

老师："身体还说得过去。"

校长："老教师可是我们学校的宝贵财富，年轻教师还要靠你们带呢！"

老师："作为一名老教师，我会尽力的。可这次评定职称，你看我能否……"

校长："不管这次评上评不上，我们都要依靠像你这样的老教师。你经验丰富，教学也比较得法，学生反应也挺好。我想，对于一名教师来说，这一点，比什么都重要，你说呢？"

老师："是啊！"

校长："这次评职称是第一次进行，历史遗留的问题较多，可僧多粥少，有些教师这次暂时还很难如愿，要等到下一次。这只是个时间问题。相信大家一定能够谅解。但不管怎样，我们会尊重并公正地评价每一位教师，尤其是你们这些辛辛苦苦工作几十年的老教师。"

老教师在告辞时，心里感觉热乎乎的，他知道自己这次评上高职的希望不大，但由于自身得到了别人的尊重，成绩受到了别人的肯定，他能接受那样的结果。用他对校长的话讲："只要能得到一个公正的评价，即使评不上我也不会有情绪的，请放心。"

这位校长可谓是顾及别人尊严的典范，如果开始他就给这位老教师泼一桶冷水，那么后果就不堪设想了。

在社交场合上，无论是举止或是言语都应尊重他人，即使在拒绝别人的时候也要顾及对方的尊严。也只有这样，才能赢得别人的尊重。

第四篇
最有用的经典心理学定律

　　也许你会问："拥有很多东西，可我为什么一点也不快乐？""为什么周围的人都那么优秀，而我却如此平庸？""刚步入职场，为什么我努力工作却得不到领导器重？""同样的商品，为什么我的价位低很多，顾客却偏偏去买竞争对手的？"……别急，神奇的心理定律会告诉你所有的答案。

·第一章·

思维定式：看透自己和他人

光环效应：我们心中都有一顶“光环”

◆定律阐释：光环效应，又称“晕轮效应”，由美国心理学家凯利提出。它指人们看问题时，像日晕一样，由一个中心点逐步向外扩散成越来越大的圆圈，是一种在这一晕轮或光环的影响下而产生的以点带面、以偏赅全的社会心理效应。

从“爱屋及乌”到“情人眼里出西施”

苏联学者博达列夫曾做了一个有趣的实验：在课堂上，他向两批学生出示同一张照片，告诉第一批学生这是一名罪犯，因杀人而入狱；告知另一批学生这是一个物理学家，曾得过诺贝尔物理学奖。然后，他要求学生根据其形象描述此人可能具有的性格。结果，第一批学生的评价都是贬义的，而第二批几乎全是赞美的。

中国有句古话叫“爱屋及乌”，意思是爱一个人，连他家屋顶上的乌鸦都会喜爱。依我国自古流传的迷信习俗，乌鸦是“不祥之鸟”，它落到谁家的屋上，谁家就要遭遇不幸。那么，为什么还会有“爱屋及乌”的现象呢？

其实，这就是晕轮效应的典型表现。无论在人际交往，还是认识事物时，人们经常从对方所具有的某个特性泛化到其他有关的一系列特性上，从局部信息形成一个完整的印象，即根据少量的信息对别人或其他事物做出全面的结论。它实际上是个人主观推断泛化和扩张的结果。在晕轮效应状态下，一个人或事物的某个优点或缺点一旦变为光环被扩大，其他缺点或优点也就隐退到光环的背后，被别人视而不见了。前面我们提到的博达列夫实验，证明了同样的道理。

再有，“情人眼里出西施”，说的是为爱慕之情所迷，觉得所爱女子像西施一样，无处不美。黄庭坚曾有诗云：“草茅多奇士，蓬荜有秀色。西施逐人眼，称心最相得。"便是由这句古话而来的。情人在相恋的时候，总是忽略对方的缺点，认为对方的一切都是好的，做的事都是对的，就连别人认为是缺点的地方，在双方看来也是无所谓的。这也是晕轮效应的表现。

心理学家认为，这种效应是由于知觉者的情感引起的对他人的一种主观倾向。由于我们在知觉他人时有一种情感效应，我们对他人的评价就容易出现偏差，这一偏差表现为当某人或某物被我们赋予了一个肯定的、令我们喜欢的特征之后，那么这个人就可能被我们赋予许多其他的好的特征。

反之，如果某人或某物存在某些不良的特征，那么，我们就会认为他所有的一切都是坏的。后者被称为"坏光环效应"，也被形象地叫作"扫帚星效应"。正所谓"一好百好，一恶百恶"，在生活中，"晕轮效应"与"扫帚星效应"经常发生，这些都是人类一种奇妙的心理反应。

理性对待心中的"光环"

客观地讲，晕轮效应是一把双刃剑，在实际应用中，我们要辩证地对待这个"光环"。

既然我们知道晕轮效应是一种以偏赅全的评价倾向，是个人主观推断泛化和扩张的结果，那么在实际生活中，我们在评价自己的时候，就要实事求是，考虑全面。当别人称赞你的时候，要保持头脑冷静，知道自己尚有不足之处；当别人贬低你的时候，也不要自暴自弃，要知道自己还有可取之处，客观地看待自己，避免出现以偏赅全而导致的错误。

同时，我们可以利用晕轮效应为自己创造有利条件。下面，我们先来看一下麦哲伦如何利用晕轮效应成功获得西班牙国王卡洛尔罗斯的帮助。

在哥伦布航海成功后，为表明自己与投机者或骗子不同，麦哲伦在觐见国王时特地邀请了当时著名的地理学家路易·帕雷伊洛同往。帕雷伊洛将地球仪摆在国王面前，历数了麦哲伦航海的必要性及种种好处。结果，卡洛尔罗斯国王被说服了，麦哲伦成功地得到资助，进行了环绕地球的航行。然而，在麦哲伦等人结束航海后，人们发现他对世界地理的认识及他所计算的经纬度有诸多偏差。

可见，卡洛尔罗斯国王之所以资助麦哲伦，并不是因为麦哲伦本人或帕雷伊洛的劝说，是因为他认为帕雷伊洛作为专家，其建议一定值得信赖。所以，适当地运用晕轮效应，也有助于促进我们的发展。

此外，在认识或接触其他人和事物的时候，晕轮效应的负面影响会给人的心理带来很大的障碍。

普希金是俄国著名诗人，当他遇到被公认为"莫斯科第一美人"的娜坦丽时，为她的美丽而心动，疯狂地爱上了她。在普希金眼里，一个漂亮的女人也必然有非凡的智慧和高贵的品格，然而事实并非如此。他们结婚后，普希金每次把自己的诗读给娜坦丽听时，她总是不耐烦地捂着耳朵说："不听！不听！"相反，她总是要普希金陪她游玩，参加晚会、舞会。普希金为她抛弃了诗歌创作，弄得债台高筑，甚至还为了她与别人决斗，以至于牺牲了性命。

通过普希金的故事，我们要明白，在现实生活中，千万不能让"一美遮百丑"蒙蔽了我们的双眼和理智。对一个人或事物，不要急于下判断，不要以偏赅全，要对其进行全面的了解，避免晕轮效应的误导。

正如著名的俄国小说家陀思妥耶夫斯基所言："倘若你想征服全世界，你就得先征服自己。"因此，请辩证地对待心中的"光环"，理性地走出精彩的人生。

不值得定律：心态决定选择

◆定律阐释：不值得定律，指不值得做的事情，就不值得做好。它反映了人的一种心理——一个人如果做一份自认为不值得做的事情，往往会保持心不在焉、敷衍了事的态度，不仅成功率低，即使成功，也不会觉得有多大的成就感；如果在做自认为值得做的事情，哪怕是用西瓜换芝麻，也会感到快乐，并认为每一个进展都很有意义。

"值得"与"不值得"，因你而不同

伦纳德·伯恩斯坦年轻时和美国著名的作曲家、音乐理论家柯普兰学习作曲，附带学习指挥技巧。当他在作曲方面一发不可收的时候，他的指挥才能被当时的纽约爱乐乐团指挥发现，并被力荐担任纽约爱乐乐团常任指挥。结果，他一举成名，在近30年的指挥生涯中，成了爱乐乐团的名片。然而，他并不认为自己非常成功，却始终受着"我喜欢创作，可我却在做指挥"矛盾的折磨。

从伯恩斯坦的事例可以看出，在人们的眼中，他是出色的、成功的；但在他自己的眼里，他并不是成功的。他一生都活在苦恼和矛盾之中，最后还是带着深

深的遗憾告别了人世。

这就给予我们一个深刻的启示："值得"与"不值得"的距离有多远，就在于我们的内心如何衡量。正如心理学中不值得定律所阐述的，一个人如果做一件自认为不值得做的事情，即使成功，也不觉得有多大的成就感；如果在做自认为值得做的事情，则会认为每一个进展都很有意义。

如今，不少年轻人得到一份工作后，都渴望证明自己的优秀，却认为简单小事不值得做，从而失去了很多展示自己价值的机会和走向成功的契机。

美国通用电气公司前总裁杰克·韦尔奇说：一旦你产生了一个简单而坚定的想法，只要你不停地重复它，终会将之变为现实。年轻人大多心高气傲，认为自己从一开始工作就应该得到重用，就应该得到丰厚的报酬，往往会对手头上的琐碎工作不满，动不动就兴起"拂袖而去"的念头。一位先知说过："无知和好高骛远是年轻人最容易犯的错误，也是导致频繁失败的主要原因。"其实，小事也好，大事也好，都是我们内心价值观的一种判断，我们不妨听听比尔·盖茨的劝告："年轻人，从小事做起吧，不要在日复一日的幻想中浪费年华。"

李嘉诚当初为了开创自己的事业，离开舅舅的钟表公司独自闯荡。然而，他并没有像很多年轻人那样浮躁，而是从很多年轻人都不屑做的小事做起，在打工中循序渐进，一点一点地开创事业的新局面，终于成为一代富豪。

那么，究竟哪些事值得做呢？通常，这要取决于三个因素：

第一，价值观。一般来说，只有符合我们价值观的事，我们才会满怀热情去做。

第二，现实的处境。同样一份工作，在不同的处境下去做，我们的感受也是不同的。例如，在一家大公司，如果你最初做的是打杂跑腿的工作，你很可能认为是不值得的。可是，一旦你被提升为领班或部门经理，你就不会这样认为了。

第三，个性和气质。例如，成就欲较强的人往往喜欢做具有挑战性、创新性的事情，依附性较强的人往往喜欢做风险小甚至无风险的事情，等等。

明白了这个道理，做事或做选择时，我们就要理性地对待内心的"值得"与"不值得"。

理性选择，积极面对

不值得定律让我们明白：智者，应理性地对待心里的那把尺子，在众多选择中，要认清哪些事情是最重要的，然后竭尽全力，把这些值得做的事情做好；反之，那些没有意义、不值得做的事情，干脆就不要做。

编剧家贝尔西蒙的每部剧作都堪称经典，很多人都认为他有着过人的才能或智慧。其实，每写一个剧本之前，他都会先问自己：若能将这个剧本中每一个角色都表现得淋漓尽致，又保持故事的完整性，那这个剧本究竟会有多好呢？说白了，答案只有三种：

一是"很好"，值得花费两年的心血去深入构思创作；

二是"还行吧"，但是像鸡肋，没太大意思，不值得耗费太多的精力；

最后则是"垃圾、俗套"，根本不值得一写。

正是因为这种习惯，做事前认真考虑是否值得做，贝尔西蒙避免了为不值得做的事浪费时间，从而将有限的精力全部投入值得做的事业中，最终取得成功。

还有，美国探险家约翰·戈达德的传奇经历，也只是来自一幅他认为值得实践的世界地图。

约翰 8 岁生日那天，慈爱的爷爷送给了他一生中最宝贵的财富：一幅被翻得卷了边的世界地图。正是因为这张图，他的灵魂找到了归宿。

15 岁时，约翰·戈达德写了一本励志的自勉书《一生的志愿》。他宏大的愿望令人叹为观止：要去尼罗河、亚马孙河与刚果河探险；驾驭骆驼、野马、大象与鸵鸟；读完柏拉图、亚里士多德与莎士比亚的所有著作；写一本书；谱一首乐曲；为非洲的孩子们筹集 100 万美元的捐款；拥有一项发明专利……

在这本包含了 127 项目标的书中，大部分人看得热血沸腾，可真要说到实践，人们往往会望而却步。约翰·戈达德不同，他一生的宏愿也随着少年的誓言而笃定不变。随着这本书的出版，他开始了把梦想变成现实的漫长旅途。尼罗河、乞力马扎罗山……这些梦想中的地方，他一一走过。40 年后，他完成了《一生的志愿》中的 106 个愿望。这本《一生的志愿》成了他"一生的成就"。

在生活中，我们要明确自己的人生目标和价值观，找到我们在社会中的坐标，找到心中的那把标尺，遇到那些芝麻绿豆的小事就没必要大动干戈，以免浪费生命；当遇到了真正值得做的事，就应该像贝尔西蒙和约翰·戈达德那样，坚持下去，尽全力去实现它，只有这样，才能取得伟大的成功。

权威效应：我们为何更相信权威人士

◆定律阐释：权威效应，指如果一个人地位高，有威信，受人尊敬，他所说的话、所做的事就容易引起别人的重视，并相信其正确性。也就是说，人们对权威的信任要远远超过对常人的信任。

从"机长综合征"说开去

南朝的刘勰写出《文心雕龙》后无人重视，他请当时的文学家沈约审阅，沈约不予理睬。后来他装扮成卖书人，将作品送给沈约。沈约阅后评价极高，于是《文心雕龙》成了中国文学评论的经典名著。我们在赞赏刘勰聪慧的同时，也不得不折服于心理学中强大的权威效应。

航空工业界里，有一个现象叫"机长综合征"，说的是在很多事故中，机长所犯的错误都十分明显，但副机长没有针对这个错误采取任何行动，最终导致飞机坠毁。下面这个故事就是"机长综合征"的一个典例。

一次，空军将领乌托尔·恩特要执行飞行任务，但他的副驾驶员在飞机起飞前生病了，于是总部临时给他派了一名副驾驶员做替补。和这位传奇的将军同飞，这名替补觉得非常荣幸。在起飞过程中，恩特哼起歌来，并把头一点一点地随着歌曲的节奏打拍子。副驾驶员以为恩特是要他把飞机升起来，虽然当时飞机还远远没有达到可以起飞的速度，他还是把操纵杆推了上去。结果飞机的腹部撞到了地上，螺旋桨的一个叶片飞入了恩特的背部，导致他终身截瘫。

事后有人问副驾驶员："既然你知道飞机还不能起飞，为什么要把操纵杆推起来呢？"他的回答是："我以为将军要我这么做。"

从心理学角度，这个故事反映了社会中普遍存在的一种心理现象——权威效应。也就是说，尽管我们每个人都对身边的人或者对社会有一定的影响力，但影响力的大小有所不同。一般来说，权威人士容易对其他人产生更大的影响。

例如，某天你眼部不适，到医院就诊，如果其他条件相同，有一位眼科专家和一位刚从医学院毕业的年轻大夫供你选择，你会选择哪个呢？相信你一定会选择专家。还有，一篇医学论文是在权威杂志上发表，还是刊登在普通杂志上，这种反映医学成就的信息，其影响肯定是不同的。

权威对我们的影响力要超出常人。崇尚权威，迷信权威人士，成了社会大众的一个普遍特征。社会中大多数处于中下层地位的人，学识有限，对超出自身生活经验的问题不甚了解，不辨真伪，因而盲目相信所谓权威的意见。他们甚至不在乎"说什么"，而在乎说者本身的权威地位。古往今来的君主枭雄、各界领袖，乃至市井中有号召力之人，他们的号召力正是来源于对大众心理的这种控制。

在现实生活中，无论是做人还是做事，我们都要擦亮双眼，理智思考，不要让权威成为遮盖事实真相的心理面纱。

相信自己，走出"权威效应"的负面旋涡

不可否认，权威效应有它积极的一面，在日常生活中，积极、上进的权威效应是值得提倡的。例如，树立权威人士做群众的好榜样，有助于形成良好的社会风尚；请权威人士担任形象大使，负责环保、节能、关爱生命、如何急救等有意义的公益宣传，会在大众心中留下更深刻的印象，从而起到更好的促进作用。

然而，权威效应也有其消极、颓废一面，就应该杜绝和制止。例如，很多消费者迷信权威人士的广告推荐，结果买到的却是具有质量问题的商品，不仅损失了金钱，甚至还影响到自己的健康。

作为普通人，我们应该明白，其实权威也是人，他们或多或少都会受到时代和自身条件的局限。如果我们不能认识到这一点，而是对权威言听计从，我们就永远无法进步。

那么，我们应该如何破除权威效应的消极影响呢？

洛德·卢瑟福是英国著名核物理学家，因对元素裂变的研究而获得 1908 年诺贝尔物理学奖。他曾断言："由分裂原子而产生能量，是一种无意义的事情。任何企图从原子裂变中获取能源的人，都是妄想。"然而，几十年后，用于发电的核电站就问世了。

19 世纪，当牛顿发现宇宙定律，伦琴发现 X 射线后，有科学家曾断言：科学的路已走到头了，以后科学家的任务就是尽量使实验做得更精确一些。但不久，爱因斯坦就提出相对论，为科学界开辟了一个新视野。

一位导师，每天晚饭后都要出去散步，在散步之前，他都要给他的一位学生留三道题，放在桌子上，等学生来解答。

这天，这位学生发现老师只给他留了两道题，他很快做完了，又在老师的书中发现了一个折着的小字条，上面写着一道题，题目是："如何用一支圆规和一把没有刻度的尺子来画一个正十七边形？"他开始冥思苦想，到深夜，终于

找到了答案。次日学生来见导师，导师看见答案后异常惊讶，因为那道夹在书里的题目是他打算花大力气解决的，是当时数学界的一道难题。这位学生就是数学家高斯。

试想，如果高斯知道那是一道当时数学界的难题时，也许就无法那么快找到答案了。

所以，我们看问题时不要被问题吓倒，更不要惧怕权威，也不能迷信权威。我们应该学会独立思考，以自信心作为突围那些权威名义下的种种圈套的利器。

跳蚤效应：目标成就人生

◆定律阐释：跳蚤效应，心理学家解释为"习得性无助"，即长期积累的负面生活经验会使人丧失信心，继而丧失创造力。换言之，人生由目标决定，有什么样的目标，就有什么样的人生；有多大的目标，就有多大的人生舞台。

有什么样的目标，就有什么样的人生

生物学家曾经将跳蚤随意向地上一抛，它能从地面上跳起一米多高。在一米高的地方放个盖子，这时跳蚤跳起来会撞到盖子。如果一再地让跳蚤撞到盖子，过一段时间后拿掉盖子，就会发现：虽然跳蚤继续在跳，但已经不能跳到一米高以上了，直至结束生命都是如此。

在实验中，跳蚤调节了自己跳的高度，而且适应了这种状况，不愿再改变。与此类似，一个人有什么样的目标，就有什么样的人生。

1952年7月4日清晨，浓雾笼罩着加利福尼亚的海岸。一位34岁的叫费罗伦丝·柯德威克的女士，在海岸以西21英里的卡塔林纳岛处涉水进入太平洋，开始向加州海岸游去。在此之前，她是游过英吉利海峡的第一位女性。这次若成功了，她就是第一个游过加利福尼亚海峡的女性。

那天早晨，海水冻得她身体发麻，再加上雾很大，她连护送她的船都看不清。时间一个钟头一个钟头过去，千千万万的人在电视前关注着她。在以往这类渡海游泳中，她最大的问题不是疲劳，而是刺骨的水温。15个钟头之后，她感觉自己不能再游了，就叫人拉她上船。这时，她的母亲和教练在另一条船上，告诉她海岸很近了，叫她不要放弃。然而，她朝加州海岸望去，除了浓雾，什

么也看不到。几十分钟之后，人们还是把她拉上了船，而那个地点离加州海岸只有半英里！

当别人告诉她这个事实后，从寒冷中慢慢复苏的她很沮丧。她告诉记者，真正令她半途而废的不是疲劳，也不是寒冷，而是因为在浓雾中看不到目标。她一生中就只有这一次没有坚持到底。两个月后，她成功地游过了同一个海峡，她不仅成为第一位游过加利福尼亚海峡的女性，而且比男子纪录还快了大约两个钟头。

事实上，对于柯德威克这样的游泳好手来说，游过那个海峡并不是不可实现的，只是因为她看不到前方的目标，便感觉没有了"路"。第二次，明确目标后，她便坚定地沿着自己选择的路游向了成功的彼岸。

这个事例形象地说明了心理学中的跳蚤效应，人生是由目标决定的，有什么样的目标，就有什么样的人生；有多大的目标，就有多大的人生舞台。

如今，很多刚毕业的年轻人在人生路口上举棋不定，不知道是继续求学深造，还是直接走向工作岗位；是根据自己的兴趣找工作，还是根据自己的专业找工作……其实，这些迷茫与踌躇，都是因为没有给自己确立明确的人生目标。当你确立了自己的目标后，坚持下去，人生就不会迷茫，道路就不会消失。

"我要飞得更高"

相信大家都很熟悉那首名为《飞得更高》的经典歌曲："生命就像一条大河……我知道我要的那种幸福，就在那片更高的天空，我要飞得更高，飞得更高……"正所谓"人生如歌"，我们只有明确目标，激发"飞得更高"的强烈欲望与激情，才能走向成功，令人生精彩。

拿破仑·希尔就是通过给自己树立远大的目标，倾注如火如荼的热情与毫不懈怠的努力，在事业的天空中越飞越高。

1883年10月26日，拿破仑·希尔出生于美国弗吉尼亚州一个贫寒之家。从小，继母就不断激励希尔树立伟大的人生目标。在继母的影响下，希尔一直坚信自己会成为一个成功者。

长大以后，希尔从没有动摇过自己的信念。18岁时，他正上大学，在一家杂志社工作，被派去采访钢铁大王安德鲁·卡内基。卡内基发现希尔是一个富有创造性的人才，于是建议他从事美国成功人士的研究工作，还写信给美国政界、工商界、科学界、金融界等取得卓越成绩的高层人士，介绍希尔

与他们认识。

在以后的 20 年间，希尔不仅获得了博士学位，还访问了福特、爱迪生、洛克菲勒、贝尔等当时最成功的人士。希尔并没有满足于简单的采访，而是对所有成功者进行了深入的研究。在此基础上，他写出了《成功规律》书，激励千百万人去获得财富，成为卓越的成功者。

希尔的成功正是跳蚤效应的典型表现。正如他自己所言："我之所以成功，是因为我志在成功！"

此外，在实验中，跳蚤之所以不能再跳到最初的一米多高，并非已失去跳跃能力，而是一次次受挫后学乖了，习惯了，麻木了。很多人不敢追求成功，不是追求不到成功，而是因为他们心里已经默认了一个"高度"，这个高度常常暗示他们：成功是不可能的，是没办法做到的，这就是可悲的"自我设限"。因此，在追求目标的道路上，我们要勇敢地突破自我限制。

·第二章·

情绪：心情的颜色决定世界的颜色

情绪定律：情绪影响一切

◆定律阐释：情绪定律，指人百分之百是情绪化的，任何时候的决定都是情绪化的决定。即使有人说某人很理性，其实当这个人很有"理性"地思考问题的时候，也是受到他当时情绪状态的影响，"理性地思考"本身也是一种情绪状态。

情绪改变挽回一个诺贝尔奖带来的启示

你也许有过这样的经历：兴高采烈的时候，看什么都顺眼，做什么都顺手；情绪一落千丈的时候，觉得自己什么事都不顺心，什么都做得不好。其实，这就是情绪的强大影响力。

德国化学家奥斯特瓦尔德曾因自己的情绪变化，差点儿造成他人与诺贝尔奖擦肩而过。

有一天，奥斯特瓦尔德由于牙病，疼痛难忍，情绪很坏。他拿起一位不知名的青年寄来的稿件粗粗看了一下，觉得满纸都是奇谈怪论，顺手就把这篇论文丢进了纸篓。

几天以后，他的牙痛好了，情绪也好多了，那篇论文中的一些观点又在他的脑海中闪现。于是，他急忙从纸篓里把它捡出来重读一遍，结果发现这篇论文很有科学价值。他马上给一份科学杂志写信，加以推荐。

后来，这篇论文发表了，轰动了学术界。

想想看，如果奥斯特瓦尔德的情绪没有很快好转，结果又会怎样呢？

事实上，情绪的好与坏与我们的心态及想法密不可分，这就是心理学中的情绪定律。一件事在别人眼中看着是悲哀的，在你眼中也许就是快乐的，关键是自

365

己怎么想。下面是一个非常有趣的例子。

甲、乙是同一个办公室的两个白领,下班后都想找些有意思的事情来调节一下心情。甲便在网上找了一个简单的心理测试:请在"日"上加一笔,组成一个新的字。

凑巧的是,甲和乙都想到的是"目"字。于是两人一同看起了答案:你最近凡事需要谨慎、小心。

虽然只是短短的几个字,甲和乙却表现出截然不同的反应。甲惆怅地说:"这下惨了,估计最近凶多吉少啊!"乙却开心地说:"有道理,平时做事就是应该谨慎,这样才不会出差错嘛!"然后两个各自回家去了。

第二天上班,甲刚到办公室就哀叹道:"果然是倒霉运,煮粥都能把手腕烫伤!"就在上班时间马上要到了的时候,乙急匆匆奔进办公室,气喘吁吁地说:"真幸运,还好昨天提醒我做事要谨慎,今天提前出来20分钟赶车,不然非迟到不可!"

面对同一个答案,甲、乙两个人产生了不同的情绪,进而造成了两种不同的结果。这就是情绪对一个人的巨大影响。要知道,世事变幻莫测,人的情绪也是多种多样。但当我们了解情绪定律以后,在日常生活中,就应该学着理性地控制情绪。

把握自己,不做情绪的奴隶

漫漫人生路,要么是我们驾驭生命,要么是生命驾驭我们,而决定谁是坐骑、谁是骑师的,就是我们的情绪。情绪就像一把双刃剑,消极不良时会伤害我们,积极健康时则会帮助我们。

其实,如果能够从根本上改变对一件事的看法,我们的情绪也会得到很大的影响和改善。

有一位老人,她有两个儿子,大儿子是卖雨伞的,小儿子是卖草鞋的。晴天时,她心想:"真糟糕,大儿子的雨伞卖不出去了。"雨天时,她又想:"真糟糕,小儿子的草鞋卖不出去了。"所以,老人每天都是愁容满面、忧心忡忡。

有一天,邻居告诉他,你换过来想不好吗?晴天时,你就想小儿子的草鞋可以卖出去了,雨天时,你就想大儿子的雨伞可以卖出去了,是不是也很开心呀?老人听了这番话,就照着做了。

从此以后,老人每天都很开心,常常笑容满面。

许多时候，我们也和那位老人一样，对于同一现实或情境，从一个角度去看问题，可能引起消极的情绪体验，陷入心理困境；如果从另一角度看问题，就可以发现积极意义，从而使消极情绪转化为积极情绪。

要知道，快乐的钥匙不是掌握在别人手中，而是掌握在自己手中。我们郁闷也好，快乐也好，其实都不是由外界原因造成的，而是由我们自己的情绪造成的。所以，我们要做情绪的主人，而不能被情绪所左右。正如心理学家所证明的，人不仅仅是消极情绪的放大镜，而且也是积极情绪的制造者，生气郁闷只能是折磨自己。我们应该学会调整自己的情绪，经常保持积极情绪。

保持积极情绪的方法有很多种，包括宽容别人，保持积极乐观的心态，能接纳自己的情绪变化，及时调整自己的不良心态，掌握有效的自我调节的方法等。如果你不慎掉进了河沟里，不妨想想正好衣服该洗了；当你参加一些重要的考试或活动，感到非常紧张，可以在心里暗暗提醒自己"不要慌，我有实力，一定能成功"，这样自然就会冷静下来，信心百倍；当遭遇困难和逆境时，想想"这是在为成功摸索条件、积攒经验"，振作精神，那么，下一步就会走向成功。

情感宣泄定律：情感，需要一个宣泄的窗口

◆定律阐释：情感宣泄定律，指情感如果不及时宣泄，会引起心理问题。即使你在压抑、克制阶段意识不到它的存在，只是说明它从显意识层转移到了潜意识层，对你的影响仍然存在，而且一直在找机会真正发泄出去。

从祥林嫂说起

不知道你是否发现：女人们不开心的时候会哭，很开心的时候也会哭；失恋、丧偶的时候，无论男人、女人，都容易变得歇斯底里；有的人平时温文尔雅，但突然某个时候会变得絮絮叨叨；有的人平常不说脏话，但生气的时候也会破口大骂；有的人外表文质彬彬，但发起火来东砸西摔；有的人一向少言寡语，但郁闷、悲哀时，就会找朋友不停诉苦……

鲁迅笔下的祥林嫂，作为《祝福》的主人公，以"喋喋不休地讲述阿毛事件"而为人们所熟知。由于第二个丈夫的死，特别是儿子阿毛的死，祥林嫂的心理处于极度的紊乱状态，正常的精神发展在屡次的灾祸中严重受阻，只能依赖倾诉——絮叨"阿毛的故事"，来宣泄她那被压抑且痛苦的情感。其实，祥林嫂这种倾诉，

更确切地说是宣泄，完全是创伤心理求得安慰的需要。

仔细想想，我们生活中一反常态的絮叨、歇斯底里，乃至失去理智的疯狂举动，不就是因为遭遇灾祸或不顺时的情绪发泄吗？我们每个人在一生中都会产生数不清的意愿、情绪，但最终能实现、能满足的并不多，因此就需要情感的宣泄。

有人认为，对那些未能实现的意愿、未能满足的情绪，应该千方百计地压抑下去、克制下去，不让其发泄出来，殊不知，情绪和意愿如果被压制，就会产生一种心理上的能量，若不通过其他的途径进行释放，它自身丝毫不会减少，如同物理学上的能量守恒定律。

即使你在压抑、克制阶段意识不到它的存在，实际上它对你的影响仍然存在，而且一直在找机会真正发泄出去。

王先生是某公司的职员，有段时间经理总是批评他这不对、那不对，自己已经很努力了，可还是被扣上"效率低"的帽子。不过，谁叫人家是领导呢？王先生有怒不敢言，在公司竭力压抑自己，并在心里自我慰藉"能忍的人情商高"。

可是，每次下班回到家后，王先生总觉得心里堵得慌。于是，他就拿起笔练字，想通过这种方式使自己平静。谁料，等他写满一张纸才发现，纸上写的，除了经理的名字外，就是"龌龊"、"王八蛋"等一类不满和愤恨的话，连他自己都不敢相信。

通过上面李先生的例子，我们可以看出，情绪需要宣泄的时候，光靠自己的克制是解决不了问题的，即使不经意间，它也会向外流露。感情宣泄的方式不仅仅局限于祥林嫂那样的"说"，王先生的"写"也可以，这就像人类的本能一样。

理顺情绪，疏导为本

生活中，难免会发生不如意的事情，由此所产生的情绪如同洪水一样，若不及时把它泄出去，会像水库里不断涨高的洪水，给我们的心理堤坝造成强大压力。对此，我们不能采用堵的方法，因为随着水位的升高，堵塞只能是暂时的，到一定程度就会造成"决堤"，那时情况失控，就更严重了。

也许你会问："在心理上筑高堤坝不行吗？"要知道，如果这样做，势必使人在内心深处与外界日益隔绝，造成精神的忧郁、孤独、苦闷及窒息等不良后果。同时，这股暗流达到一定程度，会冲破心理堤坝，甚至导致精神失常。这也是为何我们有时会见到一些精神失常的人。

从科学上来讲，对于这样的情绪，最好的办法是疏导。霍桑工厂的谈话试验就是很好的例证。

美国芝加哥市郊外的霍桑工厂是一个制造电话交换机的工厂，薪资及各方面待遇都相当不错，但工人们仍然愤愤不平，生产状况也不理想。为探求原因，美国国家研究委员会组织了一个由心理学家等多方面专家参与的研究小组，对工厂生产效率与工作物质条件之间的关系进行了研究。

在这一系列试验研究中，有一个是谈话试验。在大约两年多的时间里，心理专家们找工人个别谈话两万余人次。在谈话中，专家耐心地听取工人对管理的意见和抱怨，没有任何反驳和训斥，让工人们把不满情绪尽情地宣泄出来。出人意料的是，谈话试验收到了非常好的效果：工厂的工作效率大大提高了。

关于这个试验，心理学家分析，工人长期以来对工厂各种管理制度有诸多不满而无处发泄，专家们的谈话方式能让他们将这些不满发泄出来，对情绪起到了疏导的作用，从而使工人们心情舒畅，干劲倍增，工作效率自然也大大提高。

再如，一些学校为学生开设情感宣泄课，让学生走上讲台，讲述自己心中的苦闷、遇到的困惑或者想发泄的事情。这样不仅对学生进行了情绪疏导，为他们提供宣泄的机会，而其他同学还可以帮忙想办法、出点子，使学生在互相帮助中学会如何摆脱苦恼，增进相互间的了解，从而形成融洽的人际关系。

需要注意的是，虽然情绪应当宣泄，但要注意合理性。这就好比我们用高压锅做饭，一方面要将气适当地放掉，另一方面也要保证把饭做好。如果只知道将气泄掉，那么，拿掉整个锅盖就可以达到目的了，然而，这样做却使饭夹生了。因此，情绪宣泄不仅要有建设性，还应该是无害的。

在宣泄的过程中，尽量不要用指责、诉苦的方式。可以找个不影响他人的适当场合，自己大哭一场；或者听音乐，做运动，自言自语，写日记，养育鱼鸟，种植花木，找心理医生等，都是很好的宣泄方式。

罗密欧与朱丽叶效应："禁果"更有吸引力

◆定律阐释：罗密欧与朱丽叶效应，也叫禁果效应，指越是禁止的东西或事情，人们越是好奇和关注，充满窥探的欲望和尝试的冲动，更加想得到或知道。这与人们情绪中的好奇心和逆反心理有关。

"禁果"真的格外甜吗

在古希腊神话中，万神之神宙斯有位侍女叫潘多拉。一次，宙斯派她去传递一个魔盒，告诉她千万不能打开盒子。然而，正是宙斯的告诫，反倒激起她不可遏制的好奇和探究欲望，于是，她不顾一切地打开魔盒，结果，盒子里装的所有罪恶都跑到了人间。其实，正是宙斯的"禁止打开"促使潘多拉将盒子打开，这就是心理学上所说的"禁果效应"。

俄罗斯的有句著名的谚语："禁果格外甜。"谈到这个话题，我们就要先从禁果说起，它源自《圣经》，指伊甸园知善恶树上结的果实。

《圣经·创世记》载，上帝为人类始祖亚当和夏娃建了一个乐园，也就是伊甸园。上帝让他们两人住在园中，负责修葺与看管乐园。同时，上帝还特意吩咐道："园内各种树上的果子你们都能吃，唯独善恶树上的果子你们不能吃。"亚当和夏娃谨记着上帝的教诲。

有一天，夏娃因为禁不住蛇的诱惑，被神秘善恶树上的禁果所吸引，于是摘下树上的果子，吃了下去。而且，她把果子也给了亚当，亚当也吃了。

后来，上帝得知此事，将他们赶出了伊甸园。同时，上帝惩罚了罪魁祸首——蛇，让它用肚子走路；责罚夏娃，增加她生产的痛苦；责罚亚当，让他终身劳作才能从地里获得粮食。

夏娃和亚当为什么要违背上帝的旨意偷吃禁果？是因为他们饥饿，还是因为他们嘴馋？都不是。这个关于人类远祖的故事，暗示了人类的本性中具有根深蒂固的"禁果效应"倾向。

在现实生活中，我们常常会遇到这样的情况：越是被禁止的东西或事情，越会引来人们更大的兴趣和关注，使人们充满窥探和尝试的欲望，千方百计试图通过各种渠道获得或尝试它，即上面所说的"禁果效应"。其实，这与东西本身没有太大的关系，主要是因为"禁"字激起了人们情绪中的好奇心理和逆反心理。

这种效应存在的心理学依据在于：无法知晓的神秘事物，比能接触到的事物对人们有更大的诱惑力，更能促进和强化人们渴望接近和了解的需求。我们常说的吊胃口、卖关子，就是因为人们对信息的完整传达有着一种期待心理，一旦关键信息在接受者心里形成了接受空白，这种空白就会对被遮蔽的信息产生强烈的召唤。这种"期待——召唤"结构就是禁果效应存在的心理基础。所以，"禁果格外甜"，不过是人们的一种心理表现。

禁果：品其甜、避其苦

禁果效应在生活中无处不在，它是一把双刃剑，既有积极的作用，又有消极的作用。

今天我们生活中司空见惯的蔬菜——土豆，在刚刚被发现时，就因为被当作禁果，才得到了广泛的推广。

土豆从美洲引进法国时，很长时间没有得到认可。迷信者把它称为"鬼苹果"，医生们认为它对健康有害，而农学家则告诉人们，土豆会使土壤变得贫瘠。这些"权威人士"的断言，使土豆成了不受欢迎、稀奇古怪的东西。

法国农学家安端·帕尔曼切在德国当俘虏时，亲自吃过土豆。他尝到了土豆的"甜头"，就想回到法国后，在自己的故乡培植它。可是因为那些"权威人士"的断言，谁也不敢种土豆。

后来他灵机一动，想出了一个办法。他得到国王的许可，在一块出了名的低产田上开始栽培土豆。根据他的要求，要由一支身穿仪仗服装、全副武装的卫队看守这块土地，只是白天看守，到了晚上，卫队就撤了。

这使人们非常好奇，是什么好东西需要卫队这样煞有介事地看守？一定是好东西，才怕别人偷啊。人们这样一想，就猜测土豆一定是非常美味或很有好处的食品，就禁不住想知道个究竟。于是，他们商量好，到晚上就到那块土地上偷挖土豆，然后种到自己的菜园里去。

结果，土豆得到了很好的推广，人们发现这是一种风味独特的食品，它没有任何可怕的地方。

正是巧妙运用了禁果效应，激发人们与生俱来的好奇心，帕尔曼切推广土豆的目的才得以实现。

除了像帕尔曼切那样利用禁果效应得到积极效果外，生活中还有不少因禁果效应适得其反的例子。

比如，历代统治者经常把他们认为是"诲淫诲盗"的书列入"禁书"之列，如西方的萨德、王尔德、劳伦斯等人的作品。但是，被禁不但没有使这些书销声匿迹，反而使它们名声大噪，使更多的人挖空心思要读到它们，反而扩大了它们的影响。再有，一些家长总是喜欢禁止孩子做这做那，如禁止读不健康的书，不让早恋，不允许玩游戏、网络聊天等，一味地严厉禁止反而增加了孩子的好奇心、逆反心理，使他们在这两种心态的驱使下甘冒风险去尝试那些苦涩的"禁果"，最终使教育走向了反面。

可见，利用禁果效应时，一方面，我们可以把某些人们不喜欢而又有价值的

事物人为变成禁果，以提高其吸引力；另一方面，我们不要轻易把某些不喜欢或不赞成的事物当成禁果，以免人为增加其吸引力，适得其反。

情绪转移定律：坏情绪会传染

◆定律阐释：情绪转移定律，指人的不好情绪如果没有得到适当的宣泄，就会转移到其他人和事上，是一种情绪的蔓延现象。

一场坏心情的"流感"

你是否有过这样的经历：遇到堵车时，如果有一个司机不耐烦地按喇叭，那么，这种烦躁的情绪便会传染开来，后面的司机也会不停地跟着按喇叭。同时，喇叭那刺耳的声音又会使更多的乘客和司机烦躁不安。其实，这种现象就是坏情绪的转移。

生活中，我们的坏心情就像流感一样，如果不加以控制，就会不断蔓延。下面这个故事，就是很好的证明。

王先生是某私企的总经理，对公司管理非常严格，而且以身作则，每天都早来晚去。但是，有一天早晨，王先生看报太入迷，出门晚了。他匆匆忙忙地开车，闯了一个红灯，正巧被警察逮到，还罚款了。

本来上班就迟到了，没想到还被罚款了，王先生气急败坏。刚到办公室，正好碰到项目经理向他汇报工作，他没好气地问："上周那个项目敲定没有？"项目经理告诉他还没有。他大吼道："我已经付给你7年薪水了，现在我们终于有一次机会做笔大生意，你却把它弄吹了！如果你不把那个项目争回来，你就别想再踏进公司半步！"

项目经理怀着一肚子不满回到自己的办公室，心想："我为公司卖了7年力，你王经理不过是个傀儡。现在，就因为我丢掉了一个项目，就恐吓要解雇我，太过分了！"正巧秘书来找他签字，他马上问秘书："今天早上我给你的那5封信打好了没有？"秘书回答说："还没，我……"他立刻冒起火来，指责说："不要找任何借口，我要你赶快打好这些信件。虽然你在这儿干了3年，但不表示你会一直被雇用！"

秘书愤怒地回到自己的座位上，心想："3年来，我一直很努力工作，经常超时加班，现在就因为我无法同时做两件事，就恐吓要辞退我。太欺负人了！"

秘书下班回家，看到 9 岁的儿子正悠闲地打着游戏，立刻叫起来："我告诉你多少次，要好好学习，赶快给我回到房里去看书！"

儿子回到自己房间，心想："妈妈刚到家就冲我发这么大的火，真过分！"这时，平时他最喜欢的小狗走了过来，他二话没说就狠狠地踢了小狗一脚："给我滚出去！"

小狗疼得乱窜，发疯似的冲出门乱咬，还咬了一个人——那个人正好是从这里路过的王总经理。

王先生的消极情绪通过漫长的链条，经过不同人物的传导，最后报应了自己。在心理学中，这种现象被概括为情绪转移定律，指人的不好情绪如果没有得到适当的宣泄，就会转移到其他人和事上，是一种情绪的蔓延现象。

其实，情绪转移现象在生活中并不少见。一个人的不良情绪一旦无法正常发泄和排解，往往会找一个出气筒，把情绪转移到别人的身上，有时甚至是无意识的，自己也很难控制。无论如何，拿别人撒气是不对的，对别人是不公平的。

中国有句古话"己所不欲，勿施于人"，就像我们不希望别人把自己当出气筒一样，我们也应该适当克制自己的情绪，不要把别人当成出气筒。

掌控你自己，别把坏心情传染给别人

既然人人都不希望被当作出气筒，那么，遇到不良情绪时，我们该怎么办呢？

答案很简单，我们要学会调整情绪的方法，及时扭转不良情绪，避免它的蔓延。下面，我们看看这样一个例子。

有一天，一位富有的女士开着车来到一家珠宝店，走近柜台，开始挑选钻石项链。这时，一位男士推门走进珠宝店，也过来选珠宝。男士不小心踩到了女士的脚，见男士没有任何道歉的表示，女士愤怒地指责道："长这么大，难道没学过'礼貌'二字吗？"男士见女士有些发火，便漫不经心地说了一句"对不起行了吧"，随后还喃喃自语道："真无聊。"女士觉得自己受到了侮辱，就摔门而去，临走还说："没素质！"

莫名其妙地被人踩了一脚，还被人说三道四，女士很生气。谁料，开车回家的路上，又碰巧遇上堵车，女士更加烦躁。"哪来这么多的破车？这些臭司机简直不会开车！那家伙开得那么快，不要命啦！这家伙水平太臭了，怎么学的车？"她开始喃喃自语。

刚开出没多远，又到了一个交叉路口。她遇上一辆大型卡车，那辆卡车先慢了下来，随后司机伸出头向她示意，让她先过，脸上还带着友好的微笑。

不知怎的，女士一肚子的不快一下子烟消云散。

可见，一个小小的谦让、一次真诚的微笑，就可以给别人带来愉快，让不良的情绪停止蔓延。

生活中，我们要懂得原谅别人。当别人对我们不友好时，不一定是真的对我们有恶意，也许是因为他遇上生气的事，不知不觉就把气撒到我们身上。对这样的人，我们没必要斤斤计较，宽容为怀往往更容易解决问题。

同时，如诗所言，"不如意事常八九，可与人言无二三"，人在社会中，难免会遇到一些不如意的事情，我们要学会排解不良情绪。

一方面，可以有意识地转移注意焦点。当你遇到挫折，感到苦闷、烦恼，情绪处于低潮时，就暂时抛开眼前的麻烦，不要再去想引起苦闷、烦恼的事，而把注意力转移到较感兴趣的活动和话题中去。多回忆自己感到幸福、愉快的事，以此来冲淡或忘却烦恼，从而把消极情绪转化为积极情绪。

另一方面，可以自觉地转换环境。如外出散步、旅游参观、调换居住地点等，这样可以冲淡、缓解消极的心理情绪。

明智人生需要"不以物喜，不以己悲"的平和。要做到处顺境不骄，处逆境不躁，心静若止水，从而能明察秋毫；还要守住一份寂寞，忍耐一份孤独，从而不随波逐流。自己的情绪，还是要自己做主。

·第三章·

高效：简单是种大智慧

艾森豪威尔法则：分清主次，才能高效率

◆定律阐释：艾森豪威尔法则，又称四象限法则，指处理事情应分主次，确定优先的标准是紧急性和重要性，据此可以将事情划分为必须做的、应该做的、量力而为的、可以委托别人去做的和应该删除的五个类别。

做事分等级，先抓牛鼻子

一天，动物园管理员发现袋鼠从笼子里跑出来了，于是开会讨论，一致认为是笼子的高度过低，所以他们将笼子的高度由原来的 10 米加到 30 米。第二天，袋鼠又跑到外面来，他们便将笼子的高度加到 50 米。这时，隔壁的长颈鹿问笼子里的袋鼠："他们会不会继续加高你们的笼子？"袋鼠答道："很难说。如果他们继续忘记关门的话！"

我们常常会看到这样的现象，一个人忙得团团转，可是当你问他忙些什么时，他却说不出来，只说自己忙死了。这样的人就是做事没有条理，一会儿做这，一会儿做那，结果没一件事情能做好，不仅浪费时间与精力，还不见成效。

其实，无论在哪个行业、做哪些事情，要见成效，做事过程的安排与进行次序都非常关键。

有一次，教授给学生们上课。他在桌子上放了一个装水的罐子，然后从桌子下面拿出一些正好可以从罐口放进罐子里的鹅卵石。当着学生的面，他把石块全部放到了罐子里。

接着，教授问全体同学："你们说这个罐子是满的吗？"

学生们异口同声地回答说："是的。"

教授又从桌子下面拿出一袋碎石子，把碎石子从罐口倒下去，然后问学生："你们说，这罐子现在是满的吗？"

这次，所有学生都不做声了。

过了一会儿，班上有一位学生低声回答说："也许没满。"

教授会心地一笑，又从桌下拿出一袋沙子，慢慢地倒进罐子里。倒完后，他再问班上的学生："现在告诉我，这个罐子是满的吗？"

"是！"全班同学很有信心地回答说。

不料，教授又从桌子旁边拿出一大瓶水，把水倒在看起来已经被鹅卵石、小碎石、沙子填满了的罐子里。做完这些，他又问："同学们，你从我做的这个实验得到了什么启示？"

话音刚落，一位向来以聪明著称的学生抢答道："我明白。无论我们的工作多忙、行程排得多满，如果要挤一下的话，还是可以多做些事的。"

教授微微笑了笑，说："你的答案也不错，但我还要告诉你们另一个重要经验，而且这个经验比你说的可能还重要，它就是'如果你不先将大的鹅卵石放进罐子里去，你也许以后永远没机会再把它们放进去了。'"

这个故事说明，事先的规划非常重要。在行动之前，一定要懂得思考，把问题和工作按照性质、情况等分成不同等级，然后合理安排完成和解决的顺序，这样才能收到事半功倍的成效。

从心理学应用角度看，这就是艾森豪威尔法则的明智之处。它告诉我们，做事前需要科学地安排，要事第一，先抓住牛鼻子，然后依照轻重缓急逐步执行，一串串、一层层地把所有的事情排列起来，条理清晰，成效才会显著。凡事都有本与末、轻与重的区别，千万不能做本末倒置、轻重颠倒的事情。

艾森豪威尔原则分类法

我们知道，做任何事情，只有事前理清事情的条理，排定具体操作的先后顺序，一切才能顺畅地进行，并得到良好的收效。

在这方面，艾森豪威尔法则给出了一些具体的方法，可以帮助我们根据自己的目标确定事情的顺序。

这一法则将工作区分为五个类别：

A. 必须做的事情。

B. 应该做的事情。

C. 量力而为的事情。

D. 可委托他人去做的事情。

E. 应该删除的工作。

每天，把要做的事情写在纸上，按以上五个类别将事情归类：

A. 需要做。

B. 应该做。

C. 做了也不会错。

D. 可以授权别人去做。

E. 可以省略不做。

然后，根据上面归类，在每天大部分的时间里做 A 类和 B 类的事情。即使一天不能完成所有的事情，只要将最值得做的事情做完也是很好的。

同样的道理，把自己 1 ~ 5 年内想要做的事情列出来，然后分为 A、B、C 三类：

A. 最想做的事情。

B. 愿意做的事情。

C. 无所谓的事情。

接着，从 A 类目标中挑出 A1、A2、A3，代表最重要、次重要和第三重要的事情。

再针对这些 A 类目标，抄在另外一张纸上，列出你想要达到这些目标需要做的工作，接着将这份清单再分出 A、B、C 等级：

A. 最想做的事情。

B. 愿意做的事情。

C. 做了也不会错的事情。

把这些工作放回原来的目标下，重新调整结构，规划步骤，接着执行。

以上程序又被称为六步走方法，即挑选目标→设定优先次序→挑选工作→设定优先次序→安排行程→执行。把这一方法培养成每天的习惯，长期坚持并贯彻下去，相信你将拥有成功的人生。

现实生活中，很多时候，我们总觉得自己身边有"时间盗贼"，没做多少事情，一天就匆匆过去；忙忙碌碌，年复一年，成绩、业绩却寥寥无几。

有句老话说得好："自知是自善的第一步。"要想改善现状，首先要找出问题的根源。此刻，请你仔细地考虑一下，到底是什么"偷"走了你的时间？是什么让你日复一日地感到时间的压力？想明白这些问题，拿起笔和纸，按照艾森豪威尔法则，开始规划你的每一天，让时间不再像以往那样在不知不觉中被"偷"走。

木桶定律："短板"才是关键

◆定律阐释：木桶定律，指一只木桶盛水的多少，并不取决于桶壁上最高的那块木板，而取决于桶壁上最短的那块木板。

克服人性的"短板"

一位老国王给他的两个儿子一些长短不同的木板，让他们各做一个木桶，并承诺：谁做的木桶装下的水多，谁就可以继承王位。大儿子为把自己的木桶做大，每块木板都削得很长，可做到最后一条木板时没有木材了；小儿子则平均地使用了木板，做了一个并不是很高的木桶。结果，小儿子的木桶装的水多，最终继承了王位。与此类似，遇到问题时，我们若能先解决导致问题的"短板"，便可大大缩短问题的解决时间。

俗话说"人无完人"，确实，人是存在许多弱点的，如恶习、自卑、犯错、忧虑、嫉妒，等等。根据木桶定律，这些短处往往是限制我们能力的关键。一个木桶能装多少水，并不是用最长的木板来衡量的，而是要用最短的木板来衡量。木桶装水的容量受到最短木板的限制，所以，要想让木桶装更多的水，必须加长最短的木板。

1. 恶习

我们经常在无意识中培养着习惯，这令我们在很多情况下都要臣服于习惯。然而，好的习惯可为我们效力，不好的习惯尤其是恶习（如懒惰、酗酒等），会在做事时严重拖我们的后腿。所以，我们要将自己的习惯分类，改掉不好的习惯，以免让成功毁在自己的恶习之中。

2. 自卑

自卑，可以说是一种性格上的缺陷，表现为对自己的能力、品质评价过低。它往往会抹杀我们的自信心，本来有足够的能力完成学业或工作，却因怀疑自己而失败，显得处处不行，处处不如别人。所以，做事情要相信自己的能力，要告诉自己"我能行"、"我是最棒的"，这样才能把事情办好，走向成功。

3. 犯错

人们通常不把犯错误看成一种缺陷，甚至把"失败是成功之母"当成自己的至理名言。但是，在两种情况下，犯错误就是一种缺陷。一种是不断地在一个问题上犯错误，另一种是犯错误的频率比别人高。这些错误，或许是因为态度问题，或许是因为做事不够细心、没有责任心，但无论哪种，都是成功的绊脚石。因此，平时要学会控制自己，改掉马虎大意等不良习惯；犯错后不要找托词和借口，要正视错误，加以改正。

4.忧虑

有位作家曾写道：给人们造成精神压力的，并不是今天的现实，而是对昨天所发生的事情的悔恨，以及对明天将要发生事情的忧虑。忧虑不仅会影响我们的心情，而且会给我们的工作和学习带来更大的压力。更重要的是，无休止的忧虑根本不能解决问题。所以，我们要学会控制自己的情绪，客观地看待问题。

5.妒忌

妒忌是人类最普遍、最根深蒂固的感情之一。它的存在，令我们不能理智地、积极地做事，于是，导致事倍功半，甚至劳而无功。因此，无论在生活中还是在工作中，我们都应平和、宽容地对待他人，客观看待自己。

6.虚荣

每一个人都会有一点虚荣心，但是过强的虚荣心会使人很容易被赞美之词迷惑，甚至自负自大。所以，我们要正确控制虚荣，摆脱虚荣，正确地认识自己。

7.贪婪

由于太看重眼前的利益，该放弃时不愿放弃，结果铸成大错，甚至悔恨终生。众所周知，很多人因贪图钱财等而毁了大好前程，有时明知是圈套，因为抵御不住诱惑而落入陷阱。说到底，不是人不聪明，而是败给了自己的贪欲。可见，要成事，先调整心态，知足才能常乐。

一位伟人曾经说过："轻率和疏忽所造成的祸患超出人们的想象。"许多人之所以失败，往往因为他们没有注意到自己人性的短板。所以，我们要想做好事情，应先学会做人，找到自己人性的短板，取长补短，从而摆脱弱点对我们的控制。

找到"阿喀琉斯之踵"，让问题迎刃而解

在希腊神话中，有这样一个意义深刻的故事。

阿喀琉斯是希腊神话中最伟大的英雄之一。他的母亲是一位女神，在他降生之初，女神为了使他长生不死，将他浸入冥河洗礼。阿喀琉斯从此刀枪不入，百毒不侵，只有一点除外——他的脚后跟被提在女神手里，未能浸入冥河，于是脚后跟就成了这位英雄的唯一弱点。

在漫长的特洛伊战争中，阿喀琉斯一直是希腊人最勇敢的将领。

但是，再强大的英雄也有弱点。在十年战争快结束时，敌方的将领帕里斯抓住了阿喀琉斯的弱点，一箭射中他的脚后跟，阿喀琉斯最终不治而亡。

与"阿喀琉斯之踵"类似，任何事情或组织都有它的最薄弱之处，问题往往由这里产生。如果处理好这个最薄弱处，问题往往就迎刃而解了。

有一家刚起步的电子商务公司，采购与销售是两个独立的部门，公司规定两个部门的资料每周沟通两次。然而，由于平时业务繁忙，再加上两个部门的员工不能及时交流沟通，总是造成销售人员在认为商品有货源的情况下接受了顾客的订单，但采购部实际上并不能在短时间内找到相应的货源，导致顾客不能按时收到商品。公司因此经常接到投诉和顾客不满的抱怨，严重影响业绩和公司的形象。

总经理发现了两个部门缺少沟通这一关键而又薄弱的环节，在全公司所有员工的电脑上安装了即时沟通软件，保证两个部门的员工能及时沟通；同时，还在公司建立了库存与近期货源一览表，从而避免了有单无货的不良现象，既提升了公司的形象，又提高了公司的业绩。

通过这个例子可以看出，如果不能及时解决采销两个部门沟通的这块"短板"，无论销售人员如何努力接订单，对解决问题仍没有实质性的帮助。因此，抓住导致问题的短板，并从根本上予以解决，常能使问题迎刃而解。

与此类似的例子还有很多，例如，你和竞争对手同时争取一个项目，那么，你就需要了解对方的薄弱之处在哪儿，如何用你的强势攻克对手的弱处；家庭因家电超负荷导致停电，检查电线和电器往往不起丝毫作用，而真正的解决方法应该是修好脆弱的保险丝；孩子成绩不好，解决的方法不是靠家长来帮他做题、写作业，也不是用训斥来打击他幼小的心灵，而是要找到孩子在学习上的薄弱之处，从这里着手，才能从根本上提高孩子的成绩……

木桶定律让我们明白，遇到问题不要蛮干，要找到导致问题产生的短板，彻底解决，从而达到事半功倍的效果。

奥卡姆剃刀定律：化繁为简，把握关键

◆定律阐释：奥卡姆剃刀定律，由英国奥卡姆的威廉提出，指如无必要，勿增实体。意思是，在人们做过的事情中，可能大部分都是无意义的，而隐藏在繁杂事物中的一小部分才是有意义的。所以，复杂的事情往往可通过最简单的途径来解决，做事要找到关键。

简单是种大智慧

近几年，随着人们认识水平的不断提高，"精兵简政"、"精简机构"、"删繁

就简"等一系列追求简化的观念在整个社会不断深入和普及。根据奥卡姆剃刀定律，这正是一种大智慧的体现。

如今，科技日新月异，社会分工越来越精细，管理组织越来越完善化、体系化和制度化，随之而来的，还有不容忽视的机械化和官僚化。于是，文山会海和繁文缛节便不断滋生。可是，国内外的竞争日趋激烈，无论是企业还是个人，快与慢已经能决定其生死。如同在竞技场上赛跑，穿着水泥做的靴子却想跑赢比赛，必定是不可能的。因此，我们别无选择，只有脱掉水泥靴子，比别人更快、更有效率，领先一步，才能生存。换而言之，就是凡事要简化。

很多人会问："简单能为我们带来什么呢？"看了下面的例子，我们自然就会明白。

博恩·崔西是美国著名的激励和营销大师，他曾与一家大型公司合作过。该公司设定了一个目标：在推出新产品的第一年里实现 100 万件的销售量。该公司最优秀的营销精英们开了 8 个小时的群策会后，得出了几十种实现 100 万件销售量的不同方案，每一种方案的复杂程度都不同。这时，博恩·崔西建议他们在这个问题上应用奥卡姆剃刀原理。

他说："为什么你们只想着通过这么多不同的渠道，向这么多不同的客户销售数目不等的新产品，却不选择通过一次交易向一家大公司或买主销售 100 万件新产品呢？"

当时整个房间内鸦雀无声，有些人看博恩·崔西的表情就像在看一个疯子。然后有一名管理人员开口说话了："我知道一家公司，这种产品可以成为他们送给客户的非常好的礼物或奖励，而他们有几百万客户。"

最后，根据这一想法，他们得到了一笔 100 万件产品的订单。他们的目标实现了。

可见，不论你正面临什么问题或困难，都应当思考这样一个问题：什么是解决这个问题或实现这个目标的最简单、最直接的方法？你可能会发现一个简便的方法，为你实现目标节约大量的时间和金钱。记住苏格拉底的话："任何问题最可能的解决办法是步骤最少的办法。"正如奥卡姆剃刀定律所阐释的，我们不需要人为地把事情复杂化，要保持事情的简单性，这样我们才能更快、更有效率地将事情处理好。

与此相关的，还有一个非常有趣的故事。

某大公司收到客户投诉，买来的肥皂盒里面有时是空的。为了预防生产线再次发生这样的事情，工程师想尽办法发明了一台X光监视器去透视每一台出货的肥皂盒。同样的问题也发生在另一家小公司，而他们的解决方法是买一台强力工业用电扇去吹肥皂盒，被吹走的便是没放肥皂的空盒。

面对同样的问题，两家公司采用的是两种截然不同的办法。无论从经济成本方面，还是资源消耗角度，相信第二种方案的优势都是不言而喻的。这个例子给了我们一个深刻的启示：如果有多个类似的解决方案，最简单的选择就是最智慧的选择。

所以，在现实生活中，当遇到问题时，我们要拿起"奥卡姆剃刀"，把复杂事情简单化，以选择最智慧的解决方案。

剃掉复杂，切勿乱删

切入正题前，我们先回到最前面马克·吐温的例子上。他通过自身的实际经历，向求教者说明：短小精悍的语言，其效果事半功倍，而冗长空泛的语言，不仅于事无益，反而有碍。

事实上，不仅语言如此，现实生活同样如此。这就要求我们要学会简化，剃除不必要的生活内容。这种简化的过程，就如同冬天给植物剪枝，把繁盛的枝叶剪去，植物才能更好地生长。每个园丁都知道不进行这样的修剪，来年花园里的植物就不能枝繁叶茂。每个心理学家都知道如果生活匆忙凌乱，为毫无意义的琐事所累，一个人很难充分认识自我。

为了发现你的天性，亦需要简化生活，这样才能有时间考虑什么对你才是重要的，否则，就会损害你的部分天资——而且极有可能是最重要的一部分。

那么，我们如何来实现这种简化呢？很简单，就是重新审视你所做的一切事情和所拥有的一切东西，然后运用"奥卡姆剃刀"，舍弃不必要的生活内容。

相传，有位科学家带着自己的一个研究成果请教爱因斯坦。爱因斯坦随意地看了一眼最后的结论方程式，就说："这个结果不对，你的计算有问题。"科学家很不高兴："你连过程都不看，怎么就说结果不对？"爱因斯坦笑了："如果是对的，那一定是简单的，是美的，因为自然界的本来面目就是这样的。你这个结果太复杂了，肯定是哪里出了问题。"

这个科学家将信将疑地检查自己的推导过程，果然如爱因斯坦所言，结果不对。

也许你认为"奥卡姆剃刀"只放在天才的身边，其实，它无处不在，只是等待人们把它拿起。当我们绞尽脑汁为一些问题烦恼时，试着摒弃那些复杂的想法，也许会立刻找到简单的解决方法。

越复杂越容易拼凑，越简单就越难设计。在服装界有"简洁女王"之称的简·桑德说："加上一个扣子或设计一套粉色的裙子是简单的，因为这一目了然。但是，对简约主义来说，品质需要从内部体现。"她认为，简单不仅仅是摒弃多余的、花哨的部分，避免喧嚣的色彩和烦琐的花纹，更重要的是体现清纯、质朴、毫不造作的风格。

需要注意的是，这里所谓的简单，不是乱砍一气，而是在对事物的规律有深刻的认识和把握之后的去粗取精、去伪存真。正如一个雕刻家，能把一块不规则的石头变成栩栩如生的人物雕像，因为他胸中有丘壑。如果你抓不住重点，找不到要害，不知道什么最能体现内在品质，运用"剃刀"的结果只能是将不该删除的删除了。因此，我们要合理地使用"奥卡姆剃刀"，不能盲目。例如，IBM 在电脑产品营销中具有得天独厚的优势，然而，其广告宣传语却将这一点删掉了，留下推广小型电脑的"小行星问题的解决方法"。结果，IBM 未能凭这则广告获得区别于其他电脑的地位。可见，没有什么比删掉自己的优势更可悲了。所以，在我们使用"奥卡姆剃刀"时，要将其用在恰当的位置上，而不是盲目乱删。

酝酿效应：解决难题，顿悟是个好方法

◆定律阐释：酝酿效应，又称为直觉思维，指反复探索一个问题的解决而毫无结果时，把问题暂时搁置一段时间，由于某种机遇突然产生新想法，百思不得其解的问题一下子便找到解决办法了。

百思不得其解时怎么办

生活中，我们都会有类似的体验：遇到某个难题，冥思苦想不得其解，花了几个小时仍一无所获。不过，暂时忘掉它休息一会儿，之后会突然茅塞顿开，问题也就迎刃而解了。

很显然，这种把难题暂时放一放，穿插一些其他事情的做法，使人们不会陷入某一种固定的思维模式，能够采取新的步骤和方法，从而使问题更容易被解决。

心理学上把这种现象叫作"酝酿效应"。

不仅是普通的被试，就连一些伟大的科学家，在解决问题过程中，同样会运用"把难题放在一边，放上一段时间，才能得到满意的答案"的"酝酿效应"。阿基米德发现浮力定律就是一个经典的故事。

在古希腊，国王让人做了一项纯金的王冠，但他怀疑工匠在王冠中掺了银子，于是将阿基米德找来，要他在不损坏皇冠的条件下，想办法测定出皇冠是否掺假。

阿基米德为了解决这个难题，冥思苦想，他起初尝试了很多办法，但都失败了。有一天他去洗澡，当他的身体在浴盆里沉下去的时候，有一部分水从浴盆边溢出来；而且，他觉得入水愈深，体重就愈轻。他突然恍然大悟，立即进宫去面见国王。

在国王面前，阿基米德将与皇冠一样重的一块金子、一块银子和皇冠，分别放在水盆里，只见金块排出的水量比银块排出的水量少，而皇冠排出的水量比金块排出的水量多。阿基米德对国王说："皇冠里确实掺了银子！"

国王不解，阿基米德解释说："一公斤的木头和一公斤的铁相比，木头的体积大。如果分别把它们放入水中，体积大的木头排出的水量比体积小的铁排出的水量多。将这个道理用在金子、银子和皇冠上，因为金子的密度大，银子的密度小，故同样重量的金子和银子，必然是银子体积大于金子的体积，放入水中，金块排出的水量就比银块少。刚才皇冠排出的水量比金子多，说明皇冠的密度比金块密度小，从而证明皇冠不是用纯金制造的。"

国王信服了，也证明那个工匠私吞了黄金。

事情往往就是这样，当我们对一个难题束手无策时，思维就进入了"酝酿阶段"。当我们抛开面前的问题去做其他的事情时，突然某一时刻，百思不得其解的答案出现在我们面前。正如南宋诗人陆游那句脍炙人口的诗句所言："山重水复疑无路，柳暗花明又一村。"

劳逸结合，让你的灵感迸发

心理学家认为，人们在酝酿过程中，存在潜意识层面推理，储存在记忆里的相关信息是在潜意识里组合，而在穿插其他事情的时候突然找到答案，是因为个体消除了前期的心理紧张，忘记了个体前面不正确的、导致僵局的思路，从而具有创造性的思维状态。

在化学界，苯在 1825 年就被人发现了，此后几十年间，人们一直没有弄清它的结构。尽管所有的证据都表明苯分子由 6 个碳原子和 6 个氢原子构成，结构是对称的，但大家怎么也想不出这些原子是如何排列，形成稳定的分子结构。德国化学家凯库勒长期对这一问题研究，但始终找不到答案。

1864 年冬天的某个晚上，凯库勒在火炉边看书时，不知不觉进入半睡眠状态。他梦见长长的队伍，变化多姿，靠近了，连接起来了，一个个扭动着、回转着，像蛇一样；其中，一条蛇咬住了自己的尾巴，形成了旋转的环状。

他如同受了电击一样，突然惊醒。那晚他为这个假设的结果工作了一整夜，这个蛇形结构被证实确实是苯的分子结构。苯分子结构的秘密也由此解开。

凯库勒在这个研究的过程中所运用的，正是我们所讲的酝酿效应。他自己也曾说过："当事情进行得不顺利，我的心想着别的事了。"没错，被难题卡住，怎么都想不通的时候，我们就应该想想别的事情，让大脑劳逸结合。

从心理学角度，酝酿的过程是人脑对于对象中隐含的整体性、次序性、和谐性的某种迅速而直接的洞察和领悟。长期不间歇地思考一个问题，会造成精神紧张，于是一时间可能什么都想不出来。然而，我们头脑中收集到的资料不会消极地储存在那里，一旦给大脑一个合理的休息，它就能按照一种我们所不知道的或很少意识到的方式重组和加工原来存储的那些资料，进而产生新的想法。也就是说，直觉可以引导我们绕过不可逾越的高山，曲径通幽，达到柳暗花明的境界。

相关定律：殊途同归

◆定律阐释：相关定律，指世界上的每一件事情之间都有一定的联系，没有一件事情是完全独立的。要解决某个难题，最好从其他相关的某个地方入手，而不只是专注在一个困难点上。

万事万物皆有联系

《周易·系辞下》中有言："天下同归而殊途，一致而百虑。"意思是，通过不同的途径，可到达同一个目的地，也比喻采取不同的方法能得到相同的结果。这与心理学中的相关定律如出一辙。

哲学认为，万事万物皆有联系，世界上没有孤立存在的事物。例如，水涨船高，说的是水与船的关系；积云成雨，说的是云与雨的联系；冬去春来，说的是冬季与春季之间的联系……

事物之间存在着普遍联系，相互作用、相互影响，因此，一个问题的解决，往往影响到其周围与之相连的众多事物。这就为我们解决问题带来了很好的启发：在进行创造性思维、寻找最佳思维结论时，可根据其他事物已知特性，联想到与自己正在寻求的思维结论相似和相关的东西，从而把两者结合起来，达到"以此释彼"的目的。

在这方面，美国铁路两条铁轨之间标准距离的由来就是最好的例证。

美国的铁路两条铁轨之间的标准距离是 4.85 英尺，人们对于这个很奇怪的标准非常好奇。原来，美国最早的铁路是由英国人建造的，所以采用了英国的铁路标准 4.85 英尺。

人们又问："英国人又为什么要用这个 4.85 英尺的标准呢？"原来英国的铁路是由建电车的人所设计的，而这个 4.85 英尺是电车所用的标准。

那电车的铁轨标准又是从哪里来的呢？原来最先造电车的人以前是造马车的，他们是沿用了马车的轮宽标准。

可马车为什么一定要用这个轮距标准呢？因为如果那时候的马车用其他轮距的话，马车的轮子很快会在英国的老路上撞坏。这又是为什么呢？因为这些路上辙迹的宽度都是 4.85 英尺。

那么，这些辙迹又是从何而来？答案是古罗马人所制定的，而 4.85 英尺正是罗马战车的宽度。

于是又会有人问："为什么会选择罗马战车的宽度呢？"因为在欧洲，包括英国的长途老路，都是由罗马人的军队所铺的，所以，如果任何人用不同的轮宽在这些路上行车的话，他的轮子的寿命都不会长。

最后，人们会问："罗马人为什么以 4.85 英尺为战车的轮距宽度呢？"

原因很简单，这是两匹拉战车的马的屁股的宽度。

通过这个经典的实例，我们可以看出，人们想知道美国铁路两条铁轨之间的标准距离是根据什么设计出来的，并不是一下子就能在马屁股上找到答案，而是通过英国铁路、英国电车、马车、老路辙迹、罗马战车等一系列与该问题相关的事物，顺藤摸瓜，最终找到了想要的答案。

其实，由于万事万物无不处于联系之中，我们遇到问题时，应学会发散思维，不要总揪住一个点不放，想不通时，不妨找些与问题相关联的事物，从这些相关处着手，利用"以此释彼"的智慧，往往会令你恍然大悟。

不做"一条道跑到黑"的傻瓜

生活中，我们常用"一条道跑到黑"来形容那些一根筋或钻牛角尖的傻瓜。然而，在遇到难题的时候，人们又往往不自觉地成为"一条道跑到黑"的傻瓜。那么，我们如何在难题面前不当傻瓜呢？先看一看下面这个例子。

加拿大伯塔省有一名叫斯考吉的高中女生。为了实现自己到25岁会成为百万富翁的誓言，斯考吉从小就喜欢看比尔·盖茨的书，研究《财富》杂志每年所列全球最富有的100个人。她发现：那些最富有的100人中，有95%以上的人从小就有发财的欲望，57%的全球巨富在16岁之前就想到开自己的公司，3%的全球巨富在未成年之前至少做过一桩生意。于是，她得出结论，要致富，就必须从小培养赚钱的意识。

在赚钱方面，斯考吉选择了投资股票。很多投资股票的人不是盯着电视就是盯着报纸，因为这些媒体都是对股市的直接报道，小斯考吉并没有选择这种直接的途径，而是根据证券营业部门口的摩托车数量决定该股是抛售还是买进了。

例如，她专盯一家钢铁企业的股票。当这家企业股票下跌到4美元以下时，某证券营业部门口的摩托车便多起来，过一段时间，股价又涨了回去；当这只股票涨到8美元左右时，该证券营业部门口的摩托车又会开始多起来，接下去，该股必跌。期间，她经过调查发现，该企业的工人们不愿意看到工厂的股票下跌，每次股价太低时，他们就自发去买进一些股票，从而带动股价上升；当上升到一定高位后，工人们又抛售股票，致使该股下跌。

就是这样，小斯考吉借助工人们往返证券营业部的摩托车数量的变化，采取抛售或买进的举措，取得了不小的收获。

通过这个事例我们可以看出，斯考吉巧妙利用相关定律，从与股市相关的抛买人群的行动变化入手，反而比那些只知道盯着股市直接报道的媒体的人们更有收效。

与此类似，我们在日常生活中遇到很多棘手的问题，这些问题往往让人不知如何处理。于是，有的人在困难面前驻足不前，而有的人转换思想，从与之相关的事情着手，很快使问题迎刃而解。

　　所以，我们平时要努力培养自己洞察事物间相关性的能力，抓住事物和问题的关键点，合理利用相关定律寻求解决方法，不做"一条道跑到黑"的傻瓜。其中，培养洞察能力，一方面要有开放的心态，绝不能视任何主意为无用，要善于倾听跟你不同的观点，因为任何人都有东西值得你学习；另一方面，训练你的思维来为你工作，让你的脑子做你要它做的事，而且当你要它做的时候才做。此外，还要培养自己的好奇心，发挥你的想象力。

·第四章·

博弈：一场心智的较量

波特法则：独特的定位造就独特的成功

◆定律阐释：波特法则，指竞争中最有效的防御，是从根本上阻止战斗发生。所以，有独特的定位才会有独特的成功。

不求第一，但求独特

戴尔公司作为电脑行业的佼佼者，能长期保持优势，是有很大学问的。因为它制定让定位不同的竞争对手很难模仿自己的决策。如果它们也像戴尔公司那样采用直销模式，就会破坏已有的销售渠道，疏远自己长期依赖的销售代理商。如果部分借鉴戴尔公司的经验，采取直销模式，部分采用传统的营销模式，管理的难度可能更大，成本也可能更高。如果"骑墙派"的制造商试图采用两种模式，最终得到的结果却是更多的库存，还有更高的成本。足见，独特的定位往往决定了独特的成功。

被誉为"竞争战略之父"的哈佛商学院教授迈克尔·波特说："不要把竞争仅仅看作是争夺行业的第一名，完美的竞争战略是创造出企业的独特性——让它在这一行业内无法被复制。"

他提出的波特法则指出，防止完全竞争最为有效的途径之一，就是要从根本上阻止战斗的发生。要做到这一点，对自己的产品就必须有独特的定位，自己的竞争策略就要有独到之处。这方面，比尔·盖茨就是一个非常成功的例子。

几年前的某一天，比尔·盖茨从西雅图总部附近的一家餐馆走出来。一个无家可归者拦住他要钱。给点钱自然是小事一桩，但接下来的事却令见多识广的比尔·盖茨也目瞪口呆——流浪汉主动提供了自己的网址，那是西雅图一个庇护所在互联网上建立的地址，以帮助无家可归者。

"简直难以置信，"事后盖茨感慨道，"Internet 是很大，但没想到无家可归者也能找到那里。"

今天，比尔·盖茨的微软给互联网带来了统一的标准，也带来了前所未有的垄断。其视窗 (Windows) 操作系统几乎已成为进入互联网的必经之路，全世界各地的个人电脑中，92% 在运用 Windows 软件系统。更值得一提的是，后来，微软共投资及收购了 37 家公司。这 37 家公司控制了美国网络经济的 3 大命脉：互联网络信息基础平台，互联网络商业服务，互联网络信息终端。微软不仅统治了现在的个人电脑时代，而且已经开始着手统治未来的网络时代！

美国司法部要引用《反垄断法》控告微软，但比尔·盖茨从容地说："微软只占整个软件业的 4%，怎么能算垄断呢？"

盖茨的话自有他的道理，因为软件的形态与工业时代的规模和产品建立的垄断已有明显区别。实际上，微软已不仅仅是单纯的垄断，"霸权"一词才能更确切地描述微软。因为操作系统是整个电脑业的基础，微软以核心产品的垄断获得了对整个软件行业的霸权，使得垄断操作掩饰在更大范围的霸权之中，与单纯的数量份额和比例等有关垄断的硬性指标已无明显关系。这种软件业的霸权是一种独特的霸权，是知识的霸权、创新的霸权，更是盖茨在竞争中的独特的定位。再如戴尔，直销让戴尔电脑公司在十多年里表现不俗，即便在其他个人电脑公司出现亏损的时候，它仍然能够赚钱。

所以，想在激烈的竞争中立于不败之地，你可以不求第一，但一定要独特。

一只脚不能同时踏入两条河流

哲学上有一个公认的观点是"一只脚不能同时踏入两条河流"，其实，竞争中所采取的决策亦是如此。决策就像岔路，你选择了一条路，那就意味着你不可能同时再选择另外一条路。

下面，我们就拿美国奋进汽车租赁公司为例来谈谈这个问题。

奋进是美国赫赫有名的汽车租赁公司，然而，你若去那里有一定规模的机场租车区，一定能够看到赫斯汽车租赁公司和爱维斯汽车租赁公司的柜台，也可以看到很多小汽车租赁公司的柜台，却看不到奋进公司的柜台。更令人费解的是，奋进公司的租金要比对手低 30% 左右，但总是比其他更有名气的竞争对手获取更多利润。

原来，与爱维斯汽车租赁公司和赫斯汽车租赁公司将自己的客户定位于飞行旅游者不同，奋进汽车租赁公司将服务对象定位于那些还没有买到自己汽车的人。对于这些客户来说，如果需要自己支付租金，价格就是一个重要的考虑因素，而且他们肯定还要考虑保险公司是否会理赔。奋进汽车租赁公司就有意识地裁减各种客户不愿意付费的项目和可能增加的成本，包括做广告。因为他们的客户大多是由保险评估员和汽车修理店推荐的。

就这样，奋进汽车租赁公司始终如一地坚持这一策略，尽管客户付费较少，但他们节省的开支大大超过了收费低廉而造成的损失，而且在业内总能成为赢家。

可见，在竞争中选择一个独特的策略，并始终坚持这个策略，才能成为行业真正的、持久的赢家。与之类似，戴尔电脑公司在1989年的经营模式改革中也体会到了这一点。当时，戴尔感到自己的直销模式发展得不够快，就试图通过代理商来销售。可是，当他们发现这种转变给公司业绩带来损害的时候，就马上取消了。问题在于，如果你同时选择两条道路，别人也会这么做。所以，你要选择一条自己最擅长的、具有独特定位的路坚持下去。这样，你的差异化道路就会具有持续的力量，使对手无法打败你。否则，你只会表现平平。

学会了这些，企业经营者在具体制作竞争策略的时候，就会懂得不能让自己的"一只脚同时踏入两条河"的道理。

零和游戏定律："大家好才是真的好"

◆定律阐释：零和游戏定律，指一项游戏中，游戏者有输有赢，一方所赢的正是另一方所输的，游戏的总成绩永远为零。

化敌为友，与对手双赢

过去，人类为了自身的发展，一味地按照自己的意愿向大自然索取，而不考虑自然环境的承载能力、自然资源的储量。表面上，大自然及其他物种在人类的智慧面前都俯首称臣，任人类在地球上称王称霸，但过不了多久，大自然新一轮的报复会让人类为自己的愚蠢后悔不已，为了改正自己的错误，人类不得不付出更大的代价。显然，在人与自然的博弈中，一方所赢的正是另一方所输的。那么，我们为何不尊重、敬畏大自然，与大自然和谐相处呢？

在大多数情况下，博弈总会有一个赢，一个输，如果我们把获胜计算为得1分，而输棋为 –1 分，那么，这两人得分之和就是：1+(–1)=0，即所谓的"零和游戏定律"。

这个定律渗透了一个典型的现象——囚徒困境。讲的是，A 与 B 两人共同作案被捕，面临的判决选择有：如果 A 单独交代，会受到 1 年的监禁，他的同伙则要被监禁 10 年，反之亦然。如果 A 和 B 都坦白交代，那都要被判处 5 年的监禁。如果 A 和 B 都拒不交代，则由于证据不足，两人都将被释放。

可以看出，当两个囚徒都出于自私动机而坦白交代时，并不是最佳结果，只有当他们进行"合作"或按利他主义行事时，结果才会最好。这也深刻地告诉我们，竞争过程中，我们要懂得化敌为友，争取双赢。

在当今这个战略制胜的时代，双赢的理念和意识，在竞争中发挥着积极的作用。

很多时候，你若能化敌为友，这样的朋友比你先前的朋友更能帮助你。因为你先前的朋友所占有的资源、所掌握的技能，你可能已经占有、掌握，而化敌为友产生的新朋友，所占有的资源、所掌握的技能，可能正是你一直想拥有而未能拥有的，对手从你那里也有所需，这样就促成了与对手双赢的结局。

1997 年 8 月 6 日，IT 界传出一个惊人的消息：微软总裁比尔·盖茨宣布，他将向微软的竞争对手——陷入困境的苹果电脑公司注入 1.5 亿美元的资金！

此语一出，IT 界为之哗然。比尔·盖茨大发善心了吗？

作为世界首富，比尔·盖茨在世界各地捐资。但这一回，他却不是捐资，更不是行善，他向苹果注入资金是出于商业目的。

苹果电脑公司诞生于一个旧车库，它的创始人之一是乔布斯。苹果的成功，在于乔布斯是世界上第一个将电脑定位为个人可以拥有的工具，即"个人电脑"，它就像汽车一样，普通人也可以操作。这是一个划时代的产品定位概念，因为在那之前，电脑是普通人无缘摆弄的庞然大物，不仅需要高深的专业知识，还得花大价钱才能买到手。

乔布斯很快推出了供个人使用的电脑，引起了电脑迷的广泛关注。更为重要的是，苹果公司还开发出了麦金托什软件，这是软件业的革命性突破，开创了在屏幕上以图案和符号呈现操作系统的先河，大大方便了电脑操作，使非专业人员也可以利用电脑为自己工作。

苹果公司靠着这些核心竞争力，诞生不久就一鸣惊人，市场占有率曾经一度超过 IT 老大 IBM。

然而，在进入 20 世纪 90 年代，网络经济突飞猛进之际，苹果公司却慢了一拍，未能抓住网络化这一先机，市场占有率急剧萎缩，财务状况日益恶化，1995～1996 年连续亏损，亏损额高达数亿美元。苹果公司使出了浑身解数，但种种努力都没有产生太大的效果。

就在苹果公司上上下下愁眉苦脸之际，微软突然伸出援助之手。难道天下真的有救世主吗？

当然不是。

比尔·盖茨自有他的如意算盘。他知道，苹果作为一家辉煌一时的电脑霸主，尽管元气大伤，但它潜在的实力非常雄厚。

在这个时候，很多电脑公司包括微软的一些竞争对手如 IBM、网景等，都利用苹果乏力之机，提出与苹果合作，来达到和微软竞争的目的。显然，如果微软不与苹果合作，对手的力量就会更强大。

更为重要的是，美国《反垄断法》规定，如果某个企业的市场占有率超过规定标准，市场又无对应的制衡商品，那么这个企业就应当接受垄断调查。如果苹果公司垮了，微软公司推出的操作系统软件市场占有率就会达到 92%，必然会面临垄断调查，那么仅仅是诉讼费就将超过从苹果公司让出的市场中赚取的利润。

而和苹果合作，则可以把苹果拉到自己这一边，苹果和微软的操作软件相加，基本上占领了整个计算机市场，微软和苹果的软件标准就成了事实上的行业标准。

谁都看得出来，拉苹果公司一把，对微软有百利而无一害。

可见，与其付出代价消灭对手，不如化敌为友，与其双赢更为划算。

NBA 比赛中的赢家学问

NBA 比赛被认为是当今世界上发展最完备、职业化程度最高的篮球联赛，公平、公正、公开是它一贯的原则，它的很多规章制度都自觉或不自觉地打破了"零和游戏定律"，比如 NBA 的选秀制度。为了使 NBA 各队的实力水平不至于太悬殊，从而增加比赛的精彩和激烈程度，NBA 要在每年度的总决赛之后，在 6 月下旬举行一年一度的选秀大会。参加选秀的一般是全美各大学的学生，均为全美大学生篮球联赛中的佼佼者。最近几年里，高中生和国际球员有增多的趋势。NBA 根据他们的综合实力给他们打分排名，然后，各球队依照该年度在常规赛中的胜率排名，按由弱到强的顺序依次挑选。为了公平起见，NBA 在选秀前，先分发 1000个乒乓球，上面注明挑选的顺序号，例如，常规赛成绩最差的球队可挑 250 个号，

他们挑中首选权的概率是 25%。

这种制度是制衡各队强弱的杠杆，弱队每年总能得到一些新人补充，而强队得到好球员的概率则相对较小，这样就使得 NBA 各队之间的实力差距不至于太悬殊，这保证了比赛的水平和质量，进而也就保证了 NBA 的活力。这项制度实质上是 NBA 的经营手段，它的最终目的是使联盟能获得最大的利益。它不仅仅要求联盟获利，而且是力争使所有的球队（无论强弱）都获利，只是获利的多少有所区别而已。这是一种多赢的局面，而这种多赢正是双赢的延伸和发展，是双赢的最大化体现。相反，如果只是湖人、公牛、马刺这样的超级强队获利，而快艇、骑士、猛龙等弱队一直赔钱的话，NBA 恐怕早已经萎缩，也不会从当初的 11 支球队，发展到如今的 29 支球队。

NBA 球队之间的球员交换，也表明了参与球队希望双赢或者多赢的愿望。像 2003 年勇士队与小牛队完成的九人大交易，其出发点就是为了共同提高两队的实力。在这场交易中，两队的明星球员贾米森和范埃克塞尔作了互换。在小牛队中，虽然范埃克塞尔实力一流，充满激情，但由于纳什的稳定发挥，他的作用大多是锦上添花，很少能雪中送炭。由于内线实力的欠缺，使小牛队在和湖人、马刺那样内线实力强大的球队的对抗中处于劣势，因此，得到贾米森这样的明星球员，既能提高得分能力，又能增加内线高度，对球队大有裨益。

同样，贾米森虽是勇士队的头号球星，但和他司职同样位置的墨菲上个赛季进步神速，况且比他更高更壮，已能替代他的角色。倒是勇士队的后卫阿瑞纳斯虽然获得了上个赛季的"进步最快奖"，但由于年轻尚欠稳定，常常无法帮助球队在关键的比赛中力战到底。勇士队曾看上了马刺队的克拉克斯顿，还将"袖珍后卫"博伊金斯招至麾下，但这些人和范埃克塞尔相比，显然不在一个档次。因此，勇士队才会放走头号球星，迎来小牛队的替补后卫。这种思维和行为方式，正是期待双赢的表现。

当然，在 NBA 中也存在不和谐。森林狼队的"乔·史密斯事件"，就公然违反了公平、公开、公正的原则，暗箱操作，侵犯了群体的利益。NBA 官方发现之后，对森林狼队进行了严厉的处罚——处以巨额罚款，剥夺其三年的首轮选秀权，球队老板以及副总裁被禁赛数月，球队和史密斯签订的合同无效，史密斯还被迫为活塞队效力一年。缺乏真诚合作的精神和勇气，不遵守游戏规则，森林狼队为此吃尽了苦头。

权变理论：让计划跟着变化走

◆定律阐释：权变理论，指任何系统的内在要素和外部环境条件都各不相同，不存在适用于任何情景的原则和方法，关键是采取依势而行的应变策略。

计划没有变化快

科学家曾做过一个有趣的试验：他们在两个玻璃瓶里各放进5只苍蝇和5只蜜蜂。然后将玻璃瓶的底部对着有亮光的一方，而将开口朝向暗的一方。几小时后，那5只蜜蜂全都撞死了，而5只苍蝇都在玻璃瓶后端找到了出路。原来，蜜蜂通过经验认定有光源的地方才是出口，它们每次都竭尽全力朝光源飞去，被撞后还是如此，同伴的死也不能唤醒它们。那些苍蝇则对事物的逻辑毫不留意，全然不顾亮光的吸引，四下乱飞，结果误打误撞地碰上了好运气，最终发现出口，获得自由。

在竞争中，我们总喜欢说不要打无准备之仗，一定要做好计划和安排。一切尽在掌握之中固然好，但我们也无法排除"计划外"的可能，正所谓计划没有变化快。

东汉末年，曹操征伐张绣。一天，曹军突然退兵而去。张绣非常高兴，立刻带兵追击曹操。这时，他的谋士贾诩建议道："不要去追，追的话肯定要吃败仗。"张绣觉得贾诩的意见很好笑，不予采纳，领兵便去与曹军交战，结果大败而归。

谁料，贾诩见张绣败仗回来，反而劝张绣说赶快再去追击。张绣心有余悸又满脸疑惑地问："先前没有采用您的意见，大败而归。如今已经失败，怎么又要追呢？""战斗形势起了变化，赶紧追击必能得胜。"贾诩答道。由于一开始败仗的教训，张绣这次听从了贾诩的意见，连忙聚集败兵前去追击。果然如贾诩所言，张绣与曹军大战，凯旋而归。

回来后，张秀好奇地问贾诩："我先用精兵追赶撤退的曹军，而您说肯定要失败；我败退后用败兵去袭击刚打了胜仗的曹军，而您说必定取胜。事实完全像您所预言的，为什么会精兵失败，败兵得胜呢？"

贾诩立刻答道："很简单，您虽然善于用兵，但不是曹操的对手。曹军刚撤退时，曹操必亲自压阵。我们追兵即使精锐，但仍不是曹军的对手，故大败。曹操先前在进攻您的时候没有发生任何差错，却突然退兵了，肯定是国内发生了什么事。曹操现已打败您的追兵，必然是轻装快速前进，留下一些将领在后面掩护，但他们根本不是您的对手，所以您用败兵也能打胜他们。"

张绣听了，十分佩服贾诩的智谋。

贾诩一番充满智慧的话，实际就是论述了一种"因机而立胜"的权变战略思想。这种理论告诉我们，组织是社会大系统中的一个开放型的子系统，是受环境影响的，我们必须根据组织的处境和作用，采取相应的措施，才能保持对环境的最佳适应。

在激烈的竞争中，不要执着于某种外在的形式，不要完全拘泥于你事先的精心计划，在事情发展过程中的计划外因素往往更加具有影响力。

以变应变，才能赢得精彩

毫不夸张地说，我们已经进入了竞争时代，并驾为竞，相膊为争，机遇、陷阱，成功、失败，一切都充满着变数。就拿大家熟悉的股市来说，几秒钟内的变化，可能把你送上云端，也可能把你推入地狱。对此，一定要树立权变的思想，善变才能赢。

《猫和老鼠》这部经典动画片大家应该记忆犹新，为什么每次杰瑞总能逃过汤姆的利爪，还让汤姆吃尽了苦头？汤姆即使绞尽脑汁、费尽力气，最终仍然一无所获？这一切都是因为，杰瑞对汤姆的一举一动，甚至一个呼吸、一个喷嚏、一个微笑的变化，都能善变地应对。

在商场竞争中，善变的思想同样必要。

中国布鞋曾一度在秘鲁打开销售大门，当地一家公司每月可销售 6 万多双中国布鞋。

不料，秘鲁当局颁布了一项法令：禁止纺织品和鞋子进口。这一突如其来的变化，使中国布鞋在秘鲁的销售大门被关闭了。

陷入困境的中国商人并不坐以待毙，经过分析，发现秘鲁并没有禁止制鞋设备和布鞋面。于是，他们转变策略，决定出口制鞋设备和布鞋面，在秘鲁当地加工布鞋。布鞋面既不算成品布鞋，也不属于纺织品，不受禁令制约。

后来，中国布鞋又重新在秘鲁占了一定的市场份额。

正如《孙子兵法》所言："夫兵形象水，水之形避高而趋下，兵之形避实而击虚。水因地而制流，兵因敌而制胜。故兵无常势，水无常形，能因敌变化而取胜者谓之神。"意思是用兵打仗，好像地下的流水那样没有固定刻板的规律，没有一成不变的打法，能采取敌变我变而取胜的，就叫用兵如神了。

某省一家出售冷冻鸡肉的食品公司，由于竞争激烈，冷冻鸡肉销售一直不太可观。后来，该公司经过市场调研，发现顾客喜欢吃新鲜鸡肉，于是实施相应策略，改为凌晨三时开始杀鸡，待去毛分割完毕已近黎明。新鲜的鸡肉送到市场，生意一下子红火起来，利润持续上升，顾客也非常满意。

由此观之，善变之道在于灵活地做出应变决策，抢占先机。没有这种能力，一个公司就会故步自封，一个人就会墨守成规。

我们既要紧跟时机，又要学会思考，以变应变，才能赢得精彩。

达维多定律：捷足者先登

◆定律阐释：达维多定律，竞争就是要创造或抢占先机；"先入为主"是一条绝对的真理；要保持第一，就必须时刻否定并超越自己。

做第一个吃螃蟹的人

英特尔公司副总裁威廉·达维多认为，在网络经济中，进入市场的第一代产品能够自动获得50%的市场份额，故一家企业要在市场中总是占据主导地位，它就要永远做到第一个开发出新一代产品。作为第二或第三家将新产品打入市场，绝对不如第一家，尽管第一家的产品那时还并不完美。同时，任何企业在本产业中必须第一个淘汰自己的产品，使自己的产品尽快更新换代，而不要让激烈的竞争把你的产品淘汰掉。这就是达维多定律的主要思想，概括来讲就是在竞争中要"不走寻常路"。

不难看出，达维多定律为我们揭示了如何在竞争中取得成功的真谛。这也正是诸多成功实例所验证的——做第一个吃螃蟹的人。

日本企业界知名人士曾提出过这样的口号："做别人不做的事情。"瑞典有位精明的商人开办了一家"填空当公司"，专门生产、销售在市场上断档脱销的商品，做独门生意。德国有一个"怪缺商店"，经营的商品在市场上很难买到，例如六个手指头的手套、缺一只袖子的上衣、驼背者需要的睡衣，等等。因为是填空当，一段时间内就不会有竞争对手。

其实，即使在人们熟知的行业里，仍然会有许多的创新点，关键是你要能够察觉得到。

有段时间，国外很多啤酒商发现，要想打开比利时首都布鲁塞尔的市场非常困难。于是就有人向畅销比利时国内的某名牌酒厂家取经。这家叫哈罗的啤酒厂位于布鲁塞尔东郊，无论是厂房建筑还是车间生产设备都没有很特别的地方。但该厂的销售总监林达是一个出色的策划人员，由他策划的啤酒文化节曾经在欧洲多个国家盛行。当有人问林达是怎么做哈罗啤酒的销售时，他显得非常得意且自信。林达说，自己和哈罗啤酒的成长经历一样，从默默无闻开始到轰动半个世界。

林达刚到这个厂时是个还不满25岁的小伙子，那时候他有些发愁自己找不到对象，因为他相貌平平且又贫穷。但他看上厂里一个很优秀的女孩，当他在情人节给她偷偷地送花时，那个女孩伤害了他，她说："我不会看上一个普通得像你这样的男人。"于是林达决定做些不普通的事情，但什么是不普通的事情呢？林达没有仔细想过。

那时的哈罗啤酒厂正一年一年地减产，因为销售不景气而没有钱在电视或者报纸上做广告，这样便开始恶性循环。做销售员的林达多次建议厂长到电视台做一次演讲或者广告，都被厂长拒绝。林达决定冒险做自己"想要做的事情"，于是他贷款承包了厂里的销售工作，正当他为怎样去做一个最省钱的广告而发愁时，他徘徊到了布鲁塞尔市中心的于连广场。这天正是感恩节，已经是深夜了，广场上还有很多欢快的人们，广场中心撒尿的男孩铜像就是因挽救城市而闻名于世的小英雄于连。当然铜像撒出的"尿"是自来水。广场上一群调皮的孩子用自己喝空的矿泉水瓶子去接铜像里"尿"出的自来水来泼洒对方，他们的调皮启发了林达。

第二天，路过广场的人们发现于连的尿变成了色泽金黄、泡沫泛起的哈罗啤酒。铜像旁边的大广告牌子上写着"哈罗啤酒免费品尝"的字样。一传十，十传百，全市老百姓都从家里拿自己的瓶子、杯子排成长队去接啤酒喝。电视台、报纸、广播电台争相报道，林达不掏一分钱就成功地为哈罗啤酒做了广告。该年度哈罗啤酒的销售产量跃升了1.8倍。

林达成了闻名布鲁塞尔的销售专家，这就是他的经验：做别人没有做过的事情。如果只懂得沿着别人的路走，即使取得一点进步，也不易超越他人；只有做别人没有做过的事情，创造一条属于自己的路，才有可能把他人甩在你身后。

创新从转变思维开始

一个犹太商人用价值50万美元的股票和债券作为抵押品向纽约一家银行申

请1美元的贷款。乍一看，似乎让人不可思议。但看完之后才发现，原来那位犹太商人申请1美元贷款的真正目的是让银行替他保存巨额的股票与债券。按照常规，像有价证券等贵重物品应存放在银行金库的保险柜中，但是犹太商人通过抵押贷款的办法轻松地解决了问题，为此他省去了昂贵的保险柜租金而每年只需要付出6美分的贷款利息。

这位犹太商人的聪明才智实在令人折服。其实，我们身上也蕴藏着创新的禀赋，但我们总是漠视了自己的潜能。你的思维已经习惯了循规蹈矩，只要你愿意改变一下自己的思维方式，进行一些发散思维和逆向思维，激活自己的创新因子，你周围的一切，都有可能成为你创新的对象。

众所周知，闹钟在传统上的作用只是"催醒"。然而，英国一家钟表公司在此基础上，又增添了一种"催眠"功能。这种闹钟既能发出悦耳动听的鸟语声，催人醒来；又能发出柔和舒适的海浪轻轻拍岩声和江河缓缓流水声，催人入眠。使用者可以各取所需，这种新颖独特的闹钟深得失眠者的喜爱。

其成功之处在于它体现了一种创新思维，也正是这种思维，为创新者带来了巨大的收益。

在竞争过程中，很多人被对手"吃掉"，原因往往是遇事先考虑大家都怎么干、大家都怎么说，不敢突破人云亦云的求同思维方式。讨论一件事情时，总喜欢"一致同意"、"全体通过"，这种观念的后面常常隐藏着从众心理，不利于个人独立思考，不利于独辟蹊径，常常会约束人的创新意识。如果一味地考虑多数，个人就不愿开动脑筋，事业也就不可能获得成功。

一位成功的企业家说："一项新事业，在十个人当中，有一两个人赞成就可以开始了；有五个人赞成时，就已经迟了一步；如果有七八个人赞成，那就太晚了。"

枪手博弈：适者生存

◆定律阐释：枪手博弈，指在多人博弈中常常存在很复杂的关系，一位参与者最后能否胜出，不仅取决于自己的实力，更取决于实力对比关系以及各方的策略。

多方竞争，实力最强者存活率最低

甲、乙、丙三个枪手彼此仇视，互不相容。有一天，他们在街上不期而遇。

一时间，氛围紧张到了极点。在这三个人中，甲的枪法最好，十发八中；乙的枪法次之，十发六中；丙的枪法最差，十发四中。如果三人同时开枪，并且每人只发一枪，第一轮枪战后，谁活下来的机会大一些？

很多人认为甲的枪法最好，活下来的可能性大一些。但结果并非如此，存活概率最大的是枪法最差的丙。

只要分析一下各个枪手的策略，就能明白其中的原因了。

枪手甲的最佳策略是先对枪手乙开枪。因为乙对甲的威胁要比丙对甲的威胁更大，甲应该首先干掉乙。同理，枪手乙的最佳策略是第一枪瞄准甲。乙一旦将甲干掉，乙和丙进行对决，乙胜算的概率自然大很多。枪手丙的最佳策略也是先对甲开枪。乙的枪法毕竟比甲差一些，丙先把甲干掉再与乙进行对决，丙的存活概率还是要高一些。

那么三个枪手在上述情况下的存活概率分别为：

甲：24%（被乙、丙合射 40%×60%=24%）。

乙：20%（被甲射 100% − 80%=20%）。

丙：100%（无人射丙）。

从上述心理及概率分析，我们发现枪法最差的丙存活的概率最大，甲和乙的存活概率远低于丙的存活概率。

如果改变游戏规则，假定甲、乙、丙不是同时开枪，而是轮流开一枪。

先假定开枪的顺序是甲、乙、丙，甲一枪将乙干掉后（80% 的概率），就轮到丙开枪,丙有 40% 的概率一枪将甲干掉。即使乙躲过甲的第一枪，轮到乙开枪，乙还是会瞄准枪法最好的甲开枪，即使乙这一枪干掉了甲，下一轮仍然是轮到丙开枪。无论是甲或者乙先开枪，乙都有在下一轮先开枪的优势。

如果是丙先开枪，情况又如何呢？

丙可以先向甲开枪，即使丙打不中甲，甲的最佳策略仍然是向乙开枪。但是，如果丙打中了甲，下一轮可就是乙开枪打丙了。因此，丙的最佳策略是胡乱开一枪，只要丙不打中甲或者乙，在下一轮射击中他就处于有利的形势。

从这个模型中，我们发现，三个枪手中实力最强的甲的存活率最低。

竞争亦是如此，不论是强者还是弱者，不要以为自己实力最强，所以存活率最高，如何采取恰当的策略才是取胜的关键。

让合作者助你登上赢家宝座

在"枪手博弈"的基本模型中，人们发现，枪手乙和枪手丙似乎达成了某种默契：在甲被杀死以前，他们相互之间不是敌人，即丙和乙之间达成了一个攻守同盟。

其中的道理很容易理解，毕竟人们总要优先考虑对付最大的威胁，同时这个威胁还为他们找到了共同利益，联手打倒这个人，他们的生存机会都上升。

其实，这一策略历史上很早就有人用过。

《史记》记载，秦始皇称帝后第五次巡视全国各地，随行的有丞相李斯和中车府令赵高。秦始皇有20多个儿子，但只有十八子胡亥被允许同行，因为他受秦始皇的宠爱。这次巡视东至会稽，渡江至琅琊，再取道西返。7月，车驾至平源津，秦始皇病重。由于他忌讳说死，群臣谁也不敢谈论死的事。至沙丘平台，病情严重。他自知不能治愈，于是命令赵高拟定诏书给长子扶苏，要扶苏把军务托付给蒙恬，速回咸阳办理丧事。诏书写毕，还来不及封口交给使者，秦始皇就去世了。

当时知道遗诏内容的只有李斯、胡亥和赵高3个人，其他大臣一概不知。因为秦始皇死在出行的路上，立太子的事未定，丞相李斯恐天下发生动乱，就命令秘不发丧。每到一地，按例进膳，朝廷百官照样还要报告政务，赵高就在车中假托皇帝命令批复百官的奏本。

赵高曾经是胡亥的老师，教给胡亥"书及狱律令法事"，两人关系密切。赵高原是赵国国君的远亲，自幼受宫刑，长大后进宫当宦官。他曾经犯大罪，秦始皇命蒙毅去审理，秉公执法的蒙毅判赵高死罪。秦始皇因赵高办事比较干练，又精通刑狱法令，所以赦免了他。这时，赵高担心如果按秦始皇的遗命让公子扶苏即位，与扶苏关系密切的蒙恬、蒙毅兄弟就会受到宠信，对他不利。这个时候，扶苏成了赵高的最大敌人。为此，赵高决定把胡亥推上皇位。

赵高扣下皇帝的遗诏，游说胡亥道："皇上驾崩，没有遗诏封诸皇子为王而只赐信给长子扶苏。扶苏一到咸阳，就将即帝位。公子你却无尺寸之地可以立足，你想过该怎么办吗？"胡亥说："贤明的君主了解大臣，贤明的父亲了解儿子。我还有什么好说的？"赵高说："现在皇位的归属取决于您、我和李斯三人，希望公子要抓住机会。'臣人与见臣于人，制人与见制于人'，怎可同日而语呢？"胡亥对此心存恐惧，但皇位对他的诱惑实在太大，也就不管那么多了，最后只是有点担心："现今父皇的遗体还在路上没有发丧，此事怎么对丞相说呢？"

赵高在心中也把李斯当作一大对手，但是在眼前的情势下，他知道没有丞相李斯的支持，他的阴谋是无法得逞的，遂去劝说李斯。李斯起初还以忠于君事自命，但赵高晓之以利说："无论才能、功劳、谋略、声望以及和扶苏的私人情谊，你李斯哪一点比蒙恬强？公子扶苏即位，必定宠任蒙氏，以蒙恬为丞相。这样，你的荣华富贵不仅没有了，而且你的子孙也将受到伤害。公子胡亥，轻钱财，重人才，在始皇的所有公子中没有谁比得上他。我认为继承皇位的应该是他，所以我特地来和你商议，把谁即皇位定下来。"出于对共同利益的考虑，李斯终于被赵高说服，同意照赵高的意思去办。

而后，三人对外宣称李斯接到始皇的诏书，立胡亥为太子。而原先处于强势地位的扶苏最终在赵高和李斯的攻守同盟中落败。

这种与竞争对方合作从而在多人博弈中取胜，实际上在进行着一种类似于枪手丙和乙之间的攻守同盟，形成一种既合作又竞争的关系。

·第五章·

成功：鱼和熊掌不可兼得

手表定律：一个目标就是最好的目标

◆定律阐释：手表定律，指只有一只手表，可以确切地知道时间，拥有两只或两只以上的手表，反而无法确定时间。也就是说，对于任何一件事情，不能同时设置两个不同的目标，否则将使人无所适从。

用一个明确的目标，指引成功人生

一名游客在穿越森林时，把手表落在了树下的岩石上，恰巧被一只叫"猛可"的猴子拾到。因为拥有这块手表，它成了森林猴群作息时间的规划者，后来还当上了猴王。鉴于手表给自己带来了好运，它便想拾到更多的表。后来，它拾到了更多的表，但由于每只表指示的时间不同，它不知道该相信哪一只，猴群的作息时间也因此变得混乱。不久，它被推下了猴王的宝座，所有手表都被新任猴王占有。但很快，新任猴王也面临同样的困惑……

在哈佛大学，曾发生过这样一件意义深刻的事情。

有一年，哈佛对一群人进行了一次关于人生目标的调查。结果是这样的：

27%的人，没有目标；60%的人，目标模糊；10%的人，有清晰但比较短期的目标；3%的人，有清晰而长远的目标。

25年后，哈佛再次对这群人进行了调查。结果是这样的：

3%的人，25年间他们朝着一个方向不懈地努力，结果大多成为社会各界的成功人士；10%的人，他们的短期目标不断地实现，成为各个领域中的专业人士，大都生活在社会的中上层；60%的人，他们安稳地生活与工作，但都没有什么特别成绩，几乎都生活在社会的中下层；剩下的27%的人，他们的生活没有目标，过得很不如意，并且常常在抱怨他人，抱怨社会，抱怨这个"不肯给他们机会"的世界。

事实上，这些人之间的差别仅仅在于 25 年前，他们中的一些人知道自己要做的事，为自己树立了一个明确的奋斗目标，而另一些人则不清楚或不太清楚，并且在以后的生活中，在对目标的选择上陷入了手表定律的误区。

哲人曾说过："一只脚不可能同时踏入两条河流。"所以，在起步前行时，我们必须像前面那 3% 的成功者一样，做出方向的选择，还要学会舍弃其他的选项，否则就会让自己的行为陷于混乱。

在这方面，罗斯福总统夫人用她的亲身经历给予了我们忠告。

有人问罗斯福总统夫人："尊敬的夫人，你能给那些渴求成功，特别是那些刚刚走出校门的年轻人一些建议吗？"

总统夫人谦虚地摇摇头，但她又接着说："不过，先生，你的提问倒令我想起我年轻时的一件事。那时，我在本宁顿学院念书，想边学习边找一份工作做，最好能在电讯业找份工作，这样我还可以修几个学分。我父亲便帮我联系，约好了去见他的一位朋友，即当时任美国无线电公司董事长的萨尔洛夫将军。

"等我单独见到了萨尔洛夫将军时，他便直截了当地问我想找什么样的工作，具体哪一个工种。我想：他手下的公司任何工种都让我喜欢，无所谓选不选了，便对他说，随便哪份工作都行！

"这时，将军停下手中忙碌的工作，眼光注视着我，严肃地说，年轻人，世上没有一类工作叫'随便'，成功的道路是目标铺成的！

"将军的话让我面红耳赤。这句发人深省的话语伴随我的一生，让我以后非常努力地对待每一份新的工作。"

可见，如果我们非常想得到某件东西，就必须把它作为自己坚定的目标，并朝着这个唯一的方向不懈努力、不断前进。要知道，什么都想要，结果往往是什么也得不到。

一心一意，朝着最亮的星星前进

切入正题前，我们先看这样一个有趣的故事。

撒哈拉沙漠中有一个小村庄叫比塞尔。它在一块 1.5 平方公里的绿洲旁，从这儿走出沙漠一般需要三昼夜的时间。可是在英国皇家学院的院士肯·莱文 1926 年发现它之前，这儿的人没有一个走出过大沙漠。据说他们不是不愿意离开这块贫瘠的地方，而是尝试过很多次都没有走出去。

肯·莱文用手语同当地人交谈，结果每个人的回答都是一样的：从这儿无论向哪个方向走，最后都还要转回到这个地方来。为了证实这种说法的真伪，肯·莱文做了一次试验，从比塞尔村向北走，结果3天半就走了出来。

比塞尔人为什么走不出去呢？肯·莱文感到非常纳闷，最后决定雇一个比塞尔人，让他带路，看看到底是怎么回事。他们准备了能用半个月的水，牵上两匹骆驼，肯·莱文收起指南针等设备，只挂一根木棍跟在后面。

10天过去了。第11天的早晨，一块绿洲出现在眼前，他们果然又回到了比塞尔。这一次肯·莱文终于明白了，比塞尔人之所以走不出大沙漠，是因为他们根本就不认识北极星。在一望无际的沙漠里，一个人如果凭着感觉往前走，就会走出许许多多大小不一的圆圈，最后的足迹十有八九是一把卷尺的形状。比塞尔村处在浩瀚的沙漠中间，方圆上千公里，若没有指南针，想走出沙漠确实是不可能的。

肯·莱文在离开比塞尔时，带了一个叫阿古特尔的青年。他告诉这个青年："只要你白天休息，夜晚朝着北面那颗最亮的星星走，就能走出沙漠。"阿古特尔照着去做，3天之后果然来到了大漠的边缘。

通过上面的例子，我们应该明白，也许我们曾不满足于自己的平庸，也许我们曾抱怨过生活的无聊，然而，当我们能够朝着最亮的星星一直前进时，我们的生活也就翻开了崭新的一页。

手表定律还告诉我们：觉醒后，当你找到了那颗最亮的星星，就应该一心一意、全力以赴朝着那个方向前进，不要因周围环境或他人的影响而分神。

现实生活中，很多人通常不太去留意促成事业获得成功的因素，他们常常把做事情和干事业看得过于简单，不肯集中自己的全部精力去做。殊不知，我们在一项事业上的经验好比是一个雪球，随着人生轨迹的推移，这个雪球将越滚越大。所以，任何人都应该把全部精力集中在某一项事业上，随着不断的努力，获得经验也就越多，做起事来也就越顺手、越容易。

歌德曾说过："你最适合站在哪里，你就应该站在哪里。"这句话可以作为对那些三心二意者的最好忠告。

无论是谁，如果不趁年富力强的黄金时代去培养自己集中精力的习惯，那么，他以后基本不会有什么大成就。世界上最大的浪费，就是把一个人宝贵的精力无谓地分散到许多不同的事情上。一个人的时间有限、能力有限、资源有限，想要样样都精、门门都通，绝不可能办到。

所以，在竞争日趋激烈的现代社会，如果你想在某一个方面做出什么成就，就一定要牢记手表定律，专心一致，对自己的目标全力以赴。

马蝇效应：前进需要不断地激励

◆定律阐释：马蝇效应，没有马蝇叮咬，马慢慢腾腾，走走停停；然而有马蝇叮咬，马才不敢怠慢，跑得飞快。对于一个人来说，只有被叮着、咬着，才不敢松懈，才会努力拼搏，不断进步。

背点压力，你会跑得更快

1860 年大选结束后的几个星期，有位叫作巴恩的大银行家看见参议员萨蒙·蔡思从林肯的办公室走出来，就对林肯说："你不要将此人选入你的内阁。"林肯问："你为什么这样说？"巴恩答："因为他认为他比你伟大得多。""哦，"林肯说，"你还知道有谁认为自己比我要伟大的？""不知道了。"巴恩说，"不过，你为什么这样问？"林肯回答："因为我要把他们全都收入我的内阁。"

林肯为什么要这样做呢？

很多人都对林肯的决定感到困惑。如巴恩所说，蔡思确实狂态十足、极其自大、妒忌心很重，而且一直希望谋求总统职位。至于林肯为何仍旧重用蔡思，用他自己的话来解释："现在正好有一只名叫'总统欲'的马蝇叮着蔡思先生，那么，只要它能使蔡思那个部门不停地跑，我还不想打落它。"

现实生活中，不仅是蔡思先生，我们任何一个人，若找只马蝇给自己施加点压力，都会向目标的方向前进得更快。

勒斯里为了领略山间的野趣，一个人来到一片陌生的山林，左转右转迷失了方向。正当他一筹莫展的时候，迎面走来了一个挑山货的美丽少女。

少女嫣然一笑，问道："先生是从景点那边迷路的吧？请跟我来吧，我带你抄小路往山下赶，那里有旅游公司的汽车等着你。"

勒斯里跟着少女穿越丛林，正当他陶醉于美妙的景致时，少女说："先生，往前一点就是我们这儿的鬼谷，是这片山林中最危险的路段，一不小心就会摔进万丈深渊。我们这儿的规矩是路过此地，一定要挑点或者扛点什么东西。"

勒斯里惊问："这么危险的地方，再负重前行，那不是更危险吗？"

少女笑了，解释道："你只有意识到危险了，才会更加集中精力，那样反而更安全。这儿发生过好几起坠谷事件，都是迷路的游客在毫无压力的情况下一不小心摔下去的。我们每天都挑东西来来去去，却从来没人出事。"

勒斯里不禁冒出一身冷汗。没有办法，他只好扛着两根沉沉的木条，小心翼翼地走过这段"鬼谷"路。

两根沉木条，在危险面前竟成了人们的"护身符"。其实，许多时候，在肩上压两根"沉木条"，给自己一些压力，确实会让我们走得更好。下面，看看这个非常贴近我们自己的例子。

小王是学管理的，因为爱好设计，进了某企业的策划部。刚工作不久，他就接手了一个公司的圣诞节网站广告设计项目，期限是四天。

由于这次广告需要设计一个非常有创意的网页，而小王和其他同事都不懂网页设计软件，老总便在出差前给他推荐了一位网页做得不错的外援。谁料，小王拿着老总给的手机号码联系对方，人家却已经到外地出差了，根本抽不出时间。

当时，小王面前只有两条路：一是放弃，直接告诉老总做不了；二是迎难而上，完成项目。选择前者，会失去很好的表现机会，晋升的梦想也可能泡汤；选择后者，自己需要再想别的办法做出一个有创意的网页，既要符合活动广告的要求，又要体现公司的内涵和优势，如果成功了，会大大提升自己在老总心中的地位。一直希望能做出成绩的小王，最终选择了后者。

决定后，他想：如果再找别人，要让对方了解公司的企业文化、优势及活动意义等，至少也要一天左右，而整个项目只有四天，还不如自己上，毕竟自己对公司和这次活动主旨都比较了解，何况大学期间也学过 FOXPRO、VB 等计算机课程。

于是，他买了两本网页制作的书，把自己关在办公室，连续三天废寝忘食地学习。第四天，老总出差回来，小王交上了一个自己精心设计的网页。当老总问他是不是那个外援的杰作，他便把事情原原本本地告诉老总，老总立刻对他竖起了大拇指，还夸他是一个很有发展前途的年轻人。

我们不应总是惧怕压力，适当的压力反而会促使我们更好地发挥潜力。如果每天都给自己一点压力，你就会感觉到自己的重要性，发挥出更多的潜能。

利用对手"叮"上自己，让你变得更加强大

马由慢跑到快跑是由于马蝇的叮咬，那么，我们个人的发展由衰到强需要什么来"叮咬"呢？事实证明，在有竞争对手"叮咬"的时候，人往往能保持旺盛的势头，最终让自己强大起来，加速前进。

在北方某大城市里，诸多电器经销商经过明争暗斗的激烈市场较量，在彼此付出了很大的代价后，赵、王两大商家脱颖而出，他们又成为最强硬的竞争对手。

这一年，赵为了增强市场竞争力，采取了极度扩张的经营策略，大量地收购、兼并各类小企业，并在各市县发展连锁店，但由于实际操作中有所失误，造成信贷资金比例过大，经营包袱过重，其市场销售业绩反倒直线下降。

这时，许多业内外人士纷纷提醒王说，这是主动出击，一举彻底击败对手赵，进而独占该市电器市场的最好商机，王却微微一笑，始终不曾采纳众人提出的建议。

在赵最危难的时机，王却出人意料地主动伸出援手，拆借资金帮助赵涉险过关，最终让赵的经营状况日趋好转，并一直对王的经营造成压力，迫使王时刻面对着这一强有力的竞争对手。

有很多人曾嘲笑王的心慈手软，说他是养虎为患。王却没有丝毫后悔之意，只是殚精竭虑，四处招纳人才，并以多种方式调动手下人拼搏进取，一刻也不敢懈怠。

就这样，王和赵在激烈的市场竞争中，既是朋友又是对手，彼此绞尽脑汁地较量，双方虽各有损失，但各自的收获都很大。多年后，王和赵都成了当地赫赫有名的商业巨子。

面对事业如日中天的王，当记者提及他当年的"非常之举"时，王一脸的平静：击倒一个对手有时候很简单，但没有对手的竞争是乏味的。企业能够发展壮大，应该感谢对手时时施加的压力。正是这些压力，成为战胜困难的动力，进而使企业在残酷的市场竞争中始终保持着一种危机感。

没错，人生需一定的"激"。就好比著名的钱塘江大潮，至柔至弱的水，一经激发，便能产生"白马千群浪涌，银山万迭天高"的蔚为大观。

事实上，人皆有惰性，如果没有外力的刺激或震荡，许多人都会四平八稳、舒舒服服、得过且过地走完平庸的人生之旅，可是偏偏人生多蹇、世事难料，给人带来种种困窘，也带来种种激励。朋友反目，爱人变心，事业上不顺心，都可能成为一种精神动力源，激发人们的潜能，干出一番事业，改变自己的人生轨迹。

例如，司马迁不经宫刑之激，恐难写出"史家之绝唱"；勾践没有丧师辱国之激，怕也不会创下"卧薪尝胆，三千越甲可吞吴"的奇迹。苏秦一事无成时，屡受父母、嫂的白眼，于是发愤图强，悬梁刺股，夜以继日，废寝忘食，终成一代名士，挂六国相印，显赫一时，威震天下；蒲松龄虽满腹经纶，却屡试不中，穷困潦倒，愤而激励自己著书立说，以毕生心血学识凝成《聊斋志异》，自己也跻身文学巨匠行列，成为千古名人。

所以，想成功我们就要学会主动接受外在的压力，化压力为动力，以使我们的心智力量得到最大限度的发挥，使我们的人生变得更加瑰丽雄奇。

墨菲定律：成功要会与错误共生

◆定律阐释：墨菲定律，指如果坏事情有可能发生，不管这种可能性多么小，它总会发生，并引起最大可能的损失。它告诉我们，错误虽是世界的一部分，但人类不得不接受与错误共生的命运。

不存侥幸心理，从失败中汲取教训

一位名叫墨菲的美国上尉认为他的一位同事是个倒霉蛋，不经意间说了句笑话："如果一件事情有可能被弄糟，让他去做就一定会弄糟。"后来，由这句话延伸出现一些其他表达形式，如"会出错的，终将会出错"等。既然这些错误注定不可避免，那么，我们该怎么办呢？

众所周知，人类即使再聪明，也不可能把所有事情都做到完美无缺。正如所有的程序员都不敢保证自己在写程序时不会出现错误一样，容易犯错误是人类与生俱来的弱点。这也是墨菲定律一个很重要的体现。

因此，想取得成功，我们不能存有侥幸心理，想方设法回避错误，而是要正视错误，从错误中汲取经验教训，让错误成为我们成功的垫脚石。

一次，丹麦物理学家雅各布·博尔不小心打碎了一个花瓶，但他没有像一般人那样一味地悲伤叹惋，而是俯身细心地收集起了满地的碎片。

他把这些碎片按大小分类称出重量，结果发现：10 至 100 克的最少，1 至 10克的稍多，0.1 克及以下的最多；同时，这些碎片的重量之间表现为统一的倍数关系，即较大块的重量是次大块重量的 16 倍，次大块的重量是小块重量的 16 倍，小块的重量是小碎片重量的 16 倍……

于是,他开始利用这个"碎花瓶理论"来恢复文物、陨石等不知其原貌的物体,对考古学和天体研究产生了意想不到的作用。

事实上,我们主要是从尝试和失败中学习,而不是从正确中学习。例如,超级油轮"卡迪兹"号在法国西北部的布列塔尼沿岸爆炸后,成千上万吨的油污染了整个海面及沿岸,于是石油公司才对石油运输的许多安全设施重新考虑。还有,在三里岛核反应堆发生意外后,许多核反应过程和安全设施都改变了。

可见,错误具有冲击性,可以引导人考虑更多细节上的事情,只有从错误中吸取教训,人们才会不断进步。假如你工作的例行性极高,你犯的错误就可能很少,而如果你从未做过某事,或正在做新的尝试,那么发生错误在所难免。发明家不仅不会被成千的错误所击倒,反而会从中得到新创意。在创意萌芽阶段,错误是创造性思考必要的副产品。正如著名垒手耶垂斯基所言:"假如你想打中,先要有打不中的准备。"

现实生活中,每当出现错误时,我们通常的反应都是:"真是的,又错了,真是倒霉啊!"殊不知,错误的潜在价值对创造性思考具有很大的作用。

人类社会的发明史上,有许多利用错误假设和失败观念来产生新创意的人。哥伦布以为他发现了一条到印度的捷径,结果却发现了新大陆;开普勒偶然间得到行星间引力的概念,却是由错误的理由得到的;爱迪生也是知道了上万种不能做灯丝的材料后,才找到了钨丝……

所以,想迎接成功,先放下你的侥幸心理,增强你的"冒险"力量。遇到失败,从中汲取经验,尝试寻找新的思路、新的方法。

在哪里跌倒就在哪里爬起来

英国小说家、剧作家柯鲁德·史密斯曾说过:"对于我们来说,最大的荣幸就是每个人都失败过,而且每当我们跌倒时都能爬起来。"成功者之所以成功,只不过是他不被失败左右而已。

1927年,美国阿肯色州的密西西比河大堤被洪水冲垮,一个9岁的黑人小男孩的家被冲毁。在洪水即将吞噬男孩的一刹那,母亲用力把他拉上了堤坡。

1932年,男孩8年级毕业了,因为阿肯色的中学不招收黑人,他只能到芝加哥读中学,但家里没有那么多钱。那时,母亲做出了一个惊人的决定——让男孩复读一年。她则为50名工人洗衣、熨衣和做饭,从而给孩子攒钱上学。

1933年夏天,凑足了那笔上学的钱,母亲带着男孩踏上火车,奔向陌生的芝加哥。在芝加哥,母亲靠给别人当佣人谋生。男孩以优异的成绩读完中学,后来又顺利地读完大学。

1942年,他开始创办一份杂志,但最后一道障碍是缺少500美元的邮费,不能给订户发函。一家信贷公司愿借贷,但有个条件,得有一笔财产作抵押。母亲曾分期付款好长时间买了一批新家具,这是她一生最心爱的东西,但她最后还是决定将家具作为抵押。

1943年,那份杂志获得巨大成功。男孩终于能做自己梦想多年的事了:将母亲列入他的工资花名册,并告诉她算是退休工人,再不用工作了。母亲哭了,那个男孩也哭了。

后来,在一段反常的日子里,男孩经营的一切仿佛都坠入谷底,面对巨大的困难和障碍,男孩已无力回天。他心情忧郁地告诉母亲:"妈妈,看来这次我真要失败了。"

"儿子,"母亲说,"你努力试过了吗?"

"试过。"

"非常努力吗?"

"是的。"

"很好。"母亲果断地结束了谈话,"无论何时,只要你努力尝试,就不会失败。"

果然,男孩渡过了难关,攀上了事业新的巅峰。这个男孩就是驰名世界的美国《黑人文摘》杂志创始人、约翰森出版公司总裁、拥有3家无线电台的约翰·H·约翰森。

事实上,得失本来就不是恒定的,而是可以相互转化的矛盾共同体。有一本杂志曾归纳出关于失败的优胜面。

失败并不意味着你是一位失败者——失败只是表明你尚未成功。

失败并不意味着你一事无成——失败表明你得到了经验。

失败并不意味着你是一个不知灵活性的人——失败表明你有非常坚定的信念。

失败并不意味着你要一直受到压抑——失败表明你愿意尝试。

失败并不意味着你不可能成功——失败表明你也许要改变一下方法。

失败并不意味着你比别人差——失败只表明你还有缺点。

失败并不意味着你浪费了时间和生命——失败表明你有理由重新开始。

失败并不意味着你必须放弃——失败表明你还要继续努力。

失败并不意味着你永远无法成功——失败表明你还需要一段时间。

失败并不意味着命运对你不公——失败表明命运还有更好的给予。

那么，期待成功的你，不要再被一时的失败所左右了，在哪里跌倒，就从哪里爬起来吧！

瓦拉赫效应：要懂得经营自己的长处

◆定律阐释：瓦拉赫效应，指人的智能发展都是不均衡的，都有智能的强项和弱项，人一旦找到自己的智能最佳点，使智能潜力得到充分的发挥，便可取得惊人的成绩。

像盖茨一样经营自己的长处

曾有一个叫奥托·瓦拉赫的人，中学时，父母为他选了文学之路，可一学期下来，老师给他的评语竟为："瓦拉赫很用功，但过分拘泥，这样的人即使有着完美的品德，也绝不可能在文学上发挥出来。"无奈，他又改学油画，但这次得到的评语更令人难以接受："你是绘画艺术方面的不可造就之才。"面对如此"笨拙"的学生，大多数老师认为他已成才无望，只有化学老师觉得他做事一丝不苟，具有做好化学实验应有的品格，建议他改学化学。谁料，瓦拉赫的智慧火花一下子被点燃了，并最终成为诺贝尔化学奖的得主……这就是人们广为传颂的"瓦拉赫效应"。

比尔·盖茨，这位赫赫有名的世界级成功典范，令无数人仰慕不已。其实，他的成功与他把握住未来的大趋势，尤其与懂得经营自己的强项密不可分。

事实上，盖茨一开始就与伙伴保罗·艾伦看出了个人电脑将改变整个世界的趋势，他们两个人经常通宵达旦地探讨个人电脑世界将会是什么样子，对这场革命的到来深信不疑。对于初出茅庐的微软来说，"它将到来"是他们的坚定信念，而他们就是为这将要到来的计算机时代开发软件。没想到竟使他们的公司迅速上升到世界舞台的前列，并发挥着超凡的作用。但当时他们至少窥见 IBM 或数字设备公司这样的主板生产公司已陷入自身无法意识到的困境了。"我记得从一开始我们就纳闷，像数字设备公司这样的微机生产商生产出的机器功能强大但价格低廉，那么他们的发展前景在哪里呢？""IBM 的前景又在哪里呢？在我们看来，他们好像把一切都弄糟了，而且他们的未来也将是一团糟。我们对上帝说，天啊，这些人怎么能不警觉呢？他们怎么能不震惊害怕呢？"

盖茨的技术知识是微软所向披靡的成功秘诀中最重要的一条，而这也正是他的核心强项，他始终保持着对这一领域的决定权。许多时候，他能比他的对手更清楚地看到未来科技的走势。

微软公司的同事们都盛赞盖茨的技术知识让他独具优势，他总是能提出正确的问题，他对程序的复杂细节几乎了如指掌。

和盖茨个人的以强项打天下几乎如出一辙，微软公司把开发新产品作为全部事业的中心，不断根据市场需求推陈出新，发挥自身优势，力求变弱为强，深谋远虑，未雨绸缪，牢牢把握住了世界信息产业市场的未来。

微软与任何公司一样，实际上类似于一个动态的人体系统。它之所以能够有效运行，是因为微软人将竞争所需的各种技术能力和市场知识结合了起来，并且把它们付诸行动。产品开发是微软所有事业的中心，公司的存亡和盛衰关键在于新产品。

例如，在 20 世纪 90 年代，如果微软没能推出 Word 和 Excel 新版本，并把它们结合进 Office 套装软件的话，它的收益一定会下滑。后来，这些产品占收益和利润的一半左右。仅仅为了维持它在操作系统上的销售额，微软就必须从 MS-DOS 迈进到 Windows，它成功地开发了 Windows NT 的两个版本，并有初步迹象显示新产品 Windows95 随后在商业上获得巨大成功。微软还必须源源不断地增添有用功能来说服其成百万的现有顾客购买产品的新版本，虽然旧版本对于绝大多数人来说已经够用。为了保持市场份额在未来持续增长，微软计划创建种类繁多的、结合先进的多媒体及网络通信技术的消费性产品。显然，微软面临的一个关键问题是公司能否继续增进其开发能力，并且建立更大、更复杂的软件产品和以软件为基础的信息服务。就像我们已经指出过的那样，微软还必须极大地简化这些中间产品，从而将它们成功地推销给世界上数十亿的新兴家庭消费者。

不言而喻，微软公司今日的成功，很大程度上得益于盖茨准确的市场定位和产品的推陈出新。人们公认微软公司的成功是由于不停地创新，而盖茨对未来形势精确的分析和其独有的战略眼光，以及对自己强项的经营程度，不仅为微软公司的员工，也为其对手所称道。

这一切，也正是瓦拉赫效应的典型体现，幸运之神就是那样垂青忠于自己个性长处的人。正如松下幸之助所言："人生成功的诀窍在于经营自己的个性长处，经营长处能使自己的人生增值，否则，必将使自己的人生贬值。"

承认缺憾，弥补缺陷

在美国某个学校的一间教室里，坐着一个 8 岁的小孩，他胆小而脆弱，脸上经常带着一种惊恐的表情。他呼吸时就好像别人喘气一样。

一旦被老师叫起来背诵课文或者回答问题，他就会惴惴不安地站起来，而且双腿抖个不停，嘴唇也颤动不安。自然，他的回答时常含糊而不连贯，最后，他只好颓废地坐到座位上。如果他能有张好看的面孔，也许给人的感觉会好一点，但是，当你向他同情地望过去时，你一眼就能看到他那一副实在无法恭维的龅牙。

像他这种小孩，自然很敏感，他们会主动地回避多姿多彩的生活，不喜欢交朋友，宁愿让自己成为一个沉默寡言的人。但是，这个小孩却不如此，他虽然有许多的缺憾，然而，在他身上也有一种坚韧的奋斗精神——一种无论什么人都可具有的奋斗精神。事实上，对他而言，正是他的缺憾增强了他去奋斗的热忱。他并没有因为同伴的嘲笑而使自己奋斗的勇气有丝毫减弱，相反，他使经常喘气的习惯变成了一种坚定的声响；他用坚强的意志，咬紧牙根使嘴唇不再颤动；他挺直腰杆，使自己的双腿不再战栗，以此来克服他与生俱来的胆小和众多的缺陷。

这个小孩就是西奥多·罗斯福。

罗斯福并没有因为自己的缺憾而气馁，相反，他还千方百计把它们转化为自己可以利用的资本，并以它们为扶梯爬到了荣誉的顶峰。他用一种方法战胜了自己的缺憾，这种方法是大家都可以用得上的。到他晚年时，已经很少有人知道他曾经有过严重的缺憾，他自己又曾经如何地惧怕过它。美国人民都爱戴他，他成了美国有史以来最得人心的总统之一。

盖茨说："我们尊敬罗斯福，同时，也希望能像他一样，为改变自己的命运做些努力。如果我们尝试着去做一件还有点价值的事，失败了，我们便借故来掩饰自己，那么我们就是在以自己的缺憾为借口。"缺憾应当成为促使自己向上的激励机制，而不是自甘沉沦的理由。它暗示你在它上面应当做一点努力。

重要的并不在于你所做的是什么事，而在于你应当采取某种行动。最不可取的态度是一点事情都不去做，一味让自己躲藏在困难的后面，动不动就被困难吓倒，这很容易让自己滋生一种自卑感，久而久之，就什么事情都不敢去做了。那么，一个人什么时候应当坦然承认自己的缺陷，什么时候又应当去和困难奋斗呢？

如果你只有一条腿，就完全没有必要勉强自己去做一个长跑运动员。如果你的容貌确实够不上美艳绝伦，就不必非得去参加什么选美大赛。在这种情形之下，如果一个人在某些方面确实存在自身不可抗拒的缺陷，就完全没有必要较劲，非要在这方面和别人争高低。

一个矮小的人想在体格上炫耀自己，这是何等的愚蠢！一个粗壮的妇人勉强要扮出娇羞的样子来东施效颦，这又是何等的可笑！对于你和你的朋友来说，对那些你们明显不能去做的事，就不要浪费精力去干。

不言而喻，真正懂得去经营自己强项的人是十分明智的，但同时，我们也要学会承认缺憾，弥补缺陷。

·第六章·

人际交往：打好"征服人心"这张牌

首因效应：印象也是先入为主

◆定律阐释：首因效应，也叫首次效应、优先效应或第一印象效应，指与人第一次交往时给他人留下的印象，在对方的头脑中形成并占据着主导地位。这种印象非常深刻，持续的时间也长，比以后得到的信息对于事物整个印象产生的作用更强。

从"额满，暂不雇用"到破格录用的神奇转变

《三国演义》中，庞统当初准备效力东吴，于是去面见孙权。孙权见到庞统相貌丑陋、傲慢不羁，无论鲁肃怎样苦言相劝，最后还是将这位与诸葛亮比肩齐名的奇才拒之门外。为什么会这样呢？是庞统无能，还是孙权根本不需要帮手呢？其实，造成这样的后果，仅仅是因为庞统没能给孙权留下良好的第一印象。

如今，大家都认为工作不好找，尤其是刚毕业的学生。其实，如果在求职时注意给主考官留下良好的第一印象，效果往往会出乎意料。

一个新闻系的毕业生正急于寻找工作。一天，他到某报社对总编说："你们需要一个编辑吗？"

"不需要！"

"那么记者呢？"

"不需要！"

"那么排字工人、校对呢？"

"不，我们现在什么空缺也没有了。"

"那么，你们一定需要这个东西。"说着他从公文包中拿出一块精致的小牌子，上面写着"额满，暂不雇用"。总编看了看牌子，微笑着点了点头，说："如果你愿意，可以到我们广告部工作。"

这个大学生通过自己制作的牌子，表现了自己的机智和乐观，给总编留下了良好的第一印象，引起对方极大的兴趣，从而为自己赢得了一份满意的工作。这也是为什么当我们参加面试或与某人第一次打交道之前，常常会听到这样的忠告："要注意你给别人的第一印象！"

　　也许你会好奇，第一印象真的有那么重要，以至于在今后很长时间内都会影响别人对你的看法吗？心理学家曾做了这样一个实验。

　　心理学家设计了两段文字，描写一个叫吉姆的男孩一天的活动。其中，一段将吉姆描写成一个活泼外向的人：他与朋友一起上学，与熟人聊天，与刚认识不久的女孩打招呼等；另一段则将他描写成一个内向的人。

　　研究者让有的人先阅读描写吉姆外向的文字，再阅读描写他内向的文字；而让另一些人先阅读描写吉姆内向的文字，后阅读描写他外向的文字，然后请所有人评价吉姆的性格特征。

　　结果，先阅读外向文字的人中，有78％的人评价吉姆热情外向；而先阅读内向文字的人中，则只有18％的人认为吉姆热情外向。

　　由此可见，第一印象真的很重要。事实上，人们对你形成的第一印象，日后往往很难改变，而且人们会寻找更多的理由去支持这种印象。有的时候，尽管你的表现并不符合原先留给别人的印象，但人们在很长一段时间里仍然会坚持对你的最初评价。

打造良好的第一印象

　　我们既然了解了第一印象的重要性，那么，应该怎样做才能给人留下良好的第一印象呢？

　　通常，第一印象包括谈吐、相貌、服饰、举止、神态，对于感知者来说都是新的信息，它对感官的刺激也比较强烈，有一种新鲜感。这好比在一张白纸上，第一笔抹上的色彩总是十分清晰、深刻。随着后来接触的增加，各种基本相同的信息的刺激，也往往盖不住初次印象的鲜明性。所以，第一印象的客观重要性是显而易见的，并在以后的交往中起了思维定式作用。

　　如果你与人初次见面就不言不语、反应缓慢，给人的第一印象基本就是呆板、不热情，对方就可能不愿意继续了解你，即使你有许多优点，也不易被人接受；而如果你给人留下的印象是风趣、直率、热情，即使你身上尚有一些缺点，对方也会用自己最初捕捉的印象来评价你。

　　一般来说，想给他人留下良好的第一印象，要牢记以下5点：

1. 显露自信和朝气蓬勃的精神面貌

自信是人们对自己的才干、能力、个人修养、文化水平、健康状况、相貌等的一种自我认同和自我肯定。一个人要是走路时步伐坚定，与人交谈时谈吐得体，说话双目有神、目光正视对方、善于运用眼神交流，就会给人以自信、可靠、积极向上的感觉。

2. 讲信用，守时间

现代社会，人们对时间愈来愈重视，往往把不守时和不守信用联系在一起。若你第一次与他人见面就迟到，可能会造成难以弥补的损失，最好避免。

3. 仪表、举止得体

脱俗的仪表、高雅的举止、和蔼可亲的态度等是个人品格修养的重要部分。在一个新环境里，别人对你还不完全了解，过分随便有可能引起误解，产生不良的第一印象。当然，仪表得体并不是非要用名牌服饰包装自己，更不是过分地修饰，因为这样反而会给人一种轻浮浅薄的印象。

4. 微笑待人，不卑不亢

第一次见面，热情地握手、微笑、点头问好，都是人们把友好的情意传递给对方的途径。在社会生活中，微笑有助于人与人之间的交往和友谊。但与别人第一次见面，笑要有度，不停地笑有失庄重。言行举止也要注意交际的场合，过度的亲昵举动难免有轻浮油滑之嫌。尤其是对有一定社会地位的朋友，不应表露巴结讨好的意思、趋炎附势的行为不仅会引起当事人的蔑视，连在场的其他人也会瞧不起你的。

5. 言行举止讲究文明礼貌

语言表达要简明扼要，不乱用词语；别人讲话时，要专心地倾听，态度谦虚，不随便打断；在听的过程中，要善于通过身体语言和话语给对方以必要的反馈；不追问自己不必知道或别人不想回答的事情，以免给他人留下不好的印象。

刺猬法则："距离产生美"

◆定律阐释：刺猬法则，指人与人之间，需要保持适当的距离，只有这样，才能最大限度地感受彼此的美好。

我们都需要一定的距离

生物学家曾做了一个实验：冬季的一天，把十几只刺猬放到户外空地上。这些刺猬被冻得浑身发抖，为了取暖紧紧地靠在一起，而相互靠拢后，它们身上的长刺又把同伴刺疼，于是它们很快分开。接着，寒冷又迫使大家再次围拢，疼痛又迫使大家再次分离。如此反复多次，它们终于找到了一个较佳的位置——保持一个忍受最轻微疼痛又能最大限度取暖御寒的距离。其实，人与人之间亦如此，良好交际需要保持适当的距离。

这里，我们先来做一个小小的选择题：

你要坐公交车出去玩，上车后你发现只有最后一排还有五个座位，走在你前面的两个人，一个选了正中间的座位，一个选了最右侧靠窗子的座位。剩下的三个座位中，一个在前两个人之间，两个在中间人与最左侧的窗户之间，这时你会坐在哪里呢？

想必，你多半会选择最左侧窗户的座位，而不是紧挨着两个人中的任何一位坐下。这很正常，因为人与人之间也像前面讲的刺猬那样，彼此需要一定的距离。

这种距离，有时是环绕在人体四周的一个抽象范围，用眼睛没法看清它的界限，但它确确实实存在，而且不容他人侵犯。

例如，在拥挤的车厢或电梯内，你都会在意他人与自己的距离。当别人过于接近你时，你可以通过调整自己的位置来逃避这种接近的不快感；当挤满了人无法改变时，你只好以对其他乘客漠不关心的态度来忍受心中的不快，所以看上去神态木然。

戴高乐在其十多年的总统岁月里，对新上任的办公厅主任总是这样说："我使用你两年，正如人们不能以参谋部的工作作为自己的职业，你也不能以办公厅主任作为自己的职业。"所以，他的秘书处、办公厅和私人参谋部等顾问和智囊机构，没有任何人的工作年限超过两年以上。用戴高乐自己的解释就是：第一，由于受军队流动性做法的影响，他觉得调动很正常，固定才是不正常。第二，他不想让这些人成为自己"离不开的人"，唯有通过调动，才能使相互之间保持一定的距离，以确保顾问与参谋的思维、决断具有新鲜感及充满朝气，并能杜绝顾问与参谋们利用总统与政府的名义来徇私舞弊。

关于这方面，一位心理学家曾做过这样一个实验。

在一个刚刚开门的阅览室，当里面只有一位读者时，心理学家进去拿了把椅子，坐在那位读者的旁边。实验进行了80人次。结果证明，在一个只有两位读者的空旷的阅览室里，没有一个被试能够忍受一个陌生人紧挨自己坐下。当他坐在那些读者身边，被试不知道这是在做实验，很多人选择默默地远离，到别处坐下，还有人干脆明确表示："你想干什么？"

这个实验向我们证明了，任何一个人都需要在自己的周围有一个自我空间，如果这个自我空间被人侵犯，就会感到不舒服、不安全，甚至恼怒。

所以，我们在人际交往中要把握适当的交往距离，就像前面互相取暖的刺猬那样，既互相关心，又有各自独立的空间。

交际中的距离学问

既然距离在人际交往中如此重要，那么，究竟保持多远的距离才合适呢？一般而言，交往双方的人际关系以及所处情境决定着相互间自我空间的范围。

美国人类学家爱德华·霍尔博士划分了4种距离，各种距离都与双方的关系相称。

1. 亲密距离

所谓"亲密距离"，即我们常说的"亲密无间"，是人际交往中的最小间隔，其近范围在15厘米之内，彼此间可能肌肤接触、耳鬓厮磨，以致相互间能感受到对方的体温、气味和气息；其远范围是15～44厘米之间，身体上的接触可能表现为挽臂执手，或促膝谈心，以体现出亲密友好的人际关系。

这种亲密距离属于私下情境，只限于在情感联系上高度密切的人之间使用。在社交场合，大庭广众之下，两个人（尤其是异性）如此贴近，就不太雅观。在同性别的人之间，往往只限于贴心朋友，彼此十分熟识而随和，可以不拘小节，无话不谈；在异性之间，只限于夫妻和恋人之间。因此，在人际交往中，一个不属于这个亲密距离圈子内的人随意闯入这一空间，不管他的用心如何，都是不礼貌的，会引起对方的反感。

2. 个人距离

这是人际间隔上稍有分寸感的距离，较少有直接的身体接触。个人距离的近范围为45～76厘米之间，正好能相互亲切握手，友好交谈。这是与熟人交往的空间。陌生人进入这个距离会构成对别人的侵犯。个人距离的远范围是76～122厘米，任何朋友和熟人都可以自由地进入这个空间。不过，在通常情况下，较为融洽的熟人之间交往时保持的距离更靠近远范围的近距离76厘米端，而陌生人之间谈话则更靠近远范围的远距离1.22米端。

人际交往中，亲密距离与个人距离通常都是在非正式社交情境中使用，在正式社交场合则使用社交距离。

3. 社交距离

这个距离已超出了亲密或熟人的人际关系，而是体现出一种社交性或礼节上的较正式关系。其近范围为 1.2 ～ 2.1 米，一般在工作环境和社交聚会上，人们都保持这种程度的距离。社交距离的远范围为 2.1 ～ 3.7 米，表现为一种更加正式的交往关系。

4. 公众距离

通常，这个距离指公开演说时演说者与听众所保持的距离，其近范围为 3.7 ～ 7.6 米，远范围在 25 英尺之外。这是一个几乎能容纳一切人的"门户开放"的空间，人们完全可以对处于空间的其他人"视而不见"、不予交往，因为相互之间未必发生一定联系。因此，这个空间的交往大多是当众演讲之类，当演讲者试图与一个特定的听众谈话时，他必须走下讲台，使两个人的距离缩短为个人距离或社交距离，才能够实现有效沟通。

当然了，人际交往的空间距离不是固定不变的，它具有一定的伸缩性，这依赖于具体情境、交谈双方的关系、社会地位、文化背景、性格特征、心境等。

了解了交往中人们所需的自我空间及适当的交往距离，我们就能够有意识地选择与人交往的最佳距离；而且，通过空间距离的信息，还可以很好地了解一个人的实际社会地位、性格以及人与人之间的相互关系，更好地进行人际交往。

投射效应："以小人之心，度君子之腹"

◆ **定律阐释**：投射效应，指当人们不知道别人的情况（如个性、好恶、欲望、观念、情绪等）时，往往主观地认为别人有同自己相同的特性。也就是说，人们总是喜欢假设别人与自己有某些相同的倾向，喜欢认为自己具有的某些特点别人也具有。

为何会有"以小人之心，度君子之腹"的心结

宋代著名学者苏东坡和佛印和尚是好朋友。一天，苏东坡去拜访佛印，与佛印相对而坐，苏东坡对佛印开玩笑说："我看你是一堆狗屎。"而佛印则微笑着说：

"我看你是一尊金佛。"苏东坡觉得自己占了便宜，很是得意。回家以后，苏东坡得意地向妹妹提起这件事，苏小妹说："哥哥你错了。佛家说'佛心自现'，你看别人是什么，就表示你看自己是什么。"对这个笑话，也许你会一笑而过，但其中苏小妹的话确实是有道理的。

从心理学角度，上面一则笑话中的苏小妹正好指出了人喜欢把自己的想法投射到他人身上的投射效应。俗语说的"以小人之心，度君子之腹"，讲的就是小人总喜欢用自己卑劣的心意去猜测品行高尚的人。

与之类似，还有这样一个有趣的笑话。

一天晚上，在漆黑偏僻的公路上，一个年轻人的汽车抛锚了。

年轻人下来翻遍了工具箱，也没有找到千斤顶。怎么办？这条路很长时间都不会有车子经过。他远远望见一座亮灯的房子，决定去那个人家借千斤顶。可是他又有许多担心，在路上，他不停地想：

"要是没有人来开门怎么办？"

"要是没有千斤顶怎么办？"

"要是那家伙有千斤顶，却不肯借给我，该怎么办？"

……

顺着这种思路想下去，他越想越生气。当走到那座房子前，敲开门，主人一出来，他冲着人家劈头就是一句："他妈的，你那千斤顶有什么稀罕的？"

主人被弄得丈二和尚摸不着头脑，以为来的是个精神病人，就"砰"的一声把门关上了。

我们不难发现，这个年轻人，错就错在把自己的想法投射到了主人的身上。

在人际交往中，认识和评价别人的时候，我们常常免不了要受自身特点的影响，我们总会不由自主地以自己的想法去推测别人的想法，觉得既然我们这么想，别人肯定也这么想。例如，贪婪的人总是认为别人也都嗜钱如命；自己经常说谎，就认为别人也总是在骗自己；自我感觉良好，就认为别人也认为自己很出色……

1974年，心理学家希芬鲍尔曾做了这样一个实验。

他邀请一些大学生作为被试，将他们分为两组，给其中一组学生放映喜剧电影，让他们心情愉快；而给另外一组学生放映恐怖电影，让他们产生害怕的情绪。然后，他又给这两组学生看相同的一组照片，让他们判断照片上人的面部表情。

结果，看了喜剧电影而心情愉快的那组大学生判断照片上的人也是开心的表情，而看了恐怖电影而心情紧张的那组大学生则判断照片上的人是紧张害怕的表情。

这个实验说明，被试的大部分学生将照片上人物的面部表情视为自己的情绪体验，即将自己的情绪投射到他人身上。

其实，投射效应的表现形式除了将自己的情况投射到别人身上外，还有另一种表现——感情投射，即对自己喜欢的人或事物越看越喜欢，越看优点越多；对自己不喜欢的人或事物越看越讨厌，越看缺点越多。这种情况多发生在恋爱期间，如在热恋时人们喜欢在周围人面前吹嘘自己的另一半如何完美无缺；一旦失恋，又把对对方的憎恨之情溢于言表，并言过其实。

所以，了解了投射效应会使我们对其他人的知觉失真，我们就要在与人交往的过程中保持理性，避免受这种效应的不良影响。

巧妙利用投射效应

尽管投射效应有时会令我们的感觉失真，但在日常生活中，我们也可以对其进行巧妙地利用。

投射效应会使我们以自己的感受去揣度别人，缺少人际沟通中认知的客观性，从而造成主观臆断并陷入偏见的深渊，这是我们需要克服的。

《庄子·天地》中记载了这样一个故事。

尧到华山视察，华封人祝他"长寿、富贵、多男子"，尧都辞谢了。华封人说："寿、富、多男子，人之所欲也；汝独能不欲，何邪？"尧说："多男子则多惧，富则多事，寿则多辱。是三者，非所以养德也，故辞。"

透过这个故事，我们发现，人的心理特征各不相同，即使是富、寿等基本的目标，也不能随意投射给任何人。

由于产生投射效应是主观意识在作祟，所以我们应保持理性，克服潜意识和惯性思维，让事物的发展规律还原它本来的面目，从而消除这种效应带来的不良影响。

首先，我们要客观地认清别人与自己的差异，不断完善自己，不能总是以己之心，度人之腹。

其次，我们要承认和尊重差异，多角度、全方位地去认识别人。

最后，为了避免投射效应，我们需要学会换位思考，也就是设身处地站在对方的立场去看别人。在与人交往时，我们只有站在对方的立场上，为对方着想，理解对方的需要和情感，才能与他人进行很好的交流和沟通，也更容易达成谅解和共识。

不可否认的是，因为人性有相通之处，有些时候不同的人也会产生相同的感受，我们就可以从一个人对别人的看法中来推测这个人的真正意图或心理特征。正如钱锺书说"自传其实是他传，他传往往却是自转"，要了解某人，看他的自传，不如看他为别人做的传。

例如，你在帮公司招聘人员的时候，想了解求职者真实的应聘目的，那就可以设计这样的问题：

1. 你来应聘的主要原因是什么？

A. 工作轻松

B. 有住房

C. 公司理念符合个人性格

D. 有发展前途

E. 收入高

2. 你认为跟你一起到公司应聘的其他人的主要应聘原因是什么？

A. 工作轻松

B. 有住房

C. 公司理念符合个人性格

D. 有发展前途

E. 收入高

显然，第一个题目并没有多大意义，大部分求职者都会选择 C 或 D；第二个题目，则可以考察求职者的心理投射，求职者一般会根据自己内心的真实想法来推测别人，其答案很可能也就是求职者内心的想法。

那么，在干部谈话或招聘等过程中，我们就可以利用投射效应来了解交际对象的内心态度和动机，为我们带来积极的意义。

所以，对待交际中的投射效应，我们要学会辩证地看待其影响，以理智避开它不利的一面，以智慧运用它有利的一面。

刻板效应：小心记忆中的刻板阻断人脉

◆定律阐释：刻板效应，指人们在长期的认识过程中所形成的关于某类人的概括而笼统的固定印象，是我们在认识他人时经常出现的一种普遍现象。

偏见的认知源于记忆中的刻板

心理学家曾做过这样的实验：将一个人的照片分别给两组被试看，对甲组说"此人是个罪犯"，对乙组说"此人是位著名学者"。然后，请两组被试分别对此人的照片特征进行评价。结果，甲组认为：此人眼睛深凹表明他凶狠、狡猾，下巴外翘反映其顽固不化的性格；乙组被试认为：此人眼睛深凹表明他具有深邃的思想，下巴外翘反映他具有探索真理的顽强精神。这是因为，在大多数人眼中，罪犯的眼睛、下巴等特征应归类为凶狠、狡猾和顽固不化，学者的特征应归为思想的深邃性和意志的坚忍性，这就是心理学中的刻板效应。

对于各个地方的人，人们往往形成一种固定的认识，并以此推广到全部人群。

有人这样调侃重庆女孩：如果你的前面是一位发怒的重庆女孩，后面是万丈深渊，那么，奉劝你还是往后跳吧！这个笑话不能说没有一点道理，重庆女孩的泼辣，可以说是"盛名远播"，因此，一提到重庆女孩，首先进入人们脑海的就是"泼辣"二字，丝毫不顾其中是否有被"冤枉"的例外。

对于上海人，我们总是想当然地认为他们是精明的、小气的，上海的男人是唯唯诺诺的，上海的女人是崇尚外国潮流的。可实际上呢？上海也有大方的男人，也有做出一番成就的男人，也有在老婆面前理直气壮的男人；而上海的女人中，也有很传统，不为外国新潮事物所动的。

在人际交往中，我们没有时间和精力去和某个群体中的每一个成员都进行深入交往，而只能与其中的一部分成员交往，因此，我们就会由我们所接触到的个体或部分推知群体的全部，由此形成了刻板印象。类似的例子不胜枚举，对于各个地方、各个领域的人，我们总是形成一个固定的认知模式，以共同特点去认识他们，诸如此类的看法都是类化的看法，都是人脑中形成的刻板、固定的印象。

作为一种社会心理效应，刻板印象是普遍存在的。美国的一些心理学家分别于1932年、1951年和1967年对普林斯顿的大学生进行了3次有关民族性的刻板印象调查。他们让学生选择5个他们认为是某个民族最典型的性格特征。3次研

究的结果大致相同，如下所示。

美国人：勤奋、聪明、实利主义、有雄心、进取。

英国人：爱好运动、聪明、因袭常规、传统、保守。

德国人：有科学头脑、勤奋、不易激动、聪明、有条理。

犹太人：精明、吝啬、勤奋、贪婪、聪明。

意大利人：爱艺术、冲动、感情丰富、急性子、爱好音乐。

日本人：聪明、勤奋、进取、精明、狡猾。

雷兹兰、西森斯、休德费尔等的研究也充分证实了这种刻板效应对人知觉的严重曲解。

"物以类聚，人以群分"，刻板印象虽然反映了某类成员的共性，有一定的合理性和可信度，可以简化人们的认知过程，帮助人们迅速有效地适应环境，但是，"人心不同，各如其面"，笼统的印象并不能代替活生生的个体。如果不明白这一点，一旦形成不正确的刻板效应，用这种定式去衡量一切，唯刻板印象是瞻，像削足适履的郑人，宁可相信作为尺寸的刻板印象，也不相信自己的切身经验，就会出现以偏赅全的错误，如同戴上有色眼镜去看人一样，导致人际交往的失败，自然也就不利于我们获得成功。

移去刻板，摘掉"有色眼镜"

一提起女性、同性恋等名词，你会想到什么呢？对有些人来说，提及这些便能唤起他们丰富的想象、记忆，甚至有可能预测这类人在假定情境中将如何行事。这种联系的存在表明我们可能受到偏见的影响，而那些偏见往往是刻板效应的表现。

刻板效应的产生，一是来自直接交往印象，二是通过别人介绍或传播媒介的宣传。刻板效应的消极作用是非常明显的，如果我们在人际交往中总是以头脑中已形成的印象与人接触，套用旧有的概念去交流，就会弄出许多误会，也可能出现啼笑皆非的尴尬局面。

与人交往，我们要尽量避免刻板效应的消极影响，不要从交往对象的性格、地位、背景出发交往，不要戴着有色眼镜，穿着"印象外套"交往，要用变化的眼光看待变化的人和事物。评价一个人的时候，首先要有大系统思维观，切忌单线条或者直线思维，要考虑事情原因和结果的多样性、复杂性，而不是一个事物、一种现象、一个结果，要建立多原因、多结果论。其次，要用发展的眼光来看问题。

世界是时时刻刻在发展变化的，如果用刻舟求剑的办法处理问题，是落后的、要闹笑话的，最终会导致严重的错误。再次，要多方位、多角度观察社会，"横看成岭侧成峰，远近高低各不同"。只有观察多了，才有可能比较全面地认识一个人。

其实，在不同人的头脑中，刻板效应的作用、特点是不相同的。文化水平高、思维方式良好、有正确世界观的人，其刻板效应是不刻板的，是可以改变的。克服刻板效应，必须摘掉有色眼镜，关键在于以下两个方面：

一是要善于用"眼见之实"去核对"耳听之辞"，有意识地重视和寻求与刻板印象不一致的信息。

二是深入群体中，与群体中的成员广泛接触，并重点加强与群体中典型化、有代表性的成员的沟通，不断地检索验证原来刻板印象中与现实相悖的信息，最终克服刻板印象的负面影响，从而获得准确的认识。

刻板效应往往是由墨守成规导致的，因此，我们要纠正刻板效应的消极作用，努力学习新知识，不断扩大视野、开拓思路、更新观念，养成良好的思维方式。

当然，在日常生活和工作中，我们也可以将社会中业已形成的刻板印象为我所用。例如，公司在做入户调查的时候，一般都选择女性，而不选择男性去进行，这是因为在人们心目中，女性一般来说比较善良、攻击性较小、力量也比较单薄，因而入户访问对主人的威胁较小；男性则更容易使人联想到一系列与暴力、攻击有关的事物，使人们增强防卫心理，所以身强力壮的男性如果要求登门访问，则很容易被拒绝。恰当地利用刻板印象，可以与社会普遍心理达成共识，事半功倍地达到我们的目标。

得寸进尺效应：步步为营，登入对方心境

◆定律阐释：得寸进尺效应，又称登门槛效应，指一个人一旦先接受了他人一个微不足道的要求，为使自己的形象看起来不自相矛盾，在心理惯性的支配下，就有可能接受他人更高的要求，哪怕是原本不愿接受的要求。这种现象就好比登门槛，只要对方乐意稍稍打开一条门缝，让你登了他的门槛，你就有可能进入室内。

提要求，先登上对方心理"门槛"
明代洪应明在《菜根谭》中有言："攻人之恶勿太严，要思其堪受；教人之

善勿太高，当使人可从。"意思是，一下子向他人提出一个较高的要求，对方一般很难接受，而如果逐次提出要求，不断缩小差距，对方就比较容易接受。其实，人与人之间的交际，尤其是需要对方帮忙的情况，更是同样的道理。步步为营，像登门槛一样，才能走进对方心境。

美国社会心理学家弗里德曼与弗雷瑟，曾做过一个经典而又有趣的实验。

他们派了两个大学生去访问加州郊区的家庭主妇。首先，其中一个大学生先登门拜访了一组家庭主妇，请求她们帮一个小忙：在一个呼吁安全驾驶的请愿书上签名。这是一个社会公益事件，而且非常容易，所以绝大部分家庭主妇都很合作地在请愿书上签了名，只有少数人以"我很忙"为借口拒绝了这个要求。

接着，在两周之后，另一个大学生再次挨家挨户地去访问那些家庭主妇。不过，这次他除了拜访第一个大学生拜访过的家庭主妇之外，还拜访了另外一组第一个大学生没有拜访过的家庭主妇。与上一次的任务不同，这个大学生拜访时还背着一个呼吁安全驾驶的大招牌，请求家庭主妇们在两周内把它竖立在她们各自院子的草坪上。

实验结果是：第二组家庭主妇中，只有17%的人接受了该项要求，而第一组家庭主妇中，则有55%的人接受了这项要求，远远超过第二组。

通过这个实验我们发现，答应了第一个请求的家庭主妇表现出了乐于合作的特点。当她们面对第二个更大的请求时，为了保持自己在他人眼中乐于助人的形象，她们会同意在自家院子里竖一块粗笨难看的招牌。

可见，一个人一旦接受了他人的一个小要求之后，如果他人在此基础上再提出一个更高一点的要求，那么，这个人就倾向于接受更高的要求。这样逐步提高要求，就可以有效地达到预期的目的。这就是心理学家所谓的"登门槛效应"。

日常人与人的交往中，有许多利用这种效应的例子。例如，男士在追求自己心仪的女孩时，并不是一步到位提出要与对方共度一生，而是逐渐通过看电影、吃饭、游玩等小要求来逐步达到目的。一个推销员，当他可以敲开门跟顾客进行交谈时，其实，他已经取得了一个小小的成功。在这种情况下，如果他能够说服顾客买一件小东西的话，那么，他再提出进一步的要求，就很可能被满足。还有，我们小时候向家长提要求，比如"可不可以吃颗糖果"等，当妈妈答应的时候，我们往往会提出进一步的要求："那可不可以喝一小杯果汁呢？"妈妈通常也是会答应的。这一切，无非是先越过对方的心理"门槛"，然后步步深入，最终达到目的。

可见，在人际交往中，当我们要向他人提出一个比较高的要求时，如果直接提出，就很容易被拒绝。如果先提出一个较小的要求，一旦对方答应，再提出那个较高的要求，就会有更大的被接受的可能。因此，如果此刻你有什么请求或要求向他人提出，不妨运用登门槛效应，很可能会给你带来意想不到的收获。

把握对方兴趣及心情的"门槛"

生活中，我们常会遇到这样的情况：在等公交车时，一些乞丐手里拿着一个很破的碗，在等车的人群中乞讨，但是很少有人给钱。每当那个乞丐走近的时候，人们的反应几乎是一致的，要不就是跟同伴聊天，假装没看见，要不就是转过身去……那个乞丐转了一圈之后，发现没有人给钱，便无趣地走开了。

人们通常会自动地忽视陌生人的请求。不过，研究发现，对陌生人提出请求时，若能引起对方的兴趣，就很有可能会获得帮助。

有心理学家曾经做过一个有趣的实验：一些女助手扮演乞丐，到大街上乞讨，在不打算引起路人注意的情况下，女助手提出的请求是："您能给我一些零钱吗？"或者是："您能给我一个25美分的硬币吗？"为了引起路人的注意，并且不至于让路人一下子就拒绝，另一组助手提出了不同寻常的请求："您能给我17美分吗？"或者是："您能给我37美分吗？"

结果表明，第二组助手的请求引起了许多路人的兴趣，大约有75%的路人将助手所需要数目的钱给了她们；而在前一种情况下，只有一半的路人给了她们一些钱。

通过上面的实验，人们发现，可以通过引起他人注意的方法来改变他人的行为。与此类似的还有美国校园里的一些慈善活动。有人想出了一些别出心裁或引人注意的请求来增加他们集资的数目。比如，有一些教员会被"拘留"，这些教员只有得到了一定的来自他自己或其他人的担保金额才可以被释放。结果，这种做法非常成功。

事实上，要想得到他人的帮助，除了引起对方的兴趣外，还可以在提出请求之前，让他人有一个好心情。

心理学家在美国旧金山最大的购物中心进行了一次有趣的实验。

实验分两种情况进行，一种是实验人员在使用电话之前放入10美分硬币，另一种是电话亭里没有放钱。在电话亭打电话的人并不知道有什么实验，只是当他们打完电话后，从电话亭里出来的时候，实验人员抱着一堆书之类的东西从他们跟前走过，故意让书落到地上。

结果显示，没有捡到钱的人当中，只有5％的人帮忙捡起了落下的书本，而捡到钱的人当中却有90％以上的人伸出了援助之手。

由此可见，心情好的确使人更容易帮助别人。这正如当你遇见一个好人，顿时觉得生活特别美好，觉得自己非常幸运。在这种情况下，为什么不去帮助那些不如你幸运的人呢？为什么不能让世界有更多的美好呢？似乎好心情有一种惯性，日常生活中，很多人总是在别人喜事临门、有意外收获的时候，让别人请客，或帮忙做一些事，结果就是被求的人要比平时更容易同意。这一切，都是登门槛效应的种种表现。

·第七章·

职场：走出竞争困境

路径依赖法则：职场，第一步决定成败

◆定律阐释：路径依赖法则，类似于物理学中的惯性，指一旦选择进入某一路径（无论是好还是坏），就可能对这种路径产生依赖。也就是说，一旦人们做了某种选择，就好比走上了一条不归之路，惯性的力量会使这一选择不断自我强化，并让你无法轻易走出去。

关键的第一份工作

斯太菲克是位退役军人，一次因伤住进了医院。在那里，正愁日后不知如何谋生的他，偶然发现许多洗衣店都把刚熨好的衬衣折叠在一块硬纸板上，以避免皱褶。他写了几封信给洗衣店，获悉这种纸板每千张 4 美元。他便与洗衣店商谈，以每千张 1 美元的价格出售，但要在每张纸板上登则广告，广告费归他所有。就这样，这个智慧而成功的选择成了斯太菲克事业的开端，他沿着这条路，最终成为美国赫赫有名的富商。

有专家曾形象地比喻，择业就像我们穿衣服一样，第一个扣子（第一份工作）特别重要，如果这第一个扣子扣错了，路径依赖问题就出现了，就可能一路错下去。

客观来讲，第一份工作的选择无非是两种情况：一种是成功的选择，像斯太菲克一样，找到了一个适合自己发展的起点，并沿着这条路一直走向成功；另一种是失败的选择，随着工作的深入，发现自己并不适合。但无论哪种情况，最初的选择对后来的影响都是很深远的。

张鹏和刘明是某重点大学的同班同学，非常要好，工作几年始终保持联系。

当初大学即将毕业之际，两人都积极地联系就业单位。那时，张鹏认为，个人要发展，应当进大公司去寻求广阔的发展空间。经过努力，他如愿以偿进了一

家知名外企。而刘明则认为，在哪里工作不是很重要，重要的是要能施展自己的才能，实现自己的价值。小公司人虽少，但个人发展机会反而可能更多，所以，他选择了一家只有十几人的小公司。

在后来几年的工作实践中，张鹏由于所在的公司人才济济，他只能做一些很"低级"的杂活，想跳槽又心有不甘，始终处于进退两难、势成骑虎的状态。而刘明的公司则因员工数量少，工作成果见效快，他的才能也很快显露出来。不久，他就被升为企划经理。

张鹏和刘明同时起步，只因第一份工作的选择不同，一个是愁眉苦脸，无所作为；一个是如鱼得水，大展宏图。他们的经历让我们深刻地体会到：第一份工作的选择，对日后的发展非常重要。

同时，张鹏的"想跳槽又心有不甘，处于进退两难、势成骑虎的状态"也让我们看到，路径依赖问题对一个人职业生涯的重要影响。与此类似，姜亮的经历也是一个很好的证明。

姜亮在报考大学时，只因为家里人一再坚持让其报财务类专业，就顺了家人的意思。大学毕业至今，他在这家公司做了近7年的财务工作，虽然很稳定，但总觉得若有所失。

突然有一次，朋友请他帮忙去谈一桩非常难成的生意，谁料，他很轻松就谈成了。从那时起，他才发现，无论从性格、兴趣方面，还是从能力、特长方面，自己更适合谈判类工作。同时，朋友也诚挚邀请他过去帮忙。

然而，他在现在的公司做了这么多年的财务工作，两年前还被任命为财务主管，且公司的财务经理再过3年就要退休了，他几乎是全公司公认的候选人。同时，从经济上讲，他的房贷还有15年才能还清，贸然转行风险很大。况且，若真的转行了，他大学4年的专业知识、7年的工作经验可能要石沉大海。

像姜亮这种情况，在职场上十分普遍。年少时不知道自己要什么，完全依照家长的指引选择，走了很远才发现所选的路并不是自己想要的。而当另外一条"金光大道"出现在面前时，想要换条路走，却不那么容易了。

当我们已经习惯了某种工作状态和职业环境，就会产生一定的依赖性，若重新做出选择，往往会丧失许多既得利益，甚至元气大伤，从此一蹶不振。所以，我们对重新选择过程中所存在的不确定性因素总是存在恐惧。

专家建议，第一份工作最好兼顾自己的兴趣、个性、能力及专业知识，为自己量身定做一个既具挑战性，又不失客观、实际的职业生涯发展规划，按照规划一步步努力走下去。这样，即便对所选择的职业路径产生依赖感，也会起到正反馈的作用，进入良性循环。

一旦发现入错行，要勇敢打破"路径依赖"

纵然初入社会时的第一次择业对我们以后的职业路径非常关键，但并不是人人都能像斯太菲克和刘明那样一次就选对方向，还有很多类似张鹏、姜亮那样进退两难的职场人士。

那么，当知道第一次择业选错了，我们真的就永无回头的机会了吗？我们骑在虎上真的就下不来了吗？路径依赖是永恒的吗？

其实，人生的机遇并非只有一次。当你发现不再适合自己的工作、不再适合自己的事业时，最好还是跳出"路径依赖"的影响，勇敢地走出来。下面这则小故事或许能让你有所收获。

他5岁时就失去了父亲。

他14岁时从格林伍德学校辍学，开始了流浪生涯。

他在农场干过杂活，干得很不开心。

他当过电车售票员，也很不开心。

16岁时他谎报年龄参了军，但军旅生活也不顺心。

一年的服役期满后，他去了亚拉巴马州，在那里他开了个铁匠铺，但不久就倒闭了。

随后他在南方铁路公司当上了机车司炉工。他很喜欢这份工作，他以为终于找到了属于自己的位置。

他18岁时结了婚，仅仅过了几个月时间，在得知太太怀孕的同一天，他又被解雇了。

接着有一天，当他在外面忙着找工作时，太太卖掉了他们所有的财产，逃回了娘家。

随后大萧条开始了。他没有因为老是失败而放弃，别人也是这么说的，他确实非常努力了。

他曾通过函授学习法律，但后来因生计所迫，不得不放弃。

他卖过保险，也卖过轮胎。

他经营过一条渡船，还开过一家加油站。

但这些都失败了。

有人说，认命吧，你永远也成功不了。

有一次，他躲在弗吉尼亚州若阿诺克郊外的草丛中，谋划着一次绑架行动。

他观察过那个小女孩的习惯，知道她下午什么时候会出来玩。他静静地埋伏在草丛里，思索着，他知道她会在下午两三点钟出来玩。

尽管他的日子过得一塌糊涂，可在此之前他从来没有过绑架这种冷酷的念头。然而此刻他借着屋外树丛的掩护，躲在草丛中，等待着一个天真无邪、长着红头发的小姑娘进入他的攻击范围。为此，他深深地痛恨自己。

可是，这一天，那位小姑娘没出来玩。

因此，他还是没能突破他一连串的失败。

后来，他成了考宾一家餐馆的主厨。但一条新修的公路刚好穿过那家餐馆，他又一次失业了。

接着他就到了退休的年龄。

他并不是第一个，也不会是最后一个到了晚年还无以为荣的人。

幸福鸟，总是在不可企及的地方拍打着翅膀。

他一直安分守己——除了那次未遂的绑架，但他只是想从离家出走的太太那儿夺回自己的女儿。不过，母女俩后来回到了他身边。

时光飞逝，眼看一辈子快过去了，而他一无所有。

要不是有一天邮递员给他送来了他的第一份社会保险支票，他还不会意识到自己老了。

那天，他愤怒了，觉醒了，爆发了。

政府很同情他。政府说，轮到你击球时你都没打中，不用再打了，该是放弃、退休的时候了。

他们寄给他一张退休金支票，说他"老"了。

他说："呸。"

他收下了那张 105 美元的支票，并用它开创了新的事业。

后来，他的事业欣欣向荣。

他，终于在 88 岁高龄时大获成功。

这个到生命快结束时才开始的人就是哈伦德·山德士，肯德基的创始人。

如果把路径依赖比作一种"魔咒"，一种"顽疾"，那么，突破它的禁锢就需要努力，需要勇气。在选择和失败之间、放弃和成就之间抉择时，当你发现自己走错时，应勇于打破"路径依赖"，这是你重新回到成功轨道的唯一选择。

蘑菇定律：初涉职场，成蝶需先破茧

◆定律阐释：蘑菇定律，指初学者一般像蘑菇一样被置于阴暗的角落（不受重视的部门，或做打杂跑腿的工作），头上浇着大粪（无端的批评、指责、代人受过），只能自生自灭（得不到必要的指导和提携）。这是许多组织对初出茅庐者的一种管理心态。

小说《一地鸡毛》中描写到，主人公小林夫妇都是大学生，很有事业心，努力、奋发，有远大的理想。二人志向高得连单位的处长、局长、社会上的大小机关都不放在眼里，刚刚工作就锋芒毕露。于是，两人初到单位，各方面关系都没处理好，而且因为一开始就留下了"伤疤"，后来的日子也经常是磕磕碰碰。说到底，夫妇俩都败给了自己的职场第一步。

职场起步，切勿过早锋芒毕露

众所周知，蘑菇长在阴暗的角落，得不到阳光，也没有肥料，自生自灭，只有长到足够高的时候才开始被人关注，可此时它自己已经能够吸收阳光了。

这种经历，对于成长中的职场年轻人来说，就像蛹，是羽化前必须经历的一步。只有承受这些磨难，才能成为展翅的蝴蝶。日本前邮政大臣野田圣子，就为我们做了一个很好的榜样。

野田圣子的第一份工作是在帝国酒店当白领丽人，在新人受训期间负责清洁厕所，她从未做过如此粗重的工作，上班不足一个月，她便开始讨厌这份工作。

有一天，一名与野田圣子一起工作的前辈，在擦完马桶后，居然从马桶中盛了满满一杯水，并在她面前一饮而尽，目的是向她证明经她清洁后的马桶干净得连其中的水也可以饮用。此时，野田圣子才发现自己的工作态度有问题，根本没资格在社会上肩负任何重大的责任，于是她告诉自己：就算一生洗厕所，也要做个最出色的洗厕人。

结果，在训练课程的最后一天，当她擦完马桶之后，毅然盛了一杯水喝下。

这次的经历，也成为她日后为人处世的精神力量源泉。

其实，对于初涉职场的新人来说，不仅要像野田圣子那样，能承受得了"蘑菇"阶段的历练，还要注意不能过早地锋芒毕露。

有一位图书情报专业毕业的硕士研究生分到上海的一家研究所工作，从事标准化文献的分类编目工作。

他认为自己是学这个专业的，自认为比其他人懂得多，而且刚上班时领导也以"请提意见"的态度对他。于是工作伊始，他便提出了不少意见，上至单位领导的工作作风与方法，下至单位的工作程序、机制与发展规划，都一一列举了现存的问题与弊端，提出了周详的改进意见。对此领导表面点头称是，同事也不反驳，可结果呢，不但没有一点儿改变，他反倒成了一个处处惹人嫌的主儿，被单位掌握实权的某个领导视为狂妄、骄傲，一年多竟没有安排他具体做什么活儿。

后来，一位同情他的老太太悄悄对他说："小王啊，你还是换个单位吧，在这儿你把所有的人都得罪了，别想有出息。"

于是，这位研究生闭上了嘴。一段时间后，他发觉所有的人都在有意无意地为难他，连正常的工作都没有人支持他，他只好"炒领导的鱿鱼"，离开了。

临走时，领导拍着他的肩头："太可惜了！我真不想让你走，我还准备培养你当我的接班人哩！"

那位研究生一边玩味着"太可惜"三个字，一边苦笑着离去。

在现实社会中，与这位研究生一样的年轻人并不少见。他们处世往往不留余地，锋芒毕露，有十分的才能与聪慧，就要表露出十二分。殊不知，职场有职场的游戏规则，你如果想在职场有所作为，就要先适应这里的游戏规则，实力壮大、羽翼丰满之后，再通过你的能力来制定新的游戏规则，否则，你一定会被碰得头破血流，留下"壮志未酬身先死"的怨叹。

中国有一个成语叫"大智若愚"，行走职场，必要的时候，你一定要学会做一个"愚人"来保全自己，这往往能让你以不变应万变。

做"蘑菇"该做的事

曾有人说过这样一番话："一个人既然已经经历'蘑菇'的痛苦，哭也好，骂也好，对克服困难毫无帮助，只能是挺住，你没有资格去悲观。因为，此时假如你自己不帮助自己，还有谁能帮助你呢？"

这句话说明了一个很重要的道理：正因身处"蘑菇"境遇，你得比别人更加积极。谁都知道，想做一个好"蘑菇"很难，但那又能怎样呢？如果只是一味地强调自己是"灵芝"，起不了多大作用，结果往往是"灵芝"未当成，连"蘑菇"也没资格做了。

所以，你想要突破"蘑菇"的境遇，使自己从"蘑菇堆"里脱颖而出，在最开始就要做好"蘑菇"该做的事，用智慧去突破"蘑菇"境遇。

你要学会从工作中获得乐趣，而不仅仅是按照命令被动地工作。确立自己的人生观，根据你自己的做事原则，恰如其分地把精力投入到工作中。要想让企业成为一个对你来说有乐趣的地方，只有靠你自己努力去创造、去体验。

身为新人，工作中你要注意礼貌问题。也许你觉得这样是在走形式，但正因为它已经形式化了，所以你更需要做到，从而建立良好的人际关系。记得有这样一句话：礼貌这东西就像旅途使用的充气垫子，虽然里面什么也没有，却令人感觉舒适。记住：有礼貌不一定是智慧的标志，可是不礼貌会使人认为其愚蠢。

常言道，"少说话，多做事"，这对新人更是适用。每一个刚开始工作的年轻人都要从最简单的工作做起。如果你在开始的工作中就满腹牢骚、怨气冲天，那么你就会对工作草率行事，从而有可能导致错误的发生；或者本可以做得更好，而没有做到。这会使你在以后的职务分配中很难得到你本可以争取到的工作。

还有，毕业后一旦走向社会，会发现梦想与现实总是存在很大的差距。当你到了一个并不满意的公司，或者在某个不理想的岗位，做着也许很没劲甚至很无聊的工作时，肯定产生前途茫然的感觉，如果收入又不理想，你肯定会郁闷万分，此时实际上就是蘑菇定律在考验你的适应能力。达尔文的话是最好的忠告：要想改变环境，必须先适应环境，别等环境来适应你。

时刻记住，人可以通过工作来学习，可以通过工作来获取经验、知识和信心。你对工作投入的热情越多，决心越大，工作效率就越高。当你抱有这样的热情时，上班就不再是一件苦差事，工作就会变成一种乐趣，就会有许多人聘请你做你喜欢做的事。

正如罗斯·金所言："只有通过工作，你才能保证精神的健康，在工作中进行思考，工作才是件愉快的事情。两者密不可分。"处于"蘑菇"阶段的年轻人，快沉下心来，以你的智慧与能力在职场破茧成蝶吧！

青蛙法则：居安思危才能永远前进

◆定律阐释：青蛙法则，把一只青蛙放进冷水锅里，如果慢慢地加热，青蛙会随水温逐渐升高而被煮死。相反，如果把一只青蛙直接放进热水锅里，它便会立刻感觉到危险，并迅速跳出锅外。这个法则旨在提示人们要懂得居安思危。

生于忧患，死于安乐

19世纪末，美国康奈尔大学进行了一个有趣的实验：他们将一只青蛙扔进一个沸腾的大锅里，青蛙一接触到沸水，便立即触电般地跳到锅外，死里逃生。实验者又把这只青蛙丢进一个装满凉水的大锅，任其自由游动，然后用小火慢慢加热。随着温度慢慢升高，青蛙并没有跳出锅去，而是被活活煮死。实际上，这只青蛙，是死于缺乏危机意识的麻木之中。

"蛙未死于沸水而灭顶于温水"的结局，很是耐人寻味。若是锅中之蛙能时刻保持警觉，在水温刚热之时迅速跃出，也为时不晚，就不至于导致被煮死的结局。这就让我们想起了孟子曾说过的一句话："生于忧患，死于安乐。"

一个人如果丧失了忧患意识，那么，就会像被水煮的青蛙一样，在麻木中死亡。所以，在从初涉职场到工作干练的渐变过程中，我们要保持清醒的头脑和敏锐的感知，对新变化做出快速的反应。不要贪图享受，安于现状，否则当你感觉到环境已经使自己不得不有所行动的时候，你也许会发现，自己早已错过了行动的最佳时机，等待你的只是悲哀、遗憾和无法估计的损失。

漫漫的职场路，我们都希望自己能一帆风顺，不希望遇到忧患与危机。但客观上讲，忧患与危机并不是什么可怕的魔鬼，当它们出现在我们面前时，往往能激发潜伏在我们生命深处的种种能力，并促使我们以非凡的意志做成平时不能做的大事。所以，与其在平庸中浑浑噩噩地生活，不如勇敢地承受外界的压力，过一种更有创造力的生活。

拿破仑在谈到他手下的一员大将马塞纳时曾说："平时，他的真面目是不会显现出来的，可当他在战场上看到遍地的伤兵和尸体时，那种潜伏在他体内的狮性就会在瞬间爆发，他打起仗来就会勇敢得像恶魔一样。"

再如拿破仑本人，如果年轻时没有经历过窘迫而绝望的生活，也就不可能造就他多谋刚毅的性格，他也就不会成为至今为人们所景仰的英雄人物。贫穷低微的出身、艰难困顿的生活、失望悲惨的境遇，不仅造就了拿破仑，还造就了历史上的许多伟人。例如，林肯若出生在一个富人家的庄园里，顺理成章地接受了大学教育，他也许永远不会成为美国总统，也永远不会成为历史上的伟人。正是有了那种与困境作斗争的经历，使他们的潜能得以完全爆发，从而发现自己的真正力量。而那些生活在安逸舒适中的人，他们往往不需要付出太多努力，也不需要个人奋斗就能达到目的，所以，潜伏在他们身上的能量就会被遗忘、湮没。

当今世界上，有许多人都把自己的成功归功于某种障碍或缺陷带来的困境。如果没有障碍或缺陷的刺激，也许他们只能挖掘出自己 20% 的才能，正因为有了这种强烈的刺激，他们另外 80% 的才能才能够得以发挥。

所以，身处今天快节奏、不断变幻的职场，我们要懂得居安思危。要知道，危机并不代表灭亡，而恰恰可能是一种契机。我们经由这些危机，往往会发现自己真正的价值所在，激发出深藏于心的巨大力量，从而使人生更加精彩。

在自危意识中前进

我们都知道，未来是不可预测的，人也不可能天天走好运。正因为这样，我们更要有危机意识，在心理上及实际行为上有所准备，以应付突如其来的变化。有了这种意识，或许不能让问题消弭，却可把损害降低，为自己打开生路。

常言道，一个国家如果没有危机意识，迟早会出问题；一个企业如果没有危机意识，迟早会垮掉；一个人如果没有危机意识，也肯定无法取得新的进步。

那么，我们具体该如何在竞争激烈的职场中提升自己的危机意识呢？下面，来看看闻名于世的波音公司的一个有趣做法。

波音公司以飞机制造闻名于世。为了提升员工的忧患意识，一次，公司别出心裁地摄制了一部模拟倒闭的电视片让员工观看：

在一个天空灰暗的日子，公司高高挂着"厂房出售"的招牌，扩音器传来"今天是波音公司时代的终结，波音公司关闭了最后一个车间"的通知，全体员工一个个垂头丧气地离开工厂……

这个电视片使员工受到了巨大震撼，强烈的危机感使员工们意识到：只有全身心投入生产和革新中，公司才能生存，否则，今天的模拟倒闭将成为明天无法避免的事实。

看完模拟电视片，员工们都以主人翁的姿态，努力工作，不断创新，使波音公司始终保持着强大的发展后劲。

事实上，波音公司的这种做法不仅对企业有深刻启示，对于行走职场的个人来说，同样具有一定的借鉴作用。在工作中，我们也应该像波音公司的员工那样，时刻提醒自己：只有全身心投入生产和革新中，公司才能生存，我们才有机会发展，否则，今天意识中的倒闭将成为明天无法避免的事实。

当今社会的快节奏和激烈的竞争，令很多人在 35 岁时遇到这样一个困惑：为什么多年来我一事无成？接下来的岁月我应该做些什么？在机会面前，许多人不敢贸然决定。因为他们从心理上理解了人生的有限，而自己也开始重新衡量事业和家庭生活的价值，于是产生了职业生涯危机。这就是著名的"35 岁危机论"。

罗伯特先生，35 岁，自言感觉过去对工作、对自己的认识似乎有错误，而自己长期养成的行为习惯好像变成了事业的绊脚石。想改变自己，又不忍心否定过去；想改变生活方式，又担心选择的并不是最适合自己的。两年前，他终于下定决心放弃了某公司副经理的职位，参加 MBA 考试并重回校园深造。

现在，完成学业的罗伯特先生在找工作时却犯了难。罗伯特先生业已投出上百份简历，但有回音者寥寥无几。罗伯特先生说，自己并不要求高起点的薪金，而只要求一个管理类的工作职位。然而他发现，"社会上已经人满为患"。

罗伯特先生曾读过一篇题目为《35 岁，你还会换工作吗》的文章，文中专家说："社会对 35 岁以上的求职者提出了较高的要求，必须通过不断学习和更新知识，提高自身竞争力。"对此罗伯特先生很纳闷：我正是为了完善自己才去学习，为什么反而让社会把自己挤了出去呢？

其实，像罗伯特先生这种工作以后又重返课堂充电，充电后找工作重新迎接社会的挑战，已不仅仅是 35 岁的人才会面临的境况。有人甚至感叹："不充电是等死，怎么充了电变成找死啦？"

最关键的一点是：我们要明白，人生的经历是积累的，不要以为学习充电后就无须面临社会"物竞天择,适者生存"的自然选择。以前的经历是你的宝贵财富，但这并不能让你在职场上永操胜券。千万不要有一劳永逸的期待，要时刻保持危机意识，告诉自己"一定要快跑，不够优秀在什么时候都会被淘汰"。

自信心定律：点亮自信明灯，秀出你的精彩

◆定律阐释：自信心定律，指一个相信自己有能力完成各种任务、能应付各种事件、能达到预定目标的人，必然是一个充满自信的人，也是非常容易成功的人。

丢掉第6份工作引发的职场思考

某人在一家公司工作近10年，总是抱着"我的能力有限，再努力也没有用"的心态，因此工作上从未有什么出色的业绩，薪水也不见涨。一天，他终于忍不住向老板大吐苦水。老板对他说："你虽然在公司待了近10年，但你的工作经验却和只工作了1年的员工差不多，能力也只是新手的水平。"可见，有一个自信积极的心态对我们的职业前景非常重要。

2008年11月27日，某网站转载了一则关于某男子毕业3年，因不自信丢掉了第6份工作的消息：

"难道我真的一无是处，是个没用的人？"刚刚失去第6份工作的李磊（化名）想起3年来在工作中的点点滴滴，对自己彻底失去了信心。

他说，前几天刚被老板辞退，这已经是他毕业3年来的第6份工作了。他自己觉得，不自信是丢掉工作的主要原因。原来，一周前李磊到一家牙科诊所应聘，老板问他是什么学历，因为害怕老板嫌弃自己的学历低，李磊便谎称是本科学历，而实际上他是大专学历。本以为老板只是问问学历，没想到上班之后，老板天天要他拿出学历证书。再也瞒不过去的李磊只得向老板吐露了实情，结果第二天老板就以"为人不诚实"将他辞退了。

"一家私人诊所可能也不会太在乎学历，我毕业3年了，有实践经验，这对老板来说可能比学历更为重要。"李磊很后悔当初不自信，没有对老板说实话。

李磊的经历给我们带来了深刻的思考：职场上，自信心对于一个人很重要。要想老板看重你，首先要自己看重自己。

客观上来说，一个人有没有自信，来源于对自己能力的认识。充满自信就意味着对自己信任、欣赏和尊重，意味着对工作胸有成竹、很有把握。

未来学家弗里德曼在《世界是平的》一书中预言："21世纪的核心竞争力是态度。"这就是在告诉我们，积极的心态是个人决胜未来最为根本的心理资本，

是纵横职场最核心的竞争力。

所谓的积极心态,自信心当然是非常重要的一部分。一个失去自信的人,就是在否定自我的价值,这时思维很容易走向极端,并把一个在别人看来不值一提的问题放大,甚至坚定地相信这就是阻碍自己进步的唯一障碍,自然就很难有出类拔萃的成就了。

事实上,工作中若能时刻保持一种积极向上的自信心态,即使遇到自己一时无法解决的困难,也会保持一种主动学习的精神,而这种内在的、自发的主动进取,往往会让我们把事情做得更好。

美国成功学院对 1000 名世界知名成功人士的研究结果表明,积极的心态决定了成功的 85%!对比一下身边的人和事,我们不难发现,很多自信的人工作起来都非常积极、有把握,并且取得了出色的工作业绩;而那些总认为"我不行"、"做不了"、"我就这水平了"的人,尽管有过多年的工作经历,但工作上始终没有什么起色或前进。

所以,职业生涯中,必须充满自信。自信心是源自内心深处、让你不断超越自己的强大力量,它会让你产生毫无畏惧、战无不胜的感觉,这将使你工作起来更加积极。

自信飞扬,做职场冠军

在工作中,我们常会遇到这样的情况:挫折袭来,有的人始终不能产生足够的自信心,从而一蹶不振;有的人却能在焦虑和绝望后迅速产生强大的自信心,从而拼劲十足地实现目标。

其实,产生这种差异并不完全是由先天因素决定的,往往是因为前者平时不注重自信心的树立;后者却懂得经过长期的自我训练,增强自信心。

无论从事什么职业,自信都能给人以勇气,使你敢于战胜工作中的一切困难。工作上,谁都愿意自己出类拔萃,这就要求我们必须挑战人生,要挑战就必须以充满自信为前提,如果我们连自信心都没有,能做好一切吗?

大家都知道《毛遂自荐》的故事,正因为毛遂有极强的自信心,所以才敢向平原君推荐自己,并最终出色地完成了任务。还有,在井冈山艰苦斗争的年代,有些人对中国革命产生了怀疑,于是毛泽东提出了"星星之火,可以燎原"的论点,从而促使中国革命继续向前,这不也是自信心的表现吗?正因为这种自信,在党的英明领导下,中国革命才能由小到大,由弱到强。

美国思想家爱默生说:"自信是煤,成功就是熊熊燃烧的烈火。"对于成功人士来说，自信心是必不可少的。据说，今日资本集团总裁徐新当初之所以选择投资网易，正是因为网易创始人丁磊的自信。

丁磊毕业于电子科技大学，毕业后被分配到宁波市电信局。这是一份稳定的工作，但丁磊无法接受那里的工作模式和评价标准，自信的他从电信局辞职："这是我第一次开除自己。有没有勇气迈出这一步，将是人生成败的一个分水岭。"

因为自信，丁磊在两年内3次跳槽，最终在1997年决定自立门户。后来，丁磊和徐新在广州一家狭小的办公室见面。徐新主动问他一些问题："网易在行业内的情况怎么样？"

"我们会是第一。"丁磊毫不犹豫地这么回答。客观上讲，1999年初，网易刚向门户网站迈进，与新浪、搜狐相比，还只是一个刚刚崭露头角的小网站。

徐新当然知道当时的网易不是门户网的第一，但觉得："他很有上进心，而不是吹牛——是有实质的自信。我觉得企业家有这种精神是很必要的，你有这么一个理想跟雄心去做行业排头兵。我投的就是他的这个自信。"

通过丁磊的经历，我们可以肯定地说：开放的自信是创立事业、成就价值的重要素质。

既然自信心如此重要，那么，我们要怎样做才能树立自信心呢？

首先，在平时的工作中要不断地学习，不断地提升自己。

阿基米德说过，"只要给我一个支点和足够长的杠杆，我就可以把地球撬动"，有如此的自信，那是因为他深入掌握科学的原理；关羽之所以敢独自一人去东吴单刀赴会，是因为他深知自己的本领……正所谓"有了金刚钻，才敢揽瓷器活"。

其次，要有一定的耐心和毅力。

有些事情不是一朝一夕就能做好，需要我们持之以恒地努力。要用长远的目光看待目前遇到的困境，相信我们有能力去解决它，相信自己，最后的成功必定是我们的。

最后，不要总想着自己的缺点，时刻告诉自己"我是最棒的"、"我是优秀的"。

每个人都有缺点，完美无缺的人是不存在的，对自身的缺点不要念念不忘。要知道，别人往往并没有那么在意你的缺点。要相信自己，相信自己是最棒的、最优秀的。

·第八章·

管理：管理就是管人性

破窗效应：小问题，大影响

◆定律阐释：破窗效应，指如果有人打破了建筑物的窗户玻璃，而这扇窗户又得不到及时的维修，别人就可能受到暗示性的纵容去打烂更多的玻璃。久而久之，这些破窗户就给人造成一种无序的感觉。那么，在这种麻木不仁的氛围中，犯罪就会滋生、蔓延。

从"小奸小恶"谈企业管理

美国斯坦福大学心理学家詹巴斗曾做过这样一个实验：他把两辆一模一样的汽车分别停在比较杂乱的街区和中产阶级社区，并把停在杂乱街区的那辆车车牌摘掉、顶棚打开。结果，一天之内那辆车就被人偷走了，而摆在中产阶级社区的那辆车过了一周仍完好无损。后来，他用锤子把这辆车的玻璃敲了个大洞，没过几个小时，它就不见了……

詹巴斗的实验告诉我们：环境具有强烈的暗示性和诱导性，不要轻易打破任何一扇窗户，一旦有缺口被打开，即使看上去微不足道，如果不及时制止，其恶劣影响就会滋生、蔓延，即所谓的"破窗效应"。

事实上，这一效应在企业管理中具有重要的借鉴意义。对待企业中随时可能发生的一些"小奸小恶"，特别是对于触犯企业核心价值观念的一些"小奸小恶"，及时处理是非常必要的。

美国有一家以极少炒员工著称的公司。

一天，资深车工杰瑞为了赶在中午休息之前完成2/3的零件，在切割台上工作了一会儿之后，就把切割刀前的防护挡板卸下来放在一旁，没有防护挡板收取加工零件会更方便、更快捷一点。大约过了一个多小时，杰瑞的举动被走进车间巡视的主管逮了个正着。主管大发雷霆，除了亲自监督杰瑞立即将防护挡板装上之外，又站在那里大声训斥了半天，声称要作废杰瑞一整天的工作量。到此，杰瑞以为结束了，没想到，第二天一上班，便有人通知杰瑞去见老板。在那间杰瑞受过多次鼓励和表彰的总裁室里，杰瑞听到了要将他辞退的处罚通知。总裁说："身为老员工，你应该比任何人都明白安全对于公司意味着什么。你今天少完成几个零件，少实现利润，公司可以换个人换个时间把它们补回来，可你一旦发生事故失去健康乃至生命，那是公司永远都补偿不起的……"

离开公司那天，杰瑞流泪了。在公司工作的十几年间，杰瑞有过风光，也有过不尽如人意的地方，但公司从没有人对他说不行。可这一次不同，杰瑞知道，他这次触犯了公司的铁律。

除此之外，破窗理论还有一种比较直观的体现。在日本，有一种称作红牌作战的质量管理活动。第一步，清理。清楚地区分要与不要的东西，找出需要改善的事物。第二步，整顿。将不要的东西贴上红牌。红牌作战的目的是：借助这一活动，让工作场所整齐清洁，塑造舒爽的工作环境，久而久之，大家遵守定则，认真工作。许多人认为，这样做太简单，芝麻小事，没什么意义。但是，一个企业产品质量是否有保障的一个重要标志，就是生产现场是否整洁。

作为一位出色的管理者，我们应当认识到破窗理论在企业中的重要作用。对员工发生的"小奸小恶"行为，要引起充分的重视，加重处罚力度，严肃公司纪律，这样才能防止有人效仿，积重难返，特别是对违犯公司核心理念的行为要严肃查处，绝不姑息。要鼓励、奖励"补窗"行为。不以"破窗"为理由，而以"补窗"为己任。

当然，身为管理者，我们自己也要以身作则，不做"破窗"的第一人。自觉遵守公司规章制度，按程序办事。因为工作程序的制定一般都反映了对员工的约束机制，考虑了成本效益因素。违反程序，其结果往往是造成无序，破坏约束机制，增加成本，有害于公司，也有害于自己。

养成工作遵守程序的习惯，使其成为个人的道德水平的体现。同时，不以"别人不按程序，我为什么不能"为理由放纵自己，而是坚定立场，反对违反公司规定、浪费公司资源、社会资源的行为。

危机时代，要学会"预防性管理"

美国学者菲特普曾对财富 500 强的高层人士进行过调查，高达 80% 的被访者

认为，现代企业不可避免地要面临危机，就如人不可避免地要面临死亡，14%的人则承认自己曾面临严重危机的考验。

一般说来，企业危机是指在企业内部矛盾、企业与社会环境的矛盾激化后，企业已不能按照原来的轨道继续运行下去的紧急状态，表现为失控、失范和无序。

如今，日益激烈的竞争，充满变数的非直线性发展的外部力量的变化，彻底打破了经验主义者理想的思维方式，如果仅仅依靠并沿袭往日成功的经验来经营企业，将会在不知不觉中铸成危机。局部的、组织的甚或个人的行为，均可能演化为企业的威胁。危机一旦降临，企业将可能面临的主要后果有：利润降低；市场份额减少，失去市场甚至导致破产；商业信誉被破坏，形象、声誉严重受损等。

在实际工作中，有一种叫"预防性管理"的思想，认为要想避免管理中不想要的结果出现，就要在事情发生前，采取一些具体的行动。所以，当危机即将来到时，在还未出现破窗现象时，我们就要做好预防准备。以下两点可以作为我们的参考：

第一，树立危机意识。

从主观上来看，没有人希望危机出现，俗话说"天有不测风云，人有旦夕祸福"，无论是天灾还是人祸，危机都有可能发生。天灾无法避免，但应急措施可将损失降到最低限度或限制在最小范围；人祸是可以避免的，关键取决于企业管理者是否重视对人祸的预防，是否有较强的危机意识。所谓树立危机意识，就是在危机发生前，对危机的普遍性有足够的认识，面对危机临危不惧，积极主动地迎战危机，充分发挥人的主观能动性和创造性。

第二，做好危机的预控。

危机预控是在对危机进行识别、分析和评价之后，在危机产生之前，运用科学有效的理论及方法，以减少危机产生的损失、增加收益的经济活动。企业可采取回避、分散、抑制、转嫁等有效措施的有机结合，通过互相配合、互相补充，达到预防和控制危机的目的。

中国有句古话："人无远虑，必有近忧。"既然有些"破窗"不可避免，企业就应时时绷紧"破窗"这根弦。平时多一些"破窗"意识，多制定几套策略对付各种将来可能出现的"破窗"。

雷尼尔效应：管人就要以人为本

◆定律阐释：雷尼尔效应，指管理应以人为本，知道员工的真正需求，才能留住人才。

温情，留住员工的强大力量

位于美国西雅图的华盛顿大学要在校园的华盛顿湖畔修建一座体育馆，但引起了教授们的强烈反对。因为体育馆一旦建成，恰好挡住了从教职工餐厅窗户可以欣赏到的美丽湖光。与当时美国的平均工资水平相比，华盛顿大学教授们的工资要低20%左右。而他们在没有流动障碍的前提下自愿接受这么低的工资，完全是出于留恋那里的湖光山色：西雅图位于太平洋沿岸，大小湖泊星罗棋布，晴天时可看到北美洲最高的雪山之一——雷尼尔山峰。他们为了美好的景色而牺牲更高的收入机会，被华盛顿大学经济系的教授们戏称为"雷尼尔效应"。

当今，企业的竞争主要是人才的竞争。企业能否吸收和留住人才，成为企业成败的关键。美丽的西雅图风光可以留住华盛顿大学的教授们，同样的道理，企业也可以用温情来吸引和留住人才。

《亚洲华尔街日报》、《远东经济评论》曾联手对亚洲10个国家和地区的355家公司进行了调研，涉及26种产品、9.2万名员工，最终评选出20名最出色的雇主。根据这项调查，员工心目中的好公司与公司资产规模、股价高低并没有直接的联系，虽说入选的20家上榜公司各有各的绝招，但它们都具备一个共同特征：带着浓浓的人情味。

小何大学毕业后进入一家大型企业工作。工作前三年，公司效益很好，每个月小何都有一笔不菲的工资和奖金。在外人眼里，这一切很不错，他也很知足。然而，随着时间的推移，按部就班的工作节奏使他和同事们变得懒散，总觉得工作缺少激情，所以，他们都想跳槽换个环境。

不料，就在他们决定跳槽的时候，公司由于在一个重大项目上的决策失误，损失惨重，多年来公司创造的辉煌一夜之间化为乌有，面临破产的困境。平时公司的经理带领他们创业，对这些年轻人也格外照顾。在公司处于困境的时候选择跳槽，他们很是过意不去，但是在公司待下去又不会有太大的发展前途。权衡再三，他们决定离开，另谋高就。就这样，他们联合了几个年轻人写好了辞职报告，准备去找经理谈话。

盛夏时节酷暑难耐，为了节约用电，经理把自己办公室空调的温度从23℃提高到24℃。为此，经理特意在门口贴出了一张小字条："关键时刻，让我们从点滴做起。尽管公司处于困境，但困难只是暂时的，如同乌云遮不住太阳。为了节省1℃的电量，你们进入我的办公室时，可以随便减去一件衣服。"

在这个以严格的等级制度进行管理的公司，没有人可以在进入经理办公室之前随随便便脱去西装。尽管经理贴出了小字条，可是没有人在进入他的办公室之前减衣服。时间长了，经理发现了这一点，立即从自己做起，自己先减去一件衣服，穿着随便些，让来汇报工作的员工放松心情，自然一些。那天他们走到经理办公室，看到小字条，没敢脱衣服，但心里微微地震动了一下。走进办公室，他们发现经理穿着很随便，而且他们观察到经理办公室的空调温度比往常高了1℃。经理让他们脱去外套，有什么想法慢慢汇报。先前想好的理由顷刻间化为乌有，最后他们都红着脸退了出去。

很难相信，一个企业的兴衰与小小的1℃息息相关，但正是这微小的1℃孕育了一种强大的力量，唤醒了埋在人性深处的一种温情，将个体的命运与集体的命运紧紧地连在一起，形成团队精神，战胜了困难。

为人处世，一个人需要这样的1℃；营生立业，一个企业更需要这样的1℃。这种温情，正是企业得以留住员工的"西雅图风光"。

人性管理，收获人心

雷尼尔效应对企业吸引和留住人才具有重要的借鉴意义：只有你展示出你的人情味，才能做到人心所向，才能真正地留住员工的心。换而言之，人情味乃是吸引和留住人才的重要原因。

接下来，我们看看韦尔奇是怎么做的。

通用电气公司前总裁杰克·韦尔奇对于领导人应起到的表率作用相当敏感，他总能不失时机地让别人感觉到他的存在。他喜欢以便条方式与所有员工沟通，从而给人一种亲切感。韦尔奇刚刚放下笔，他的便条便通过传真机直接发给他的员工，而且两天内当事人能拿到便条的原件。

有一次，一位经理一连几周都坐立不安，因为他即将向以对工作要求严厉著称的韦尔奇汇报一项重要工作。后来，在汇报时这位经理对韦尔奇实话实说："我十分紧张。我的妻子曾对我说，如果我的报告不能通过，她将把我赶出家门。"在汇报完工作的当天下午，韦尔奇让人将一束玫瑰花和一瓶香槟酒以及他手写的便条送给那位经理的妻子。便条上写着："您的丈夫今天表现得相当出色，我很抱歉这几周来让他和您备受煎熬。"

当你很人性化地对待员工时，他们获得的激励感受是物质奖励远远不能达到的。同时，你也会发现，在一个看似严峻复杂的时刻，一句最朴实的实话可能带来出乎意料的好效果。

美国四大连锁店之一的华尔连锁店在总结其成功的秘诀时，把它概括成一句话，那就是："我们关怀我们的员工。"日本的本田汽车集团成立于1948年，如今在世界上每80辆轿车中就有一辆是本田。而本田公司始终贯彻以人为本的管理思想，为了保证员工的休息，本田总部有这么一条规定：员工必须经过主管的特别批准才可以超时工作。此外，一年中有60天被严格规定为"不准加班日"。在这60天，员工一定要在下午6点下班离开工厂，如果个别员工的工作量太大，必须延长工作时间的话，领导就会重新调整他的工作量。

人是企业中最珍贵的资源，也是最不稳定的资源。

人性化管理其实也是公司激励员工的方式之一。说到激励，首先是要鼓励员工参与企业的管理。美国有家农业保险公司以善于留住人才而著称。他们用一个简单的方法来实现员工认同的"个性化奖励"。经理人员要求每个员工完成一份自己的"喜好列单"——列举他们喜欢做的事和喜欢的东西，比如最爱吃的冰激凌、颜色、花、电影明星、饭店、度假区、业余爱好、娱乐等。当经理人员想要奖励有优秀表现的员工时，查阅一下他的"喜好列单"，就可以马上度身定做对这个员工的奖励。

人不仅仅是经济人，还是社会人，人通过组织获得的力量大于人本身的力量，员工对组织的参与越深，就越能体现员工在组织中的存在价值，员工也就越能认同组织理念和文化，使个人目标服从组织目标。

总之，企业的发展靠的是人才。对企业管理者而言，不要吝于向员工展示你的真诚、关爱。

二八法则：20%的核心部分是制胜关键

◆定律阐释：二八法则，又称帕累托法则、帕累托定律、最省力的法则、不平衡原则或80/20定律，指投入与产出、努力与收获、原因和结果之间，普遍存在着不平衡关系。小部分的努力可以获得大的收获；起关键作用的小部分，通常就能主宰整个组织的产出、赢亏和成败。

管理关键人力资本

1897年，意大利经济学家帕累托在对19世纪英国社会各阶层的财富和收益进行统计分析时发现：80%的社会财富集中在20%的人手里，80%的人只拥有社会财富的20%。与之类似，地球上大约有80%的资源是被15%的人消耗掉的；在企业中，20%的员工为企业创造了80%的收益……

就企业管理而言，80/20法则给我们带来了很大的启示：要对影响企业经营和个人生活的资源进行评估，每一项资源都应用在它最能显出价值的地方。至于力量弱的资源，则应尽可能使之模仿强力资源的行动。

一个企业中，往往是由少数的关键人物决定企业的生产效率和未来发展，能够使企业获得最大化的利润。在进行人力资源开发时，首先要找到起关键作用的人物，即企业中20%的精英。这类精英通常是那些忠诚的、敬业的、对公司贡献最大的员工。运用80/20法则管理人力资本，可使人力资本的使用效率提升一倍。如果管理者无权或无力构建新制度，那么，在现行制度下局部使用80/20法则，也有助于组织目标的实现。

找到那些关键的员工后，要采取有效的机制提高他们的竞争力。例如，授予荣誉，提升地位，分享决策权、管理权，进修，等等。那些有潜力、能力强、意愿高的关键员工往往乐于接受挑战，工作积极、踏实肯干，喜欢适应不同岗位的工作。给他们提供更多的培训使他们能够掌握更多的技能，他们可以一个人胜任两个人甚至三个人的工作，从而在实际工作中提高组织的效率。他们在团队中还能起到领头雁的作用，能很好地影响周围其他员工，对于公司的人力资源管理来说，这样将降低很多成本。

需要注意的是，在跳槽日益频繁的今天，所谓的少数关键成员并不是一成不变的。那么，作为人力资源的管理者，就面临如何留住少数关键的成员，如何培养少数关键的成员等问题。

企业对这些少数的关键员工或由其构成的团队，一方面要对他们实施有效激励，强化其工作动力。例如，当工作业绩上升，取得进步时，给予及时的奖励和表扬；当工作中遇到挫折或失败时，不要急于责备，通过鼓励帮其找回自信心，以更好的状态投入工作。另一方面，我们还要对这些员工实行动态管理。即实行优胜劣汰制度，提拔优秀人才，淘汰不合格员工，建立公平公正的管理制度。这是维持组织活力，保持组织核心竞争力的必要条件。

在管理的实际操作中，很多企业往往过于关注对事的管理，忽视了对人的管理，从而导致管理失衡。所以，企业一定要做好人力资本管理，尤其是少数关键人员。

抓住企业经营核心

一位著名的管理学者说："成功的人若分析自己成功的原因，就会发现 80/20 法则在自己成功的道路上发挥了巨大的作用。80％的成长、获利和发展，来自 20％的客人。公司至少应知道这 20％是谁，才可能清楚看到未来成长的前景。"

1998 年，在梅格·惠特曼出任 eBay 公司 CEO 五个星期之后，她主持了一次为期两天的会议，讨论收缩销售战线，并再次检查用户数据。如果了解 eBay 公司每个卖家的交易量 (当然这由 eBay 公司负责)，你就可以很容易地列出双栏表格。第一栏按照递减顺序，也就是按照交易量从最大到最小的顺序将客户排列下来。第二栏进行交易量累计 (例如第一栏中，第一名客户的交易量为 5 万美元，第二名客户的交易量为 4 万美元，那么，在第二栏中，对应第一名客户的交易量累计将会是 5 万美元，而对应第二名客户的交易量累计则为 9 万美元)。现在，看看第二栏，我们可以找到累计销售额占 eBay 公司总销售额 80％的客户，从中我们可以知道 eBay 公司销售的集中程度怎样。

经过两天的整理和排列，惠特曼和她的团队发现，eBay 公司 20％的用户，占据了公司总销售量的 80％。这个消息并非听听而已，相反，它提醒大家，针对这 20％客户的决策对于 eBay 公司的发展和收益非常关键。当 eBay 公司的管理者追踪这 20％核心用户的身份时，他们发现这些人大都是收藏家。因此，惠特曼和她的团队决定不再像其他网站那样，通过在大众媒体上做广告去吸引客户，转而在收藏家更容易关注的《玩偶收藏家》、《玛丽·贝丝的无檐小便帽世界》等收藏专业媒体和收藏家交易展上加大宣传力度，这一决策成为 eBay 成功的关键。

将注意力集中在核心用户身上，还促成了 eBay 公司大销售商计划的诞生。

该计划旨在通过提升核心客户的表现，从而带动 eBay 公司自身有更好的表现。该计划向三类大销售商提供了特权和认可，他们分别是：铜牌用户，每月销售 2000 美元；银牌用户，每月销售 10000 美元；金牌用户，每月销售 25000 美元。只要大销售商获得了买家的好评，eBay 公司就会在这个销售商的名字旁边加注一个专用徽标，并给他们提供额外的客户支持。比如，金牌销售商可以拥有 24 小时客户支持的热线电话。

由此可见，在公司管理中，要运用 80/20 法则来调整管理的策略，就要首先清楚掌握公司在哪些方面是赢利的，哪些方面是亏损的，只有对局势有了全面的了解，才能对症下药，制定出有利于公司发展的策略。如果不了解公司在什么地方赚钱，在什么地方亏损，脑袋里是一笔糊涂账，也就无从谈起 80/20 法则的运用，而那些琐碎、无用的事情将继续占据你的时间和精力。所以首要的任务是，对公司做一次全面的分析，细心检查公司里的每个细微环节，理出那些能够带来利润的部分，从而制定出一套有利于公司成长的策略。

你要找出公司里什么部门业绩平平，什么部门创造了较高利润，又有哪些部门带来了严重的赤字。通过这些分析比较，你就会发现哪些因素在公司中起到举足轻重的作用，而另一些则在公司中的作用微不足道。

在企业经营中，少数的人创造了大多数的价值，获利 80% 的项目只占企业全部项目的 20%。因此，你应该学会时刻注重那关键的少数，提醒自己是否把主要的时间和精力放在了那关键的少数上，而不是用在获利较少的多数上，泛泛地做无用功。

彼得原理：晋升不是爬不完的梯子

◆ **定律阐释**：彼得原理，指在一个等级制度中，每个职工趋向于上升到他所不能胜任的职位。

1960 年 9 月，在美国的一次研习会上，彼得博士首次公开发表了他的观点：在场多数人只是拼命地想复制一些老掉牙的统计习题，每个员工趋向于上升到他所不能胜任的职位。当时的听众是一群负责研究计划的主管，每个人都已晋升为一项或一项以上研究计划的主管。他们听了之后，敌意、嘲笑兼而有之。有个年轻的统计员捧腹大笑，从椅子上跌下来，他向别人解释说如此强烈的反应是被彼得博士具有冒犯意味的幽默演说所惹起的。但是，他没有注意到自己顶头上司的脸一阵红一阵紫。

员工在合适的位置才是优秀的员工

现实管理中，我们总能发现这样的现象：一旦员工在低一级职位上干得不错，组织就会将其提升到较高一级的职位上来，一直到将员工提升到一个他所不能胜任的职位上之后，组织才会停止对他的晋升。结果本来可以在低一级职位施展才华的人，却不得不处在一个自己所不能胜任，但是级别较高的职位上，并且要在这个职位上一直耗到退休。这种状况就是彼得原理的体现，对于员工和组织双方来说，都没有好处。

晋升，作为一种鼓励、奖励的手段非常普遍。然而，在层级组织结构的金字塔中，由于人对权力欲望和组织对这种欲望的推动，往往会造成一种可悲的结果：一方面，一些无意或无能的人，由于在工作中做出了成绩，被提到了高位；另一方面，一些有意或有能之人为了得到更高一级的职位，会尽其才能，排贤抑能，极尽拉关系、找靠山之能事，以遂其愿。结果无论哪一种人，当他们终于得到使人们仰首的职位时，所面对的却可能是他们不能胜任的工作，就像爬上了一个架错墙的梯子顶端，其中滋味只有当事人知道。

下面是彼得博士的研究资料中的一个典型案例。

杰克在汽车维修公司是一名热情又聪明的学徒，不久他被聘为正式的机械师。

在这个职位上他表现杰出，不但能诊断汽车的疑难杂症，还能加以修复，于是他又被提升为该维修厂的领班。

然而，在担任领班之后，他原先对机械的热爱和追求完美的性格反而成为他的缺点。因为不管维修厂的业务多么忙碌，他还是会承揽任何他觉得有趣的工作。

他总是说："我们总得把事情做好嘛！"而他一旦工作起来，不干到完全满意绝不轻易罢手。他事事干预，极少坐在他的办公室里。他常常亲自动手修理拆卸下来的引擎，而让原本从事那件工作的人呆站在一旁，并且不会给其他工人指派新的任务。结果维修厂里总是堆着做不完的工作，总是一团糟，交货时间也经常延误。杰克完全不了解，一般顾客并不在乎车子是否修得尽善尽美——他们只希望能如期取回车子。杰克也不了解，大部分工人对薪资比对引擎的兴趣还要浓厚。

因此，杰克对他的顾客和部属都不能应付得宜。从前他是一位能干的机械师，现在却成为不胜任的领班。

提拔像杰克这样的人，许多领导者都认为是天经地义的，是对员工工作表现的一种肯定。因为大多数公司一直把工资、奖金、头衔、提拔跟员工的表现和职业阶层挂钩，所处的阶层越高，工资就越高，额外津贴就越丰厚，头衔也越大。虽然这一出发点是好的，但结果却是把每个员工都引领到十分尴尬的境地。

对于一个员工来说，他的表现是否优秀，往往是相对于他的职位而言。过高的晋升，只会让他从优秀走向不优秀，甚至是变差。

明智的领导者懂得把下属安排到一个合适的位置，安排到一个能让他们发挥出优秀水平的位置，而不是通过一味的提拔奖励，让他们最终迷失甚至颓废在无尽的晋升阶梯中。

改革机制，避开彼得原理的陷阱

彼得原理告诉我们，在任何层级组织里，每一个人都将晋升到他不能胜任的阶层。换句话说，一个人，无论你多么聪明有才智，也无论你如何努力进取，总会有一个你干不了的位置在等着你，并且你一定会达到那个位置。

例如，一个优秀的主治医生被提升为行政主任后无所作为，一位优秀的研究员被提升为研究院院长，一位熟练的高级技工被提升为经理后束手无策……

这些彼得原理陷阱，主要是由企业不恰当的激励机制和人员晋升机制所产生的。那么，我们应该如何避开呢？这就要求企业必须改革人员的晋升机制和激励机制。

1. 建立相互独立的行政岗位和技术职务岗位升迁机制

对于企业的行政人员和专业技术人员，可以按照所属岗位性质的不同，建立相应的相互独立的行政岗位和技术岗位的职务晋升机制，且相应的技术职务岗位对应相应的行政职务岗位，享有相应的薪酬和福利，等等。但是，行政职务岗位不能与相应的技术职务岗位互换。

实行双轨制，让企业的行政管理人员和技术人员分别走不同的职务晋升路线。这样，既可以满足对业绩突出人员的精神激励的要求，让不同岗位的员工各得其所，又能够提高企业的管理水平和科研实力。

2. 加强对各类岗位的工作内容研究

建立相互独立的行政和技术职务岗位晋升机制只能防止行政人员和技术人员由于错位晋升而陷入的彼得原理陷阱，要防止同类岗位内部出现彼得原理陷阱，还必须对不同级别的各个岗位进行研究，明确各个岗位所必需的责任，细化各个岗位对具体的诸如管理能力、业务水平、学历等不同能力的要求，并按不同能力所占的权重予以排队。简而言之，就是"按岗设人"。

3.建立岗位培训机制

在这个现代化的社会，技术、管理发展日新月异，新的技术、管理知识每天都在不断出现，即使昨天你是个合格的技术人员、合格的管理者，如果不加强学习的话，今天你就有可能落伍。

如今，企业的岗位培训已经越发变得重要。国内外的知名企业，都非常重视企业的岗位培训，且大都建有自己专门的岗位培训机构，如摩托罗拉大学、惠普商学院、海尔大学，等等。

4.实行宽带薪酬体系

所谓宽带薪酬，就是在拉大同等级的员工薪酬的同时，缩小不同等级员工之间的薪酬差异，实行薪酬扁平化，以及按劳取酬、按效益取酬制度，改变以前按职称、按工作岗位拿工资的现状。如果某一个基层工作人员干得好，他可以拿到在职称或者是职务上高他几个等级的员工的薪酬，相反，如果某一个高层员工干得不好的话，他甚至有可能拿到全企业的最低工资。

设立薪酬体系的好处是显而易见的，它可以激励各个层次的员工能够全身心地投入到自己的本职工作中去，实现"在其位，谋其政"，要不然的话，可能自己月底的收入就会很可怜。

通过这一方式，可以在各个层次的工作岗位中留住有事业心的合格的人才。

酒与污水定律："一条鱼腥一锅汤"

◆定律阐释：酒与污水定律，如果把一匙酒倒进一桶污水中，你得到的是一桶污水；如果把一匙污水倒进一桶酒中，你得到的还是一桶污水。

不容忽视的"害群之马"

传说燕人赵穖在燕是个管理粮财的官吏，常以汤待客以表自己清廉。于是，很多人为证实耳闻，想方设法与赵穖攀友，借机到赵家拜访。后来，赵穖干脆叫家人用锅在院子里煮汤，不管谁来，先侍候一碗汤。一时间"待友以汤"成为清廉为政的代名词。一天，赵穖的儿子提了一条鱼，回家见汤锅开着，就将鱼放了进去，没想到闯了大祸。那日，燕王微服也来喝汤，端来一喝有鱼腥味，放下碗便离开了。第二天，燕王便召集众官，赵穖也在场，说："难怪众人都去喝汤，原来这汤里有鱼肉。"赵襁因欺骗世人而遭贬。事实上，在任何组织机构中，都可能出现"一条鱼腥了一锅汤"的现象。

酒与污水定律告诉我们，一个正直能干的人进入一个混乱的部门可能会被吞没，而一个无德无才者能很快将一个高效的部门变成一盘散沙；组织系统往往是脆弱的，是建立在相互理解、妥协和容忍的基础上的，它很容易被侵害、被毒化。破坏者能力非凡的另一个重要原因在于，破坏总比建设容易。

一家香港公司在金融危机期间，为了节省资源，选定了一个时间安排所有工人到内地工厂上班。公司规定，每天早上8点半全体员工统一在罗湖关口集合，然后大家一起乘车去内地工厂。

起初，大家都很准时，按照规定时间集合、乘车、上班。但有一天，公司加入了一位新员工，他的时间观念很差，每天都不能按时到罗湖关口的集合地点，领导一问他，不是说过关人多，就是说下雨堵车，每次都有借口。领导考虑他是新员工，每次只是随口警告两句，并没有实质性的惩罚。大家都共睹了那个习惯迟到的员工并没有受到公司的惩罚，于是，有些平日没有迟到的工人也慢慢加入了迟到者的行列。

结果，公司的业绩不断下滑，最终被淹没在金融风暴里。

在任何组织里都存在几个难以管理的人物，他们存在的目的似乎就是为了把事情搞糟。他们到处搬弄是非，传播流言，破坏组织内部的和谐。最糟糕的是，他们像苹果箱里的烂苹果，如果你不及时处理，它会迅速传染，把果箱里其他苹果也弄烂，"烂苹果"的可怕之处在于它那惊人的破坏力。

客观而言，企业就是个人的集合体，企业的整体效率取决于其内部每个人的行为，这就要求这个集合体内的每个人都能发挥最大效能，以保持团队的整体步调一致，动作协调。只有这样，企业才能顺利扬起奋进之帆。

唐代李益有首《百马饮一泉》的诗，讲了一个小故事：有一百匹马在泉边喝水，有一匹马偏要跑到上游或泉水源头喝水，而且肯定不是在岸边，而是下到了水里搅和。于是，在下游的其他马只能喝混浊的水。这匹马就是我们常说的"害群之马"，与前面所讲的组织中的"污水"是一个道理。

正如一个能工巧匠花费时日精心制作的瓷器，一头驴子一秒钟就能把它毁坏掉。长此以往，即使拥有再多的能工巧匠，也不会做出多少像样的工作成果。延伸到一个组织里，一旦存有这样一头具有破坏性的"驴子"，即使拥有再多的专家良才，也不会做出多少非凡业绩。

所以，对于一个领导者来说，想要让团队得以生存，并不断良性发展下去，千万不可小觑或忽视那些蕴藏着无尽危害性的"害群之马"。

速炒鱿鱼，对付害群之马的不二之选

虽然我们都知道害群之马对一个组织的危害性极大，破坏组织内部的和谐、阻止企业的发展。然而，在现实中，组织往往又不可避免地出现一些害群之马。

既然如此，那我们该如何应对这些总是出现的害群之马呢？

大卫·阿姆斯壮是阿姆斯壮国际公司的副总裁，他讲述了发生在自己身边的小故事。

偶尔，我们会听到一个绝妙的形容或比喻让人心头一震。当我听到"恶性痴呆肿瘤"这个词的时候，我就有这种感觉。下面我来解释一下这个词是怎么来的，代表什么意义。

当时我正在"讨厌鬼营"倾听某汽车公司一位女士谈论，为什么善待员工不仅是公司的义务，也是重要的生意经。

"我们必须关掉一间工厂，在关掉前60天我们通知了员工这项决定。"她说，"结果我们发现，最后一个月的生产效率反而提高了。这说明了如果公司善待员工，员工就会回馈。"

康乃狄克某杂货商店的史都先生自听众席上提出一个问题："在公司经历快速成长的时候，怎样才能做到既善待员工又兼顾公司的经营作风呢？"

"你做不到。"这位女士回答，"你不可能一下子找来50个员工，把公司的作风教给他们，然后期望他们个个都安分守己。没有人能做到这一点。50个人当中，总会有四五个害群之马，而且这几个害群之马会带坏其他人。"

这时，苹果电脑的查克马上站起来表示："我们称这种人叫'恶性痴呆肿瘤'。"

"在苹果电脑，我们用恶性痴呆肿瘤形容害群之马。因为他们就像癌细胞一样会扩散。最好的解决办法就是把这些肿瘤割除，以免他们的不良行径贻害他人。"

正如舞台上总会有一两个奸角，员工里面也并不全是忠诚之辈、老实之人，肯定也会有一两个类似于奸角的人。精明的领导当然很容易辨认出来，但偏偏不少领导都患了近视，或者本身不正，有徇情谋私之意。要知道，对于组织中恶性痴呆肿瘤式的害群之马，必须及时切除，否则"肿瘤"一旦扩散，整个组织都会受到严重影响，甚至垮掉。

或许你认为，开除或解雇员工是一件令人不快的事，因为这或多或少地反映了公司存在着某些缺陷或不足之处。但是，如果解雇的是一个存在一天对公司就危害无穷的"捣乱分子"，就应该当机立断，否则他阴谋得逞，公司将后患无穷。只有这样，你才能彻底排除纵容下属、姑息养奸的可能。

大隗是一个很有治国才能的人，黄帝听说后就带领着方明、昌寓、张若等6人前去拜访。不料，7个人在途中迷了路，见旁边有一位牧马童子，就问他知不知道具茨山在哪里，牧童说："知道。"又问他知不知道有一个叫大隗的人，牧童又说："知道。"还把大隗的情况都告诉了他们。黄帝见这牧童年纪虽小却出语不凡，又问："你懂得治理天下的道理吗？"牧童说："治理天下跟我牧马的道理一样，唯去其害马者而已！"

黄帝出访归来，晚上梦见一人手执千钧之弩，驱赶上万只羊放牧。黄帝突然醒悟到那个牧童应该是一位难得的人才，于是就回去找牧童，培养后授其官位，使之辅佐治国。

司马迁说："黄帝举风后、力牧、常先、大鸿以治民。"其中的力牧，就是那位懂得去除害群之马的牧童。

可见，古往今来，任何一位称职的、杰出的领导，都要懂得如何对付手下的害群之马，即速炒鱿鱼。

第五篇
色彩心理学

　　为何女人喜欢鲜艳的颜色，而男人却偏好低调的暗色？为什么红色会比黑色醒目？为什么喜欢的颜色不同，人的性格也大有差别？为什么不同年龄会有不同的色彩倾向？为什么不同的国家和不同的文化背后有些别样的色彩信息？为什么同样的产品你会被这个包装所吸引？为什么有的颜色让人赏心悦目，而有的颜色却让人萎靡不振……不必再好奇，赶快走进魔力的色彩心理世界吧！

第一章

有趣的色彩现象

为什么女人喜欢粉色

"粉粉嫩嫩，做夏天可爱女人！天下美人谁最粉？是你！是你！还是你！要想全方位拥有粉色系产品，在这个夏天做粉嫩女人，请不要错过本店今夏的女装新品。产品有限，欲购从速！！！"

商场的高音喇叭不停地播放着这则广告，而在促销区里三层外三层已经挤满了各个年龄段的女性，她们正在挑选自己心仪的款式，颜色大都是粉色。

距离促销区不远的一个柜台，两个营业员正为自己销售的货物着急上火。

"你发现没有，只要是粉色系的女装，一到货就能一销而空，我记得去年也是这个样子，你说人家老板怎么这么会做生意，你再看看我们老板，进的都是些什么东西，不是黑的，就是绿的，怎么可能卖得好？"

与之类似，粉色的鞋袜，粉色的图案，粉色的指甲油……生活中，这些粉色的事物几乎全都与女性紧密联系在一起，构成了一道迷人的风景线。女性为什么对粉色格外钟情？

其实，女性喜欢粉色跟自身的母性意识有关。一般而言，选择粉色的女性母爱浓郁而强烈，是位温柔可爱的家庭型女人。从心理学角度来讲，粉色是女性子宫内壁的象征色，也是表现母性本能的不附带任何条件的爱的颜色。喜欢粉色的女性，在她的体内就好像聚积了一团在母亲胎内才有的温馨柔和的软能量，无论对谁，都能缓缓地无私地释放出来，很容易让人感到她是位有着母亲般爱心的人。

从这个角度来说，喜欢粉色的女性都是属于乐施好善、心地善良、助人为乐的一类人，时常能体会到"我在被需要着"的感觉，这种心情常常会令喜欢粉色的女性感到幸福。

正因如此，如果身边没有可以尽情倾注自己的善意、自己的爱的对象时，她们会产生忐忑不安，郁郁寡欢的消极情绪。由于容易被这种情绪影响，喜欢粉色的人追求的不是职场的成功，更非仕途的坦荡，她们更愿意筑一个情感的温暖之巢，为丈夫子女，为亲朋好友，也为身边人带去爱意。对喜欢粉色的女性来说，这样的人生更具有意义，也更能使她们获得愉悦。

喜欢粉色的女性由于其强烈的母性意识，使得第六感官异常敏锐和发达，恋人或丈夫稍露不端，马上就会被她们察觉出来。所以对喜欢粉色的女性来说，虽然具有施爱的天性，乐意帮助他人的美好品德和一颗善良纯净的心灵，但也要注意保持适当的空间给你周围的亲人朋友，否则可能因为过于敏感，有时候反而容易给人造成压力，继而疏远。

一到冬天为什么衣服更多彩

生活中，你是否遇到过这样的情况：

"阿菲姐呀，本来冬天就让人感觉萧瑟沉闷，你怎么还老穿黑颜色的啊，让人看着心里不舒服。"

"不会吧，冬天大家不都穿这些颜色吗？"

"哪有啊，你看看街上的小女孩，都是艳丽的颜色，冬天灰蒙蒙的，穿衣服怎么还挑那些让人沉闷的颜色？"

下班后，阿菲和亲亲在一起吃饭。在看到阿菲一身黑色的羽绒服后，亲亲马上道出了自己的不满！

"阿菲姐，您今年贵庚啊？"

"贵庚？开玩笑，姐姐今年刚30！"刚才被亲亲一番数落，阿菲满腔怒火。

"阿菲姐，30岁，不要把自己打扮得这么老气嘛，你看看我，还有我那些同事，你都认识吧，越是寒风萧瑟，树叶凋零，越是穿红挂绿，把自己打扮得艳丽。你真的得好好向我们学习了。才30岁，又不是老人家。"

从这段对白中我们不难发现，虽然冬季寒气袭人、百花凋零，但这丝毫没有影响人们多彩的着装。

不得不承认，现代社会是一个五光十色的社会，这不仅是指社会的发展速度，也反映出人们各具风采的着装品位。尤其是冬天，爱美的姑娘都会穿上半筒靴，套上修身羽绒服，红色的帽子、绿色的手套，黄灿灿的或是红艳艳的围巾，走在街上，俨然是一道惹人注目的风景。在沉闷萧瑟的冬季，给人以清晰自然而舒服的感觉。

"越萧瑟越靓丽"正在成为一种潮流、一种时尚。人们已经很难看到过去那种冬天一身黑的装扮。这当然跟时代发展息息相关，但是从心理学的角度来分析，实际上也反映了一种色彩的心理现象。心理学家称为"颜色温度理论"。

心理学家实验发现，不同颜色给人以不同的温度感受。心理学家请两个人做一个实验，让其中一人进入粉红色壁纸、深红色地毯的房间，让另外一人进入黑色壁纸、灰色地毯的房间。不给他们任何计时器，让他们凭感觉在一小时后从房间中出来。结果，后一个房间的人在40分钟后就出来了，而前一个房间的人在80分钟后才出来。后一个房间的人说黑色壁纸、灰色地毯让他感到沉重、压抑，好像心头压了块石头，眼前偶尔会出现幻觉；而进粉红色壁纸、深红色地毯房间的人则说这个房间让他感到轻松，感到时间过得很快，虽然是密闭的屋子，但是他感觉很凉快。

其实这种现象在生活中很常见，暗色调的东西总是让人感觉冰冷、厚重，缺乏温暖又显得臃肿，而亮色调的东西则给人轻盈、温暖的感觉。心理学研究发现，亮色调和暗色调在心理上会产生接近两倍的温度差。这也正是一些女孩子喜欢穿靓丽颜色衣服的原因。

"刺客"的夜行衣为什么是黑的

喜剧大片《大内密探灵灵狗》吸引了不少观众的眼球，估计看过此片的人对下面的剧情一定记忆犹新。

"大内密探护驾！"

熟悉的求救声传到大内密探灵灵狗的耳朵里时，他正在电视机前看奥特曼打怪兽。

"不好，皇上有难！"

灵灵狗急忙拿起十年磨出来的宝剑，一跃来到皇上寝宫。此刻，寝宫内寂静一片，伸手不见五指，突然间，一道寒光闪过，大内密探灵灵狗的肩膀被划出了一道口子。鲜血直流。灵灵狗深吸一口冷气，忖道："好家伙，竟然暗算老夫！"

灵灵狗拔出剑，在四周胡乱地砍着。"有种的就出来，偷偷摸摸算什么刺客！你们祖师爷荆轲没好好教你刺客的职业道德吗？有本事别穿夜行衣，穿夜行衣就

不要把蜡烛吹灭。你给我出来！"

"嘿嘿，大内密探原来不过如此，我以为是什么了不起的货色。我就在你身边，好好找找吧。我是穿了夜行衣，那又怎么样？没听说过，各行各业都有自己的工作服吗？真是没见识！"

"你这个混蛋，赶紧自动现身，还可饶你一死，如果耽误了我看'天天向上'，我决不轻饶你！"

"你以为我愿意跟你耗吗？我等会儿还要看欧洲杯足球赛，你受死吧！"

说话间，一道寒光闪过，这次，这道寒光不是来自刺客，而是灵灵狗的"灵光一斩"。就在刺客倒下的那刻，皇宫侍卫举着火把陆续赶到，将皇帝从柱子上解下来，拉掉嘴里塞的抹布。

"你、你怎么知道我在这个方向？"刺客惊恐地问道。

"你以为我的耳朵是摆设吗？你以为我的大内密探职称是开后门要来的？"灵灵狗冷冷一笑，"你刚才说那么多的废话，早就暴露了你的位置。还穿黑色的夜行衣，简直是笑话！"

事实上，在很多古装片中，总会出现刺客这样的人物，他们穿着紧身的黑色夜行衣，步伐矫健，武功高强。在漆黑的夜色中，潜入对方家中，进行暗杀活动。刺客总是在夜间活动，那么为什么还要穿黑色的夜行衣呢？

黑色代表着肃穆与哀愁，具有某种邪恶和冷酷的象征。在很多文化体系中，黑色又往往与死亡联系在一起，是一种充满悲剧意味的颜色。从这种意义上来说，刺客穿着夜行衣去行刺，其实是将一只脚踏入鬼门关，时刻与死神相伴的所谓"职业特征"。心理学家将其称之为"色彩属性原理"。

相对于其他颜色，黑色更具有隐藏的力量，这种隐藏并不是指仅仅将个体掩盖，不让他人发现，更多的是让人感觉神秘而不可接近，继而产生畏惧感。这是黑色具有的特殊的能力。

不光刺客的夜行衣是黑色，魔女的衣服也是黑色的；邪恶的魔术被称为"黑魔术"；黑猫虽然没做过什么坏事，却被认为是不吉利的象征而遭人讨厌；在中国的五行说中，北方是一片不毛之地，用黑色来代表北。此外，黑色中还蕴藏着一股威慑力，使用黑色可以给对手造成压迫感。

正因如此，在人类所有的文明中，大多都将黑色视为不吉利的颜色。有个词语叫作"黑白分明"，意思是将邪恶与正义鲜明地区分开来。比如黑道、黑势力，

"黑"简直成了邪恶和坏的代名词了。

从以上种种的色彩属性而行，可以说，黑色是性格最为复杂的一种颜色。正因如此，在当今社会，也不是任何场合都能使用黑色。在欢庆的晚会上，或是别人的结婚现场，一切欢快热闹的地方，都需要尽量避免穿黑色的衣服。

投降时为什么要举白旗

1944年，中国军队与日军在湖南雪峰山进行了一场殊死较量。面对兵力占优势，战术火力也比中国军队强的日军，中国军队利用雪峰山优越的地形，前松后紧，节节反击，抵住了日军的疯狂进攻。战斗进入后段，日军的补给迟迟跟不上，丧失了再度进攻的能力。而此时的中国军队，英勇作战，将敌人的援军牢牢地堵在了雪峰山以东的崇山峻岭之中。随后中国守军等来了援军，将敌军团团包围，打死打伤日兵4000多人以上。弹尽粮绝的日军最后只能举白旗投降。雪峰山战役以中国军队的全面胜利而结束。

你是否思考过，投降时人们为什么要用白旗呢？

翻开人类历史，也不知道是从何年何月来时，在战败投降后举白旗便成了某种约定俗成的惯例。这里面有很多必然和偶然的因素在起作用，有人文环境的原因，也有地域政治的因素。而在心理学家看来，投降时举白旗，而不是其他颜色的旗子，实际上是满足了胜利一方的支配心理。

支配心理是指在各种人类行为中表现出来的，以满足自我控制欲、支配欲为目的的一种心理状态。这种心理状态强调的是以自我为中心，凸出表现自己的目的与愿望，而强行施之于对方。

投降举白旗，实际上就是以白色旗帜为底板，在上面涂上属于胜利者的颜色，从而在精神实质上支配和控制失败的一方，以此达到操控的目的。心理学家认为，这种方式是对原始社会晚期对战争中失败一方取消其图腾，或在其图腾上涂上自己部族吉祥颜色的一种延续。

支配心理无疑是一种强势的心理状态。具有支配心理的人往往是某个团队的中心人物，具有较强的组织能力。这种支配心理更多的给人带来负面的影响。它使人丧失包容性，失却基本的人性关怀和尊重，缺乏对人的基本信任。无论是在生活中，还是工作上，这些负面影响都会导致不幸的结果。

怎样能更好地调节支配心理呢？

（1）少一点完美，多一点谅解，并在此基础上，改善与他人的紧张关系。

（2）如果对他人有所不满或失望，要痛快淋漓地表达出来。以谦卑的姿态去包容他人的过失，并从中找准自己的位置。

（3）在面对比自己地位低的人时，要放低自己的姿态，以理性的交往方式取代"控制你、毁灭你"这样可怕的支配者逻辑。

当你内心的支配心理影响到你的为人处世时，请牢记以上的三点建议。支配心理唯有在可控范围内才能发挥积极的作用，相反，则会形成可怕的恶性循环，造成不必要的危险和麻烦。

换了颜色，旅店起死回生

有个人开了一间旅馆，但是由于经营不当，面临倒闭。正好阿凡提经过这里，就向旅馆老板献策：将旅馆进行重新装饰。到了夏季，将旅馆墙面涂成绿色；到了冬日，再将墙面刷成粉红色。旅馆老板按阿凡提所说的做了之后，果然很是吸引顾客，生意渐渐兴隆起来。

为什么粉刷墙壁就能改善旅馆的经营状况，使之扭亏为盈呢？其中的奥秘在哪儿呢？原来阿凡提巧妙利用了人们的联觉心理。联觉是一种感觉引起另一种感觉的现象，这种心理现象实际上是感觉相互作用的结果。上述事例就是通过改变颜色，使不同颜色产生不同的心理效果，从而起到吸引顾客的作用。

不同的颜色会给我们带来不同的心情，这是每个人都能体会到的。颜色会影响人们的情绪，有的时候，这种影响是至关重要的。国外某地有一座黑色的桥梁，每年都有很多人在那里自杀。后来有人提议把桥涂成天蓝色，结果在那儿自杀的人明显减少了。后来人们又把桥涂成了粉红色，结果，再也没人在这里自杀了。

从心理学的角度分析，黑色显得阴沉，会加重人痛苦和绝望的心情，容易把本来心情绝望、濒临死亡的人，向死亡更推进一步。而天蓝色和粉红色则容易使人感到愉快开朗、充满希望，所以不容易让人产生绝望的情绪。

有研究表明，在一般情况下，红色表示快乐、热情，它使人情绪热烈、饱满，激发爱的情感；黄色表示快乐、明亮，使人兴高采烈，充满喜悦；绿色表示和平，使人的心里有安定、恬静、温和之感；蓝色给人以安静、凉爽、舒适之感，使人心胸开朗；灰色使人感到郁闷、空虚；黑色使人感到庄严、沮丧和悲哀；白色使人有素雅、纯洁、轻快之感。

由于不同的颜色使人产生不同的情绪、情感。长期住在红房子里，情绪会兴奋；若住在苹果绿色的屋里，心情会平静下来。接触阳光和灯光，因而对红、橙等色产生幸福温暖之感；接触树木、禾苗，因而对绿色产生生长、希望之感；接触即将收割的稻、麦等，就会对黄色产生成熟、务实之感；经常接触泥土、重金属，则会对黑色和棕色产生沉重、艰辛、凝重之感。

在临床实践中，学者们对颜色治病也进行了研究，效果是很好的。高血压病人戴上烟色眼镜可使血压下降；红色和蓝色可使血液循环加快；病人如果住在涂有白色、淡蓝色、淡绿色、淡黄色墙壁的房间里，心情很安定、舒适，有助于恢复健康。

也有研究指出，颜色可以影响人们的食欲。橙黄色可以促进食欲，黑白色则会降低食欲。适宜的颜色不仅影响食欲，而且可以增进健康。人们通常习惯于把医院和诊所的墙壁刷成白色，因为白色给人清洁的印象，也可使痛苦的病人安静下来，这样有利于治疗、恢复健康。德国慕尼黑市的医院通过实验还发现，浅蓝色的墙有帮助高烧病人退烧的作用，紫色会使孕妇安静，赭色有助于升高低血压病人的血压。

不可思议的是，颜色甚至影响着人们的工作效率。某企业有过这样有趣的事例：许多搬运黑色和深灰色部件的工人感到这些部件特别沉重。在心理顾问的指导下，管理部门把这些部件改漆成浅黄色后，工人感到比以前轻松多了。

此外，专家们还发现，黄色、橙色和红色能激发人们的热情，提高人们的积极性。运动场上总是红旗招展，现在新型的塑胶跑道上也画出了色彩鲜艳的跑道线，其目的亦在于激起运动员的神经兴奋，使他们进入良好的竞技状态。相反，蓝色和紫色等属于消极色，会减慢人们的工作节奏。

· 第二章 ·

走进色彩世界

光与色的迷雾

最早发现光与色之间神秘关系的是大名鼎鼎的是英国科学家牛顿。1666 年，牛顿做了一个神奇的实验。他首先布置了一个漆黑的房间，只在窗户上开一条窄缝，射进一束阳光，并让这束阳光穿过一个三角形的棱镜。结果，在对面的墙上出现了让人吃惊的图像：投射到白墙上的并不是一片白光，而是按红、橙、黄、绿、青、蓝、紫的顺序一色紧挨一色地排列着的光带——人们惊叹，牛顿制造出了彩虹！其实，这条七色光带就是太阳光谱，而这次试验，就是著名的色散实验。

牛顿的实验说明，当各种色光按一定的比例均匀混合，就会变成没有颜色的白光。由此我们可以知道，人的眼睛之所以能感觉到色彩，是由于物体对光线的某些波长会有选择地吸收而造成的。由于不同颜色的物体会吸收不同波长的光，所以我们眼中的世界是五颜六色，一如不同的音符会组成激动人心的协奏曲。至于色彩中的两个极端黑与白，黑色是物体完全吸收了各波长的光的缘故，而白色与之相反，是因为物体完全反射了各波长的光。

颜料有三原色，光也有三原色。不同的是，颜料的三原色是红、黄、蓝，而光的三原色是红、绿、蓝。上世纪 80 年代初天津电视台有一个著名的电视节目叫《红绿蓝序曲——下周节目信息》，之所以叫红绿蓝序曲，是因为彩色电视机的缤纷色彩就是由红绿蓝三色组成的。那时候小孩子们很好奇，会把脸凑在电视机屏幕上仔细看，能看到一个一个细密挤挨在一起的红绿蓝三色的发光点。

由彩色电视机我们可以看到，光的三种原色按不同的比例混合能够形成成千上万种色彩。将红、绿、蓝三种色光按不同的比例、亮度、纯度进行组合，产生的色光效果千变万化，绮丽万千。即使是同一种颜色，不同条件下也会产生不同的差别。把一瓶可乐放在桌子上，因为光线照射的位置不同，这种棕红色带液体色彩就会发生变化，有深有浅，有明有暗，即是所谓色彩明度的变化。

色彩的饱和度就是我们常说的纯度，饱和度越高，色彩就越艳丽。光照的强度以及肉眼距离物体的远近都会对色彩饱和度产生影响。饱和度高的色彩给人强烈的视觉感受，张艺谋在拍摄电影《英雄》时，大胆地使用了高饱和度的红色、蓝色、白色，色彩饱满绚烂如油画，给人留下了深刻的印象。对比强烈的颜色在饱和度降低后，会显得清淡和谐。霍建起的电影《那山那人那狗》画面的饱和度相对较低，看起来恬淡宁和，如同一首清远的远山牧歌。

色彩为什么会"灵异"地变化

这恐怕是不少读者，尤其是对色彩敏感的女性读者常有的遭遇：我买回家的裙子怎么和商场里看颜色不一样！真的很奇怪，在商场里看明明是优雅的米黄，怎么回家一看成了寡淡的淡黄色？太诡异了！还有上次买的那件桃红色的上衣，回家一看竟然是俗气的艳粉色，买了之后再也没穿过……

这可不是什么"灵异事件"。物体在不同光源照射下，会产生不同的色彩效果，即所谓光源的演色性。演色性其实就是颜色的逼真的程度，演色性高的光源对颜色的表现较好，我们所看到的颜色也就较接近自然颜色，演色性低的光源对颜色的表现较差，我们所看到的颜色偏差也较大。不同光源对衣物的演色效果不同，同一光源，因光的强弱、角度和服饰材质的不同演色效果也有差异。

演色性之所以会有高低之分，是因为光线有分光特性。可见光的波长在380纳米到780纳米，光谱中的红、橙、黄、绿、青、蓝、紫光就在这个范围内。要想让眼睛看到的颜色比较逼真，就需要让光源所放射的光中所含的各色光的比例与自然光接近。现在人们一般以显色指数为表征显色性。标准颜色在标准光源的辐射下，显色指数定为100。当色标被试验光源照射时，颜色在视觉上的失真程度，就是这种光源的显色指数。显色指数越大，则失真越少，反之，失真越大，显色指数就越小。

在普通灯泡的照射之下，红色调被强调，青色调变得不明朗。而在荧光灯的照射下，黄色调被强调，红色调变得不明朗。一般来说，在红色光源照射下，绿色的物体会显示得灰暗。而在黄色光源的照射下，偏紫色的物体会失去鲜明的色泽。人造光源颜色性越好，越接近自然光。要想在非自然光时让物体反映其本色，就要使用高演色性的荧光灯照射。

美术馆对照明的要求很高，美术作品受演色性影响，色彩、亮度发生变化，

会影响欣赏，譬如凡·高《星夜》像海浪及火焰一样翻腾起伏的黄与蓝在普通灯泡的照射下一定会变样。所以美术馆会尽量使用自然光照明，即使没有自然光也会极力营造出相近的氛围。

商业场所对此要求不太严格，他们更多的是在利用演色性为商品进行"二次包装"。很一般的衣服在巧妙的暖色光照射下也会变得优雅高贵，一些高档厨具在冷色光线的勾勒下则显得更加干净、时尚，贵气十足。

一般酒吧、咖啡馆会使用橙色调子的灯照明，一方面是为了营造梦幻气氛，另一方面这种色光会让人笼罩在夕阳般淡金的光泽中，使人看起来气色极好——效果就像达·芬奇笔下的《蒙娜丽莎》。一些聪明的女性会在泡咖啡馆时挑选灯下的座位，让光的演色性使自己看起来有个好气色。

光线是一位高明的化妆师，不用刷子、蜜粉就能使人有一张气色非凡的脸。光线的"美容"范围还能扩大到建筑外观、室内装饰装修等，范围广，用处多，不容小觑！

探究色彩的缤纷根源

我们先来做一道选择题：

在太阳光下我们能看到红色的花是因为：

A. 花发出的光是红色的

B. 花能反射太阳光中的红色光

C. 花发出的光是白色的

D. 花能吸收太阳光中的红色光

用排除法来做这道题，A 和 C 显然是错误的，花朵不是灯泡不是萤火虫，不可能发光，答案要在 B、D 里面找。

我们知道，物体会有颜色是与光线分不开的。光照射到物体上时，有可能被物体反射出去，也有可能被物体吸收了，还有可能透过物体继续前行。虽然阳光看上去是白色的，但是红、橙、黄、绿、青、蓝、紫等颜色在阳光里都存在。不同的物体对不同色光的反射、吸收和透过的程度不一样，这就使得不同物体有了不同的色彩。

不同颜色的光波长是不同的。什么是光的波长呢？可以用水波做例子来说明光波。

水面激起的波浪总是一个紧接着一个的，波浪的最高点叫波峰，最低点叫波谷，两个紧挨着的波峰或波谷之间的距离就是一个波长。光波的波长要比水波的波长短得多，短到肉眼看不出来。

当光线从太空来到地球后，为地球上的万物涂上了瑰丽的色彩。我们抬头仰望天空，那纯净的蓝色是光线为我们眼中这个世界绘制的第一幅作品。因为空气中飘浮着大量的微尘和极小的水滴，阳光在地球周围的大气层中会受到散射。所谓散射，是指由传播介质的不均匀性引起的光线向四周射去的现象。那些波长比较短的紫光、靛光、蓝光受到的散射较大，它们混合起来，形成了漂亮的蔚蓝色天空。

环顾周围的世界，七彩斑斓，美不胜收，消防车是红色的，雨鞋是黑色的，蝴蝶结是粉色的，雪糕是白色的……我们是不是可以这样说：物体的颜色是物体吸收了其他色光，反射了这种颜色的光？这种说法并不正确。以毛毛虫为例，毛毛虫看起来是黄绿色的，是因为它吸收了波长为 400 ～ 435nm 的紫光，显示出的黄绿色是反射的其他色光的混合效果，并不是只反射了黄绿色光。

色彩是光的魔术，我们眼中映现的一切都是光之魔棒下的幻象。想想玛丽莲·梦露的烈焰红唇，还有伊丽莎白·泰勒的紫罗兰色眼睛，那统统是光的散射、吸收等过程的合作产物。这听起来并没有多么浪漫感性，可是正是这些毫不感性的过程给了我们这个美丽感性的世界。

最后让我们回到篇首的问题。当光照射到花朵上时，红花的表面就会吸收除红色以外的其他颜色的光，只反射红色的光，所以我们看到的这朵花会是红色的。现在我们知道了，这道题的正确答案应该是 B。

色盲：眼睛与色彩，谁在骗你

幼儿园开始教小朋友们画画了，Andy 特别高兴，每天都抱着妈妈给买的彩色蜡笔兴高采烈地去上课。几天下来，Andy 画的画也有模有样了，他把自己的作品给妈妈看，想让妈妈高兴一样。妈妈看了 Andy 的画，不但不开心，反而犯了愁：Andy 画的草地和大树是棕色的，花朵和太阳倒是绿色的！她一次又一次地耐心纠正，告诉孩子太阳是鲜红的颜色，可是，Andy 依旧执拗地用绿蜡笔涂太阳。

孩子是不是得了什么心理疾病，所以才会画出这种颜色古怪的画来？Andy 妈妈坐不住了，赶紧带 Andy 去医院。

检查结果，Andy 不是心理出了问题，而是眼睛出了问题。Andy 患有先天性

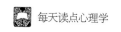
色觉障碍疾病，就是我们平时所说的"色盲"。色盲患者不能分辨自然光谱中的各种颜色或某种颜色。

我们知道，光谱内所有颜色都是由红、绿、蓝三色组成，正常人能辨认这三种颜色，而先天性色觉障碍疾病却做不到。其中，这三种原色不能辨认的被称为色盲，而辨认任何一种颜色的能力比常人低者称为色弱。

色弱与色盲的界限一般不易区分，只不过轻重程度不同罢了。进一步细分，色盲又分为全色盲和部分色盲，色弱包括全色弱和部分色弱。

Andy就属于绿色盲，绿色盲会把绿色看成是灰色或暗黑色，不能分辨淡绿与深红，所以他才会把红色的太阳涂成绿色。

绿色盲与分辨不出红色的红色盲被统称为红绿色盲，是色盲症中最常见的一种，一般我们说到色盲就是指红绿色盲。

一棵装饰满圣诞果的华丽圣诞树，在红绿色盲的眼中看起来就像是秋天的一束干树枝。而一碟由绿色哈密瓜、粉色草莓、橙色香橙组成的三球冰淇淋在红绿色盲看来并不是那么引人垂涎——在他们看来那是糟糕的毫无食欲的灰色和土黄色团子。

因为红绿色盲患者不能辨别红色和绿色，所以不适合从事美术、化学等需要敏锐视觉的工作，至于交通运输类的工作更是应该避免，不能很好地识别颜色信号，他们很有可能会造成交通事故。

红绿色盲患者只是不能区分部分颜色，全色盲患者的世界则完全没有色彩，他们看五彩斑斓的生活场景，就像在看一部黑白默片。这是色觉障碍中最严重的一种病症，并不常见。

由于是先天性疾病，色盲或者色弱患者生来就没有正确的辨色能力，他们认为世界就应该是这个样子的，并没有意识到自己与别人的异常。所以，当有一位古板的妇女，对艳丽的紫红色紫薇花不屑一顾，并且讽刺你对一种烟灰一样的干巴花朵情有独钟时，不要为此恼怒，她很有可能是一位色盲患者，她发表的不过是她对她眼中花朵的中肯评价。

色彩的"缩放魔法"

每年天气一转暖，街上各种各样的花色裙子飘起来，实在是一道亮眼的风景。其中最引人注目的当属黑丝袜女性，她们的双腿看起来真是纤细漂亮，比其他女性要更胜一筹！不过，黑丝袜女性的腿真的比其他女性纤瘦吗？不是的。让穿着黑色丝袜的女性换穿别的颜色丝袜，譬如说肉色的，你会发现，其实大家的身材都差不多。穿上黑色丝袜就会显得双腿纤细漂亮，是色彩跟我们玩的小魔术，因为黑色是收缩色。

不同的色彩会有很大的视觉差别，即使是大小相等的图形，由于表面色彩相异，也会给予人不同的面积感。

你可以找出一张纸、一只黑色的碳素笔做个小实验。在纸上画两个同样大小的圆形，把其中一个涂成黑色，你会感觉到，白色圆形似乎比黑色圆形的面积大。这种因心理因素导致的物体表面面积大于实际面积的现象称为"色彩的膨胀性"，反之称为"色彩的收缩性"。给人造成膨胀或收缩感觉的色彩分别称为"膨胀色"和"收缩色"。

色彩的胀缩与色调有着密切联系，一般来说，暖色属于膨胀色，而冷色属于收缩色。我们畅想一下暖色的夕阳，温暖的橙色有一种膨胀感，造成广阔无垠的视觉效果。冷色会让视觉收缩，使人把原本大的东西看的比实际要小，譬如在房间里放一只藏青色的沙发会比放一只粉色的沙发显得占地面积小。

利用色彩造成的视觉差异，会给生活带来很多方便。

穿黑丝袜会使人看起来纤瘦，反过来，如果是身材很瘦小的人，选择穿着白色的衣服能使自己看起来丰满一些。要是女性眉毛与眼睛间距离太近的话，就可以选择用白色、粉色等的冷色眼影大面积晕染眼皮，使眉眼间的距离看起来比较开阔。

如果买车，最好买白色、黄色等膨胀色的。根据一家汽车救援俱乐部与清华大学汽车碰撞试验室的研究结果表明，在天气晴朗的条件下，浅色系的汽车颜色安全性高于深色系汽车。在每天一早一晚光线不足的情况下，黑色汽车的事故率是白色汽车的 3 倍。因为在同样距离内，使用了收缩色的汽车看起来距离会比较远，会使其他的司机错误地判断两车距离，容易造成碰撞。

在装修房子时，还可以使用膨胀色和收缩色做"视觉修正"，利用它们搭配出对比及前后变化的层次感。

膨胀色有拉近距离的视觉效果，收缩色效果与之相反。将不同的颜色经过视觉比较后巧妙调配，能使面积固定的房子在不同角落有拉远或者推进的错觉。

生活中有许多能利用到色彩的"缩放魔法"的地方，只要使用得当，能给我们生活大大小小的事情带来便利。不过一定要注意，千万不要一时粗心把色彩的魔法用错，收到反效果就糟糕了。

第三章

色彩与心理学的神秘之约

奇妙的色觉心理

现代美学已证实，人类对艺术作品的审美 80% 以上是依靠视觉而获得的，大多的审美信息是由视觉来捕捉，对于绘画艺术的审美来说，首先是"悦目"而至"赏心"，能够带来"悦目"、"赏心"的美感体验，在很大程度上离不开对色彩的感觉即色觉。

色觉心理是一种极其复杂而奇妙的心理活动，尽管不同的色彩对人的视觉刺激作用有快有慢、有强有弱，视觉造成的心理反应也因人而异，但人们对大部分色彩的心理反应乃是基于对色彩的一种普遍共识。

1. 色彩的冷暖感

众所周知，在寒冷的冬季，人们都喜欢穿深色的服装，因为白色等很浅的颜色会给人一种寒意感。其实，色彩本身并无冷暖的温度差别，是视觉引起人们对冷暖感觉的心理联想。

在色彩心理学中，色彩根据不同的色相分为暖色、冷色和中性色。从色相上看，有暖和感的是红紫到黄色，其中红橙是最暖的色；中性色为紫色和绿色，它们是由冷暖两色的红与蓝及黄与蓝混合而成，因此呈中性化；有寒冷感的是蓝绿至蓝紫色，其中蓝色是最冷的颜色。同时，色彩的冷暖感觉还具有相对的倾向性。例如，同属黄色系的柠檬黄偏冷，而中黄则感觉偏暖，但如与黄橙色相比，前两色又都显示出寒冷感的倾向。

2. 色彩的软硬感

不知道你是否留意到：同在一幅画上，只是选择了不同的颜色，有的地方看起来柔软，有的地方却看起来比较硬挺，如人物的衣服看上去就比其他地方柔软得多。不必好奇，这些都是色彩软硬感的一些表现。

色彩的软硬感觉主要来自色彩的明度变化，但与纯度亦有一定的关系。明度越高感觉越软，明度越低则感觉越硬。明度高、纯度低的色彩有软感，中纯度的色彩也带软感，而高纯度的色彩都呈硬感，当它们低明度时则硬感更强烈。在色彩组合中，对比强烈的色彩具有硬感，对比较弱的色彩具有软感。但需要注意的是，白色是比较特殊的，其软感几乎并不突出。

3. 色彩的动静感

很多人对徐悲鸿笔下的骏马赞叹不已，因为那些马尽管被禁锢在纸上，但其奔腾的气势却栩栩如生。能造出如此逼真的效果，就不得不说到色彩的动静感了。红、橙、黄等暖色鲜艳而明亮，色彩丰富，给人以活泼、华丽、兴奋的感觉，即有动感；蓝、蓝绿、蓝紫等冷色朴素、淡雅，给人以沉着、平静的感觉，即有静感。

此外，纯度关系中，高纯度色易引起兴奋感，低纯度色则易产生沉静感。而明度关系中，高明度、高纯度的色彩呈兴奋感，低明度、低纯度的色彩呈沉静感；在色彩组合中，强对比的色彩富有动感，感觉通俗、流行，而弱对比的色彩则显得宁静，感觉高贵、典雅。

4. 色彩的轻重感

如果要在等面积的深色与浅色之间做轻重的比较，我们无疑会得出深色较沉重的结论，这是由于色彩和视觉经验形成的重量感作用于人心理的结果。

色彩的轻重感主要取决于明度，颜色中黑色感觉最重，而白色感觉最轻。低明度的色彩（如深褐色）显得重，易使人联想到钢铁、石材等物象，产生沉重、稳定、下降等感觉；高明度的颜色（如浅蓝、淡黄）显得轻，使人联想到蓝天、白云、花卉等，产生轻柔、飘浮、上升等感觉。同时，同一色相在明度相同的情况下，纯度高的感觉轻，纯度低的感觉重。

5. 色彩的兴奋感与沉静感

色彩的兴奋感与沉静感与色相、明度、纯度都有关，其中纯度的作用最为明显。在色相方面，凡是偏红、橙的暖色系具有兴奋感，凡属蓝、青的冷色系具有沉静感；在明度方面，明度高的色彩具有兴奋感，明度低的色彩具有沉静感；在纯度方面，纯度高的色彩具有兴奋感，纯度低的色彩具有沉静感。因此，暖色系中明度最高纯度也最高的色彩兴奋感觉强，冷色系中明度低而纯度低的色彩沉静感觉强。强对比的色调具有兴奋感，弱对比的色调具有沉静感。

6. 色彩的距离感

由于空气透视的关系，各种不同波长的色光在人眼视网膜上的成像有前有后。所以，暖色系的色相在色彩距离上有向前的感觉，冷色系的色相给人后退及远离的感觉；大体上光度较高、纯度较高、色性较暖色的有近距离感，反之，则具有远距离感。六种标准色的距离感按由近而远的顺序排列是：黄、橙、红、绿、青、紫。但实际上这是视错觉的一种现象。

此外，色彩的距离感还与色彩对比的知觉度有关，凡对比度强的色彩具有前进感，对比度弱的色彩具有后退感；膨胀的色彩具有前进感，收缩的色彩具有后退感；明快的色彩具有前进感，暧昧的色彩具有后退感。

现在，你应该明白为什么有些绘画作品能带给人栩栩如生、身临其境的感觉了吧？

人类探究色彩的历史

人类历史上积累了无数杰出的艺术作品，其中，色彩赋予它们在视觉效果、精神内容及文化含义等诸多方面神奇而瑰丽的效果。这一切，不仅体现出人类的审美与智慧，更体现出人类对色彩历史的孜孜探究。

大约在 15 ~ 20 万年以前的冰河时期，人类便开始使用色彩了。原始时代的遗址中，曾发现涂有红色的骨器遗物。而人类有意识地应用色彩，则是从原始人使用红土、黄土涂抹自己的面部和肢体、涂染劳动工具开始的。有资料显示，在古埃及的遗迹中，考古学家发现了共有八种颜色的调色板，而且据说古希腊人所进行的色彩搭配是建立在一定的理论基础之上的。

关于人类对于颜色的系统研究，有人认为最早可追溯至公元前 500 年左右的亚里士多德等哲学家。随着历史文化的不断发展，绘画色彩在历代画家的苦苦追索中也产生着新的变化。到了欧洲的文艺复兴时期，达·芬奇、米开朗基罗和拉斐尔三位巨匠，破除了宗教的禁锢，从科学认识的角度把绘画色彩提高到了一个新的高度。画家们从单纯地临摹圣像逐渐地开始了"四固定"方式的写生。于是，自然而然地发现了焦点透视与明暗规律，同时也开始发现了条件色的一些规律。

1666 年，英国科学家牛顿发现了七色光谱，分析出各种色彩是不同波长的光所形成的。另一方面，德国诗人歌德则致力于色彩对人情感的影响的研究，并于 1810 年发表了精神性的色彩这一理论。这就是现代色彩心理学的基础。

19 世纪 80 年代，德国生理学家埃瓦尔德·赫林提出了自然色彩系统（Natural Colour System）的思想。经过大量的研究，自然色彩系统的理论最终于 1964 ~ 1970 年间被确立。进入 20 世纪以后，阿尔伯特·H.芒塞尔和威廉·奥斯特瓦尔德等人建立了我们一直沿用至今的色彩体系。

不过，真正意义上的色彩心理学研究还是从近些年才开始的，客观来讲，它还是一门非常年轻的学科。

色彩心理学是一门学科

色彩心理学是通过颜色来研究人类心理活动的科学，虽然没有被正式列入心理学的范畴，但它是一门十分重要的学科。色彩心理透过视觉开始，从知觉、感情而到记忆、思想、意志、象征等，其反应与变化是极为复杂的。色彩的应用，很重视这种因果关系，即由对色彩的经验积累而变成对色彩的心理规范，当受到什么刺激后能产生什么反应，都是色彩心理所要探讨的内容。

色彩牵涉的学问很多，包含了美学、光学、心理学和民俗学等等。心理学家近年提出许多色彩与人类心理关系的理论。他们指出每一种色彩都具有象征意义，当视觉接触到某种颜色，大脑神经便会接收色彩发放的讯号，即时产生联想，例如红色象征热情，于是看见红色便令人心情兴奋；蓝色象征理智，看见蓝色便使人冷静下来。经验丰富的设计师，往往能借色彩的运用，勾起一般人心理上的联想，从而达到设计的目的。

色彩具有不可思议的神奇魔力，会给人的感觉带来巨大的影响。同时，这种影响是非常复杂的，大多都是多种效果混合在一起的复合影响，而且效果会因人而异。

近年来，有关色彩心理学的研究日益增多，而且人们还把研究成果广泛应用于实践。例如，商家灵活运用色彩搭配，来吸引顾客、促进销售和提高顾客的回头率；人们会根据不同的场合需要、职业需要，选择不同的着装。还有大家熟悉的食品包装，人们一见到红色的糖果包装，就会感到甜味浓；一见到清淡的黄色用在蛋糕上，就会感到有奶香味，等等。

色彩心理学的实践

由于不同的色彩选择、搭配等能带给人们神奇而巨大的心理影响，色彩心理学在诸多实践领域得到了非常广泛地应用。

1. 色彩心理学与犯罪

近年来，人们利用色彩心理学预防和抑制犯罪受到了社会各界的广泛关注。

例如，美国加利福尼亚州的一个监狱把原来的灰色墙壁涂成了淡粉色，这种淡淡而温和的粉色可使犯人放松情绪，减轻紧张感，从而大大减少了囚犯之间发生打架和暴动的次数。

2. 色彩心理学与孩子

色彩与孩子的心理及情绪，有着相当大的关联性。孩子对色彩的选择，可以透露出他当时的情绪是快乐还是忧伤，同时，对颜色的无意识选择也有可能说出了孩子的内心秘密、深层个性及鲜明特征。例如，孩子极端地热爱某一种颜色，他的个性往往越突出，这种个性常常是他优点和缺点的爆发点，这是儿童色彩心理学的发现。学者通过大量总结和研究解读了色彩是如何揭示儿童内心的。

3. 色彩心理学与书籍

正如画家约瑟夫·恰彼克所说："书的封面，并非单纯的装饰，而是与内容相结合的一种美的设计。"一本书的封面对这本书能否赢得读者青睐具有很重要的影响。然而，选择一个易于传递信息的颜色，又是成功的封面设计的关键所在。

例如，爱情小说比较适合使用以白色为基调的浅色封面，这样可以使读者联想到一个美满的大结局以及浪漫无比的恋爱场景；犯罪推理小说多用黑色封面，它的目的是可以让人对书中的推理谜题产生丰富的联想，还没看到书中的故事，读者就已猜想到错综复杂的谜团、暗藏玄机的埋伏……

4. 色彩心理学与电影

有些电影看过之后，我们也许会忘记大概的故事，也许会混乱那些经典的段落，可每每想起，总会有那么一种色彩，印象深刻地冲击着大脑皮层，可能是根据主题构想出来的主色彩，可能是全片画面展现的主色调，也可能只是一个镜头中一个角色头上别着的一朵鲜艳的小花。

你是否还记得：《拯救大兵瑞恩》里灰色调的画面，是一种真实的惨烈，感觉中夹杂着淡蓝的色彩，伴随着寻找瑞恩的信念，一直坚持着；《阿甘正传》里阿甘身上那套整洁的西服，飘摇在空中的那片洁白的羽毛，白得简单、善良、纯洁又执着；《太阳照常升起》里几乎用尽了颜料桶里的各种颜色，红、黄、蓝、绿、白，色彩鲜明的画面堆积出了一个梦幻、疯狂、超现实的梦境，让人欲罢不能……

每个导演在电影中对色彩的运用各不相同，无论是直观的印象色彩，还是自我情感与之交流产生的抽象色彩，总会让我们感受到震撼的氛围，情不自禁地就走进了电影刻画的那个世界中去。这正如列宾所说："色彩就是思想。"

5. 色彩心理学与企业

在企业的视觉形象中，颜色起着非常关键的作用。例如，很多企业在设计自己的商标和企业标识(LOGO)时，往往是把自己的理念和信条融入那些不同象征意义的颜色之中。因为，与形状相比，人们更容易记住颜色。

还有，现在很多企业还非常注重自己的商品包装的设计。他们非常了解顾客的心理，通过新奇的设计和合理的颜色搭配给顾客留下深刻的印象，甚至造成强烈的视觉冲击。从而使很多顾客虽然没有仔细了解商品但仅凭第一印象就买了下来。

除上述五大方面以外，色彩心理学在医疗、工作、家庭、恋爱、装扮、体育等各实践领域也都有广泛的应用。

·第四章·

从原色彩的喜好洞察人心

喜欢红色的人：热情、外向

红色是非常受欢迎的一种颜色，而且在这点上没有男女之分。喜欢红色的人性格几乎都是外向型，通常活泼好动，激情四溢，精力充沛。与此同时，这类人也大多鲁莽、热情，而且极富正义感。

从某种程度上讲，喜欢红色的人，如果有聪明的领导的话，他们会是很好的执行者，行动力强。他们只想怎样按要求完成任务，从来不会计较代价是什么。不过，他们也很容易会扯出一些题外话。他们通常不会花足够的时间去关注某一件事，但当他们专注的时候，就对自己的决定很坚定。他们能够很快地给出一个问题的答案，认为自己什么都懂。如果他们不懂，或者你已经证明了他们不懂，他们就会寻根问底，直至彻底弄明白为止。

喜欢红色的人多是情绪型的人，他们可能在你面前突然像活火山一样时不时地爆发一次，然后又很快就恢复平静。不过，这类人只要多使用淡一点的红色或让人冷静的红色，便可以弥补性格中的缺点。

也有些人，虽然心里喜欢红色，但却不太敢穿红色的衣服或戴红色的饰物。这部分人对红色的热情还没有达到极其强烈的程度，但算是喜欢红色的预备军。他们往往比较理性，但又渴望具有行动力，所以才会喜欢上红色。这类人一旦感受到红色的魅力，就会一发而不可收。

此外，一个人如果喜欢砖红色（红褐色），表示他可能对毒品、酒精成瘾，饮食不正常，或者情绪不稳定；如果喜欢红色中带有蓝色折光，多表示他是情绪激昂，很有活力的人；如果喜欢橘红色，多表示他不仅精力充沛，而且很喜欢户外活动及一些群体活动；如果喜欢品红色，多表示他性情比较温柔、朴实、坦率、平和。

喜欢黄色的人：理性、积极

喜欢黄色的人很理性、上进心强、好奇心强、爱好钻研，很有科学性、分析性、判断性、独立性、专业性。总体来说，这类人绝对是个挑战者。

喜欢黄色的人普遍喜爱权力和控制他人。他们会是好的领导，一般能够很有条理地做出决定。在行动之前会认真地分析每一个细节，每个战略游戏都能引起他们的兴趣。同时，他们也很有生意头脑，善于投资和赚钱。他们有着独树一帜的想法，具备走向成功的能力和推动力。他们多是理想主义者，擅长制定各种计划，并一步步实现。

正如孩子们往往很喜欢黄色，喜欢黄色的人大都有依赖他人的倾向，甚至有些人非常缺乏自立心。在心理上，他们比较孩子气、纯洁、天真，喜欢自由自在，害怕受到束缚。当他们有压力的时候，他们感觉有必要把自己的情绪隐藏起来，并且会朝着这个方向努力。如果他们在你面前表现出他们在承受着压力，那代表他们真的很虚弱了。因为，他们是那种会尽量在你面前展现自己甜蜜一面的人。

不过，虽然同是喜欢黄色，但喜欢像奶油色那样淡黄色的人，性格却很稳定，平衡局面的能力也很强；而喜欢深黄色的人，个性就会倾向于有些自负、刚愎自用，他们会认为只有自己才能做出正确的决定，使得别人很容易怀疑他们做事的动机是什么。

需要注意的是，即使喜欢黄色，如果过度使用，很容易引起自身焦虑或招致别人的讨厌。所以，最好使用黄色做点缀或与其他颜色搭配使用。当然了，黄色在短时间内可以提高人的注意力，只是太多了会适得其反。

喜欢蓝色的人：严谨、感性

蓝色代表着一种平静、稳定，能给人一种和谐、宽松的感觉。喜欢蓝色的人性格多内向，有很强的团队协调能力，讲究礼貌，为人谦虚、和蔼。

他们绝不是头脑冲动的人，在行动前都会制定一个周密的计划。他们还是个谨慎派，会严格遵守各种规则。他们偶尔会固执己见，但基本不会持续太久。

由于蓝色是一种情感化的颜色，喜欢蓝色的人一般比较容易伤感。当然，这类人也很容易满足，能够保持平衡、调和，经常保持沉着、安定，安全感比较强烈。

他们喜欢和平、不好斗，总是尽量使自己不与周围的人产生摩擦，和谐是他们一切行动的指导。然而，这种性格有时会让他们显得有些懦弱。总体来讲，他们比较信赖别人，同时亦希望自己能得到别人的信赖，所以处事还是比较圆滑的。

此外，喜欢不同种类蓝色的人，在性格上也有微妙的差异。例如，喜欢深蓝色的人，一般比较理性，意志沉稳而坚定，喜欢凌驾于他人之上；喜欢浅蓝色的人，多心情开朗，充满自信心，为人随和。

喜欢绿色的人：和平、朝气

绿色代表着活力、生长、青春，与复苏、变化、天真、平衡等有关，给人以希望。喜欢绿色的人，意志坚定，不易动摇或改变，偏重于理性，自视很高。他们拥有截然不同的两种特质，既有很强的行动力，又具备沉静思考的能力。他们兼具优雅与知性，喜好寂静又谨慎保守，行事不会逾越本分，非常明白自己的立场。

喜欢绿色的人社会意识比较强，态度认真。他们能够礼貌待人，普遍个性率直，基本不会掩饰内心的想法。他们会把自己的信念表达出来，并为了信念而努力。他们好奇心强，但不会积极采取行动，大多时候都要等同伴的召唤再一起行动。他们对事情大多比较敏感，会深入思考，把问题分析得很透彻。他们无论面对任何事都能冷静处理，处事稳妥且坚强，决不感情用事，所以深受别人信赖。在人际关系方面，他们是和平主义者，和周围的人可以和睦共处，但是警惕性非常高。他们乐意去帮助每一个人，对于别人的请求，总是欣然接受。热爱和平是他们固化的责任，他们希望每个人都能过上和谐的生活。

由于绿色也分很多种，喜欢不同绿色的人在性格方面也会有所差别。例如，喜欢黄绿、苹果绿等绿中带黄的人，为人友好，处事圆滑，行动力强，但性情温顺，与喜欢普通绿色的人相比更善于社交；喜欢深绿色的人多沉着、冷静、干练且性格温厚。

此外，喜欢绿色的人普遍不太喜欢运动，而酷爱美食，所以大多偏胖。

喜欢青色的人：温柔、平和

青色是绿色与蓝色的巧妙融合，所以喜欢青色的人在性格方面，兼顾了绿色的和平与蓝色的感性。他们性情温柔，为人热情、友善，对周围的人都很体贴。

喜欢青色的人是一个值得交往的朋友，能够令与自己在一起的人感觉非常轻松快乐。他们待人热情友好，不以自我为中心；同时又非常善解人意，十分值得信赖。一方面，他们拥有火一样的热情，有幽默感；另一方面，他们也相当稳重踏实。他们情感丰富，总是能够深深体会到别人的感觉，并很快体会到别人的反应与情感变化。他们向往和谐，不太喜欢突如其来的变化与压力，也不太喜欢自己做决定。在他们的观念中，人本身比单纯地完成任务更重要。他们乐于鼓励别人，为他人着想，善于倾听别人的倾诉并提供解决问题的办法，总会十分周到地想到该做什么事。在他们心目中，别人的快乐是他们快乐的源泉。

　　此外，虽然喜欢青色的人感性而温柔，但他们本身又是非常坚强的，他们乐观，对生活充满希望，对于任何事情都能泰然处之，并且自得其乐。

·第五章·

不可思议的色彩信息

年龄背后的色彩

色彩信息是人在产生色觉后的一种思维结果，是色彩联想的连带反应。当视觉接触到某种颜色，大脑神经便会接收色彩发放的信号，即时产生联想而带来相关的色彩信息。

据心理学研究，出生大约一个月的婴儿就具备了色彩感觉，随着生理和心理的不断成熟以及对色彩认知能力的提高，对色彩的心理倾向也会发生变化。所以，年龄因素的不同，往往会影响人们对色彩信息的感受。

一般而言，幼年时期是对色彩的认识开始阶段，这个时期的幼儿普遍对明亮欢快的纯色感兴趣，而此阶段大人们也在尽可能地打扮他们，因此色彩往往是活泼娇嫩的。青年时期，是对新鲜事物最敏感，接受也是最快的时期，也是一生中对流行色态度最积极、反应最迅速的时期，所以往往适合对比度较大的色系。中年时期，人在各方面都比较成熟，不轻易改变已形成的习惯，所以多保持自己喜爱的"基本色"，多用同类色彩的搭配组合。老年时期，各个方面都出现衰老的迹象，则喜欢沉着、稳定的色系。不过，为了减轻衰老带来的暮气，往往老年人穿得比青年人更花俏，选择高明度、暖色调的色彩，以使自己显得更有朝气，更年轻。

此外，人的性别不同，对色彩的喜好与运用是很不相同的。一般来说，男性的色彩形象体现了冷静、刚毅、硬朗和稳重沉着等含义，故多选择以冷灰色系为主；女性则更易接受华美鲜艳、柔和、雅致和浪漫的色彩形象，以暖色系为主，如粉红、紫色等令人产生女性魅力的无限遐想。但是近些年来，男女服装用色的距离越来越接近，女装男性化和男装女性化的情况经常可以看到。

地域文化中的色彩

色彩作为人类的一种通用语言,有着一种超越文化差异的普遍性。例如,红色象征着生命,黑色象征着死亡,这已是从古至今各民族的共识。

但不可否认,人们在长期的区域性社会活动中形成了对色彩的不同理解,各民族在传统、环境、民俗、宗教等方面也存在着较大的差异,所以各民族情结也赋予了色彩不同的象征意义。这种客观存在的文化现象导致了人们对色彩认知的差异性。

例如,中国传统文化认为,红色是人体血液的颜色,是生命的象征。同时,在中国人眼里红色是最喜庆、最吉祥的颜色,它象征兴盛、顺利。这也是为何在中国古代传说中,月下老人为有情人牵线搭桥用的是红绳,婚姻被称为"红事"等。但在西方文化中,红色是一个极具贬义的词。红色被视为不祥之兆,如果看到红色就意味着危险、残暴,如"red alert"(空袭警报)、"red revenge"(血腥复仇)等。还有黄色,在我国黄色自古以来就被认为是正色,显示庄重,象征尊贵,在中国古代封建社会黄色是帝王之家专属的颜色。而在西方文化中,黄色有胆小、卑怯、卑鄙之意,如"yellow bely"(懦夫)、"yellow streak"(胆怯)等。

此外,在中国传统文化中,有着五色对应五行的独特之说,即以白、赤、黄、青、黑五色象征五行中的金、火、土、木、水。在其影响下,五色还与"五方"中的东(青龙)、西(白虎)、南(朱雀)、北(玄武)、中以及"五德"中的礼、义、仁、智、信对应起来。这种独特的色彩观折射出古代东方的文化属性、审美情感以及伦理哲学,体现了中华色彩文化的博大精深。

时间隧道里的色彩

春天到了,万象更新,一片新绿;夏天来临,欣欣向荣,草绿花艳;秋天将至,树叶渐黄,草地褪青;寒冬袭来,万物沉寂,草木凋零……这些色彩变化的现象,都给我们以时间的信息和知识。还有,当我们面对色彩斑驳的古代壁画,虽然无法考证历史的全部细节,但却能清晰地看到被时光雕琢过的色彩。可见,色彩与时光的脉搏息息相关。

在被称为"棕色时代"的英国维多利亚时期,人们崇尚深褐色的木制家具与深绿色服饰,这一现象反映出传统"和谐单一"的理念和当时局限的颜料技术。从20世纪初开始,受到新艺术思想和新技术的影响,色彩的运用开始突破传统的约束，蓝色、红色甚至一些怪异的色彩组合成为这一时期的特色。近年来，随着艺术与设计观念地不断更新、色彩的运用更为大胆，色彩组合也更加丰富。在呈现微妙色彩变化的灰色系成为设计主流的同时，纯色的运用也体现了这个时代追求原本与简洁的设计诉求。这些都是色彩在设计领域中所表现的浓郁的时代气息。

色彩还可以使人的时间感发生混淆。例如，潜水中，人需要携带氧气瓶，一个氧气瓶大约可以持续 40 ~ 50 分钟供氧，但是大多数潜水者将一个氧气瓶的氧气用光后，却感觉在水中只下潜了 20 分钟左右。这一方面是因为海洋里的各色鱼类和漂亮珊瑚可以吸引潜水者的注意力，使其感觉时间过得很快；另一方面是因为，海底是被海水包围的一个蓝色世界，从心理学角度人看着蓝色会感觉时间比实际时间短，所以蓝色麻痹了潜水者对时间的感觉，使他感觉到的时间比实际的时间短。与之类似，在青白色的荧光灯下，人会感觉时间过得很快，而在温暖的白炽灯下，就会感觉时间过得很慢。

此外，中国民间存在的一种特殊的色彩民俗，就是用不同的颜色表示不同的时间。古代历法数术家根据天干地支与阴阳五行绘制的春牛图就是其中的一个典例。图中牛头的颜色按纪年的天干而定，牛角、牛耳、牛尾的颜色按立春的纪日天干而定，逢甲乙为青色、丙丁为红色、戊己为黄色、庚辛为白色、壬癸为黑色；牛身的颜色按纪年的地支而定，牛臀的颜色按立春的纪日地支而定，逢亥子为黑色、寅卯为青色、巳午为红色、申酉为白色、辰戌丑未为黄色，等等。同时，春牛图里的牧童，就是"芒神"，又叫句芒神，他原为古代掌管树木生长的官吏，后来作为神名，身高三尺六寸，象征农历一年的三百六十日。他手上之鞭长二尺四寸，代表一年二十四节气。芒神的衣服与腰带的颜色，也因为立春这一天的日支之不同而不同，逢亥子日为黄衣青腰带、寅卯日为白衣红腰带、巳午日为黑衣黄腰带、申酉日红衣黑腰带、辰戌丑未日青衣白腰带。而牧童的鞭杖上的结也因立春日的日支不同而用的材料也不同，分苎、丝、麻三种，颜色用青黄赤白黑五色来染。牧童的年龄也有喻义，童年的牧童代表逢季年（就是辰戌丑未年）；壮年的牧童代表逢仲年（就是子午卯酉年）；老年的牧童是逢孟年（就是寅申巳亥年）。另外如果牧童站在牛身中间，表示当年的立春在元旦前五天和后五天之间；牧童站在牛身前面，表示当年的立春在元旦五天前；牧童站在牛身后面，表示当年的立春在元旦五天后。可见，这样一幅色彩斑驳的春牛图用的是一种用颜色记录时间的方法，是一种信息代码的转换。

所以，虽然颜色和时间似乎是两个相隔很远的物象和概念，但二者还是有非常密切的联系的。

·第六章·

色彩里的健康课堂

色彩不仅影响心理，还影响生理

从科学角度讲，色彩不仅能够影响人的心理感受，还会影响人的生理反应，所以生活中色彩的选择是不容忽视的。

西方心理学家中有人提出，常见的红、橙、黄、绿、青、蓝、紫等颜色对人的生理有不同的影响。红色可以刺激和兴奋神经系统，增加肾上腺素分泌和增进血液循环；橙色可以诱发食欲，帮助恢复健康和吸收钙；黄色可刺激神经和消化系统；绿色有益于消化和身体平衡，有镇静作用；蓝色能降低脉搏、调整体内平衡；靛蓝能调和肌肉、止血、影响视听嗅觉；紫色对运动神经和心脏系统有压抑作用；黑色能使人精神压抑，导致疾病发生。

生理心理学研究表明，感受器官能把物理刺激能量，如压力、光、声和化学物质，转化为神经冲动，神经冲动传到大脑而产生感觉和知觉，而人的心理过程，如对先前经验的记忆、思想、情绪和注意力集中等，都是脑较高级部位以一定方式所具有的机能，它们表现了神经冲动的实际活动。

色彩会对人的健康产生很大影响。例如，高血压病人戴上烟色眼镜可使血压下降；病人住在涂有白色、淡蓝色、淡绿色、淡黄色墙壁的房间里，心情就会很安定、舒适，有助于健康的恢复。我们应该多接触一些健康的颜色，少接触那些会让人沮丧、绝望、烦闷的颜色，这样才会有益于我们的身心健康。

由于人的眼睛会很快地在它所注视的任何色彩上产生疲劳，而疲劳的程度与色彩的彩度成正比，当疲劳产生之后眼睛有暂时记录它的补色的趋势。如当眼睛注视红色后，产生疲劳时，再转向白墙上，则墙上能看到红色的补色绿色。所以，在使用刺激色和高彩度的颜色时要十分慎重，并要注意到在色彩组合时应考虑到视觉残像对物体颜色产生的错觉，以及能够使眼睛得到休息和平衡的

机会。

综上一切，均已充分证明色彩刺激对人的身心所起的重要影响。

色彩与人体健康息息相关

色彩美化人们的生活，如果没有色彩，我们的生活就会变得黯然失色。因为色彩能给我们带来蓬勃的生机，令人精神振奋，心情愉快，增强人的生命力。

人们会用丰富的色彩装点生活，吃的食物、穿的衣服、居住的房间、使用的物品，可以说样样都离不开颜色的点缀，颜色渗透到我们生活的方方面面，所以人们对色彩有着特别的亲和力，对它也就特别敏感。

菜肴历来讲究色香味，如果满桌的饭菜色不美，味道就会大受影响，令人失去胃口；色彩会改变人的心境，在学校的壁墙多刷成黄色以助学习，但精神压力过大的环境，要避免黄色，因为它可以使人过分激动；色彩会影响人的情绪，作用人的心理，通过心理作用又影响到生理，所以色彩对人体的身心健康会有很大的影响。

色彩对比度失调能使人产生疾病，相反，如果巧妙改变颜色的对比度，就能够为我们治疗疾病。用色彩治疗疾病的确能产生神奇的效果。据说隋炀帝长期沉溺于酒色，患上口干、烦渴症，屡治无效。勤于书画的太医莫君锡，看了舌、脉、神色后，没有给隋炀帝开药方，而是做了两幅画，一幅梅林，一幅雪景，送给隋炀帝，嘱其每日观看。几天后隋炀帝的病就好了。青翠欲滴的梅林，令人想起梅子的酸甜可口，口中频频产生津液，再不感到口干舌燥了；雪景中的白雪给人以清凉的感受，白色具有镇静和清心泻火的作用，令人严肃、庄重。

不同的色彩引起不同的心情，既可令人心情平静，又可以令人兴奋；既能产生温暖的感觉，又能产生凉爽、寒冷的感觉，不仅如此，色彩还能影响人的智力和注意力。其原因是人的视觉器官到大脑皮层视觉中枢的色彩感受系统与大脑皮质的其他部分以及神经体液调节系统都有着广泛的密切的关系。某期《老年报》还对色彩在疾病治疗方面做了进一步的阐述。

红色——使人意气风发，天真活泼，充满生机。有提高食欲，升高血压的作用。但易引起急躁，发怒。在红色房间里心跳会加快，每分钟增加20次，不利于心脏病患者。

粉红色——象征安静、优雅，能抑制愤怒、减慢心跳，降低心肌收缩力。

咖啡色——象征含蓄、坚定，能让人心理趋于平衡，消除孤独感。

黄色——能使人感到温暖、安定、轻快，能集中注意力，增加食欲，治疗失眠、健忘、神经错乱。

绿色——象征和平、宁静、自然。绿色的环境被誉为"健康摇篮"，因为它能调节神经系统，能放松视网膜，可消除紧张情绪，减慢心率，活跃思维，帮助恢复健康，提高生育能力。可治疗神经抑郁，不思饮食，口干口苦，头痛胸闷。

浅蓝色——可消除大脑疲劳，使人清醒，精力旺盛，有利于高热患者恢复。

蓝色——使人感到安定、柔和、恬静、宽广。可以减慢心率，降低婴儿体内胆红素，缓解呼吸系统的病痛。

紫色——能消除紧张情绪，对孕妇保持镇静有一定的作用。

白色——象征纯净、素雅，使人有安全感、舒适感，给心脏病患者以慰藉。对情绪波动、心烦可起镇静作用。

黑色——易诱发事故，使人疲倦、烦躁，还可减少红细胞。

冷暖色调与能量

色彩具有生理和心理的特质，所以每个人所拥有的色彩能量决定了他属于哪类人，这种分类具体也会表现在心理和生理两个方面。

光谱中的暖色端的色彩更具有生理特质，多影响外在的自我。

1. 红色

红色代表生命、火、血液、危险和性。没有红色，生命就缺乏活力、热情、力量和激情。在饮食、服装和周围的环境中都需要红色，以便刺激神经系统，将肾上腺素释放到血液中，改善血液循环。在生活中我们需要红色，它给我们带来安全感。

红色是感官刺激很强的色彩，可以激起很强的生理反应，但红色也是一种冲击力很强的色彩，如果身患高血压或者心脏病，或脾气暴躁，正在发火或者心情烦躁的时候，就不能使用红色，否则会使病状加剧。

红色疗法可改善下列状况：

身体状况不佳：精力不够，贫血，血液循环不畅，低血压，受凉，感冒。

心理状态不佳：冷漠，忧郁，恐惧，缺乏信心，缺乏动力。

红色的主要特质是激情。拥有红色的人，或者拥有红色能量的人，往往积极自信，对未来乐观。他们凡事向前看，在困难面前充满了勇气和力量。然而，这种人在拥有"红色"的积极物质时，也同时具有消极特质，在追求自己的目标时这种人会很自私，不管他人的感受。

如果你正处于生理或情绪的低潮，也可以给自己写一些"红色"的文字，即用现在时写一些简单的、含积极意义的激励性文字。

你可以对着镜子说出这些文字，用镜子反射回来的文字强化其作用，让自己受到鼓励并继续努力；或者把这些文字写在纸上，然后放到枕头下，以便睡觉时看到。如果经常肯定自己，或睡觉时经常把这种纸压在枕头下，你就会下意识地接受这些文字所表达的信息，从而更积极地生活。

2. 橙色

橙色在色彩转盘中，介于红色和黄色之间，因此它同时具有红色的生理物质和黄色的智慧。同红色一样，橙色是具有很强冲击力而令人激动的色彩，因此要慎用。我们把橙色与健康、活力联系在一起。许多人每天第一件事就是先饮一杯橙汁。橙汁有滋养作用，富含维生素 C，有助于增强免疫系统，抵御感冒和受凉。

如果身体健康，生活愉快，就不需要过多的橙色。过多的橙色会使人自满和任性。橙色同红色一样充满力量，要慎用。

橙色疗法可改善下列状况：

身体状况不佳：缺乏活力，胃口不好，消化不良，哮喘，腹部绞痛，胆石症。

心理状态不佳：无精打采，亲友过世，压抑，悲伤，厌倦。

橙色有助于排解消极的感觉或减轻创伤。这些消极感觉和精神创伤包括失去亲人以及与人断交。橙色还有助于摆脱一成不变的现状，摆脱恐惧，从而改变过去，更好地走向未来。

橙色有助于人们重新获得生活的乐趣。这种作用相当于饮用橙汁或充满了橙色能量的水，让人振作精神。

橙色在服饰上也很重要，但不需要全身的服装都采用橙色，因为它非常鲜明，未必适合每个人的肤色。只要系上橙色围巾或领带，戴上橙色的琥珀首饰或珊瑚首饰，就可以让人眼前为之一亮。即使某个简单的做法，如放置艳丽偏感性的万寿菊瓶，或在周围放一瓶耀眼的卷丹花，都会改善人的心境。不妨试一试，你一定会受益匪浅的。

3. 黄色

在漫漫冬天之后，黄水仙也许是最能够给人带来欢乐的花，因为鲜黄色的花朵吹响了春天来临的号角。诗人威廉·华兹华斯一次在堤岸边散步时，看到了一大片黄水仙后诗兴大发，写下了英语名诗，诗的第一句是"我像云朵般孤独地散步"。在这首诗里，威廉描述了当看见许多黄水仙时，他的心境如何突然得到升华，以及此后挥之不去的感受。

如果有胃病，过于激动或烦躁不安，压力过大，难以放松，难以入睡，则应该避免黄色。

黄色疗法可改善下列状况：

身体状况不佳：便秘，肠胃气胀，糖尿病，皮肤病，精神疲惫。

心理状态不佳：压抑，自我评价过低，注意力集中时间过短，手指发肿，考试紧张。

从心理和生理的角度来说，黄色具有推动事业前进，排除消极思维和消极情绪的作用。而消极思维和消极情绪会使人降低对自身的评价。

黄色同样可以运用到社交活动中。如果想调动家庭聚会的气氛，可以在家里布置一些黄色装饰品。但是如果布置的黄色过多，则人们会过于激动而彼此争吵。

黄色对孩子也有利，因为这种色彩有助于开发孩子的认知能力。如果在孩子的游戏室或书房中布置黄色，则会有好处。但是要避免在孩子的卧室墙壁上粉刷黄色，否则会使孩子过于激动而难以入眠。

恰当地使用暖色的能量，能为身体健康带来诸多好处，可根据不同需求尝试不同的暖色。

光谱中的冷色端的色彩体现人所拥有的色彩能量时，往往倾向于体现心理特质，显示内在的自我。

1. 绿色

绿色是大自然的色彩，绿色的田野、山峦和森林是长期待在高楼大厦的城市居民应当经常去放松与恢复体力的地方。大自然的一切都很和谐，经过一段忙碌和充满压力的工作、生活后，置身于大自然，人们又能恢复自我了。

绿色位于光谱的中心，维持红色（热）和蓝色（冷）两端色彩的平衡。如果缺少绿色能量，人体就会失去平衡。如果用绿色形容嫉妒，说明嫉妒程度非常强烈，以致情绪失去平衡，所怀有的只是憎恨、怨恨、敌意，甚至痛恨。

绿色也许是光谱中最安全的色彩。但是当需要灵敏机智，对周围的事物予以快速反应时，最好不要用绿色，因为这种色彩会使人放松。

绿色疗法可改善下列状况：

身体状况不佳：心脏不好，支气管炎，流感，幽闭恐惧症。

心理状态不佳：不稳定，沮丧，害怕投入感情，嫉恨。

与绿色相关的人体部位是心脏。心胸像一个水泵，掌管流经全身的血液。人们通常相信，心脏病由心灵深处的情感问题引起，有时与人际关系有关。可以由压抑情感，害怕情感投入，或者难以改变生活困境等引发心脏病。许多人在中年时期患心脏病，部分原因是由于工作的压力已经使他们精疲力竭。

有一种练习方法：背靠一棵大树，左手向后尽量环抱树干，右手放在身体的腹腔神经丛上。然后做深呼吸，吸入大树的力量，最后呼出空气。这时就会感到精力充沛。

2. 青色

如果情绪低落，感到寒冷，肌肉紧张，应该避免青色。

青色疗法可以改善下列症状：

身体状况不佳：高血压，喉炎，发烧，外伤，蜇伤或烧伤，月经不调，偏头痛，孩子患病，如麻疹、腮腺炎、牙病。

心理状态不佳：胆怯，缺乏性感，害怕在公众面前说话，害怕面对他人，对他人不信任。

如果觉得很难表达内心想法，或者找不到合适的语言来表达，就可以用青色治疗。这种色彩可以消除表达障碍，包括喉咙痛或嘶哑等生理障碍，以及羞于在公众场合演说的心理障碍。戴青色围巾可以克服这种胆怯。

有了青色，人的注意力就会转向内心世界，远离物质世界，从而升华到精神世界。青色是沉思和静思的色彩，一盏青色的灯或者一缕青色的蜡烛光都有助于静思，使人的思维速度减慢，从而产生灵感。青色还与作家、诗人和哲学家联系在一起。

不过，青色虽然可以促进语言的灵巧，但这种色彩又有消极作用。因为"青色"的人擅长劝诱，使别人在浑然不觉中做出某事。他们有擅长操纵他人之嫌。另外，在争吵和辩论时，虽然极力想避免冲突，可是他们反而不明智地引起他人跟自己争论。

3. 蓝色

蓝色是夜晚天空的色彩，深沉，天鹅绒的深蓝色神秘而深不可测。当注视蓝色时，人们会变得沉思默想，会思考生活更深层次的意义。在沉思中，会在一闪念里产生某种洞察力，这是在明亮、忙碌的白天难以产生的。

蓝色可净化心灵和血液，使人们摆脱恐惧和焦虑，从而能够听到自己内心的声音，了解自己的真正需求。如果想开发自己的心灵潜能，最好采用蓝色，比如想象蓝色或静思蓝色。这样做可以让人的精神境界升华，从而能用心灵看待事物。蓝色可培养洞察力，有助于解释梦的意义。

就像光谱中所有蓝端的色彩那样，蓝色有助于人们远离世俗世界，向精神世界升华，从而感受到直觉重于理性，信念重于论证。

如果患有心理疾病或季节性情感紊乱，或心情不适，最好远离蓝色，以免加剧这些状况。

蓝色疗法可改善下列状况：

身体状况不佳：耳聋、白内障、大出血、神经质。

心理状态不佳：心理困扰、偏执、歇斯底里、过分敏感。

具有蓝色特质的人也有不好的一面。他们在从事自己的事业时，具有极大的热情，想改变现状，但听不进他人的观点。这种盲目的热情或偏见可能很难与人相处，容易产生分歧。

4. 紫色

紫罗兰是一种普通的小花，但是，看到它会振奋人的精神。紫罗兰高贵，在西方只有国王、神职人员与达官贵人才会穿戴这种色彩的服饰，历史上曾有一段时间禁止平民百姓穿戴这种色彩。

如果缺少灵感，或者觉得生活缺少意义，紫色是助人沉思的色彩，因为紫色的作用是促进精神升华，或者创造力的产生，所以紫色有助于人们提高精神升华和找到生活的意义。

如果有严重的心理疾病，或者酗酒、吸毒，最好避免紫色。

紫色疗法可改善下列状况：

身体状况不佳：脑震荡，癫痫症，神经痛，多发性硬化。

心理状态不佳：神经衰弱症，失去信念，绝望，自暴自弃。

紫色由青色和红色组成，所以它能平衡光谱中两端的色彩。暖色与男性能量相联系，冷色与女性能量相联系，所以紫色有助于人体内的这两种能量相平衡。

总的来说，紫色的效果是使人将肉体和心灵结合在一起，将世俗世界的需求和心灵的需求糅合在一起，将内部与外部连接在一起。获得这种色彩特质的人，会拥有很多生活在这个物质世界的人所没有的平静。

有紫色特质的人既能把握今天，又能掌握明天，并常常乐于奉献。因此，他

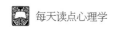

们的工作可带来深刻而有效的影响。如果从事艺术创作，他反映人类本质的作品可能会雅俗共赏。

但是，紫色有其消极的一面，即自命不凡，自以为是。在为他人服务的事业中，这种优越感如果过度膨胀，不仅难以实现自己的目标，反而产生事与愿违的结果。

5. 白色

纯白色的雪莲花象征着寒冷马上过去，春天即将来临，希望就在眼前。人们一般会对白色有积极的反应，因为白色包含了光谱中所有的色彩，同时白色还反射光线。白色是新娘礼服、牧师长袍和浪花的色彩。

白色经常与精神境界相联系，心理医生往往采用白色进行治疗。人们可以用白色进行沉思性治疗，从而净化全身，促进系统功能的正常运转。据报道，许多因疾病或事故濒临死亡的人，都在那个时刻体验到炫目的白光。

冷色的健康能量是调理心理健康的良方，受心理疾病折磨又不想服用药物的人，可以从冷色中汲取能量减轻痛苦。

食物色彩与健康

食物的色、香、味、形可激起人的食欲，让人垂涎三尺。另外，人们还本能地根据色彩所具有的特质来挑选食品。有的时候人们根据季节、气候的变化，健康状况，承受压力大小或心态的不同，偏爱某种食品。还会根据色彩了解所需食品，以更好地维护自己的健康。我们需要从各种色彩的食物中萃取能量，增强防病抗病的能力。

1. 红色食物

红色食物非常重要，因为富含铁，红细胞的形成和体内能量的保持不可缺铁，即使稍许缺铁，也会无精打采，容易患上疾病。

红色的食物有：

红椒，红球甘蓝，甜菜根，红色干辣椒，有叶的深绿色蔬菜（这些蔬菜富含铁）。

黑胡椒、白胡椒、姜、红色鼠尾草。

红色肉（不要吃过多的此类肉）。

樱桃，李子，苹果，西红柿。

如果是健康人，无禁忌症，每日可喝红葡萄酒 50 ～ 100 毫升，有助于升高高密度脂蛋白、胆固醇及活血化痰，减少中老年人动脉粥样硬化。

2.橙色食物

橙色的食物带来健康的活力，尤其是富含极为重要的维生素C，因为维生素C能提高人的整体健康状况。另一种常见的橙色食品是胡萝卜素，胡萝卜素在体内转化成维生素A。补充维生素A，减少感染和肿瘤的发病机会，有益于增强人体的免疫系统。

橙色食物有：

南瓜，蕉青甘蓝，胡萝卜，橙椒。

黄扁豆，蛋黄。

橙子，橘子，桃子，杏，黄桃，芒果，木瓜，柠檬。

3.黄色食物

黄色食物有助于提高消化系统的能力，有助于解毒，还对神经系统的功能有好处，另外还能提高心智，增强记忆力，集中精力。如香蕉是常见的黄色食物，它富含钾，人体若缺钾，会思维紊乱容易疲倦。

黄色食物有：

甜玉米，南瓜，黄椒。

藏红花，肉桂，柠檬条，香菜。

黄扁豆，黄油，食用油，坚果，果核。

菠萝，柠檬，香蕉，柚子。

4.绿色食物

绿色是大自然之色，绿色食品是健康食品，这些食品含有许多维生素和矿物质。现在人们认为，一天的健康饮食中新鲜水果和蔬菜应该是饮食总量的一半。绿色食品对心脏有益，还能降压，减轻压力，减缓头痛，减少情绪不佳的状态。它能够使人体保持平衡能量，所以特别适合人体平衡。

绿色食物有：

包心菜，莴苣，青椒，小胡瓜，青豆，芹菜，绿扁豆，黄瓜，木耳菜，水田芥，芦笋。龙蒿，紫花苜蓿，菠菜，胡菜，细香葱。

苹果，梨，猕猴桃，酸橙，青葡萄，青梅。

绿茶。

5.蓝色、靛青和紫色食物

这类食品不如其他彩色食品多，但这些仍是健康食品，它们具有镇静作用，还能够为神经系统和大脑提供营养，所以能够提高智力。如果最近压力很大，需

要减缓工作节奏，或者需要暂时从忙碌的生活中解脱出来，那最好食用蓝色、靛青和紫色食品。

蓝色食品具有使人镇静、减轻痛苦的作用，同时还具有助消化，使人心灵净化，情绪稳定的作用。紫色食物可以用于治疗神经紊乱，风湿及膀胱疾病。

蓝色、靛青和紫色食物有：

紫色叶莴苣，茄子，海生植物，紫色木耳菜，蘑菇，乌榄。

蓝色鼠尾草，刺柏属樱桃。

黑扁豆，黑豆。

紫葡萄，越橘，李子，黑莓，洋李子，黑樱桃，葡萄干。

6. 白色食物

燕麦粉，燕麦片。燕麦降胆固醇、甘油三酯，通便，还对糖尿病、减肥特别好。

7. 黑色食物

黑木耳。降血黏度，可使血液变稀，不容易得脑血栓和冠心病，防脑痴呆，每天吃 5 ~ 10 克黑木耳，1 斤黑木耳吃 50 ~ 100 天，做菜，做汤均可，长期食用有益健康。

色彩与减肥

想要减肥，只要用一只蓝色盘子盛饭菜就可以。这可不是信口雌黄，是有科学依据的。因为蓝色恐怕是最让人没有食欲的颜色了，吃得少了，自然就瘦下来了。

当你需要节食的时候，可以使用一套蓝色或紫色的餐具，最好是碗筷俱全的那种。你还可以把冰箱内的小灯泡换成蓝色，这样每次你拉开冰箱想拿食物的时候，满眼都是蓝色，就会不自觉地少吃一些。最强势的做法是，干脆把厨房装饰成蓝色，不仅能抑制食欲还会使厨房看起来很有现代感。

生活中，我们会习惯性地避开蓝色、紫色或黑色的食物，这些颜色的食物会让人联想起有毒物质或者是腐败变质的东西。曾有一家著名的糖果公司推出了亮蓝色糖果，结果并没有受到消费者欢迎，反而收到了很多投诉，厂家只得被迫撤回已经推出的商品。事实上，留心观察就会发现，生活中蓝色、紫色的食物并不多，茄子、芋头、葡萄……屈指可数。即使是人造食物，譬如饮料什么的，也少有蓝色。

最能刺激食欲的，是红色与黄色。一般快餐店都喜欢装饰成红色调，使用红色的餐桌和餐椅，就是为了刺激食客的食欲。黄色能带来快乐的感觉，餐馆使用温馨的黄色配饰能让你有宾至如归的感觉，有更多进食的欲望。麦当劳公司的红色和黄色的包装曾被评为最佳食品包装，一方面因为设计很新潮，还有一个原因就是因为它能很好地勾起食欲。

吃饭的时候，红色黄色的菜也最受欢迎。有些人炖煮肉类，总喜欢多倒酱油，因为那样无论是鸡还是肘子都会看起来红彤彤的，引人食欲。一盘白斩鸡和一盘红烧鸡块放在一起，红烧鸡块显然更有诱惑力。餐桌上有色彩艳丽的事物，你就会不知不觉地多吃几口，很容易为肥胖埋下隐患。西红柿炒鸡蛋每次都会成为餐桌上的大热菜肴，总是第一个被消灭干净，原因显而易见。

中国的饮食文化讲究的是色香味俱全，色排第一，也就是说，菜式是不是受欢迎、让人一看就食指大动，与色彩有很大关系。现在做饭都喜欢加一些甜椒丝，一方面是出于营养考虑，更多恐怕是因为甜椒是明艳的大红或是娇嫩的黄色，不论什么菜加进去一些，一下子就变得漂亮很多，能引人食欲。

如果想要减肥，可以多吃些白色食物，譬如豆腐、豆芽、鱼肉等等，一方面寡淡的色泽不会勾起强烈的食欲，一方面这类淡色食物本身含热量也很低。除了白色食物，绿色食物也是不错的选择，不含有高脂肪，却有丰富的营养元素。

·第七章·

色彩搭配的心视窗

黑色的配色／印象与心理效果

黑色是暗色，是明度最低的非彩色。黑色如果作为单色，通常会给人一种强、硬、厚重、不吉利、神秘、尖锐、悲哀、压抑等感觉，有时给人一种沉默、庄严、肃穆之感。不过，黑色在作为色彩单独使用时，应适当用亮色加以调节。

实际配色中，黑色运用得还是相当多的。尤其在大型项目或活动上，都会用到黑色。黑与红、黑与白是永恒经典的搭配，前者给人大胆、激烈的感觉，后者给人尖锐、简洁的感觉；黑与浅黄、橘黄的组合会产生摩登感；黑与深红的组合会产生庄重感；黑与蓝显得深沉、冷峻；黑与金的搭配高贵、庄重。

概括来说，黑色是一种比较大众化的色彩，也是非常有力的搭配色。

白色的配色／印象与心理效果

白色的色感光明，如果作为单色会给人纯洁、无瑕、真实、清洁、警惕心、失败、孤独、冰冷等印象。

无彩的白色，几乎是一种万能色，可以与任何颜色搭配在一起。例如，白色与红色组合搭配，让人感觉鲜嫩而充满诱惑；白色与黑色对比搭配，给人一种尖锐、正式的感觉；白色与蓝色组合搭配，使人感觉清冷、洁净；白色与粉色组合搭配，使人感觉温馨、浪漫；白色与橙色组合搭配，有一种干燥的气氛；白色与绿色组合搭配，给人一种动感十足的感觉；白色与紫色组合搭配，可诱导人联想到淡淡的芳香。

总而言之，白色与其他无彩色的颜色搭配起来，感觉比较尖锐；与冷色系的颜色搭配起来则显得比较清洁、清爽。

红色的配色／印象与心理效果

红色的色感温暖，是一种对人刺激性很强的色。红色作为单色，容易引起人的注意，使人产生兴奋、激动、热情、精气神十足、紧张、冲动、攻击性等感觉，还是一种容易造成人视觉疲劳的色。

在众多颜色中，红色是最鲜明生动的、最热烈的颜色。它与不同颜色搭配，会给人带来不一样的印象与心理效果。例如，红色与黄色或橙色组合搭配，能够为人们营造一种热闹、欢快的气氛，使人心情畅快；在红色中加入少量的蓝，会使其热性减弱，趋于文雅、柔和；红色与黑色组合搭配，会给人大胆、激烈之感；在红中加入少量的白，会使原本十分强烈的红色显得温柔些，趋于含蓄、羞涩、娇嫩之感。

简而言之，红色充满了能量，与其他颜色组合，往往能给人以深刻的印象。

蓝色的配色／印象与心理效果

蓝色是永恒的象征，也是最冷的色彩。纯净的蓝色表现出美丽、文静、平和、理智、自然、安详与洁净之感。由于蓝色沉稳的特性，具有理智，准确的意象，在商业设计中，强调科技、效率的商品或企业形象，大多选用蓝色当标准色。同时，在心理学上，深蓝色会给一些容易接受暗示的人以压迫感，但也会让乐观的人产生放松的心态。

蓝色与其他颜色搭配，不同的组合也会给人带来不一样的感觉。例如，蓝色与淡紫色搭配，给人一种微妙的感觉；蓝色与黄色相配，对比度大，会让人感觉较为新鲜、明快；蓝色与黑色组合搭配，给人一种干练的都市感；蓝色与白色组合搭配，给人清爽、凉快之感；蓝色与红色组合搭配，整体充满活力，让人感觉动感十足。

不得不承认，蓝色是一种博大的色彩，正如天空和大海这辽阔的景色都呈蔚蓝色一样，现实的色彩世界中总是会有它的身影,它的出现,让世界多了一份沉静。

黄色的配色／印象与心理效果

黄色是亮度最高的色调，如果作为单色使用，会给人带来华丽、温暖、健康、

希望、愉快、灿烂、辉煌、孩子气、注意、不安等印象。

黄色是各种色彩中，最为娇气的一种色，在与其他颜色搭配时，会给人带来不一样的心理效果。例如，在黄色中点缀少量的蓝，会使其趋于一种平和、湿润的感觉；黄色与黑色或红色组合搭配，反差强烈，非常具有视觉冲击力，给人强烈、注目之感；黄色与白色组合搭配，会给人一种明快之感；黄色与粉色组合搭配，能让人感觉甜蜜、可爱。

总之，黄色象征着光明和快乐，如果与明亮的颜色搭配，可以使人感觉充满活力，快乐起来；如果与暗色搭配，反差越强烈越引人注意。

绿色的配色 / 印象与心理效果

绿色是具有黄色和蓝色两种成分的色。在绿色中，将黄色的扩张感和蓝色的收缩感相中和，将黄色的温暖感与蓝色的寒冷感相互抵消。这样使得绿色给人以柔顺、自然、和平、恬静、优美、安全、平等、成长的感觉。

在配色方面，可与绿色相组合的颜色也很多。例如，绿色与黄色组合搭配时，给人活泼、舒畅、友善的感觉；绿色与白色组合搭配，给人一种新鲜、洁净、清爽的感觉；绿色与橙色组合搭配，给人一种悠闲、易接近的感觉；绿色与灰色组合搭配，给人一种冷淡、酷的感觉。

由于绿色是平衡色，所以无论与冷色搭配，还是与暖色搭配，使用都相当广泛。同时，它总能让人们联想到生命，如森林等，因此也被视为生命的象征。

·第八章·

别样的场合，别样的色彩

面试中的实用色彩心理学

现今的职场，已俨然成为人生中一个重要的大舞台。一方面，每个人都要在这个舞台上接受诸多目光的检阅，成功地秀出自己；另一方面，这个舞台的环境影响着台上每个人的"表演"。而在这整个过程中，色彩起着不容忽视的作用。

当今是一个追求和谐美的时代，适当颜色的着装搭配无疑会使你面试时的形象锦上添花，而且让面试官们看着舒服，你胜出的概率也就越大。

很多人，尤其是刚刚毕业的大学生，找工作参加面试时，往往青睐于清一色的职业套装，即那种深蓝色、黑色或灰色的西装套装，衬衫也基本都为白色，甚至连发型和皮包也都中规中矩。尤其是面试公务员和教师等职业更为普遍。

很显然，这种着装搭配非常缺乏新意，没有什么个性。例如，蓝色或黑色套装不仅给人一种整洁感，还使人看起来精明能干；白色衬衫可以把人的肌肤衬托得更加亮丽，也会凸显人的气质。然而，蓝色与白色或黑色与白色的搭配都有一个缺点，会给人留下一种冷淡的印象；再加上大家面试时或多或少都会紧张，如果无法很好地表达自己的意图，就很容易把自己完全埋没在套装之中，结果没有给面试官留下任何鲜明的印象。

客观来讲，造成这种大趋势的原因无非就是两方面：一是人们保守的思想在作怪，大家都害怕太有个性会给自己带来麻烦，所以比较倾向于选择以求稳为先的雷同装扮；二是人们对不同面试场合或环境的服饰色彩搭配，还不能够掌握得恰如其分。

要知道，招聘方与被招聘方是平等的，只是雇佣与被雇佣的关系。面试者需要工作机会，但招聘方更需要人才。所以，你应当在符合应聘行业、职位需要的同时，大大方方地把自己的个性表现出来，把自己的风采展现在面试官面前，这样更能受到对方的认可。

首先，服装的色彩搭配分为三类。第一类是强烈色配合，指两个相隔较远的颜色相配，如黄色与紫色、红色与青绿色等。这种配色比较强烈，在进行服饰色彩搭配时应先衡量一下，你是为了突出哪个部分的衣饰。同时，不要把沉着色彩，如深褐色、深紫色等，与黑色搭配，这样会和黑色呈现"抢色"的后果，令整套服装没有重点，而且服装的整体表现也会显得很沉重、昏暗无色。第二类是补色配合，指两个相对的颜色的配合，如红与绿、青与橙、黑与白等。补色相配能形成鲜明的对比，有时会收到较好的效果，黑白搭配是永远的经典。第三类是近似色相配，指两个比较接近的颜色相配，如红色与橙红或紫红相配，黄色与草绿色或橙黄色相配等。不是每个人穿绿色都能穿得好看的，绿色和嫩黄的搭配，给人一种春天般的感觉，整体感觉非常素雅，淑女味道不经意间流露出来。

其次，着装的风格应与你所应聘岗位性质相吻合。

职业装是比较正统的着装方式，应聘行政文秘类的岗位，外企、法律、金融、国家机关等单位机构时，正装比较符合这些企业的企业文化和特质。由于职业装一般是以黑白灰等较暗的颜色为主的，常常会让人觉得没有生气与活力。所以，如果是深色的外套，则可以选颜色亮一点的衬衣；而如果外套的颜色比较浅，则要选择深色或白色的衬衣进行调节。另外，男生在西装的搭配上应要遵循西装和衬衫的颜色都是单色的，领带是花色；女生则可选用色彩亮一些的丝巾作为调节和点缀。

创意性着装主要适用于新闻、娱乐、广告、平面设计、动画制作、形象造型等工作，针对单位是一些传媒公司、影视娱乐公司、广告公司等。面试者如果应聘这些工作，单单以传统的正装示人就未免显得太过拘谨、没有新意。因此，这个时候面试者在避免呆板与随意的同时，可以穿着一些体现个性特质的服装。

技术类工作虽然看重的是面试者的技术能力，招聘方对着装也没太多的要求，但招聘方还是想通过面试者的着装来对其进行初步判断，看看面试者在严谨、稳妥、含蓄等方面的特质，所以适合内敛性着装。这种方式不必对着装过于讲究、准备，只要表现出干净、大方、舒适即可。

最后，恰到好处地运用色彩，不但可以修正、掩饰身材的不足，而且能强调突出你的优点。如对于上轻下重的形体，宜选用深色轻软的面料做成裙或裤，以此来削弱下肢的粗壮。身材高大丰满的女性，在选择搭配外衣时，亦适合用深色。

办公环境中的实用色彩心理学

众所周知，良好的办公环境有助于提高我们的工作效率。通过颜色的调整和合理搭配可以营造出舒适安全的工作环境。

例如，大型现代化机械的工厂是一个冰冷无机质的空间，可以将传统的灰色墙壁改涂成温暖的粉红色、凉爽的淡蓝色或者舒适的浅褐色等，不仅可以减缓工人的疲劳感，而且还可以减少意外事故的发生。还有，在很多人一起工作的大办公室里，墙壁使用冷色调，不仅可以使员工感觉时间过得快一些，适合那些单纯的业务工作，而且还会使空间变得更加宽阔，减少员工的压力。然而，员工休息室的设计则恰恰相反，最好使用暖色调，让人在工作之余能够得到充分的放松。当然了，对于从事行政或事务性工作的人员来说，一天的大多数时间都是在办公室里度过的，所以办公室的墙壁最好采用米色和乳白色等温和的颜色。这样一方面不会让人产生不必要的紧张感，另一方面还可以使人以轻松的心态面对工作。

员工自身着装的搭配对办公环境也有一定的影响。例如，职业女性穿着职业女装活动在办公室，低彩度可使工作其中的人专心致志，平心静气地处理各种问题，营造沉静的气氛。其实，在室内、有限的空间里，人们总希望获得更多的私人空间，穿着低纯度的色彩还会增加人与人之间的距离，减少拥挤感。此外，纯度低的颜色更容易与其他颜色相互协调，这使得人与人之间增加了和谐亲切之感，从而有助于形成协同合作的格局。

色彩在工作环境中还有一个重要的作用，就是突出安全性。选择一些比较醒目、容易看到的颜色，可以大大提高对人们注意力的吸引程度。例如，灭火器、消火栓、火灾报警器等消防设备、紧急停车和禁止等标志都要使用红色；避难口、紧急出口、医疗用品等使用绿色；"禁止吸烟"、限速等标识多采用黑色或黄色，用于提醒人们注意和有障碍物等场合；航海中的安全装置和救生圈等使用橙色。

营销中的实用色彩心理学

你是否还记得百事可乐与可口可乐的一场色彩对决：2005 年中国夏日的天空，被世界两大饮料巨头给渲染成红、蓝两种色彩。一边是蓝色风暴瞬间引爆，一边是"要爽由自己"的红色宣言；一边是 F4、古天乐、谢霆锋的蓝色拯救英雄行动，一边是 S.H.E 的为正义的红色之战。

从两大可乐的红蓝广告大战中，我们看到了色彩在营销中的有效应用。所谓色彩营销，就是要在了解和分析消费者心理的基础上，做消费者所想，给商品恰当定位，然后给产品本身、产品包装、人员服饰、环境设置、店面装饰一直到购物袋等配以恰当的色彩，使商品高情感化，成为与消费者沟通的桥梁，实现"人心——色彩——商品"的统一，将商品的思想传达给消费者，提高营销的效率，并减小营销成本。这是现代企业不可缺少的营销过程。

再以前面的"两乐"色彩对决为例。有研究表明：红色可以使人心理活跃，蓝色可以使人凉爽，色彩的这些特点可以用来调节情绪，影响智力，改善沟通环境，从而使其在营销中有着广阔的应用前景。百事可乐的蓝色给人以凉爽，这在炎热的夏日，很容易引起人们的购买欲，你会情不自禁地来一瓶"突破渴望"。同样，可口可乐的红色使人活跃，充满青春活力，是否来一瓶爽一下，正如广告语中的"要爽由自己"。

据有关资料分析，人的视觉感官在观察物体时，最初的 20 秒内，色彩感觉占 80%，而其造型只占 20%；两分钟后，色彩占 60%，造型占 40%；5 分钟后，各占一半，随后，色彩的印象在人的视觉记忆中继续保持。所以，色彩是一种作用神速的、强大的和极具吸引力的表达工具，若能合理充分地在商业环境中应用色彩，企业或产品将可以脱颖而出吸引更多目光，成为关注的焦点，更迅速、更有效地向人们传递信息。因此也有人把色彩比作是"一把打开消费者心灵的无形钥匙"。

总体来说，商品包装色彩使用的原则，一要符合消费者的审美习惯，二要符合商品的使用特点，三是包装色彩要不断发展。例如，在化妆品的包装中，常常以深暗的颜色，如黑色、深绿色等表示男性用品，以示庄重；而适合女性化使用的包装，则常用柔和、淡雅的颜色，如紫色、粉红、珍珠白等色，以示典雅。在医药药品的包装方面，常用明确的冷暖色块表示出药品的性质，如红色表示滋补健身，蓝色表示消炎退热，绿色表示止痛镇静，用红黑色块表示剧烈药物等。这样，不同的种类用不同的颜色将其包装，既便于消费者的识别，以及下次购买时发挥色彩记忆功能，又可以缩短商品交易时间，加快了商品销售与产品流通。

生活中我们还会发现，不少商家还喜欢将若干商品组合销售，这就涉及商品组合包装的色彩搭配。一般来说，红色和白色的组合更容易畅销。因为红色本身非常醒目，再与白色组合会形成鲜明的对比，更有视觉冲击效果。

同时，商品包装中的色彩可以使消费者对产品产生信任感。例如，在打火机、钟表、金笔等精致产品的包装设计上，使用金色、银色、灰色等色彩，不仅能衬托出商品的高贵、美观气质，而且，消费者也会对产品的质量产生信任感，这样便有利于促成消费者购买行为的完成。还有，黄色使人联想到刚烘焙出炉的糕点，散发着诱人的香味，因此在表现食品的香味时多用黄色；橙黄色介于红与黄之间，其传递的味觉如橙子，甜而略带酸味；绿色能让人联想到生命、生机、鲜、嫩，故表现新鲜、嫩、脆、酸等口感与味觉时一般都以绿色系列的色彩来表现；红色的硕果给予人甜美的口感，因此要传递甜味觉的包装多选用红色；由于红色还给人以热烈、喜庆、革命的联想，因此在食品、烟、酒上应用红色，又有喜庆、热烈的含义。

此外，对商品或广告进行合理的色彩包装，还能扩大商品知名度、树立企业形象。

家庭中的实用色彩心理学

家是远离周围世界的避风港。工作一天之后，回到家吃饭睡觉，与家人一道放松。家也是病后恢复健康的地方。简而言之，人生的大部分时间在家里度过，所以居室的色彩很重要。这些色彩不仅影响这居室空间上的美感，而且能够影响人的身体、情感、心理和精神状态。所以，恰当、科学地应用色彩，才会产生较高的审美价值和有益身心健康的特殊效果。

1. 房间的用途

要考虑到每个房间的用途，以及该房间的总体色彩是否符合这个用途。以卧室为例，自己的睡眠质量如何？一夜是否熟睡？早晨醒来是否精神焕发？还是夜晚辗转反侧，清晨起来面带倦容？如果是后者，也许因为卧室的色彩是暖色。暖色具有使人兴奋的作用，而你需要的是具有镇静作用的蓝色。你可以用同样的方式，到每个房间看看，问问自己每个房间的用途。平时是否在起居室里轻松聊天，还是经常吵架？在书房中的工作效率如何？

起居室是家庭活动中心，家庭成员在这里聚集、交流、看电视等，所以它起到很多不同的功能。起居室的色彩设计就要考虑到这些功能。

2. 创造环境

设计首先要考虑的是要创造什么样的环境，是宁静的处所，还是温暖愉快的地方？如果是后者，那就要考虑添入暖端的色彩，如桃红或杏色。这两种色彩都是浅色调的橙色，橙色则充满了令人愉快和使空间显得宽敞的特色。这些色彩都能与蓝色搭配，而蓝色正是橙色的辅助色。这两种色彩相辅相成，创造的环境使人放松愉快。如果沙发的靠垫由这两种色彩组成，则效果更佳。

3.卧室

卧室是另一个重要的房间。在卧室里人们睡眠、思考、阅读，甚至还写东西。这是私人空间，主人想独处或与另一个人亲密相处。这个房间最应该表现出主人的特点。

主要是采用宁静的色彩，以便夜晚能够安静地入眠。卧室中采用粉红色较好，因为粉红色柔和，使人感觉良好。另外还可以使用各种色调的白色。但是不能用纯白色。蓝色是宁静的色彩，但又是冷色，如果卧室太冷，则不宜采用蓝色。如果想创造出充满激情的格调，可以添入红色。当然，如果只是用红蜡烛、红床单则更合适。否则很可能会影响睡眠质量。

此外，在卧室中点缀几片花瓣，摆上贝壳和简单的鹅卵石，让你随手接触自然，为你的卧室带来清爽的气息。

4.起连接作用的空间

除了房间之外，住宅里还有许多空间。如大厅的入口处、楼梯、楼梯平台、过道等。这些空间不仅起到连接的作用，而且在通过这些地方时可以顺便交谈，或者甚至彼此鼓励。

这些空间是活动的中心，也是客人来访时首先看到的地方。那么，主人准备给客人留下什么印象？明亮、暖端的色彩吸引客人，使客人感到这里温暖如家。如果想达到柔和、舒适的效果，就可以使用这些色彩：土红色、铁锈红、橙色、柠檬色。重要的是大门的色彩。在某些文化中心，大门总是涂成保护色，如黑色、白色、紫色或者蓝色。

一天高强度工作下来，回家后就想关上门，累得瘫倒在家里。如果这样，冷端的色彩会有助于主人一进入房间后就感到放松。

起连接作用的空间往往涂成中性色彩。比如非纯白色、奶黄色、米色。但是这些色彩显示静态气氛，因此当客人来访进门后，往往会驻足不前，不知道是往前走，还是等待主人来接。有时，这些起连接作用的空间小而拥挤，缺乏自然光线，不通气，而且凉飕飕的，采用不同的色彩可以避免一些这样的缺陷。如采用淡色，可以产生明亮、宽敞的效果；深色或很浓的色彩，会给人亲切的感觉。凉飕飕的过道可以用红色端的色彩粉刷，使过道显得温暖。不透气的楼梯平台可以用蓝端的色彩粉刷，使过道显得凉爽透气。

5. 厨房

厨房和浴室的环境要明显不同，因为两个房间内所进行的活动完全不同。厨房不仅是烹调的地方，而且是家人聚集在一起吃饭，招待客人的地方。浴室是个私人场所，是一天劳累下来洗个热水澡的地方。

厨房是家的中心，色彩要温暖，要给人以欢乐。红色会提供能量，橙色刺激食欲且助消化，黄色有助于交谈。红色能够保护人们。所以厨房的地砖如果是土红色，会使我们在电脑前工作了一天，或者开了一天会之后，仍旧能够有精力在家里活动。厨房中还可以摆放装水果和蔬菜的盘子、各种器皿，可采用对比色或辅助色。

6. 浴室

许多浴室都很狭小，甚至没有窗户，这时色彩的选择就很重要。目的是要使浴室显得相对明亮宽敞。较合适的色彩也许是蓝色或大海般的绿松色。这些色彩可以使人身心放松。但是浴室不能给人以过于寒冷的感觉，所以建议运用自然清新的暖色系，如蛋黄色、浅橘色、淡绿色或者原实木色，也可用浴垫、毛巾和浴袍的柔和色彩缓冲浴室中的冷色。

7. 书房

书房也许是某个房间的一隅，也许是由阁楼改成。房屋主人在书房中从事业余爱好活动，或者孩子们在里面学习。以前人们一直认为，仅仅为了从事业余爱好活动而拥有书房是一种奢侈。然而现在越来越多的人在家办公，因此书房就变得不可缺少。也许自己的住房不够大，不能拥有一间独立的书房，而只能在另一个房间里隔出一角作为书房。即使是这样，也要考虑采用什么色彩才能提高自己的工作效率。

例如，自己的工作性质是脑力劳动而不是体力劳动，需要思考、阅读、写作或者想出新思路，黄色就一定能够激发思维。黄色与阳光的色彩最为接近，所以能够激发活力。

如果工作性质是艺术类的，如绘画、缝纫等，也许采用紫色较好。紫色可以激发创造力，同时能够避免干扰。

如果空间足够大，也许可以在房间的一角留出休息或可用以沉思的地方。这时，蓝色、绿色或者松绿色都是较好的选择。

8. 儿童房

孩子需要有一个可供学习的地方。在孩子长大一些时，他们会偏爱明亮的色彩，

这显示他们精力充沛。但是这些大胆明亮的色彩不适于孩子学习。因此最好采用较淡、较柔和的色彩，这样可以使孩子学习或做作业时注意力集中。如果孩子晚上难以入睡，是否因为房间的色彩太明亮，太刺激了？如果是，就需要调整色彩。

恋爱中的实用色彩心理学

有人说："爱情是红色的，是两颗激情澎湃的心，同时跳动又血脉相通！"有人说："爱情是水晶的颜色，可以显示出无数种不同的色彩，反映出不同的人生百态，酸甜苦辣。"有人说："爱情是白色的，像天空飘扬的雪花，洁白无瑕不揉一粒尘埃！"有人说："爱情是蓝色的，蓝得如天空一般的明净，如海一般的瑰丽深邃！"有人说："爱情是绿色的，一如你走入一望无际绿草如茵的草原，绿得让你眩晕而又不知所措！"有人说："爱情是紫色的，神秘而高贵，是来如风去无影的丽影……"

1. 约会中的色彩密码

事实上，这些斑斓的色彩，不仅赋予人们对爱广阔无垠的遐想，而且为人们游刃于现实的爱情世界，提供了不可或缺的色彩心理应用元素。

生活中，几乎每个女人第一次和心上人约会前，都为穿什么衣服去这个问题而烦恼不已。不少白领女性认为白色衣服能使人显得干净、整洁，能让对方更好地看清楚自己，所以第一次约会穿白色或浅色衣服最合适。没错，白色衣服使人看起来干净、整洁，能彰显一个人的气质，也能充分展现女性之美。然而，第一次约会，大家多少都会有些紧张，想说的话都无法准确表达出来。这种情况下穿白色，在给人带来好印象的同时，也会让对方觉得自己冷淡，突显出白色的负面效果。实践证明，在前两次约会中，女性穿着颜色鲜明的衣服可以给对方留下轻松、愉快的印象；第三次约会时，女性穿上白色的衣服会给对方的心理造成巨大的印象差，让对方颇感意外，从而激发对方对自己的兴趣。可见，第一次约会时，女性最好不要穿白色衣服，等到第三次约会以后再穿白色衣服效果会更好。当然了，约会对象对颜色的偏好也是多种多样的，这就要求我们不能一概而论地说哪种颜色好，哪种颜色不好，要依具体情况而定，避免不好的颜色，选择适合自己和自己喜欢的颜色，穿出自己的个性。

谈完女士，我们再来看看男士。由于红色具有使人感情兴奋、情欲膨胀的心理效果，很多不怀好意的男性在第一次约会时，喜欢穿红色衣服出场。他们的真正目的就是第一次约会就把异性带回家。所以女性对于穿红色衣服赴约的男性一定要提高警惕，必要时可以毫不客气地转身闪人。对于男士而言，深颜色与调和色独具魅力，尤其应用在外衣上则更引人注目，比如深蓝色和砖红色最能引起好感和重视。与女孩子约会的时候，你大可不必西装革履，休闲一些的装束能够让你们更快地融合在一起，毕竟以后要是经常见面你也不可能次次都作非常庄重的打扮。不过，如果你是一个平时不大讲究穿着的男士，适度的包装一下还是必要的，因为女人都是细心的动物，她往往会观察你平时和约会所穿衣着的不同来判定你对她的重视程度。

2. 缘分中的色彩密码

恋爱中的人们总喜欢提"缘分"一词。所谓缘分，就是指两个人的性格是否合适，合适了就是有缘分，不合适就是没缘分，当然了，如果性格合适却因为其他原因不能在一起只能说是有缘无分了。关于这方面，女性一般比男性更在乎一些。

色彩心理学认为，我们可以通过恋爱双方所喜好的颜色，识别对方和自己是否投缘。这有些类似配色中的色彩调和的原则，如果双方喜欢的颜色是类似色或补色，就说明二人比较投缘。

一般来说，喜欢白色或红色的女性，和喜欢蓝色的男性也比较投缘。喜欢橙色的男性与喜欢灰色的女性比较合适。喜欢蓝色的男性，和喜欢蓝色系或蓝色补色黄色的女性比较合适。喜欢黄色的男性，和喜欢紫色的女性特别相配。喜欢黑色和白色的女性也适合喜欢红色的男性。喜欢粉红色的女性与喜欢黑色的男性比较合适。喜欢红色的男性，与喜欢红色、橙色或绿色的女性比较合适。

需要注意的是，人对颜色的偏好并不是一成不变的，随着时间的推移或环境等因素的变化，这种喜好很容易改变。其实，一个人一旦喜欢上另一个人，尽管起初未必会喜欢对方喜欢的颜色，甚至是讨厌对方喜欢的颜色，但随着感情的发展，渐渐也会喜欢上对方喜欢的颜色，正如我们在第四篇心理定律中讲到的晕轮效应，即"爱屋及乌"了。所以，如果两个人是真心相爱，也不必太拘泥于通过颜色判断缘分，这种分析适合作为一种参考。